北京大学主干基础课教材

中 级 无 机 化 学

项斯芬　姚光庆　编著

北京大学出版社
北　京

图书在版编目(CIP)数据

中级无机化学/项斯芬,姚光庆编著. —北京:北京大学出版社,2003.11
ISBN 978-7-301-06513-6

Ⅰ.中…　Ⅱ.① 项…② 姚…　Ⅲ.无机化学—高等学校—教材　Ⅳ.061

中国版本图书馆 CIP 数据核字（2003）第 089521 号

书　　　　名：中级无机化学
著作责任者：项斯芬　姚光庆　编著
责 任 编 辑：赵学范
封 面 设 计：张　虹
标 准 书 号：ISBN 978-7-301-06513-6/O・0576
出 版 发 行：北京大学出版社
地　　　　址：北京市海淀区成府路 205 号　　100871
网　　　　址：http://www.pup.cn　　新浪官方微博:@北京大学出版社
电 子 信 箱：zpup@pup.pku.edu.cn
电　　　　话：邮购部 62752015　发行部 62750672　编辑部 62767347　出版部 62754962
印 刷 者：三河市博文印刷有限公司
经 销 者：新华书店
　　　　　　787 毫米×1092 毫米　16 开本　21.5 印张　550 千字
　　　　　　2003 年 11 月第 1 版　2023 年 11 月第 13 次印刷
印　　　　数：35001~38000 册
定　　　　价：43.00 元

内 容 简 介

　　本书是为大学化学专业高年级《无机化学》课程编写的教材,共分为 11 章.之所以称为《中级无机化学》,是因为本书的内容适于化学专业的学生在学习了普通化学(或普通无机化学)、分析化学、有机化学和物理化学的基础上,进一步学习较深入的无机化学时使用.该书除了强调无机化学的基本理论和概念外,还涉及现代无机化学的研究前沿,以及无机化学与理论化学、材料、生命等学科的交叉领域.

　　本书的具体内容分别是:对称性和群论初步;配合物基础和配位立体化学;配位场理论和配合物的电子光谱;配合物反应机理和动力学;非金属原子簇;有机金属化学;配位催化反应;金属原子簇和金属-金属键;无机固体化学和生物无机化学.本书在编写过程中参考了较多国内外近年来出版的无机化学教材、专著及文献.例如在相关章节中补充了如超分子、纳米化学等内容.本书在各章后给出了习题、参考书目和文献.

　　本书是一本简明中级无机化学教程,可作为大学化学专业高年级学生和研究生学习无机化学的教材.

前　　言

当今的无机化学进入了一个蓬勃发展的新时期,一个重要的标志就是无机化学和有机化学、固体化学等相关的化学分支以及生命科学、材料科学等相邻学科间的交叉领域成为新的生长点.加上实验手段的不断更新,使无机化学无论在广度还是深度上都是前所未有的.

为适应无机化学学科发展的现状,我校化学系自 1982 年开始,增设了"中级无机化学"课程.1998 年经课程调整,在全院高年级本科生中开设了"无机化学"必修课.目的是使学生在修完有机化学、物理化学、结构化学等课程的基础上,在更高的层次上掌握无机化学的基本理论和基本概念,及重要无机化合物的性质和表征方法,并对现代无机化学的前沿交叉领域有概括的了解,从而扩大知识面,提高分析问题和查阅文献的能力.本书即为"无机化学"课程编写的教材.

本教材是在多年"中级无机化学"和"无机化学"教学以及项斯芬编写的《无机化学新兴领域导论》(北京大学出版社,1988)、姚光庆编写的《无机化学》讲义的基础上编写而成.全书共 11 章,分两部分.第一部分包括 1~4 章,为基本理论和基本概念,尤以配位化学基础为主;第二部分包括 5~11 章,主要概述当今无机化学中非常活跃的前沿领域.其中第 1、4、5、6、7、9、11 章由项斯芬执笔,第 2、3、8、10 章由姚光庆执笔编写。

"无机化学"课程及本教材的编写受到我院常文保、高盘良和段连运等教授的关怀和支持.本书的出版得到北京大学出版社赵学范编审的热情帮助和严谨细致的编辑加工.叶宪曾教授仔细审阅了本书,并提出了宝贵的意见和建议.参与本课程教学的杨展澜、田曙坚副教授以及历届上过此课程的学生都曾提出过许多有益的意见.在此,我们一并表示衷心的感谢.

由于编者水平所限,本书错误缺点在所难免,恳请读者批评指正.

项斯芬　姚光庆

北京大学化学与分子工程学院

2003 年 7 月

目　　录

<h1 style="text-align:center">附　　录</h1>

第1章 分子的对称性和群论初步

群论是数学的一个分支,然而,把它的基本理论和方法跟物质结构的对称性结合起来,就能成为研究化学的一种有力工具.

群论在化学中的应用是多方面的.例如,从对称性的角度,能简便系统地描述分子的立体构型及分子轨道,并对它们进行分类;从理论上定性推断组成杂化轨道的原子轨道;预示电子能态在不同晶体场中的分裂情况,它们之间可能发生的相互作用以及电子跃迁的选律……不仅如此,用群论的方法处理任何具有一定对称性的分子,便可判断它们的简正振动在红外(Infrared,简称IR)或Raman光谱中的活性、预言可能出现的谱带数目,从而通过测定振动光谱来探讨物质的结构等等.

群论在化学中的应用不仅十分广泛和普遍,而且业已为广大化学工作者所接受和熟悉.因此,对称性或群论符号已成为一种特殊的化学语言,经常出现在现代无机化学文献及教科书中,用以简洁地表达一系列含义.尽管群论本身涉及到很多数学问题,大大超越了本书的范围,但为了明了和熟悉群论的符号或语言,并运用群论的方法来处理一些和无机化学密切相关的问题,不妨在本章粗略地引入某些群论的初步概念,尤其着重说明特征标表的含义及其在化学中的应用.

1.1 对称操作和对称元素

1.1.1 对称操作和对称元素

当我们说一个分子具有某种对称性,就是指存在一定的操作,它在保持任意两点间距离不变的条件下,使分子内部各部分变换位置,而且变换后的分子整体又恢复原状,这种操作称为**对称操作**(symmetry operation).以水分子为例,它具有弯曲形的几何构型,两根 H—O 键等同.经过什么样的操作能使这两根 H—O 键互相交换位置,而所得到的分子仍和原来的分子位置相同、取向相同,不可区分?对于水分子,这样的操作包括:将水分子绕一根通过氧原子且垂直平分2个氢原子连线的轴旋转180°或360°;通过包括氧原子核且垂直平分2个氢原子连线的镜面进行反映,或通过含氢、氧原子核的镜面进行反映,如图1.1所示.上述旋转或反映的操作,能使水分子在变换后复原,因此,它们都是对称操作.旋转轴和镜面,使对称操作可据以进行,称为**对称元素**(symmetry element).

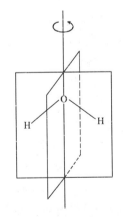

图 1.1 水分子的对称操作和对称元素

讨论有限分子的对称性,考虑(i)旋转、(ii)反映、(iii)反演、(iv)旋转-反映、(v)恒等操作共5种类型的对称操作就足够了.

1

1. 旋转

围绕通过分子的某一根轴转动 $2\pi/n$ 能使分子复原的操作称为**旋转**(proper rotation)对称操作,简称旋转,用符号 C_n 表示.显然,旋转对称操作重复 n 次,分子中各点的位置依旧回到原来的地方,相当于没有进行任何操作.**旋转轴**(rotation axis)即为对称元素.分子中常出现的旋转轴有 C_2、C_3、C_4、C_5、C_6 和 C_∞ 等.图 1.2 列举了若干实例.

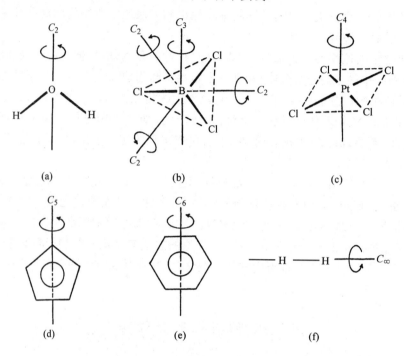

图 1.2 若干分子或离子中的 C_n 或 C_∞ 旋转轴

(a) H_2O　(b) BCl_3　(c) $PtCl_4^{2-}$　(d) $C_5H_5^-$　(e) C_6H_6　(f) H_2

倘若分子中有一种以上的旋转轴,则轴次最高的称主轴.例如,在 BCl_3 分子中,除了有 1 根三重轴 C_3 以外,在 C_3 轴的垂直方向上还有 3 根二重轴 C_2[图 1.2(b)].因此,BCl_3 分子的主轴是 C_3,C_2 是副轴.类似地,$PtCl_4^{2-}$ 在 C_4 轴的垂直方向上有 4 根二重轴,它的主轴为四重轴 C_4.C_6H_6 分子也有类似之处,不必重复.

2. 反映

通过某一镜面将分子的各点反映到镜面另一侧位置相当处,结果使分子又恢复原状的操作称为**反映**(reflection)对称操作,简称反映,用符号 σ 表示.**镜面**(mirror plane)即为对称元素.习惯上把通过主轴的镜面,如图 1.1 中水分子的镜面用 σ_v 表示;和主轴垂直的水平镜面用 σ_h 表示;通过主轴并平分两根副轴间夹角的镜面用 σ_d 表示.图 1.3 表示了 $PtCl_4^{2-}$ 离子中的 σ_v、σ_h 和 σ_d 镜

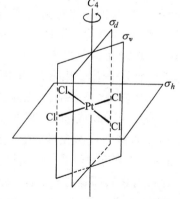

图 1.3 $PtCl_4^{2-}$ 离子的 σ_v、σ_h 和 σ_d 镜面
(图中仅示出两个 σ_v 和两个 σ_d 中的一个)

面.

3. 反演

通过分子中的一个点进行反演,即将分子的各点移到和反演中心连线的延长线上,且两边的距离相等,若分子能恢复原状,它就是一种**反演**(inversion)对称操作,简称反演,用符号 i 表示.反演中心即为相应的对称元素,称为**对称中心**(center of symmetry).例如,平面四方形的 $PtCl_4^{2-}$ 或八面体的 $PtCl_6^{2-}$ 离子中,铂原子核的位置即为相应离子的对称中心.

4. 旋转-反映

旋转-反映(rotation-reflection)对称操作是旋转和反映的联合操作,即先绕一根轴旋转 $2\pi/n$,接着按垂直该轴的镜面进行反映,分子能够复原,用符号 S_n 表示.相应的对称元素称**旋转-反映轴**(rotation-reflection axis)或简称映轴.例如,$PtCl_4^{2-}$ 中的四重旋转轴 C_4 就同时又是四重映轴 S_4.四面体形的 CH_4 分子则含 3 根 S_4 映轴(图 1.4).

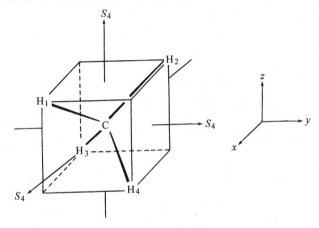

图 1.4 CH_4 分子中的 S_4 映轴

若将 CH_4 分子绕 z 轴方向上的 S_4 映轴旋转 $2\pi/4$,即 $90°$,再按 xy 平面进行反映,氢原子就发生如下的变换:

$$H_1 \rightarrow H_3 \qquad H_2 \rightarrow H_4$$
$$H_3 \rightarrow H_2 \qquad H_4 \rightarrow H_1$$

结果,CH_4 分子的取向并没有发生任何变化,分子的整体又恢复原状.顺便提一句,CH_4 分子中的 S_4 映轴同时又是该分子的 C_2 旋转轴.

5. 恒等操作

恒等操作(identity operation)保持分子中任意点的位置不变,用符号 E 表示.例如,将水分子绕 C_2 轴旋转 $360°$,也就是进行 C_2^2 操作即为恒等操作.恒等操作没有净的作用效果,但由于数学上的原因仍把它列为一种对称操作.

综上所述,对称操作是指反演、旋转或反映等能使分子复原的动作,对称元素是指赖以进行对称操作的点、线、面(分别称为对称中心、旋转轴和镜面).对称操作和对称元素不可分割地联系在一起,但又有区别,不可混淆.

对称操作和对称元素之间的关系和符号总结归纳在表 1.1 中.

表 1.1　对称元素和对称操作

符　号	对称元素	对称操作
E		恒等操作
C_n	旋转轴	绕 n 重轴旋转 $(2\pi/n)$，$n = 1, 2, 3 \cdots 8$ 及 ∞
$C_2'(C_2'')$	旋转轴	绕垂直于主轴的二重轴旋转 $180°$
σ	镜面	按镜面进行反映
σ_v	镜面	按含主轴的镜面进行反映
σ_h	镜面	按垂直于主轴的镜面进行反映
σ_d	镜面	按含主轴并平分两相邻 C_2' 轴间夹角的镜面进行反映
S_n	映轴	绕轴旋转 $(2\pi/n)$，再通过垂直于该轴的镜面进行反映 $(S_n = C_n\sigma_h = \sigma_h C_n)$
i	对称中心	通过对称中心反演 $(i = S_2)$

1.1.2　对称操作的表示矩阵

若在空间取一笛卡儿坐标系,物体上的任一点在该坐标系中的坐标为 x、y、z,经过各种对称操作的作用,该点的坐标将发生相应的变换.因此,各种对称操作的作用结果相当于不同的坐标变换,而坐标变换可用矩阵表示.换句话说,对称操作可用矩阵来表示.若存在一组坐标的函数,当坐标变换时,其中的任一函数变为这组函数的一个线性组合,故由对称操作导致的这组函数的变化也可用矩阵来表示.描述各种对称操作作用结果的矩阵称为**表示矩阵**.表示矩阵既可以从对称操作作用下任意点的坐标的变换得到,也可以从一组适当的函数得到,这组函数称为相应表示矩阵的基函数.选择不同的基函数,同一对称操作的表示矩阵不同.

在各种对称操作的作用下,任意点的坐标 x、y、z 的变换情况如下:

1. 恒等操作

当坐标为 x、y、z 的点在恒等操作的作用下,它的新坐标和原始坐标相同,仍为 x、y、z.因此,恒等操作可用矩阵方程描述为:

$$E \begin{bmatrix} x \\ y \\ z \end{bmatrix} = \begin{bmatrix} 1 & 0 & 0 \\ 0 & 1 & 0 \\ 0 & 0 & 1 \end{bmatrix} \begin{bmatrix} x \\ y \\ z \end{bmatrix} = \begin{bmatrix} x \\ y \\ z \end{bmatrix} \tag{1.1}$$

式中用方括号"[　]"表示矩阵.因此,对于坐标 x、y、z,恒等操作 E 的表示矩阵为:

$$\begin{bmatrix} 1 & 0 & 0 \\ 0 & 1 & 0 \\ 0 & 0 & 1 \end{bmatrix}$$

2. 反映

若选择 xy、xz 和 yz 平面为镜面,则通过反映的对称操作,垂直于平面的坐标改变符号,而由平面定义的两个坐标符号不变.因此,对于上述三个平面的反映对称操作可分别写出如下的矩阵方程,相应的表示矩阵是不言而喻的.

$$\sigma(xy) \begin{bmatrix} x \\ y \\ z \end{bmatrix} = \begin{bmatrix} 1 & 0 & 0 \\ 0 & 1 & 0 \\ 0 & 0 & -1 \end{bmatrix} \begin{bmatrix} x \\ y \\ z \end{bmatrix} = \begin{bmatrix} x \\ y \\ -z \end{bmatrix} \tag{1.2}$$

$$\sigma(xz) \begin{bmatrix} x \\ y \\ z \end{bmatrix} = \begin{bmatrix} 1 & 0 & 0 \\ 0 & -1 & 0 \\ 0 & 0 & 1 \end{bmatrix} \begin{bmatrix} x \\ y \\ z \end{bmatrix} = \begin{bmatrix} x \\ -y \\ z \end{bmatrix} \tag{1.3}$$

$$\sigma(yz) \begin{bmatrix} x \\ y \\ z \end{bmatrix} = \begin{bmatrix} -1 & 0 & 0 \\ 0 & 1 & 0 \\ 0 & 0 & 1 \end{bmatrix} \begin{bmatrix} x \\ y \\ z \end{bmatrix} = \begin{bmatrix} -x \\ y \\ z \end{bmatrix} \tag{1.4}$$

3. 反演

通过对称中心反演的对称操作改变所有坐标的符号,显然,相应的矩阵方程为:

$$i \begin{bmatrix} x \\ y \\ z \end{bmatrix} = \begin{bmatrix} -1 & 0 & 0 \\ 0 & -1 & 0 \\ 0 & 0 & -1 \end{bmatrix} \begin{bmatrix} x \\ y \\ z \end{bmatrix} = \begin{bmatrix} -x \\ -y \\ -z \end{bmatrix} \tag{1.5}$$

4. 旋转

若定义 z 轴为旋转轴,则绕 z 轴的任何旋转都不改变 z 坐标的符号. 因此,表示旋转对称操作的矩阵中必定有一部分是:

$$\begin{bmatrix} & & 0 \\ & & 0 \\ 0 & 0 & 1 \end{bmatrix}$$

于是,为完成上述矩阵,找出短缺的矩阵元素就简化成一个 xy 平面的二维问题了.

若在 xy 平面上有一坐标为 x_1、y_1 的点,它和原点间构成一向量. 当这个向量按逆时针方向转动 θ 角,产生一末端在点 x_2、y_2 的新向量,如下图所示:

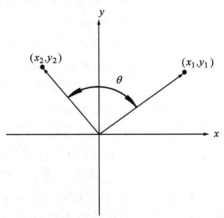

按照坐标的变换,可得出下列关系式:

$$\begin{aligned} x_2 &= x_1\cos\theta - y_1\sin\theta \\ y_2 &= x_1\sin\theta + y_1\cos\theta \end{aligned} \tag{1.6}$$

由式 1.6 所表示的变换,可写成下列矩阵形式:

$$C(z,\theta) \begin{bmatrix} x_1 \\ y_1 \end{bmatrix} = \begin{bmatrix} \cos\theta & -\sin\theta \\ \sin\theta & \cos\theta \end{bmatrix} \begin{bmatrix} x_1 \\ y_1 \end{bmatrix} = \begin{bmatrix} x_2 \\ y_2 \end{bmatrix} \tag{1.7}$$

若按顺时针方向转动 θ 角,相应的矩阵为:

$$\begin{bmatrix} \cos\theta & \sin\theta \\ -\sin\theta & \cos\theta \end{bmatrix}$$

因此,对于绕 z 轴按逆时针方向转动 θ 角总的矩阵方程是:

$$C(z,\theta)\begin{bmatrix} x_1 \\ y_1 \\ z_1 \end{bmatrix} = \begin{bmatrix} \cos\theta & -\sin\theta & 0 \\ \sin\theta & \cos\theta & 0 \\ 0 & 0 & 1 \end{bmatrix} \begin{bmatrix} x_1 \\ y_1 \\ z_1 \end{bmatrix} = \begin{bmatrix} x_2 \\ y_2 \\ z_2 \end{bmatrix} \tag{1.8}$$

5. 旋转-反映

由于绕 z 轴转动 θ 角的旋转,得到的结果和旋转相同,然后,再按 xy 平面进行反映,z 坐标改变符号,因此,相应的矩阵方程为:

$$S(z,\theta)\begin{bmatrix} x_1 \\ y_1 \\ z_1 \end{bmatrix} = \begin{bmatrix} \cos\theta & -\sin\theta & 0 \\ \sin\theta & \cos\theta & 0 \\ 0 & 0 & -1 \end{bmatrix} \begin{bmatrix} x_1 \\ y_1 \\ z_1 \end{bmatrix} = \begin{bmatrix} x_2 \\ y_2 \\ z_2 \end{bmatrix} \tag{1.9}$$

选用一定函数,例如选用转动向量 R_x、R_y、R_z 作为基函数,则可得出和上述各对称操作对应的一组表示矩阵.

1.2　群

1.2.1　群的含义和基本性质

在数学上,**群**(group)是由一定结合规则(称为乘法)联系起来的元素的集合. 群中元素数目若为无限的,称为无限群;若为有限的,称为有限群. 构成群的元素可以是数、矩阵或对称操作等. 从化学的角度,我们感兴趣的群,首先是由分子中全部对称操作的集合所构成的对称操作群. 例如,上一节曾提到过的水分子,它的对称元素包括:一根二重轴 C_2 和两个通过二重轴的镜面 $\sigma_v(xz)$ 和 $\sigma_v'(yz)$(图 1.5).

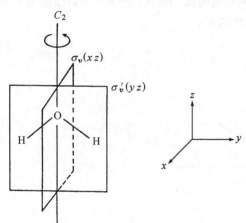

依据这些对称元素,可进行一系列对称操作,包括恒等操作 E,而全部对称操作的集合就构成了对称操作群. 对称操作群通常用符号简洁地加以表示,如由水分子的对称操作构成的群可用 "C_{2v}"表示. 当然,C_{2v} 对称操作群不仅表示了水分子的对称性,还表示了其他所有具有 C_2、σ_v、σ_v' 和 E 对称操作的分子,像 SO_2、顺-MA_4B_2 等的对称性. 可见,符号"C_{2v}"代表了一类分子的对称性,尽管它们的几何构型可能很不相同. 除了 C_{2v},分子的对称操作群还有许多其他的类型,将在下一节中进行介绍.

图 1.5　H_2O 分子的对称元素

我们所关心的对称操作群大多数是有限的,只有线型分子的对称操作群是无限的. 有限物体的所有对称元素至少通过一个公共点,该点在进行对称操作时保持不动,所以有限物体的对称操作群又称**点群**.

在数学上,凡是群都具备以下 4 条基本性质:

(i) **封闭性**　群中任何两个元素的乘积或某一元素的平方,必定也是该群的一个元素. 例如,A 和 B 是群的两个元素,则 $AB=C$,$BA=D$,C 和 D 也必定是该群的元素.

(ii) 恒等元素　群中必含一恒等元素 E,它和群中任一元素的乘积即为该元素本身.例如,$AE=EA=A$.

(iii) 结合律　乘法的结合律适用于群.例如,A、B、C 为群的三个元素,则它们相乘时遵循结合律,即 $(AB)C=A(BC)$.

(iv) 逆元素　群中任一元素 A 必有一逆元素 A^{-1},它也是群的一个元素,具有以下性质:$AA^{-1}=A^{-1}A=E$.

有限群的概念和性质集中体现在乘法表中.在有限群中,群元素的数目称为群的阶,通常用符号 h 表示,而乘法表由 h 行和 h 列组成.例如,由群元素 E 和 A 构成的二阶群 G_2,具有如下形式的乘法表:

G_2	E	A
E	E	A
A	A	E

由群元素 E、A 和 B 构成的三阶群 G_3,则具有如下形式的乘法表:

G_3	E	A	B
E	E	A	B
A	A	B	E
B	B	E	A

在乘法表中,各行和各列均用群元素标明.每一个群元素在各行或各列都出现一次,而且仅仅出现一次.由此可见,不可能有两行或两列是相同的.

对称操作群既然是一种群,因此,也必具备数学上群的 4 条基本性质.下面仍以水分子为例,进行具体的剖析.

1. 封闭性

对称操作群的元素是对称操作.按照封闭性,任何两个对称操作的乘积必定也是该群的一个对称操作.所谓两个对称操作的乘积,就是指两个对称操作相继进行.对于水分子,若先对 σ_v' 镜面进行反映,然后,再进行 C_2 的旋转对称操作,所得到的结果相当于直接对 σ_v 镜面进行反映,而 σ_v 显然也是 C_{2v} 点群的一个对称操作:

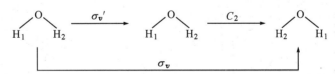

以上对称操作的相继进行,可用式 1.10 表示:

$$C_2\sigma_v' = \sigma_v \tag{1.10}$$

注意:在式 1.10 中,先进行的对称操作 σ_v' 写在右边,后进行的对称操作 C_2 写在左边.

类似地,任何其他两个对称操作的乘积,也必定是 C_{2v} 点群中的一个对称操作,如:

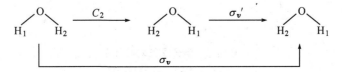

$$\sigma_v' C_2 = \sigma_v \qquad\qquad (1.11)$$

对称操作群的封闭性清楚地呈现在乘法表中. 例如, C_{2v} 点群的元素是 E、C_2、σ_v 和 σ_v' 这 4 个对称操作. 我们首先给出这 4 个对称操作的乘法表. 乘法表按下列规则排列, 即 $AB=C$, 左边的元素 A 表示行的位置, 右边的元素 B 表示列的位置, 乘法操作按从右到左的次序进行, 行和列的交点位置上为乘积元素 C. 按照上述做法很容易得到 C_{2v} 点群的乘法表(表 1.2).

表 1.2　C_{2v} 点群的乘法表

C_{2v}	E	C_2	σ_v (xz)	σ_v' (yz)
E	E	C_2	σ_v	σ_v'
C_2	C_2	E	σ_v'	σ_v
σ_v	σ_v	σ_v'	E	C_2
σ_v'	σ_v'	σ_v	C_2	E

按照一般规则, 相继进行对称操作时, 先完成列所表示的对称操作, 再完成行所表示的对称操作, 净的效果相当于单个对称操作, 它的位置在行和列的交点处. 对于任何点群, 所有对称操作两两相乘都无遗地包罗在相应的乘法表中. 这也就是本节一开始提到的, 对称操作群是由一定结合规则(乘法)联系起来的全部对称操作集合的含义所在.

对于水分子, $C_2\sigma_v' = \sigma_v'C_2 = \sigma_v$, 对于 C_{2v} 点群的一般情况也适用, 即 $AB=BA=C$. 值得注意的是, 此种情况并非普遍适用. 换句话说, 对于大多数点群, $AB=C$, 而 $BA=D$, C 和 D 是点群中两个不同的对称操作. 以属 C_{3v} 点群的氨分子为例, 它的对称元素包括 1 根三重轴 C_3, 以及 3 个通过三重轴和 1 根 N—H 键轴的镜面 σ_v、σ_v' 和 σ_v''(图 1.6); 对称操作则包括 E、C_3、C_3^2、σ_v、σ_v' 和 σ_v''.

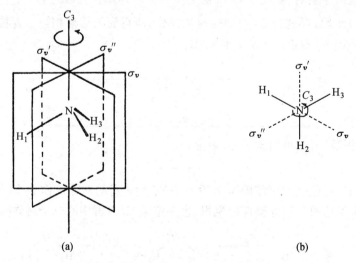

图 1.6　氨分子的对称元素

(a) 立体图　(b) 投影图

对于氨分子,若先进行 C_3 的对称操作,再进行 σ_v 的对称操作,净的效果相当于单个对称操作 σ_v',即

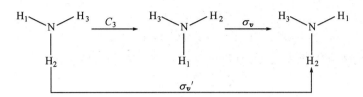

$$\sigma_v C_3 = \sigma_v' \tag{1.12}$$

若颠倒 C_3 和 σ_v 对称操作进行的先后次序,即先通过 σ_v 反映,再旋转 $120°$,则净的效果不再是先前的 σ_v',而相当于另一个对称操作 σ_v'',即

$$C_3 \sigma_v = \sigma_v'' \tag{1.13}$$

可见,对于 C_{3v} 点群,$AB=C$,而 $BA=D$,C 和 D 是该点群中两个不同的对称操作.这种情况更带有普遍性.C_{3v} 点群的封闭性也明显地呈现在相应的乘法表(表 1.3)中.

表 1.3 C_{3v} 点群的乘法表

C_{3v}	E	C_3	C_3^2	σ_v	σ_v'	σ_v''
E	E	C_3	C_3^2	σ_v	σ_v'	σ_v''
C_3	C_3	C_3^2	E	σ_v'	σ_v''	σ_v
C_3^2	C_3^2	E	C_3	σ_v''	σ_v	σ_v'
σ_v	σ_v	σ_v''	σ_v'	E	C_3^2	C_3
σ_v'	σ_v'	σ_v	σ_v''	C_3	E	C_3^2
σ_v''	σ_v''	σ_v'	σ_v	C_3^2	C_3	E

2. 恒等元素

任何点群都含一恒等操作 E,它和点群中任一对称操作的乘积即为该对称操作本身.以 C_{2v} 点群为例:

$$EC_2 = C_2 E = C_2 \tag{1.14}$$

$$E\sigma_v = \sigma_v E = \sigma_v \tag{1.15}$$

$$E\sigma_v' = \sigma_v' E = \sigma_v' \tag{1.16}$$

对于其他点群,情况类似.

3. 结合律

结合律适用于点群.以水分子为例,可以方便地从 C_{2v} 点群的乘法表(表 1.2)中得出

$(AB)C = A(BC)$ 的关系. 如 $\sigma_v \sigma_v' C_2$:

$$(\sigma_v \sigma_v') C_2 = C_2 C_2 = E \tag{1.17}$$

$$\sigma_v (\sigma_v' C_2) = \sigma_v \sigma_v = E \tag{1.18}$$

$$\therefore \quad (\sigma_v \sigma_v') C_2 = \sigma_v (\sigma_v' C_2) \tag{1.19}$$

其他点群同样遵循结合律. 如在 C_{3v} 点群中, $\sigma_v C_3 \sigma_v''$ 的乘积符合结合律:

$$(\sigma_v C_3) \sigma_v'' = \sigma_v' \sigma_v'' = C_3 \tag{1.20}$$

$$\sigma_v (C_3 \sigma_v'') = \sigma_v \sigma_v' = C_3 \tag{1.21}$$

$$\therefore \quad (\sigma_v C_3) \sigma_v'' = \sigma_v (C_3 \sigma_v'') \tag{1.22}$$

4. 逆元素

点群中的元素, 即对称操作都具有相应的逆元素, 或称逆操作. 给定对称操作的逆操作就是指经过另一个对称操作, 能够准确地消除给定对称操作的作用. 用数学关系表示即为

$$AA^{-1} = A^{-1}A = E$$

对于反映的对称操作 σ, 显然, 它的逆操作就是 σ 本身, 即

$$\sigma\sigma = \sigma^2 = E$$

对于旋转的对称操作 C_n^m, 逆操作是 C_n^{n-m}, 因为

$$C_n^m C_n^{n-m} = C_n^n = E$$

对于旋转-反映的对称操作, S_n^m, 由于逆操作与 m 和 n 是奇数还是偶数有关, 情况比较复杂, 共有 4 种可能性. 尽管如此, 每一种可能的情况都存在相应的逆操作: (i)~(ii) 当 n 是偶数时, 不论 m 是偶数或奇数, 它的逆操作都是 S_n^{n-m}; (iii) 当 n 是奇数, m 是偶数时, 则 $S_n^m = C_n^m$, 因而它的逆操作是 C_n^{n-m}; (iv) 当 n 和 m 都是奇数时, 则 $S_n^m = C_n^m \sigma$, 它的逆操作应为 $C_n^{n-m} \sigma$ 的乘积, 且等于 $C_n^{2n-m} \sigma$, 因而可写成单一的操作 S_n^{2n-m}.

1.2.2　化学中重要的点群

前已述及, 点群符号本身就表示出分子中存在哪些对称元素和对称操作, 清晰而确切地描述了分子的对称性, 使人一目了然. 可见, 按照不同的点群, 能对有限分子的对称性及立体构型进行分类和描述. 因此, 了解化学中重要的点群就显得十分必要. 化学中重要的点群有:

1. C_s 点群

C_s 点群仅含一种对称元素, 即镜面 σ. 也就是说, 它属于二阶群, 除了恒等操作 E 以外, 只含一个其他的对称操作, 即反映 σ. 属于 C_s 点群的分子很多, 图 1.7 举出了若干实例.

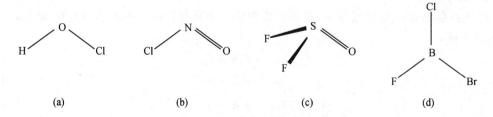

图 1.7　若干属 C_s 点群的分子

(a) HOCl　(b) ONCl　(c) OSF$_2$　(d) BFClBr

2. C_n 点群

属于 C_1 点群的分子,如 SiFClBrI 和 OSFCl 等,实际上并无对称性,所以通常所谓的 C_n 点群系指 $n \geqslant 2$. 这类点群惟一的对称元素是一根 n 重旋转轴,相应的对称操作是:

$$C_n, C_n^2, C_n^3 \cdots C_n^{n-1}, C_n^n = E$$

可见,C_n 点群是一个 n 阶群. 顺-Co(en)$_2$Cl$_2^+$ 属 C_2 点群,PPh$_3$ 属 C_3 点群(图 1.8).

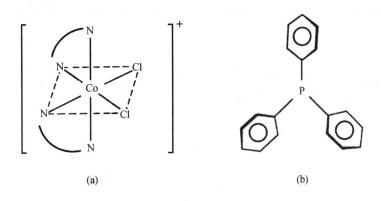

(a)　　　　　　　　　　(b)

图 1.8　若干属 C_n 点群的分子或离子

(a) 顺-Co(en)$_2$Cl$_2^+$(C_2)　(b) PPh$_3$(C_3)

3. C_{nv} 点群

C_{nv} 点群除了有 n 重旋转轴以外,还有 n 个通过旋转轴的镜面 σ_v 或 σ_d. 它的阶为 $2n$. 属于 C_{nv} 点群的分子很多,除了 H$_2$O 分子(C_{2v})和 NH$_3$ 分子(C_{3v})以外,还可举出很多实例. 图 1.9 表示了其中的几例.

4. C_{nh} 点群

C_{nh} 点群除了有 n 重旋转轴以外,还有一个水平镜面 σ_h. 它的阶为 $2n$. 在 C_{nh} 点群中,C_{1h} 实际上就是 C_s 点群. C_{2h} 点群的实例有反-N$_2$F$_2$[图 1.10(a)];C_{3h} 点群的实例有 B(OH)$_3$ [图 1.10(b)].

5. $C_{\infty v}$ 点群

无对称中心的线型分子,如 CO、HCN 等属 $C_{\infty v}$ 点群. 它除了具有和键轴方向一致的无穷次旋转轴 C_∞ 外,还有无穷多个通过键轴的垂直镜面 σ_v.

6. D_n 点群

D_n 点群除了含一根 C_n 主轴外,在主轴的垂直方向上还含 n 根 C_2 轴. 具有 D_n 对称性的分子虽然为数较少,但它却是一类重要的点群. 例如

$$Co(en)_3^{3+} \text{ 和 } Cr(C_2O_4)_3^{3-}$$

等含 3 个相同双齿配体的六配位化合物均属 D_3 点群.

7. D_{nh} 点群

除了 D_n 点群的对称元素外,再加上一个水平镜面 σ_h,就得到 D_{nh} 点群. 在 D_{nh} 点群中,$(C_2\sigma_h)$ 的乘积又给出一套垂直镜面 σ_v 或 σ_d,它们包含 C_2 轴.

D_{nh} 是一类相当重要的点群,许多重要的分子或离子具有这种对称性. 例如(见下表):

分子或离子	所属点群
N_2O_4, $C_2O_4^{2-}$	D_{2h}
BCl_3, SO_3, NO_3^-, PCl_5	D_{3h}
XeF_4, $PdCl_4^{2-}$, AuF_4^-, 反-$Pt(NH_3)_4Cl_2^{2+}$	D_{4h}
气态覆盖型$(C_5H_5)_2M$($M=Fe$,Co,Ni 等)	D_{5h}
C_6H_6	D_{6h}

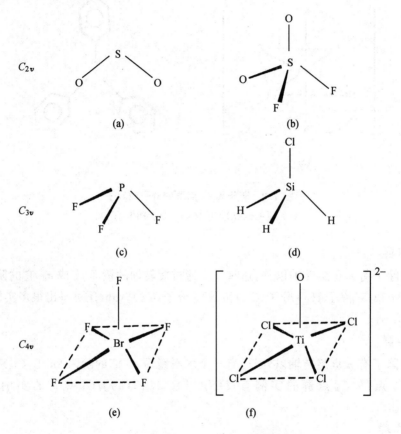

图 1.9 若干属 C_{nv} 点群的分子或离子

(a) SO_2 (b) SO_2F_2 (c) PF_3 (d) SiH_3Cl (e) BrF_5 (f) $(NEt_4)_2(TiCl_4O)$中的 $TiCl_4O^{2-}$

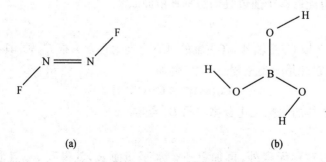

图 1.10 若干属 C_{nh} 点群的分子

(a) 反-N_2F_2(C_{2h}) (b) $B(OH)_3$(C_{3h})

此外,各种正棱柱体的几何构型也都具有 D_{nh} 对称性. 若干 D_{nh} 点群的实例示于图 1.11 中.

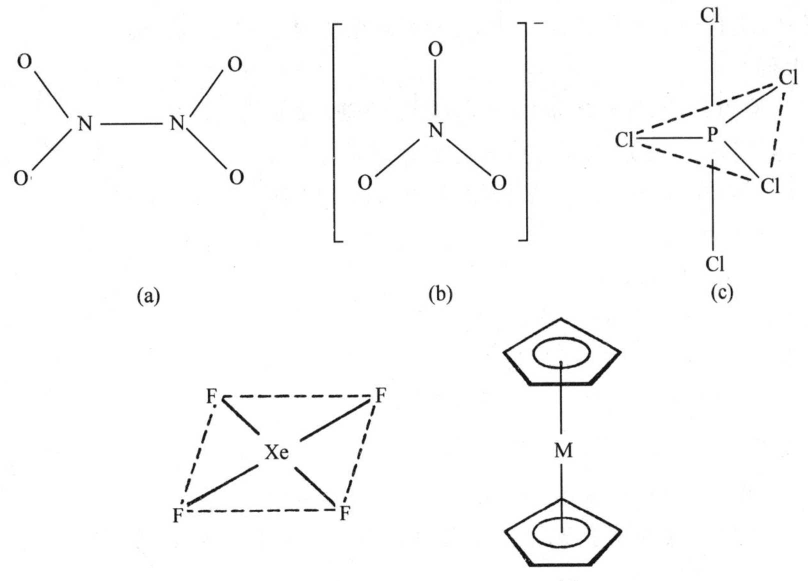

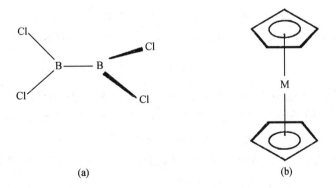

图 1.11 若干属 D_{nh} 点群的分子或离子

(a) $N_2O_4(D_{2h})$　(b) $NO_3^-(D_{3h})$　(c) $PCl_5(D_{3h})$　(d) $XeF_4(D_{4h})$

(e) 气态 $(C_5H_5)_2M$ $(M=Fe,Co,Ni$ 等)(D_{5h})

8. D_{nd} 点群

在 D_n 点群的基础上,再加上一套平分每一对 C_2 轴间夹角的垂直镜面 σ_d,便可得到 D_{nd} 点群. 在 D_{nd} 点群中,最熟悉的例子要算 D_{3d} 对称性的乙烷分子,其他,如:气态的 B_2Cl_4 分子具有交错的构型,属 D_{2d} 点群;环状的 S_8 分子属 D_{4d} 点群;交错构型的金属茂 $(C_5H_5)_2M$ 属 D_{5d} 点群等.图 1.12 表示了其中的几例.

图 1.12 若干属 D_{nd} 点群的分子

(a) $B_2Cl_4(D_{2d})$　(b) $(C_5H_5)_2M(D_{5d})$

9. $D_{\infty h}$ 点群

具有对称中心的线型分子,如 H_2、CO_2、XeF_2 等属 $D_{\infty h}$ 点群.它除了有无穷次 C_∞ 轴和无穷个 σ_v 镜面以外,还有一个水平镜面 σ_h 以及无穷多根垂直于 C_∞ 的 C_2 轴.

10. S_n 点群

属于 S_n 点群的分子,惟一的对称元素是 S_n 映轴.当 n 是奇数时,S_n 点群实际上就是 C_{nh} 点群.只有当 n 是偶数时,才有可能得到新的点群,S_4 和 S_6 就是两例.例如,由 S_4 映轴产生的一套对称操作为:

$$S_4,\quad S_4^2 \equiv C_2,\quad S_4^3,\quad S_4^4 \equiv E$$

值得注意的是,S_2 并不是新的点群,它实际上就是 C_i 点群,即相当于仅含对称中心 i 的点群.属 S_n 点群的分子很少,$S_4N_4F_4$ 分子是其中的一例,它属于 S_4 点群(图 1.13).

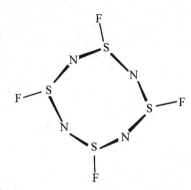

图 1.13　$S_4N_4F_4$ 分子(S_4)的结构

11. T_d 点群

正四面体构型的分子或离子,如 CH_4、CCl_4、$GeCl_4$、ClO_4^-、SO_4^{2-}、$Ni(CO)_4$ 等均属 T_d 点群.它的对称元素有 $4C_3$、$3C_2$、$3S_4$ 和 $6\sigma_d$(图 1.14),相应的对称操作共 24 个,它们是:

$$E, 4C_3, 4C_3^2, 3C_2, 3S_4, 3S_4^3, 6\sigma_d$$

T_d 点群虽是一种对称性很高的点群,但却无对称中心.

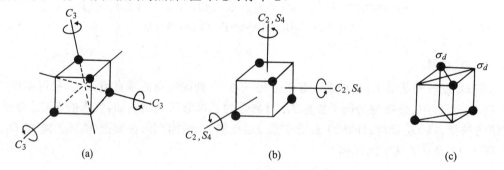

图 1.14　T_d 点群的对称元素

(a) $4C_3$(图中仅示出 3 根)　(b) $3C_2$,$3S_4$　(c) $6\sigma_d$(图中仅示出 2 个)

12. O_h 点群

正八面体构型的分子或离子,如 UF_6、SF_6、$PtCl_6^{2-}$ 和许多六配位的过渡金属配合物均属 O_h 点群.它的对称元素包括:3 根 C_4 轴,这 3 根 C_4 轴同时又是 S_4 及 C_2 轴;4 根 C_3 轴,这 4 根 C_3 轴同时又是 S_6 映轴;6 根平分对边的 C_2' 轴;6 个 σ_d 镜面;3 个 σ_h 镜面和对称中心 i.可见 O_h 点群不仅是一种重要的点群,而且是一种对称性很高的点群,它共有 48 个对称操作.

13. I_h 点群

$B_{12}H_{12}^{2-}$ 具有二十面体的几何构型,C_{60} 相当于截顶的二十面体,它们均属 I_h 点群.I_h 点群的基本对称元素有

$$6C_5, 10C_3, 15C_2 \text{ 及 } 15\sigma$$

共计 120 个对称操作.

14

除上述点群以外,其他类型的点群还有 T、O、I 等.它们可分别从 T_d、O_h 或 I_h 点群去掉某些对称元素而得到.由于这些点群的实际分子很少,故不拟作更多的介绍.顺便提一句,以上所用的这一套点群符号,通常称为群的 **Schoenflies 符号**.

1.3 特 征 标 表

要深入论述**特征标表**(character table)的来龙去脉,涉及到许多数学问题,非本书所能承担.但是,运用群论来讨论化学问题时,特征标表又占有特殊重要的位置.为解决这一矛盾,姑且简单地介绍一下特征标表的含义及其在化学中的应用,至于进一步的探讨,留在有关的课程中解决.

1.3.1 群的表示

若选定笛卡儿坐标系,并以物体上任一点的一组坐标 x、y、z 为基函数,则各种对称操作均可用相应的表示矩阵加以表示.以 C_{2v} 点群为例,它的 4 个对称操作:E、C_2、$\sigma_v(xz)$、$\sigma_v'(yz)$,若以 x、y、z 为基函数,则相应的表示矩阵是:

$$
\begin{array}{cccc}
E & C & \sigma_v(xz) & \sigma_v'(yz) & \text{基函数} \\
\begin{bmatrix} 1 & 0 & 0 \\ 0 & 1 & 0 \\ 0 & 0 & 1 \end{bmatrix} &
\begin{bmatrix} -1 & 0 & 0 \\ 0 & -1 & 0 \\ 0 & 0 & 1 \end{bmatrix} &
\begin{bmatrix} 1 & 0 & 0 \\ 0 & -1 & 0 \\ 0 & 0 & 1 \end{bmatrix} &
\begin{bmatrix} -1 & 0 & 0 \\ 0 & 1 & 0 \\ 0 & 0 & 1 \end{bmatrix} &
\begin{array}{c} x \\ y \\ z \end{array}
\end{array}
$$

从对称操作的表示矩阵和对称操作的对应关系可清楚地看到,由一组基函数得到的一组对称操作的表示矩阵,也可构成群.后者同样具备一般群的 4 条基本性质,并且和相应对称操作群的乘法表有单向的对应关系.由这样一组表示矩阵构成的群,称为相应对称操作群的一个**矩阵表示**,简称群的表示.因此,只要正确地写出点群中每个对称操作的表示矩阵,就能够得到相应群的矩阵表示.

上述这一组三维矩阵就是 C_{2v} 点群的一个表示.在这一组矩阵中,行和列的数目相等,故又称为**方阵**.方阵中位于从左上角到右下角对角线位置上的元素称为对角元素.方阵的一个重要性质就是它的**特征标**.特征标是矩阵的对角元素之和,通常用符号 χ 表示.由于在这一组三维的表示矩阵中,除了对角元素以外,其余的元素都等于零,它们还可进一步约化,因此,由这一组矩阵构成的群的表示称为**可约表示**(reducible representation),通常用符号 Γ 标记.

上述每个三维矩阵又可划分成 3 个一维矩阵,如下图所示:

$$
\begin{array}{cccc}
E & C_2 & \sigma_v(xz) & \sigma_v'(yz) & \text{基函数} \\
\begin{bmatrix} 1 & 0 & 0 \\ 0 & 1 & 0 \\ 0 & 0 & 1 \end{bmatrix} &
\begin{bmatrix} -1 & 0 & 0 \\ 0 & -1 & 0 \\ 0 & 0 & 1 \end{bmatrix} &
\begin{bmatrix} 1 & 0 & 0 \\ 0 & -1 & 0 \\ 0 & 0 & 1 \end{bmatrix} &
\begin{bmatrix} -1 & 0 & 0 \\ 0 & 1 & 0 \\ 0 & 0 & 1 \end{bmatrix} &
\begin{array}{c} x \\ y \\ z \end{array}
\end{array}
$$

划分得到的一维矩阵,或者是[1]或者是[-1],而且相互独立,分别以 x、y 或 z 为基函数.因此,它们应分属于 3 个独立的表示.由于这 3 组一维的矩阵已经不可能再进一步约化了,因此,它们构成的表示称为**不可约表示**(irreducible representation).矩阵的对角元素之和,即不可约表示的特征标分别是:

E	C_2	$\sigma_v(xz)$	$\sigma_v'(yz)$	基函数
1	-1	1	-1	x
1	-1	-1	1	y
1	1	1	1	z

再考虑以转动向量 R_x、R_y 或 R_z 为基函数时,C_{2v} 点群各对称操作的表示矩阵.在简单的情况下,可以按照半图解的方法得到解答.设想对绕 x、y 或 z 轴的转动 R_x、R_y 或 R_z 进行对称操作,若经过某一对称操作,绕轴的转动方向不变,则用矩阵[1]表示;绕轴的转动方向改变,则用矩阵[-1]表示.以属 C_{2v} 点群的水分子为例,在各对称操作的作用下,绕 z 轴转动(R_z)的变换情况,用俯视图表示结果如图 1.15.

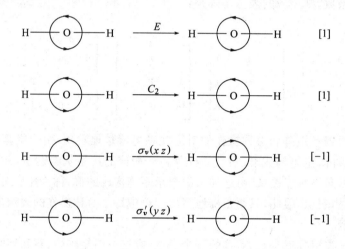

图 1.15　在 C_{2v} 点群对称操作作用下 R_z 的变换

类似地,绕 x 轴转动(R_x)或绕 y 轴转动(R_y)在对称操作的作用下也有相应的变换.

综合起来,在 C_{2v} 点群对称操作的作用下,R_x、R_y 和 R_z 的变换如下:

E	C_2	$\sigma_v(xz)$	$\sigma_v'(yz)$	基函数
1	-1	-1	1	R_x
1	-1	1	-1	R_y
1	1	-1	-1	R_z

它们也构成了 3 个不可约表示.值得注意的是,以 R_x 或 R_y 为基函数所得到的不可约表示分别和以 y 或 x 为基函数所得到的结果一致.

总的来说,一个群可以有无穷多个可约表示,但数学上可以证明不可约表示的数目只有有限的几个,而恰恰是不可约表示具有特殊重要的意义.

1.3.2 特征标表

将点群所有不可约表示的特征标列成表,称为**特征标表**,通常表中还列出相应的、常用的基函数.作为两个例子,表 1.4 和表 1.5 列出了 C_{2v} 和 C_{3v} 点群的特征标表,其他点群的特征标表大体上也具有类似的形式.某些化学中重要点群的特征标表在附录 II 中列出.

表 1.4 C_{2v} 点群的特征标表

C_{2v}	E	C_2	$\sigma_v(xz)$	$\sigma_v'(yz)$		
A_1	1	1	1	1	z	x^2, y^2, z^2
A_2	1	1	-1	-1	R_z	xy
B_1	1	-1	1	-1	x, R_y	xz
B_2	1	-1	-1	1	y, R_x	yz

表 1.5 C_{3v} 点群的特征标表

C_{3v}	E	$2C_3$	$3\sigma_v$		
A_1	1	1	1	z	x^2+y^2, z^2
A_2	1	1	-1	R_z	
E	2	-1	0	$(x,y)(R_x,R_y)$	$(x^2-y^2, xy)(xz, yz)$

特征标表横线以上部分的左上角表示了各点群的 Schoenflies 符号,右边列出了归成类的群元素,即归成类的相应点群的对称操作.所谓群的同类元素,简单地说是指:若 A、B、C 都是群的元素,按照群的基本性质,B 必有逆元素 B^{-1},若能满足 $BAB^{-1}=C$ 的关系,则 A 和 C 是群的同一类元素.显然,同一类对称操作是对称元素取向不同的相同的操作.例如,C_{3v} 点群的 6 个对称操作:E、C_3、C_3^2、σ_v、σ_v' 和 σ_v'' 中,E 自成一类,C_3 和 C_3^2 属同类元素,σ_v、σ_v' 和 σ_v'' 属同类元素,因此,在 C_{3v} 点群特征标表横线以上的右侧只出现 3 类群元素.但决不能由 C_{3v} 点群的情况推论为:一个群中所有旋转对称操作同属一类,所有反映对称操作同属一类.例如,C_{2v} 点群的两个反映对称操作 $\sigma_v(xz)$ 和 $\sigma_v'(yz)$ 就各自成一类,因此,C_{2v} 点群共有 4 类群元素.

特征标表横线以下从左到右分成 4 部分,现分别加以简单的说明.

1. 不可约表示的符号

这里采用的是 Mulliken 符号,有以下几项规定:

(i) 一维表示用 A 或 B 标记;二维表示用 E 标记;三维表示则用 T(有时用 F)标记.

(ii) 对于绕主轴 C_n 转动 $2\pi/n$ 是对称的一维表示,即 $\chi(C_n)=1$,用 A 标记;反对称的,即 $\chi(C_n)=-1$,则用 B 标记.对于没有旋转轴的点群,所有一维表示都用 A 标记.

(iii) 下标"1"或"2",如 A_1、A_2 等,用来区别对于垂直于主轴的 C_2 轴是对称还是反对称的.倘若没有这种 C_2 轴,则用来区别对于某一个 σ_v 镜面是对称还是反对称的.下标"1"表示是对称的,"2"表示是反对称的.

(iv) 上标一撇或两撇,如 A_1'、A_2'' 等,用来区别对于 σ_h 镜面是对称还是反对称的.一撇表示是对称的,两撇表示是反对称的.

(v) 下标"g"(来自德文 gerade,原意是偶数)或"u"(来自德文 ungerade,原意是奇数),如

A_{1g}、A_{1u} 等,用来区别对于对称中心是对称还是反对称的."g"表示是对称的,"u"表示是反对称的.

2. 不可约表示的特征标

它的含义已在 1.3.1 节中作过简要的阐述.

3. 不可约表示的基函数

此即特征标表中右边的两栏. 前已指出基函数的选择是任意的,这里给出的是一些基本的、与化学问题有关的基函数. 例如,x、y、z 3 个变量可以和偶极矩的 3 个分量相联系,也可以和原子的 3 个 p 轨道相联系. 表中还给出了二元乘积基函数,如 xy、xz、yz、x^2-y^2、z^2 等,它们可以和原子的 5 个 d 轨道相联系. 在有些特征标表里还列出了三元乘积基函数,它们可以和原子的 7 个 f 轨道相联系. 这样,原子轨道在分子的对称操作群中所属的不可约表示,可方便地直接由特征标表查得. 表中还列出了转动向量 R_x、R_y、R_z 3 个基函数,它们和分子的转动运动有关.

群的不可约表示和特征标有以下几条重要的规则.

(i) 群的不可约表示维数平方和等于群的阶,即

$$\sum_\nu l_\nu^2 = l_1^2 + l_2^2 + l_3^2 + \cdots = h \tag{1.23}$$

对 ν 的求和遍及该群所有的不可约表示. 例如,C_{2v} 点群的 4 个不可约表示均为一维,它的阶必为 4,即

$$1^2 + 1^2 + 1^2 + 1^2 = 4 = h \tag{1.24}$$

C_{3v} 点群的 3 个不可约表示中,有 2 个是一维的,另一个是二维的,它的阶必为 6,即

$$1^2 + 1^2 + 2^2 = 6 = h \tag{1.25}$$

(ii) 群的不可约表示的数目等于群中类的数目. 从这条规则出发,C_{2v} 点群有四类群元素,因而必须有 4 个不可约表示. C_{3v} 点群的群元素分成三类,因而必须有 3 个不可约表示.

(iii) 群的不可约表示特征标的平方和等于群的阶,即

$$\sum_R [\chi^\nu(R)]^2 = h \tag{1.26}$$

式中 $\chi^\nu(R)$ 为第 ν 个不可约表示对应于对称操作 R 的特征标. 对 R 的求和遍及该群所有的对称操作. 例如,在 C_{2v} 点群中,不可约表示 A_2 的特征标为 1、1、-1、-1. 按式 1.26,则有如下的关系:

$$(1)^2 + (1)^2 + (-1)^2 + (-1)^2 = 4 = h \tag{1.27}$$

在 C_{3v} 点群中,不可约表示 A_2 的特征标为 1、1、-1,同样满足式 1.26 的关系:

$$(1)^2 + 2(1)^2 + 3(-1)^2 = 6 = h \tag{1.28}$$

(iv) 群的两个不可约表示的特征标满足正交关系,即

$$\sum_R \chi^\nu(R)\chi^{\mu*}(R) = 0, \qquad \nu \neq \mu \tag{1.29}$$

每逢群的不可约表示的特征标包括虚数或复数时,式 1.29 左端的一个因子必须取共轭复数,式中 $\chi^{\mu*}(R)$ 即为 $\chi^\mu(R)$ 的共轭复数. 例如,C_{2v} 点群中 B_1 和 B_2 两个不可约表示满足式 1.29 的正交关系,即

$$(1)(1) + (-1)(-1) + (1)(-1) + (-1)(1) = 0 \tag{1.30}$$

C_{3v} 点群中 A_2 和 E 两个不可约表示同样满足正交关系,即

$$(1)(2) + 2(1)(-1) + 3(-1)(0) = 0 \qquad (1.31)$$

（v）属于同一类的对称操作具有相同的特征标.

按照上述 5 条规则，C_{2v} 和 C_{3v} 点群的不可约表示的特征标表必然为以下的形式：

C_{2v}点群

	E	C_2	σ_v	σ_v'
Γ^1	1	1	1	1
Γ^2	1	-1	-1	1
Γ^3	1	-1	1	-1
Γ^4	1	1	-1	-1

C_{3v}点群

	E	$2C_3$	$3\sigma_v$
Γ^1	1	1	1
Γ^2	1	1	-1
Γ^3	2	-1	0

可约表示可以分解为组成它的一系列不可约表示.根据上述规则，可以导出可约表示的分解公式：

$$n(\Gamma^\nu) = \frac{1}{h} \sum_i h_i \chi_i^{\nu*} \chi_i \qquad (1.32)$$

其中：$n(\Gamma^\nu)$ 为第 ν 个不可约表示在可约表示中出现的次数；h 为群的阶；h_i 为第 i 类对称操作的数目；χ_i^ν 为第 ν 个不可约表示对应于第 i 类对称操作的特征标，$\chi_i^{\nu*}$ 为 χ_i^ν 的共轭复数；χ_i 为可约表示对应于第 i 类对称操作的特征标.上式对 i 的求和遍及所有的对称操作类.

式 1.32 极其重要，利用它可直接由可约表示的特征标求出群中各不可约表示在该可约表示中是否出现，以及出现的次数.例如，前已述及，若以 x、y、z 为基函数，C_{2v} 点群的 4 个对称操作可用一组三维矩阵来表示，这一组表示矩阵构成群的一个可约表示，而矩阵的对角元素之和即为可约表示 $\Gamma(x,y,z)$ 的特征标.因此，运用式 1.32 就可方便地将可约表示 $\Gamma(x,y,z)$ 分解为组成它的不可约表示：

C_{2v}	E	C_2	σ_v	σ_v'	
A_1	1	1	1	1	z
A_2	1	1	-1	-1	R_z
B_1	1	-1	1	-1	x, R_y
B_2	1	-1	-1	1	y, R_x
$\Gamma(x,y,z)$	3	-1	1	1	

$$A_1 = \frac{1}{4}\big[(1)(1)(3) + (1)(1)(-1) + (1)(1)(1) + (1)(1)(1)\big] = 1$$

$$A_2 = \frac{1}{4}\big[(1)(1)(3) + (1)(1)(-1) + (1)(-1)(1) + (1)(-1)(1)\big] = 0$$

$$B_1 = \frac{1}{4}\big[(1)(1)(3) + (1)(-1)(-1) + (1)(1)(1) + (1)(-1)(1)\big] = 1$$

$$B_2 = \frac{1}{4}\big[(1)(1)(3) + (1)(-1)(-1) + (1)(-1)(1) + (1)(1)(1)\big] = 1$$

$$\therefore \Gamma(x,y,z) = A_1 + B_1 + B_2$$
$$(z) \quad (x) \quad (y)$$

可见，可约表示 $\Gamma(x,y,z)$ 包括 A_1、B_1 和 B_2 这 3 个不可约表示.

运用对称性原理和群论的方法来处理化学问题时,特征标表和式 1.32 都占有特殊重要的位置.

1.4　群论在无机化学中的应用数例

群论之所以能在化学中施展威力,最主要的纽带就是分子、轨道以及分子的振动模式等都具有一定的对称性质.前已述及,有限分子可用不同的点群来描述它们的对称性和对立体构型进行分类,轨道、分子的振动模式等也可从对称性的角度来进行描述,或预示振动光谱中可能出现的简正振动的谱带数.现举出一些群论在无机化学中的应用实例.

1.4.1　AB_n 型分子的 σ 键

1. σ 杂化轨道

属于 AB_n 型的分子或离子很多,像 BF_3、SO_3、SF_4、XeF_4、SO_4^{2-}、PF_5 以及大量单核的配合物或配离子等都是.对于 AB_n 型分子,现考虑原子 A 以哪些原子轨道组成等价的 σ 杂化轨道的集合.设想当一个对称操作作用于该杂化轨道(或代表它们的向量)的集合上时,假如某一向量保持不变,则体现在矩阵中,它的对角元素等于 1;假如某一向量和另一向量互相交换,则两个相应的对角元素均等于零.因此,可以运用一个简单的规则来确定相应对称操作的特征标,即特征标等于在该操作的作用下,不发生位移的向量数.用化学的语言可表述为:特征标等于在该对称操作的作用下,不动的化学键数.显然,这样得到的一组特征标是可约表示的特征标.按式 1.32 分解后,便可得到相应的不可约表示.现以 BF_3 分子为例,具体阐明如何运用上述规则得到硼原子上 3 个 σ 杂化轨道的集合.

BF_3 分子具有平面三角形的几何构型,属 D_{3h} 点群:

$$F—B\begin{matrix}F\\\\F\end{matrix}$$

按照上述规则,在恒等操作 E 的作用下,3 根 B—F 键都保持不动,因而 $\chi(E)=3$;在对称操作 C_3 的作用下,所有的键都相互交换了位置,因而 $\chi(C_3)=0$;在 C_2 的作用下,仅有 1 根键保持不动,因而 $\chi(C_2)=1$.按照类似的做法,还可以得到

$$\chi(\sigma_h)=3,\chi(S_3)=0 \text{ 以及 } \chi(\sigma_v)=1$$

以上结果,连同 D_{3h} 的特征标表表示于下:

D_{3h}	E	$2C_3$	$3C_2$	σ_h	$2S_3$	$3\sigma_v$		
A_1'	1	1	1	1	1	1		x^2+y^2,z^2
A_2'	1	1	−1	1	1	−1	R_z	
E'	2	−1	0	2	−1	0	(x,y)	(x^2-y^2,xy)
A_1''	1	1	1	−1	−1	−1		
A_2''	1	1	−1	−1	−1	1	z	
E''	2	−1	0	−2	1	0	(R_x,R_y)	(xz,yz)
Γ_σ	3	0	1	3	0	1		

将可约表示 Γ_σ 按式 1.32 进行分解,便可得到如下的结果:

$$n(A_1') = \frac{1}{12}[(1)(1)(3) + 0 + (3)(1)(1) + (1)(1)(3) + 0 + (3)(1)(1)] = 1$$

$$n(A_2') = \frac{1}{12}[(1)(1)(3) + 0 + (3)(-1)(1) + (1)(1)(3) + 0 + (3)(-1)(1)] = 0$$

$$n(E') = \frac{1}{12}[(1)(2)(3) + 0 + 0 + (1)(2)(3) + 0 + 0] = 1$$

$$n(A_1'') = \frac{1}{12}[(1)(1)(3) + 0 + (3)(1)(1) + (1)(-1)(3) + 0 + (3)(-1)(1)] = 0$$

$$n(A_2'') = \frac{1}{12}[(1)(1)(3) + 0 + (3)(-1)(1) + (1)(-1)(3) + 0 + (3)(1)(1)] = 0$$

$$n(E'') = \frac{1}{12}[(1)(2)(3) + 0 + 0 + (1)(-2)(3) + 0 + 0] = 0$$

$$\therefore \Gamma_\sigma = A_1' + E'$$

从对称性考虑,这一组 σ 杂化轨道有几种可能的组合,即

$$(s, p_x, p_y)、(s, d_{xy}, d_{x^2-y^2})、(d_{z^2}, p_x, p_y) \quad 或 \quad (d_{z^2}, d_{xy}, d_{x^2-y^2})$$

亦即

$$sp^2, sd^2, dp^2 \quad 或 \quad d^3$$

但是,从能量上考虑,对 BF_3 分子中硼原子上最合理的杂化轨道显然是 sp^2,其中参与杂化的两个 p 轨道是 p_x 和 p_y.

2. 定性分子轨道能级图

原子轨道和分子轨道都具有一定的对称性.由原子轨道组成分子轨道时,除轨道能量必须接近等因素外,对称性必须匹配.换句话说,若中心原子的原子轨道和配体群轨道的对称性匹配,两者便可相互作用,形成成键和反键分子轨道;反之,若轨道对称性不匹配,则成为非键分子轨道.因此,可根据轨道的对称性,得出定性分子轨道能级图.

现以水分子为例,说明仅考虑 AB_n 型分子中的 σ 键时,如何得出定性分子轨道能级图.弯曲型的水分子 H_2O,具有两根等同的 O—H 键,键角104°.若将水分子置于 yz 平面内,如图1.5所示,且仅考虑氧原子的 $2s$、$2p_x$、$2p_y$、$2p_z$ 和氢原子的 $1s$ 原子轨道,则可根据原子轨道的对称性,得出 H_2O 分子基态的定性分子轨道能级图.

由于 H_2O 分子属 C_{2v} 点群,因此,氧原子原子轨道的对称性可从 C_{2v} 点群的特征标表中一目了然,即氧原子的 $2s$ 和 $2p_z$ 原子轨道具有 a_1 对称性,$2p_x$ 具有 b_1 对称性,而 $2p_y$ 原子轨道则具有 b_2 对称性.

C_{2v}	E	C_2	$\sigma_v(xz)$	$\sigma_v'(yz)$	
A_1	1	1	1	1	$(1s), 2s, 2p_z$
A_2	1	1	-1	-1	
B_1	1	-1	1	-1	$2p_x$
B_2	1	-1	-1	1	$2p_y$

由两个氢原子的各一个 $1s$ 轨道组成的群轨道,它们的对称性,则可按上一节处理 BF_3 分子同样的方法,首先求得可约表示,结果如下:

C_{2v}	E	C_2	$\sigma_v(xz)$	$\sigma_v'(yz)$
$\Gamma(1s, 2H)$	2	0	0	2

然后,再按式 1.32 将可约表示分解为不可约表示,结果为:
$$\Gamma(1s,2H) = A_1 + B_2$$
即由两个氢原子 1s 轨道组成的群轨道,为具有 A_1 和 B_2 对称性的 a_1 和 b_2 轨道.

当中心氧原子的原子轨道和两个氢原子的 1s 群轨道进一步组成分子轨道时,由于群轨道具有 a_1 和 b_2 对称性,和氧原子的 $2p_z(a_1)$ 和 $2p_y(b_2)$ 原子轨道对称性匹配,因而相互作用,形成成键和反键分子轨道.氧原子的 2s 轨道虽然也具有 a_1 对称性,但由于能量较低,可考虑不参与分子轨道的形成.至于氧原子的 $2p_x(b_1)$ 原子轨道,则由于对称性不匹配,成为非键轨道.据此,可得出如下的水分子定性分子轨道能级图(图 1.16).

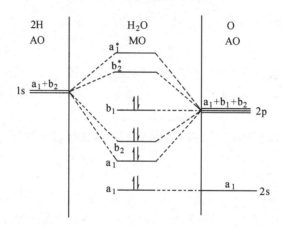

图 1.16　H_2O 分子的定性分子轨道能级图

1.4.2　分子的振动

在任何温度下,包括热力学温度零度(绝对零度)在内,分子都在不停地振动着.由于分子的振动,使分子内部原子间的距离和角度发生周期性的变化,但净的效果是既不产生分子质心的位移,也不产生净的角动量.当然,除了振动以外,分子还有平动和转动运动.

1. 简正振动的数目和对称类型

表面上看来是杂乱无章的分子振动,实际上是多种简单振动的叠加.这种简单振动通常称为分子的**简正振动**(normal vibration)或**简正振动模式**(normal modes of vibration).每种简正振动都有各自的频率.

在讨论分子的振动时,首先需要考虑的是分子的简正振动数目.由于每个原子有 3 个运动的自由度,因此,由 n 个原子所组成的分子,总共有 $3n$ 个自由度.在这 $3n$ 个自由度中,有 3 个自由度属于整个分子朝三度空间的 3 个方向的运动,如以笛卡儿坐标表示,则为 x、y 和 z 方向作平移运动;还有 3 个自由度属于所有原子一齐绕 x、y 或 z 轴作转动运动.因而在 $3n$ 个运动自由度中,仅剩下 $(3n-6)$ 个振动自由度.对于线型分子,由于分子只能绕垂直于键轴方向的两根轴中的任一根转动,而不能绕键轴本身转动,因此,线型分子具有 $(3n-5)$ 个简正振动模式.

现在,让我们考察一个具体分子的简正振动模式.以 AB_2 型的 SO_2 分子为例,按照 $(3n-6)$ 规则,它共有 $3\times3-6=3$ 个简正振动.图 1.17 表示了 SO_2 分子的这三种简正振动模式,它们分别以 ν_1、ν_2 和 ν_3 表示.显然,ν_1 和 ν_3 为**伸缩振动**(stretching vibration),ν_2 为**弯曲振动**

（bending vibration）. 图中的箭头表示原子间距离或角度的相对变化.

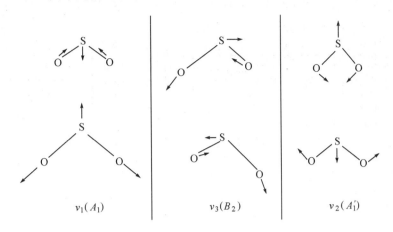

$$v_1(A_1) \qquad v_3(B_2) \qquad v_2(A_1')$$

图 1.17　SO_2 分子的三种简正振动模式

我们知道：表示原子瞬间位移的每一个向量，可以看成是一组三个向量合成的结果. 可以在构成分子的每个原子上附加一个独立的笛卡儿坐标系，它以该原子为原点，同时，所有的 x、y 和 z 轴相互平行，而且在每一个小坐标系中，沿着 x、y 和 z 轴各取一单位向量（见下图示）：

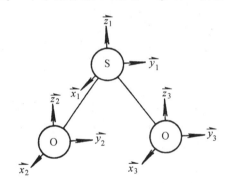

这样，便可用沿 x_i、y_i 和 z_i 方向的向量之和来表示第 i 个原子的位移向量.

每一种简正振动模式都具有一定的对称性质，或者说属于一定的对称类型，它们可以用不可约表示的符号加以标记. 图 1.17 的括号内注明了 SO_2 三种简正振动模式所属的不可约表示. 显然，表示 v_1 和 v_2 的一组向量，在 C_{2v} 点群全部对称操作的作用下是不变的，因此，它们属于 A_1 表示；表示 v_3 的一组向量，对 E 和 σ_v' 对称操作是不变的，但对 C_2 和 σ_v 对称操作却发生了方向倒转的变化，即

$$\chi(C_2) = -1, \qquad \chi(\sigma_v) = -1$$

因而它属于 B_2 表示.

根据分子的结构，容易确定对应于各类对称操作的特征标，从而确定可能存在的简正振动的数目和对称类型. 仍以 SO_2 分子为例，在对称操作 E 和 $\sigma_v'(yz)$ 的作用下，SO_2 分子中所有的原子均保持不变；在 C_2 和 $\sigma_v(xz)$ 的作用下，只有硫原子保持不变，两个氧原子则互相交换了位置. 因此，相应对称操作作用的结果，可用下列矩阵方程表示（$\bar{x}$、$\bar{y}$、$\bar{z}$ 表示空间任一点在以原子 i 为原点的坐标系中的坐标值）：

$$
E
\begin{bmatrix} x_1 \\ y_1 \\ z_1 \\ x_2 \\ y_2 \\ z_2 \\ x_3 \\ y_3 \\ z_3 \end{bmatrix}
=
\left[\begin{array}{ccc|ccc|ccc}
1 & 0 & 0 & & & & & & \\
0 & 1 & 0 & & 0 & & & 0 & \\
0 & 0 & 1 & & & & & & \\ \hline
 & & & 1 & 0 & 0 & & & \\
 & 0 & & 0 & 1 & 0 & & 0 & \\
 & & & 0 & 0 & 1 & & & \\ \hline
 & & & & & & 1 & 0 & 0 \\
 & 0 & & & 0 & & 0 & 1 & 0 \\
 & & & & & & 0 & 0 & 1
\end{array}\right]
\begin{bmatrix} x_1 \\ y_1 \\ z_1 \\ x_2 \\ y_2 \\ z_2 \\ x_3 \\ y_3 \\ z_3 \end{bmatrix}
=
\begin{bmatrix} x_1' \\ y_1' \\ z_1' \\ x_2' \\ y_2' \\ z_2' \\ x_3' \\ y_3' \\ z_3' \end{bmatrix}
\tag{1.33}
$$

$$
\sigma_v'(yz)
\begin{bmatrix} x_1 \\ y_1 \\ z_1 \\ x_2 \\ y_2 \\ z_2 \\ x_3 \\ y_3 \\ z_3 \end{bmatrix}
=
\left[\begin{array}{ccc|ccc|ccc}
-1 & 0 & 0 & & & & & & \\
0 & 1 & 0 & & 0 & & & 0 & \\
0 & 0 & 1 & & & & & & \\ \hline
 & & & -1 & 0 & 0 & & & \\
 & 0 & & 0 & 1 & 0 & & 0 & \\
 & & & 0 & 0 & 1 & & & \\ \hline
 & & & & & & -1 & 0 & 0 \\
 & 0 & & & 0 & & 0 & 1 & 0 \\
 & & & & & & 0 & 0 & 1
\end{array}\right]
\begin{bmatrix} x_1 \\ y_1 \\ z_1 \\ x_2 \\ y_2 \\ z_2 \\ x_3 \\ y_3 \\ z_3 \end{bmatrix}
=
\begin{bmatrix} x_1' \\ y_1' \\ z_1' \\ x_2' \\ y_2' \\ z_2' \\ x_3' \\ y_3' \\ z_3' \end{bmatrix}
\tag{1.34}
$$

$$
C_2
\begin{bmatrix} x_1 \\ y_1 \\ z_1 \\ x_2 \\ y_2 \\ z_2 \\ x_3 \\ y_3 \\ z_3 \end{bmatrix}
=
\left[\begin{array}{ccc|ccc|ccc}
-1 & 0 & 0 & & & & & & \\
0 & -1 & 0 & & 0 & & & 0 & \\
0 & 0 & 1 & & & & & & \\ \hline
 & & & & & & -1 & 0 & 0 \\
 & 0 & & & 0 & & 0 & -1 & 0 \\
 & & & & & & 0 & 0 & 1 \\ \hline
 & & & -1 & 0 & 0 & & & \\
 & 0 & & 0 & -1 & 0 & & 0 & \\
 & & & 0 & 0 & 1 & & &
\end{array}\right]
\begin{bmatrix} x_1 \\ y_1 \\ z_1 \\ x_2 \\ y_2 \\ z_2 \\ x_3 \\ y_3 \\ z_3 \end{bmatrix}
=
\begin{bmatrix} x_1' \\ y_1' \\ z_1' \\ x_2' \\ y_2' \\ z_2' \\ x_3' \\ y_3' \\ z_3' \end{bmatrix}
\tag{1.35}
$$

$$
\sigma_v(xz)
\begin{bmatrix} x_1 \\ y_1 \\ z_1 \\ x_2 \\ y_2 \\ z_2 \\ x_3 \\ y_3 \\ z_3 \end{bmatrix}
=
\left[\begin{array}{ccc|ccc|ccc}
1 & 0 & 0 & & & & & & \\
0 & -1 & 0 & & 0 & & & 0 & \\
0 & 0 & 1 & & & & & & \\ \hline
 & & & 1 & 0 & 0 & & & \\
 & 0 & & 0 & -1 & 0 & & 0 & \\
 & & & 0 & 0 & 1 & & & \\ \hline
 & & & & & & 1 & 0 & 0 \\
 & 0 & & & 0 & & 0 & -1 & 0 \\
 & & & & & & 0 & 0 & 1
\end{array}\right]
\begin{bmatrix} x_1 \\ y_1 \\ z_1 \\ x_2 \\ y_2 \\ z_2 \\ x_3 \\ y_3 \\ z_3 \end{bmatrix}
=
\begin{bmatrix} x_1' \\ y_1' \\ z_1' \\ x_2' \\ y_2' \\ z_2' \\ x_3' \\ y_3' \\ z_3' \end{bmatrix}
\tag{1.36}
$$

从以上的矩阵可见,每一个矩阵都能划分成 9 个三维方块.对 E 和 σ_v' 来说,所有的非零方块都处在矩阵的对角线位置上,这就意味着它们均对可约表示的特征标有贡献;而对 C_2 和 σ_v 来说,只有一个非零方块对特征标有贡献.于是,我们可从中得出一个简单的规则,即可约表示的特征标等于在该对称操作的作用下,不动的原子数乘以各对称操作对特征标的贡献.所谓对特征标的贡献,更明确地说,就是对称操作表示矩阵的对角元素之和.表 1.6 列出了若干对称操作对特征标的贡献.值得注意的是,在任何点群中,同一对称操作对特征标的贡献均相同.

表 1.6 若干对称操作对特征标的贡献

对称操作	对特征标的贡献	对称操作	对特征标的贡献
E	3	i	-3
C_2	-1	σ	1
C_3	0	S_3	-2
C_4	1	S_4	-1

让我们按照上述规则来处理 SO_2 分子,并得出简正振动的数目.

C_{2v}	E	C_2	$\sigma_v(xz)$	$\sigma'_v(yz)$
不动的原子数	3	1	1	3
对特征标的贡献	3	-1	1	1
$\Gamma_{所有运动}$	9	-1	1	3

将所有运动的可约表示按式 1.32 分解后,便可得到:

$$\Gamma_{所有运动} = \Gamma_{平动} + \Gamma_{振动} + \Gamma_{转动} = 3A_1 + A_2 + 2B_1 + 3B_2$$

需要注意的是,在 SO_2 所有运动的 9 个自由度中,包括 3 个平动和 3 个转动自由度,必须从中减去. 3 个平动的自由度对应于基函数 x、y 和 z 的不可约表示,即 B_1、B_2 和 A_1;3 个转动的自由度对应于基函数 R_x、R_y 和 R_z 的不可约表示,即 B_2、B_1 和 A_2(参见 C_{2v} 点群的特征标表).减去后便得到振动自由度:

$$\Gamma_{振动} = 2A_1 + B_2$$

可见,SO_2 的简正振动数为 3,它们对应于 A_1 和 B_2 不可约表示的对称性.此结论与图 1.17 的分析一致.

2. 简正振动的红外和 Raman 活性

分子的振动跃迁通常用红外和 Raman 光谱来研究,而谱带的强度则由分子在两个能态间的跃迁几率所决定.对于红外光谱,必须考虑偶极矩的变化,因为按照选律,只有那些使分子的偶极矩发生变化的振动,才能吸收红外辐射,发生从振动基态到激发态的跃迁,而偶极矩矢量的分量可用笛卡儿坐标的 x、y、z 来表示.因此,若分子的简正振动模式和 x、y、z 中的任何一个或几个有相同的不可约表示,则为**红外活性**(infrared active)的,也就是说,才能在红外光谱中出现吸收带.

对于 Raman 光谱,必须考虑极化率的变化,因为按照选律,只有那些使分子的极化率发生变化的振动,才是允许的跃迁.由于 Raman 光谱的选律难以用语言定性地表达,我们只需了解:按照选律,只有当分子的简正振动模式和 xy、xz、yz、x^2、y^2、z^2、$x^2 - y^2$ 等中的一个或几个属于相同的不可约表示,才是 **Raman 活性**(Raman active)的,换句话说,才能在 Raman 光谱中出现谱带.

由于 IR 和 Raman 光谱的选律不同,因此,某些在 IR 中是选律禁阻的跃迁,在 Raman 中却是允许的,反之亦然,因而在研究分子振动光谱时,这两种波谱技术可以相互补充.当然,倘若某一简正振动既是 IR 又是 Raman 活性的,则它们的频率数值必定是相同或接近相同的.

由此可见,从对称性考虑,对照特征标表,可以预示在 IR 或 Raman 光谱中可能出现的对应于简正振动模式的谱带数.对于 SO_2 分子,对照 C_{2v} 点群的特征标表,可以发现 A_1 和 z、x^2、y^2、z^2 的不可约表示相同;B_2 和 y、yz 的不可约表示相同.因此,它们既是 IR 又是 Raman 活性的,这种情况可简洁地表示如下:

$$\Gamma_{振动} = 2A_1 + B_2$$
$$\begin{array}{cc} (IR) & (IR) \\ (R) & (R) \end{array}$$

由此可得出结论:SO_2 的三种简正振动都能通过激发跃迁在 IR 和 Raman 谱图中产生相应的谱带.实际情况正是如此.表 1.7 表示了 SO_2 的 IR 数值,其中 ν_1、ν_2 和 ν_3 分别表示三种简正振动从基态到第一激发态的跃迁频率,简称基频;$(\nu_i + \nu_j)$ 表示两种简正振动的激发同时发生的频率,称为和频;$(\nu_i - \nu_j)$ 表示从一种简正振动的第一激发态到另一种简正振动的第一激发态的跃迁频率,称为差频;$n\nu$ 则为由基态到第 n 激发态的跃迁频率,称为倍频.和简正振动的基频跃迁相比,后三种情况的跃迁几率是很小的,因而吸收带的强度一般较弱或很弱.因此,从强度上仍可和选律允许的基频吸收带加以区分.

表 1.7　SO_2 的红外光谱数据

波数/cm^{-1}	强　度	振动模式
519	强	ν_2
606	弱	$\nu_1 - \nu_2$
1151	很强	ν_1
1361	很强	ν_3
1871	很弱	$\nu_2 + \nu_3$
2305	弱	$2\nu_1$
2499	中等	$\nu_1 + \nu_3$

值得注意的是,SO_2 的三种简正振动模式同是 IR 和 Raman 活性的,但这种情况并不带有普遍意义.事实上,对于有些分子,某些简正振动并不是 IR 或 Raman 活性的.

以上阐述了如何借助于分子振动的对称性,用群论的方法来得到所有伸缩和弯曲简正振动的数目,以及预示在 IR 和 Raman 光谱中,可能出现的谱带的数目.归纳起来可分以下几个步骤进行:

(i) 确定分子所属的点群.

(ii) 确定可约表示 $\Gamma_{所有运动}$ 的特征标,即在对称操作的作用下,不动的原子数乘以该对称操作对特征标的贡献.

(iii) 将可约表示分解为不可约表示.

(iv) 从不可约表示中,减去 3 个平动和 3 个转动自由度对应的表示,得到简正振动的不可约表示.

(v) 根据特征标表,确定 IR 和 Raman 活性的简正振动.

若仅欲得到有关分子伸缩(简正)振动的信息,而把弯曲(简正)振动排除在外,则步骤还可大大地简化.因为在这种情况下,伸缩振动可约表示的特征标,可按类似于 AB_n 型分子 σ 杂化轨道组分的办法求得.即特征标等于在对称操作的作用下,不动的化学键数.考察 SO_2 分子的伸缩振动,则:

C_{2v}	E	C_2	σ_v	σ_v'
Γ(S—O,伸缩)	2	0	0	2

$$\Gamma(\text{S—O}) = A_1 + B_2$$
$$\quad\text{(IR)}\quad\text{(IR)}$$
$$\quad\text{(R)}\quad\ \text{(R)}$$

于是,立即得到与前相同的结论,即 SO_2 有两种伸缩简正振动,对应于图 1.17 中的 $\nu_1(A_1)$ 和 $\nu_3(B_2)$,而且它们都是 IR 和 Raman 活性的.

1.4.3 分子的结构

要获悉分子的结构,最直接的办法当然是运用 X 射线或电子衍射等实验技术,测定其结构. 但是,从很多波谱法的研究,也可以得到有关分子结构的信息. 这里,我们介绍一个以红外光谱研究四氟化硫结构的例子.

SF_4 分子有三种可能的结构:正四面体、变形四面体或马鞍形,它们分属 T_d、C_{3v} 或 C_{2v} 点群(图 1.18).

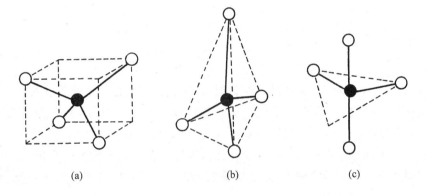

(a)　　　　　　　　　(b)　　　　　　　　　(c)

图 1.18　SF₄ 分子三种可能的结构

(a) 正四面体(T_d)　(b) 变形四面体(C_{3v})　(c) 马鞍形(C_{2v})

对于各种不同的点群,若按上一节所归纳的步骤,求出简正振动的数目和在 IR 中可能出现的吸收带数,并和实验结果进行对照分析,便可确定 SF_4 分子的结构类型.

1. T_d 点群

T_d	E	$8C_2$	$3C_3$	$6S_4$	$6\sigma_d$
不动的原子数	5	2	1	1	3
对特征标的贡献	3	0	-1	-1	1
$\Gamma_{\text{所有运动}}$	15	0	-1	-1	3

$$\Gamma_{\text{所有运动}} = A_1 + E + T_1 + 3T_2$$
$$\Gamma_{\text{振动}} = A_1 + E + 2T_2$$
$$\text{(IR)}$$

27

2. C_{3v} 点群

C_{3v}	E	$2C_3$	$3\sigma_v$
不动的原子数	5	2	3
对特征标的贡献	3	0	1
$\Gamma_{所有运动}$	15	0	3

$$\Gamma_{所有运动} = 4A_1 + A_2 + 5E$$
$$\Gamma_{振动} = 3A_1 + 3E$$
$$\text{(IR)　(IR)}$$

3. C_{2v} 点群

C_{2v}	E	C_2	σ_v	σ_v'
不动的原子数	5	1	3	3
对特征标的贡献	3	−1	1	1
$\Gamma_{所有运动}$	15	−1	3	3

$$\Gamma_{所有运动} = 5A_1 + 2A_2 + 4B_1 + 4B_2$$
$$\Gamma_{振动} = 4A_1 + A_2 + 2B_1 + 2B_2$$
$$\text{(IR)　　　(IR)　(IR)}$$

由此可见,SF_4 分子若为正四面体构型,则在 IR 谱图上仅出现 2 个简正振动基频吸收带($2T_2$);若为变形四面体,则出现 6 个简正振动基频吸收带($3A_1$ 和 $3E$);若为马鞍形,则出现 8 个简正振动基频吸收带($4A_1$、$2B_1$ 和 $2B_2$).实验结果,SF_4 的 IR 谱图上,至少有 5 个强度在中等以上的简正振动基频吸收带(表 1.8).因此,排除了正四面体构型的可能性.至于 SF_4 究竟是变形四面体还是马鞍形的构型,无法单从 IR 数据上加以区分,还需进一步配合吸收带形状的分析,才能做出最终的判断.

表 1.8　SF_4 红外光谱的简正振动数据

波数/cm^{-1}	强　度	简正振动模式
463	很弱	ν_9
532	强	ν
557	中等	ν_3
715	中等	$\nu_2(?)$
728	很强	ν_8
867	很强	ν_6
889	很强	ν_1

气体小分子的振动光谱,常伴随着微小的转动能态的改变,因而可得到精细结构的振动光谱.这时,IR 吸收带呈现出不同的形状,典型的有 4 种,分别以符号 PQR、PQR、PR 和 PQQR 来表示它们的分叉情况(图 1.19).

不同几何构型的分子,具有不同形状的 IR 吸收带.SF_4 分子的气相 IR 谱图中,主要的吸收带之一($\tilde{\nu}_8$ 728 cm^{-1})具有 PQQR 的形状(图 1.20).这种形状的吸收带,只有 C_{2v} 对称性的结

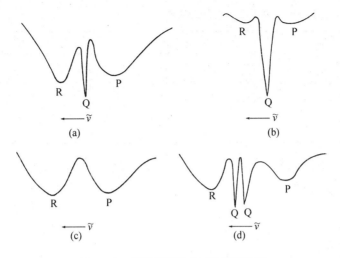

图 1.19　四种类型的 IR 吸收带形状

（a）PQR　（b）PQR　（c）PR　（d）PQQR

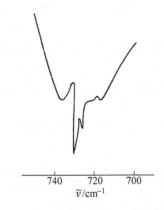

图1.20　SF_4(g)的局部 IR 谱图

构才有可能. 从而做出判断:SF_4 分子属 C_{2v} 点群,具有马鞍形的几何构型. 核磁共振谱和微波谱的研究,也证实了 SF_4 分子属 C_{2v} 点群.

通过以上讨论,可以清晰地看到,运用群论的方法,结合分子结构的对称性,就使得解决某些化学问题的途径变得比较容易和简单. 因而群论方法愈来愈受到化学工作者的欢迎和重视,它在化学中的应用也日益广泛和普遍.

习　题

1.1　试用图示意乙烷分子的对称元素.

1.2　试用图示意 O_h 点群的对称元素.

1.3　试举出四种不同几何构型的分子,它们同属 C_{2v} 点群.

1.4　指出下列分子或离子所属的点群:

（1）H_2O_2　　　（2）$S_2O_3^{2-}$　　　（3）N_2O　　　（4）Hg_2Cl_2

（5）UOF_4　　　（6）BF_4^-　　　（7）$SClF_5$　　　（8）反-$Pt(NH_3)_2Cl_2$

1.5 完成下表,并各举出一个 1.2 节以外的实例:

点　群	对称元素	实　例
$C_{\infty v}$		
D_{2h}	$3C_2, 3\sigma, i$	
D_{4h}		
D_{3d}		
C_{4v}		

1.6 写出 C_{2h} 点群的乘法表.

1.7 计算下列矩阵的乘积:

(1) $\begin{bmatrix} -2 & 4 \\ 1 & -2 \end{bmatrix} \begin{bmatrix} 2 & 4 \\ -3 & -6 \end{bmatrix}$

(2) $\begin{bmatrix} 2 & 2 & 3 \\ 1 & -1 & 0 \\ -1 & 2 & 1 \end{bmatrix} \begin{bmatrix} 1 & -4 & -3 \\ 1 & -5 & -3 \\ -1 & 6 & 4 \end{bmatrix}$

(3) $\begin{bmatrix} 1 & 0 & 3 \\ 2 & -1 & 0 \end{bmatrix} \begin{bmatrix} 3 & -1 \\ -2 & 4 \\ 0 & 1 \end{bmatrix}$

1.8 由坐标 x、y、z 的变换情况写出 C_{3v} 点群各对称操作的表示矩阵.(提示:把三重轴 C_3 定在 z 轴上,镜面 σ_v 定在 xz 平面上.旋转对称操作 C_3 和 C_3^2 分别作用于反映对称操作 σ_v 给出 σ_v' 和 σ_v'' 对称操作.)

1.9 将上题得到的 C_{3v} 点群的这一组表示矩阵,即可约表示约化为不可约表示(不得用式 1.32),并求出相应不可约表示的特征标.

1.10 试用对称操作的表示矩阵计算 C_{3v} 点群中下列对称操作的乘积.由此可得出哪些结论?

(1) $\sigma_v \sigma_v' = ?$ 　　(2) $C_3^2 C_3 = ?$

1.11 运用群论的方法,求出 SF_6 和 PF_6^- 中的 σ 杂化轨道是由哪些原子轨道组成的?

1.12 试用群论的基本概念,求出 NH_3 分子的定性分子轨道能级图.

1.13 运用群论的方法,求出碳酸根离子的简正振动数目,并指出它们是否是 IR 或 Raman 活性的?

参 考 书 目

[1]　F. A. Cotton. "Chemical Applications of Group Theory", 2nd ed.. Wiley, New York, 1971

[2]　W. L. Jolly. "The Synthesis and Characterization of Inorganic Compounds". Prentice-Hall, Englewood Cliffs, N. J. , 1970

[3]　W. L. Jolly. "Modern Inorganic Chemistry". Mc-Graw-Hill, New York, 1984

[4]　A. F. Wells. "Structural Inorganic Chemistry", 4th ed.. Clarendon, Oxford, 1975

[5]　周公度. "无机结构化学"(无机化学丛书第十一卷). 北京:科学出版社,1982

[6]　[印] P. G. 普拉尼克著,赵择卿译. "群论对分子振动的应用". 北京:高等教育出版社,1983

[7]　[苏] M. E. 加特金娜著,朱龙根译. "分子轨道理论基础". 北京:人民教育出版社,1979

[8]　Yng ve Öhrn. "Elements of Molecular Symmetry". Wiley, New York, 2000

[9]　Alan Vincent. "Molecular Symmetry and Group Theory". Wiley, London, 1977

第 2 章　配位化学基础和配位立体化学

配位化学是无机化学研究领域中最重要和最活跃的部分,它涉及的化合物种类多,应用面广.从 18 世纪中叶发现普鲁士蓝[KFeFe(CN)₆]开始,化学家对配合物的研究主要集中在 Co 和 Pt 的化合物上.19 世纪末 A. Werner 的配位理论提出后,配合物的研究和发展进入了新时期.

A. Werner 对于 Pt(Ⅳ)与 NH_3 和 Cl^- 的化合物电导和反应性质的研究,是配位理论的实验基础.这些化合物在溶液中电离出的 Cl^- 数目不同,加入 Ag^+ 后,从反应的计量关系可测得溶液中不同配合物解离的氯离子数量.表 2.1 给出了这一系列配合物的电导性质、异构体数和化学式.显然,Cl^- 在化合物中处于不同的化学环境,与 Pt 有不同的键合作用:有的和金属离子结合很强,被认为是配合物的"内界";有的作为电荷平衡离子,在溶液中很容易解离出来,是配合物的"外界".Werner 的经典配位理论对这类简单配合物的性质做出了满意的解释,并从价键理论出发给出了配位化合物清晰的物理模型.

表 2.1　Pt(Ⅳ)的 NH_3 和 Cl^- 配合物的性质、异构体和 Werner 化学式

化学组成	相对摩尔电导率(aq)	已知异构体数	Werner 化学式
$PtCl_4 \cdot 6NH_3$	523	1	$[Pt(NH_3)_6]Cl_4$
$PtCl_4 \cdot 5NH_3$	404	1	$[Pt(NH_3)_5Cl]Cl_3$
$PtCl_4 \cdot 4NH_3$	228	2	$[Pt(NH_3)_4Cl_2]Cl_2$
$PtCl_4 \cdot 3NH_3$	97	2	$[Pt(NH_3)_3Cl_3]Cl$
$PtCl_4 \cdot 2NH_3$	0	2	$[Pt(NH_3)_2Cl_4]$
$PtCl_4 \cdot KCl \cdot NH_3$	108	1	$K[Pt(NH_3)Cl_5]$
$PtCl_4 \cdot 2KCl$	256	1	$K_2[PtCl_6]$

经过化学家一个世纪的努力,配合物的数量、概念、应用和理论都有了很大的发展,与 Werner 时代的配位化学不能同日而语.当前配位化学的研究主要向三个方向发展:(i) 向生物科学渗透,例如金属卟啉类配合物、金属酶等的研究,形成生物无机化学分支;(ii) 向材料科学渗透,如催化剂、手性合成等,研究配合物的光、电、磁性质和应用,形成分子基功能材料分支;(iii) 向超分子化学方向发展.

经典配合物是由金属(metal,M)和配体(ligand,L)组成.配体是向中心金属提供孤电子对的原子或基团,M—L 之间由配位键结合.通式为 ML_n 或 M_mL_n,前者为单核配合物,后者为多核配合物.

从元素周期表看,过渡元素比碱金属和碱土金属容易形成配合物.特别是高氧化态的过渡金属,由于与带负电荷或有极性的配体有较强的静电相互作用,因此可形成稳定的配合物.而对于低氧化态的过渡金属,由于 d 电子参与成键,与能接受反馈电子的配体,如 CO、乙烯等结合,也能生成稳定的配合物.顾名思义,**配合物**(coordination compounds)是指该化合物的中心金属原子或离子被其他原子或基团环绕,以配位键的形式结合为一稳定的物质.但目前的配合

物概念已经有了很大的扩充,一些新的、结构特殊的复杂化合物被合成出来,有的配合物的中心不一定是金属原子.因此配合物实际是一类复杂的化合物,国外文献常用 complexes 表示广义的配合物.

2.1　配体的基本类型

2.1.1　按照配体的原子数或齿合度分类

配体分为单齿配体(monodentate ligands)、多齿配体(polydentate ligands)或称为螯合配体和大环配体(macrocycle ligands)等.

1. 单齿配体

单齿配体,如 F^-、Cl^-、Br^-、I^-、PPh_3、NH_3 等,通常只与一个金属原子配位,其中 F^-、Cl^-、Br^-、I^- 有时也可与两个金属原子发生桥联.

2. 多齿配体

多齿配体,如乙二胺(en)、EDTA、联吡啶(bipy)、邻菲咯啉(phen)、β-双酮和酞菁等,它们有多个配位点与金属配合,其基本结构列举如下:

(1) 二齿配体

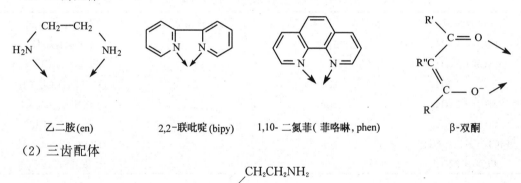

乙二胺(en)　　　2,2-联吡啶(bipy)　　1,10- 二氮菲(菲咯啉, phen)　　β-双酮

(2) 三齿配体

$$NH \begin{cases} CH_2CH_2NH_2 \\ CH_2CH_2NH_2 \end{cases}$$

二乙三胺(dien)

(3) 四齿配体

亚胺 schiff 碱配体,如二水杨醛缩乙二胺的钴配合物 Co(salen):

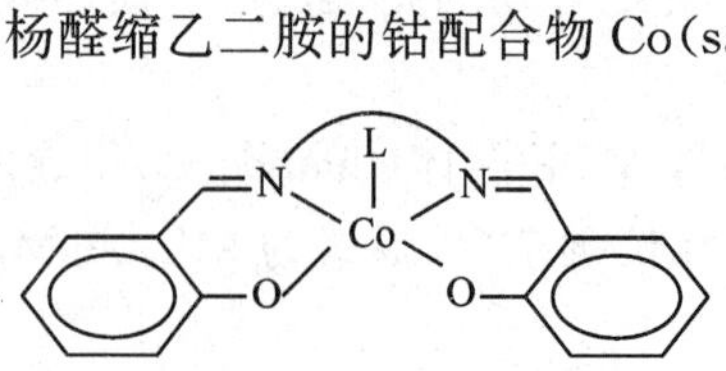

(4) 六齿配体

最重要是乙二胺四乙酸的钠盐,即 EDTA,它由乙酸根上的 4 个 O 和胺上的 2 个 N 原子参与配位:

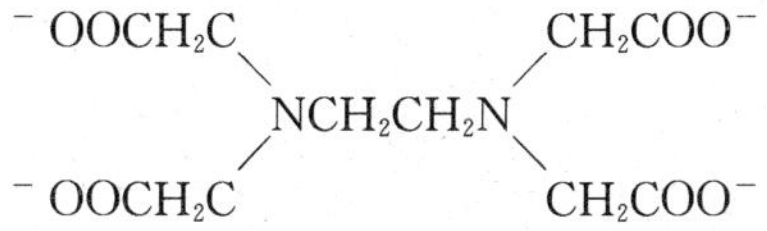

$$^-OOCH_2C\diagup NCH_2CH_2N\diagdown CH_2COO^-$$
$$^-OOCH_2C \qquad\qquad CH_2COO^-$$

3. 大环配体

(1) 冠醚

美国的 Pederson 等化学家在 20 世纪 60 年代合成出一系列含氧数不同的大环醚,称为**冠醚**(crown ether). 例如:

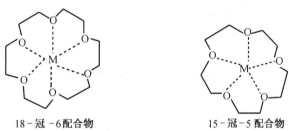

18-冠-6配合物   15-冠-5配合物

冠醚的配位能力很强,对通常不易生成配合物的碱金属和碱土金属也能配位. 例如 K^+ 和 Na^+ 的冠醚配合物[K-18-冠-6]$^+$,[Na-15-冠-5]$^+$(或简写为[K-18-c-6]$^+$,[Na-15-c-5]$^+$)可用金属和冠醚反应制备:

$$K+18\text{-}c\text{-}6 \xrightarrow{\text{Et}_2\text{O 或 THE}} [\text{K-18-c-6}]^+ + e^-(溶剂合) \tag{2.1}$$

(2) 穴醚

同时含 N 和 O 原子的多大环有机配体,称为**穴醚**(cryptands),又称氮氧窝穴化合物. 它们具有更强的配位能力,可容纳半径合适的金属离子形成包合物. 穴醚的命名由下图中的方括号给出,例如 $m=1$、$n=1$,意味着穴醚的三条含氧的碳链上各有两个氧原子,命名为穴醚[2,2,2],余类推:

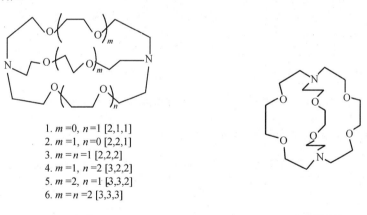

1. $m=0$, $n=1$ [2,1,1]
2. $m=1$, $n=0$ [2,2,1]
3. $m=n=1$ [2,2,2]
4. $m=1$, $n=2$ [3,2,2]
5. $m=2$, $n=1$ [3,3,2]
6. $m=n=2$ [3,3,3]

穴醚   穴醚[2,2,2]

(3) N_4 大环配合物

大环配体中最重要的有 N_4 大环配体,即在大环中有 4 个氮原子与金属离子配位,示意如下:

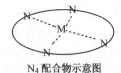

N₄ 配合物示意图

N₄ 大环配体中最重要的是有共轭 π 体系的大环,如平面型的卟啉类配体(见下式),它们与天然存在的叶绿素、血红素、维生素 B₁₂ 及细胞色素的配体结构类似.

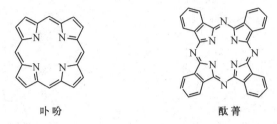

卟吩   酞菁

大环和穴合配体与螯合配体有类似之处,它们都有多个配位点. 与螯合配体不同的是,大环或穴合配体有闭合的环状结构,能与金属阳离子形成包合物,或者主客化合物,在超分子的识别和组装中起重要作用. 天然存在的大环配体,如卟啉、咕啉和酞菁等,是生命过程的必需物质. 在形成配合物的过程中,配体的大小、形状、拓扑结构和刚性等因素均起重要作用. 从简单的单齿配体,到螯合配体、大环配体以及穴合配体,随着闭合环数的增加,它们对中心原子的拓扑束缚力逐渐加强,如图 2.1 所示[1].

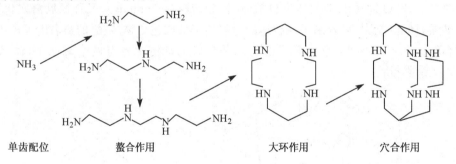

单齿配位   螯合作用   大环作用   穴合作用

图 2.1 单齿配位、螯合作用、大环作用和穴合作用的配位能力

部分常用配体的化学式、中英文名称等归纳于表 2.2.

表 2.2 若干常见配体的中英文名称、化学式、缩写和齿合度

名 称		化学式	缩写	齿合度
中文	英文			
氨	ammino	NH_3		1
水	aqua	OH_2		1
氢基	hydrido	H^-		1
氢氧基	hydroxo	HO^-		1
溴基	bromo	Br^-		1
羰基	carbonyl	CO		1
氯基	chloro	Cl^-		1

续表

名称		化学式	缩写	齿合度
中文	英文			
氰基	cyano	CN^-		1
氧基	oxo	O^{2-}		1
硫氰基	thiocyanato	SCN^-（S 配位）		1
异硫氰基	isothiocyanato	SCN^-（N 配位）		1
碳酸基	carbonato	CO_3^{2-}		1 或 2
亚硝酸基	nitrito	NO_2^-		2
草酸基	oxalato	$C_2O_4^{2-}$	ox	2
乙酰丙酮基	acetylacetonato	$(CH_3COCHCOCH_3)^-$	acac	2
2,2-联吡啶	2,2-bipyridine	$C_5NH_4—C_5NH_4$	bipy	2
1,10-菲罗啉	1,10-phenanthroline	$(C_5H_3NCH)_2$	phen	2
乙二胺	ethylenediamine	$H_2NC_2H_4NH_2$	en	2
甘氨酸基	glycinato	$NH_2CH_2COO^-$	gly	2
二硫马来氰基	maleonitriledithiolato	$S(NC)C=C(CN)S^{2-}$	mnt	2
二乙三胺	diethylenetriamine	$NH(C_2H_4NH_2)_2$	dien	3
三乙酸氮基	nitrilotriacetato	$N(CH_2COO)_3^{3-}$	nt	4
四氮杂环四癸烷	tetraazacyclotetradecane	$\boxed{—N(CH_2)_3N(CH_2)_2N(CH_2)_3N(CH_2)_2—}$	cylclam	4
三乙三胺	2,2′,2″-triaminotriethylamine	$N(C_2H_4NH_2)_3$	trien	4
乙二胺四乙酸	ethylenediaminetetraacetato	$(OOCH_2C)_2NCH_2CH_2N(CH_2COO)^{4-}$	EDTA	6

2.1.2 按照成键特点分类

上述配体的分类是按照配位的原子数或齿合度分类. 若按照成键特点分类,可分为经典的 Werner 配体和非经典的配体.

1. 经典的 Werner 配体

经典配体是单纯由配体提供孤电子对,配体的作用是作为 Lewis 碱. 例如:F^-、Cl^-、Br^-、I^- 等卤素离子配体;由 N、O 配位的 H_2O 和 NH_3 等中性分子配体;NO_3^-、SO_4^{2-} 等含氧酸根配体等;以及上述由 N、O 配位的螯合配体,冠醚配体和穴合配体等.

2. 非经典配体

非经典配体既能提供电子对给金属原子,又能接受金属原子的反馈电子,即配体本身既是 Lewis 碱(提供电子对),又是 Lewis 酸(接受反馈电子). 例如:羰基(CO)和类羰基(如 PR_3)配体;CH_2CH_2、C_6H_6 等不饱和烃配体. 它们与中心原子形成的化学键与经典的配位键不同,具有反馈键的性质,所形成的有机金属化合物是配合物中的重要类型,在无机化学教材中通常另列章节讨论.

2.2 配合物的几何构型

金属配合物的配位数多数在 2～8 之间,稀土金属离子由于半径较大,配位数大多较高,通常在 6～12 之间. 而 3d 过渡金属的配位数多为 4 或 6. 单齿配体的配位数与配体的个数一致, 例如, HgI_4^{2-} 中, Hg^{2+} 的配位数和配体的个数均为 4. 对多齿螯合配体, 配位数与配体的个数不一致, 配位数指配体与金属键合的原子数. 例如, Cu^{2+} 与乙二胺配位生成的 $Cu(en)_3^{2+}$ 中, Cu^{2+} 与 3 个乙二胺分子配位, 每个配体分子提供 2 个氮原子作配位点, 因此 Cu^{2+} 的配位数为 6, 而配体数为 3. 配合物的几何构型与配位数密切相关, 因此下面按照不同配位数来讨论配合物的几何构型.

2.2.1 低配位数的配合物

配位数为 2 的中心金属主要是 ds 区的 Cu^+、Ag^+、Au^+ 和 Hg^{2+} 等离子, 其基态电子组态为 d^{10}, 典型例子有 $Cu(NH_3)_2^+$、$AgCl_2^-$、$Au(CN)_2^-$ 以及 $HgCl_2$ 等. 所有这些配合物均为直线形结构, 可认为是配体的 σ 轨道与金属离子的 sp 杂化轨道重叠成键, 金属的 d 轨道也在一定程度上参与成键, 因此键角为 $180°$. Cu_2O、$AgCN$、$AgSCN$、$AuCN$、AuI 等化合物晶体中, Ag^+ 和 Au^+ 都呈二配位的直线构型, 有些以锯齿形的无限长链存在于晶体结构中. 例如 $AgSCN$ 晶体中的配位情况:

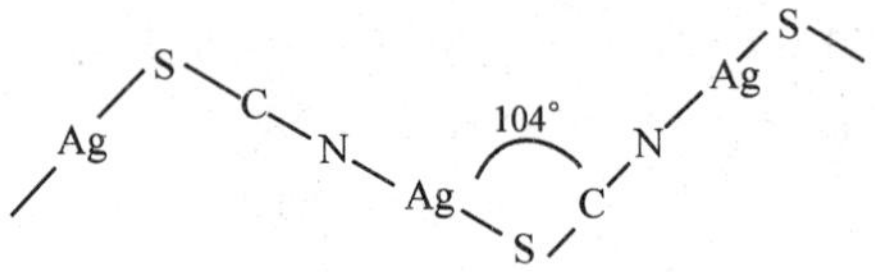

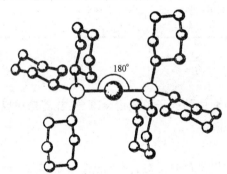

$[Au(PR_3)_2]^+$ (R＝烷基或芳基) 也为二配位的直线构型[2]:

三配位的化合物比较少见. 已知配位数为 3 的主要是 Cu(Ⅰ)、Hg(Ⅱ) 和 Pt(0) 的化合物, 配体的空间位阻大, 与金属原子配位形成平面三角构型, 如: $KCu(CN)_2$、$Cu(Me_3PS)_3^+$、$(Ph_3P)_3Cu_2Cl_2$、$[Cu(Me_3PS)Cl]_3$、$[NEt_4]_2[Cu(SPh)_3]$、$(Me_3S)HgI_3$、$Pt(PPh_3)_3$、$[(CH_3)_3S^+][HgI_3^-]$、$Cr\{N[Si(CH_3)_3]_2\}_3$、$Fe\{N[Si(CH_3)_3]_2\}_3$、$\{Cu[SC(NH_2)_2]_3\}Cl$、$[Cu(SPPh_3)_3]ClO_4$ 等.

$[Et_4N][Ph_4P]_2[AgTe_7]$ 中 $[AgTe_7]^{3-}$ 以三配位形式存在, 形成两个五元环[3]:

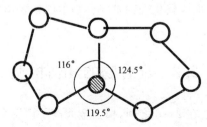

KCu(CN)$_2$、Cu(Me$_3$PS)$_3^+$ 和 (Ph$_3$P)$_3$Cu$_2$Cl$_2$ 三配位典型例子的结构示于图 2.2(a)～(c)中. 其中(c)的分子结构比较特殊, 分别包含三配位和四配位的两个铜离子, 前者为平面三角形结构, 后者为四面体.

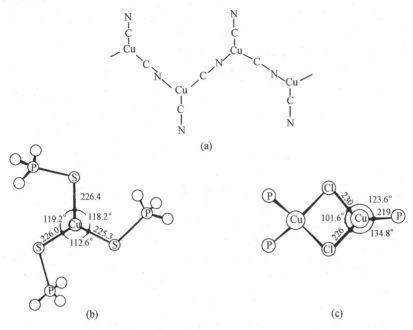

图 2.2 KCu(CN)$_2$(a)、Cu(Me$_3$PS)$_3^+$(b) 和 (Ph$_3$P)$_3$Cu$_2$Cl$_2$(c) 的结构
图中的 H 和 Ph 未示出

需要注意的是, 化学计量数与配位数是不同的概念. 化学计量式为 ML 的化合物, 如 AgSCN、AuCN、AuI 等, 配位数是 2; 化学式为 ML$_2$ 的化合物, 如 KCu(CN)$_2$, 配位数是 3; 而很多化学计量为 ML$_3$ 的化合物中, 晶体中 M 的配位数往往大于 3, 例如 CrCl$_3$ 的 Cr 的配位数是 6, 它是由 [CrCl$_6$] 八面体共棱组成的无限的层状结构. 在 CsCuCl$_3$ 中, Cu 在无限阴离子长链中的配位数是 4, 即—Cl—CuCl$_2$—Cl—. 化学式为 AuCl$_3$ 的实际上是二聚体 Au$_2$Cl$_6$, 每个金属原子周围有 4 个氯原子配位, 2 个为端基 Cl, 2 个为桥联 Cl.

2.2.2 配位数 4

除了六配位的化合物外, 四配位的化合物是最常见的一种. 四配位化合物主要有两种构型: **四面体**(tetrahedral)和**平面四方**(square planar).

配合物构型采取哪种类型, 与中心金属原子的电子组态有关. 在非过渡金属配合物中, 中心金属原子无孤对电子, 大多是四面体构型, 如 BeCl$_4^{2-}$、BF$_4^-$、ZnCl$_4^{2-}$、SnCl$_4^{2-}$、AlCl$_4^-$ 等.

在过渡金属的四配位化合物中, 究竟是采取平面四方还是四面体构型, 除了受配体间的静电作用外, 还要受晶体场的影响. 图 2.3 给出了中心离子的 d 轨道在四面体场和平面四方形场的分裂情况. 表 2.3 为 d^n 组态的金属离子的晶体场稳定化能(CFSE, Crystal Field Stabilized Energy)的数值.

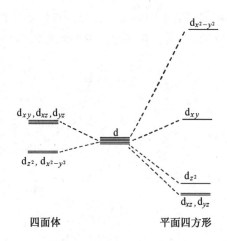

四面体　　　　　　　　　平面四方形

图 2.3　d 轨道在四面体场和平面四方形场的分裂示意图

表 2.3　d^n 组态的金属离子的晶体场稳定化能(CFSE)的数值($-\Delta_o$)

d^n 组态	弱　　场			强　　场		
	平面四方形	四面体	差　值	平面四方形	四面体	差　值
d^0	0	0	0	0	0	0
d^1	0.51	0.27	0.24	0.51	0.27	0.24
d^2	1.02	0.54	0.48	1.02	0.54	0.48
d^3	1.45	0.36	1.09	1.45	0.81	0.64
d^4	1.22	0.18	1.04	1.96	1.08	0.88
d^5	0	0	0	2.47	0.90	1.57
d^6	0.51	0.27	0.24	2.90	0.72	2.18
d^7	1.02	0.54	0.48	2.67	0.54	2.13
d^8	1.45	0.36	1.09	2.44	0.36	2.08
d^9	1.22	0.18	1.04	1.22	0.18	1.04
d^{10}	0	0	0	0	0	0

由表 2.3 可看出:

(i) 在弱场中,d^0、d^5 和 d^{10} 组态离子的 CFSE 在平面四方和四面体场中均为零. 但四面体构型的空间位阻较小,因此 $TiBr_4$、$TiI_4(d^0)$,$FeCl_4^-(d^5)$,$ZnCl_4^{2-}$、$ZnBr_3(H_2O)^-(d^{10})$ 均为四面体构型.

(ii) d^1、d^6 在弱场中的 CFSE 差值小,配体间的排斥力起主要作用,因此 $VCl_4(d^1)$、$FeCl_4^{2-}(d^6)$ 也采取四面体构型.

(iii) d^8 组态离子的四配位化合物则以平面四方形为主,特别是当强场配体配位时. 由表 2.3 可见,采取这种方式可以获得更多的晶体场稳定化能. Rh(I)、Ir(I)、Ni(II)、Pd(II)、Pt(II) 和 Au(III) 等 d^8 组态的离子,大多形成平面四方形化合物,例如:$[Rh(CO)_2I_2]^-$、$[Rh(CO)_2Cl]_2$、$Ni(CN)_4^{2-}$、$PdCl_4^{2-}$、$Pd(CN)_4^{2-}$、$PtCl_4^{2-}$、$Pt(NH_3)_4^{2+}$、AuF_4^-、$Au(CN)_4^-$ 和 Au_2Cl_6 等.

值得注意的是,Ni(Ⅱ)在与体积大、电负性高的弱场配体结合时,CFSE 的作用减弱,而配体的空间和静电排斥增强,因此常采取四面体构型,例如:化合物 NiX_4^{2-}(X=Cl, Br, I)、$NiCl_2(PPh_3)_2$ 和 $NiBr_2(AsPh_3O)_2$ 等.

(ⅳ) d^2 和 d^7 组态的四配位化合物也存在这两种不同的构型. d^7 组态的 Co(Ⅱ)以四面体构型为主,例如:CoX_4^{2-}(X=Cl, Br, I)、$Co(SCN)_4^{2-}$ 和 $Co(N_3)_4^{2-}$ 等均为四面体构型.

Co(Ⅱ)还能与某些双齿配体,如与下列配体的 S 配位形成平面四方形化合物.

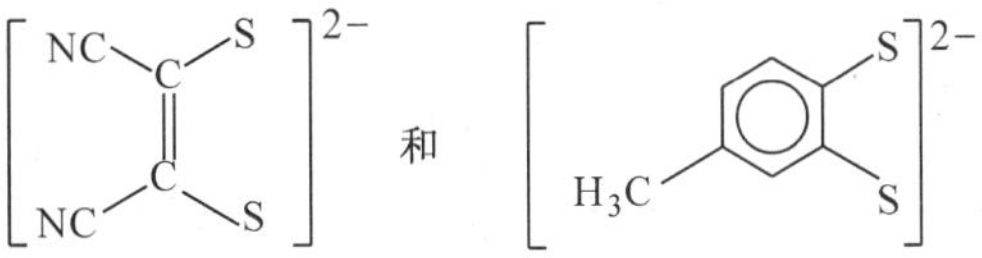

(ⅴ) d^9 组态离子的 Cu(Ⅱ)倾向于形成平面四方形化合物,d^{10} 组态离子的 Cu(Ⅰ)则采取四面体构型,例如淡紫色化合物 $Na_4[Cu^{(Ⅱ)}(NH_3)_4][Cu^{(Ⅰ)}(S_2O_3)_2]_2$. 其中阳离子 $[Cu^{(Ⅱ)}(NH_3)_4]^{2+}$ 中的 Cu 以平面四方形和 N 配位,阴离子 $[Cu^{(Ⅰ)}(S_2O_3)_2]^{3-}$ 中的 Cu 以四面体和 S 配位,其中的 S 是桥式配体,与 2 个 Cu 相连,形成无限的长链结构,如图 2.4 所示.

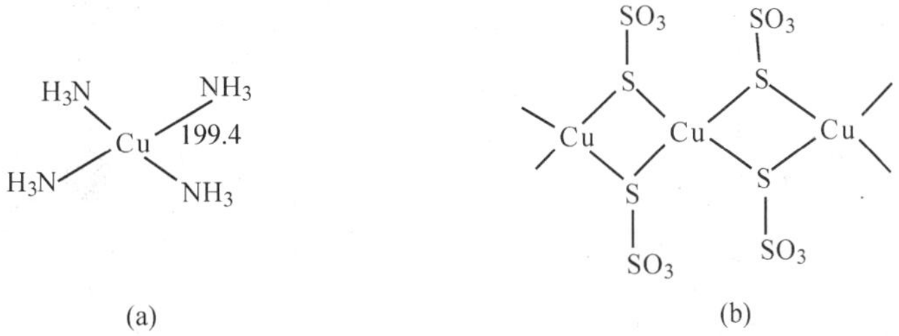

(a)　　　　　　　　　　　　(b)

图 2.4　$Na_4[Cu^{(Ⅱ)}(NH_3)_4][Cu^{(Ⅰ)}(S_2O_3)_2]_2$ 化合物中阳离子 $[Cu^{(Ⅱ)}(NH_3)_4]^{2+}$(a) 和阴离子 $[Cu^{(Ⅰ)}(S_2O_3)_2]^{3-}$(b)的结构图

2.2.3　配位数 5

五配位化合物比四配位和六配位少见,但后两者在取代反应历程中,都能形成五配位的中间产物,生物体内许多重要的生化反应,也要经过五配位的中间体.

五配位化合物的理想构型仅限于三角双锥(trigonal bipyramidal)和四方锥(square pyramidal) 两种,前者属 D_{3h} 点群,后者为 C_{4v} 点群. 若干实例列于表 2.4 中.

表 2.4　若干五配位化合物的几何构型

化　合　物	d^n 组态	几何构型
VF_5	d^0	三角双锥
TiF_5^{2-}	d^1	四方锥
$Cr(C_6H_5)_5^{2-}$	d^3	畸变三角双锥
$MnCl_5^{2-}$	d^4(高自旋)	四方锥
$Fe(N_3)_5^{2-}$	d^5(高自旋)	三角双锥
$Co(CN)_5^{3-}$	d^7(低自旋)	四方锥
$Ni(CN)_5^{3-}$	d^8	四方锥或畸变三角双锥

续表

化 合 物	d^n 组态	几 何 构 型
$Fe(CO)_5$	d^8	三角双锥
$Co(CNCH_3)_5^+$	d^8	三角双锥
$Pt(SnCl_3)_5^{3-}$	d^8	三角双锥
$Mn(CO)_5^-$	d^8	三角双锥
$CuCl_5^{3-}$	d^9	三角双雄
$CdCl_5^{3-}$	d^{10}	三角双锥
$InCl_5^{2-}$	d^{10}	四方锥
$Sb(C_6H_5)_5$	d^{10}	畸变四方锥

在有些三角双锥构型的配合物中,轴向配体和水平配体与金属离子的键长近似相等,例如,$Fe(CO)_5$ 中的 5 个 Fe—C 键. 在 $[Co(NH_3)_6][CdCl_5]$ 中 $[CdCl_5]$ 的 5 个 Cd—Cl 键的键长也相等,而化学式类似的 $[Cr(NH_3)_6][CuX_5]$(X=Cl, Br) 则不同,$[CuX_5]$ 虽是三角双锥,但轴向的 Cu—X 键比水平方向的 Cu—X 键短,如图 2.5 所示.

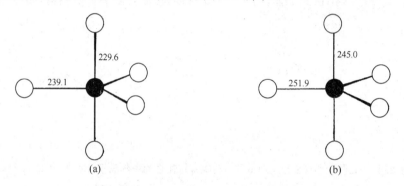

图 2.5　$[Cr(NH_3)_6][CuX_5]$ 中 $[CuCl_5]^{3-}$(a) 和 $[CuBr_5]^{3-}$(b) 的三角双锥几何构型

在 $[Cr(NH_3)_6][Ni(CN)_5] \cdot 2\,H_2O$ 中,阴离子 $[Ni(CN)_5]$ 的几何构型为四方锥的,如图 2.6 所示.

三角双锥和四方锥两种构型可通过微小的形变由一种构型转变为另一种构型. 在实际化合物中,很多构型都偏离理想状态. 图 2.7 绘出了不同结构的 7 个五配位配合物及其构型的渐变过程,其中包含 2 个非金属和准金属化合物 $P(C_6H_5)_5$ 和 $Sb(C_6H_5)_5$:第一个 $CdCl_5^{3-}$ 几乎是理想的三角双锥;最后一个 $Ni(CN)_5^{3-}$ 为理想的四方锥,中间经过一系列构型渐变,均为畸变的三角双锥或畸变的四方锥.

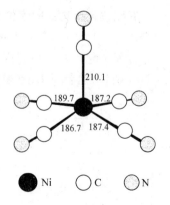

图 2.6　$Ni(CN)_5^{3-}$ 在 $[Cr(NH_3)_6][Ni(CN)_5] \cdot$ $2\,H_2O$ 中的几何构型

事实上,两种构型的能量相差不大,因此,有时两者能同时存在. 例如在 $[Cr(NH_2CH_2CH_2NH_2)_3][Ni(CN)_5] \cdot 1.5\,H_2O$ 中,$Ni(CN)_5^{3-}$ 具有两种构型,一种是通常的四方锥,另一种则介于三角双锥与四方锥之间. 虽然能量接近使两种构型容易相互转化,但也能较长时间保持特定的立体结构,用衍射方法或振动光谱方法能测定出不同构型.

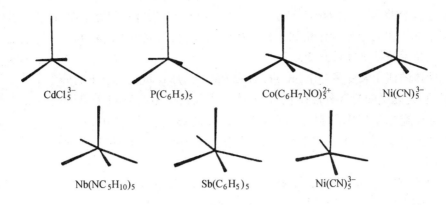

图 2.7 7 个五配位化合物的构型变化

2.2.4 配位数 6

六配位化合物是最重要和最普遍的配位构型. 许多过渡金属都能形成六配位化合物. 例如, 绝大多数 Cr(Ⅲ)、Co(Ⅲ)配合物均为六配位. 六配位的几何构型多为八面体 (octahedron), 6 个配体位于八面体的顶点. 正八面体具有很高的对称性(O_h 点群), 当发生畸变时, 对称性降低.

八面体有两种不同的畸变方式:

(1) 沿四重轴伸长或压缩, 形成拉长或压扁的八面体, 即**四角双锥** (tetragonal bipyramidal), 属 D_{4h} 点群:

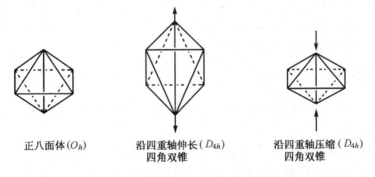

正八面体(O_h)　　沿四重轴伸长(D_{4h})　　沿四重轴压缩(D_{4h})
　　　　　　　　　　　四角双锥　　　　　　　四角双锥

(2) 沿三重轴伸长或压缩, 形成**三角反棱柱**, 属 D_{3d} 点群:

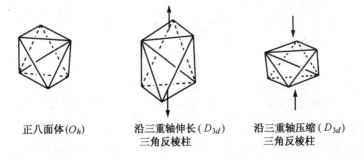

正八面体(O_h)　　沿三重轴伸长(D_{3d})　　沿三重轴压缩(D_{3d})
　　　　　　　　　　　三角反棱柱　　　　　　三角反棱柱

　　六配位化合物形成**三角棱柱**(trigonal prismatic)(D_{3h})构型(见下图).这一构型不常见,原因是 6 个配体之间的排斥作用比三角反棱柱的大,在三角面上旋转 60°,三棱柱和三角反棱柱之间可互变.

　　正八面体的四角畸变多与 Jahn-Teller 效应有关,即 d 轨道上电子的分布不对称,引起能级的简并程度降低,从而降低了几何构型的对称性.例如 d^9 和 d^4 高自旋电子组态的离子,Jahn-Teller 效应影响较大,如 Cu(Ⅱ)(d^9)和 Cr(Ⅱ)(d^4 高自旋).对低自旋 d^7 组态的离子有时也有影响,例如 Co(Ⅱ)、Ni(Ⅲ)等.

　　CuF_2 的结构是 Jahn-Teller 效应(详见 3.1.6 节)影响的典型例子,Cu(Ⅱ)周围的 6 个 F 组成一个沿四重轴拉长的八面体,4 个水平方向的 Cu—F 键较短,为 193 pm;2 个四重轴方向的 Cu—F 键较长,为 227 pm.

　　类似的现象也存在于 $CuCl_2$、$CsCuCl_3$ 和 $Cu(NH_3)_6Cl_2$ 等化合物的结构中.Cu(Ⅱ)的八面体配合物虽然多为拉长的八面体,但也有少数为压扁的八面体.例如 K_2CuF_4 中,4 个水平方向的 Cu—F 键较长,为 208 pm;2 个垂直方向的 Cu—F 键较短,为 195 pm.类似的还有 $KCuF_3$ 等.

　　高自旋 Cr(Ⅱ)的情况与 Cu(Ⅱ)类似,CrF_2 为拉长的八面体,$KCrF_3$ 为压扁的八面体.

　　正八面体的三角畸变不多见,ThI_2 是其中的一例.在 ThI_2 晶体中存在着由三角棱柱和三角反棱柱组成的层状结构,钍原子周围均有 6 个碘原子.

　　当配体相同时,六配位的八面体通常具有 O_h 对称性,若配体不同(或混合配体),如 ML_5L'、ML_4L_2' 等等,其构型则可能偏离 O_h 对称性.虽然构型发生畸变,习惯上仍然称为八面体,除非构型发生根本性改变.例如,六配位的 $H_2Fe(CO)_4$ 也勉强可看成八面体,但实际上 2 个 H 配体在 $Fe(CO)_4$ 四面体的两个面上,具有 C_{2v} 对称性,因此也可称为双帽四面体.通常八面体的对称性随配体种类的增加而降低.

2.2.5　其他高配位数

　　配位数高于 6 的分立的配合物主要由第二、第三过渡系金属,以及镧系、锕系形成.

1. 配位数 7

　　配位数 7 的化合物较少,它们主要有 3 种构型:**五角双锥**(pentagonal bipyramid),**单帽八面体**(capped octahedron)和**单帽三棱柱**(capped trigonal prism):

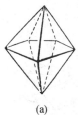 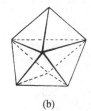 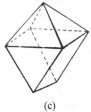

(a)	(b)	(c)
五角双锥(D_{5h})	单帽八面体(C_{3v})	单帽三棱柱(C_{2v})

若干重要的 7 配位数化合物有:

　　(1) 五角双锥构型:ReF_7、$(NH_4)_3[ZrF_7]$、$K_4V(CN)_7 \cdot 2H_2O$、$K_5Mo(CN)_7 \cdot H_2O$、$M(NO_3)_2(py)_3$(M= Co, Cu, Zn, Cd)、$UO_2F_5^{3-}$、$NbOF_6^{3-}$ 等.

(2) 单帽八面体构型：$TaMe_2(bipy)Cl_2$、$Mo(CO)_3(PEt_3)_2Cl_2$、$Mo(CO)_3(PMe_2Ph)_2Br_2$、$W(CO)_4Br_3^-$.

(3) 单帽三棱柱：K_2NbF_7，$[Mo(CNR)_6I]\cdot I$、$[Mo(CNR)_7]\cdot(PF_6)_2$、$Li[Mn(H_2O)\cdot EDTA]\cdot 4H_2O$.

在 $K_4V(CN)_7\cdot 2H_2O$ 中，$V(CN)_7^{4-}$ 离子具有五角双锥构型，轴向和水平向的 V—C 键长无明显差别，平均为 215 pm. 图 2.8 给出该离子的构型，轴向的 2 个配体偏离 $180°$ 的直线结构，弯曲成 $171°$. K_2NbF_7 中的 NbF_7^{2-} 离子具有单帽三棱柱构型，如图 2.9 所示.

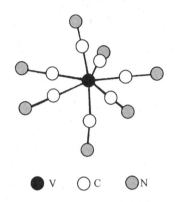

● V ○ C ◌ N

图 2.8 $K_4V(CN)_7\cdot 2H_2O$ 中 $V(CN)_7^{4-}$ 离子的畸变五角双锥结构

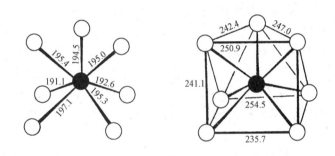

图 2.9 K_2NbF_7 中 NbF_7^{2-} 离子的单帽三棱柱构型

2. 配位数 8

对于配位数为 8 或大于 8 的高配位数化合物，一般需要满足下列条件：

(i) 中心金属离子半径较大，配体则较小，以减少空间位阻.

(ii) 中心金属离子的氧化态较高，以便在接受较多配体给出的电子对时，保持电中性，避免负电荷积累.

(iii) 中心金属离子的 d 电子数较少，以保证较低的晶体场稳定化能和足够的键合轨道，并减少 d 电子和配体电子间的排斥.

综合以上因素，高配位化合物的中心金属多为第五、第六周期 $d^0\sim d^2$ 组态的过渡金属离子以及镧系和锕系元素，氧化态一般高于 $+3$，配体多以体积较小的 F^- 或 O_2^{2-}、$C_2O_4^{2-}$、NO_3^- 和 RCO_2^- 等螯合间距较小的双齿配体为主.

常见的八配位配合物主要是**四方反棱柱**（square antiprism）、**十二面体**（dodecahedron）.

有少数立方体、双帽三棱柱和六角双锥(如图 2.10).

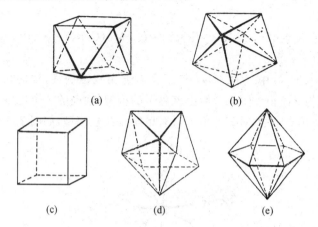

图 2.10　八配位化合物的理想多面体结构
(a) 四方反棱柱(D_{4d})　(b) 三角十二面体(D_{2d})　(c) 立方体(O_h)
(d) 双帽三棱柱(C_{2v})　(e) 六角双锥(D_{6h})

四方反棱柱可认为是由立方体的两个平行的面之间相对旋转 45°得到. 四方反棱柱和十二面体两种构型的能量也很接近,例如 CN^- 配位的 $Mo(CN)_8^{3-}$ 和 $Mo(CN)_8^{4-}$;$W(CN)_8^{3-}$ 和 $W(CN)_8^{4-}$,在固体中选择适当平衡电荷的阳离子均能得到两种构型,例如 $Na_3Mo(CN)_8 \cdot 4H_2O$ 中的 $Mo(CN)_8^{3-}$ 是四方反棱柱,而在季铵盐为阳离子的 $[N(n\text{-}C_4H_9)_4]_3Mo(CN)_8$ 中,$Mo(CN)_8^{3-}$ 为十二面体.

部分四方反棱柱化合物有:ZrF_4,$Zr(SO_4)_2 \cdot 4H_2O$,$[Cu(H_2O)_6]_2[ZrF_8]$,$HfF_4 \cdot 3H_2O$,$Na_3[TaF_8]$,$Na_3W(CN)_8 \cdot 4H_2O$,$H_4Mo(CN)_8 \cdot 6H_2O$ 等.

部分十二面体的化合物有:$Ti(NO_3)_4$,ZrO_2,K_2ZrF_6,$[ZrF_4(H_2O)_3]_2$,$K_3[Cr(O_2)_4]$,$K_3Mo(CN)_8 \cdot 2H_2O$,$Sn(NO_3)_4$,$(Ph_4As)[Fe(NO_3)_4]$,$U(bipy)_4$ 等.

3. 配位数 9

配位数高于 9 的化合物较少,9 和 11 的更少.

九配位化合物大多以聚合体的形式存在于晶体中. 典型的几何构型有**单帽四方反棱柱**(capped square antiprism)和**三帽三棱柱**(tricapped trigonal prism). 图 2.11 示出这两种结构

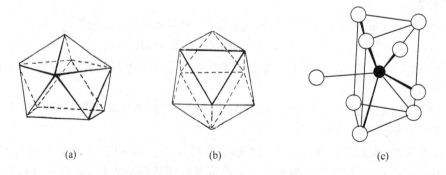

图 2.11　九配位化合物的基本构型
(a) 单帽四方反棱柱　(b) 三帽三棱柱　(c) $Nd(H_2O)_9^{3+}$ 和 ReH_9^{2-} 的三帽三棱柱结构

的基本形式和三帽三棱柱的 $Nd(H_2O)_9^{3+}$ 和 ReH_9^{2-} 的几何构型.

4. 配位数 10 和 12

配位数为 10 和 12 的化合物常存在于镧系和锕系化合物,例如 $Ce(NO_3)_5^{2-}$ 的配位数为 10,$Ce(NO_3)_6^{3-}$ 的配位数为 12,配位的 NO_3^- 为双齿配体.图 2.12 的(a)和(b)分别给出它们的结构,$Tb(NO_3)_3 \cdot (bipy)_2$ 和 $Eu(NO_3)_3 \cdot 4DMSO$ 的配位数均为 10.

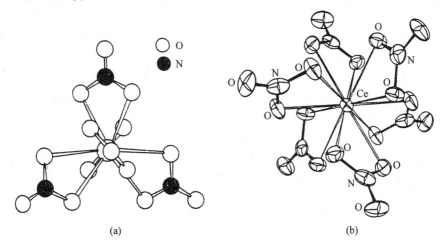

(a) (b)

图 2.12 十配位的 $Ce(NO_3)_5^{2-}$(a)和十二配位的 $Ce(NO_3)_6^{3-}$(b)的构型

(a) 中的 NO_3^- 位于三角双锥的 5 个顶点(该图是从主轴俯视,因此只有部分 C、N 原子能看到)

表 2.4 给出了部分高配位数的稀土配合物结构,其配体均为双齿螯合配体,特别是 β-双酮类的 dpm、$PhCOCHCOPh^-$ 等以及硝酸根离子.

表 2.4 部分高配位数的稀土配合物及其结构

配位数	构 型	点 群	实 例[a]
7	单帽三棱柱	C_{2v}, C_{3v}	$Dy(dpm)_3 \cdot H_2O$
7	单帽八面体	C_{3v}	$Ho(PhCOCHCOPh)_3 \cdot H_2O$
8	四方反棱柱	D_{4d}	$Eu(dpm)_3(py)_2$
9	对称三帽三棱柱	D_{3h}	$RE(NO_3)_3 \cdot 3DMSO$ (RE=Tb~Lu, Y)
10	双帽四方反棱柱	D_{4d}	$La(NO_3)_3 \cdot 3DMSO \cdot CH_3OH$
10	双帽十二面体	C_{2v}	$Tb(NO_3)_3 \cdot (bipy)_2$
12	二十面体	I_h	$(NH_4)_2Ce(NO_3)_6$

[a] 本栏中 dpm(dipivaloylmethane)为 2,2,6,6-四甲基庚二酮,$(CH_3)_3CCOCHCOC(CH_3)_3^-$.

2.3 配合物的异构现象

配合物的同分异构(isomerism)现象是普遍存在的,其中对四配位和六配位的化合物研究得较多,特别是八面体构型的配合物.配合物中异构现象主要分为几何异构、旋光异构和键合异构等.

2.3.1　几何异构

几何异构(geometrical isomerism)又称顺反异构. 四面体化合物不可能存在几何异构体，MA_2B_2 组成的平面四方形化合物则有顺式(cis) 和反式(trans)之分. 大家熟知的二氯二氨合铂 $Pt(NH_3)_2Cl_2$ 就有顺(*cis*)、反(*trans*)两种构型.

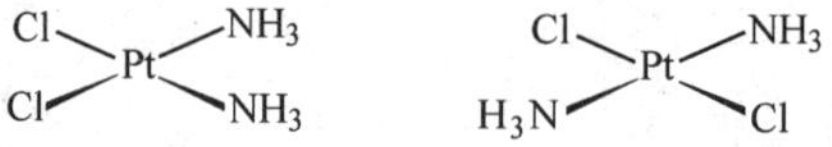

顺式(C_{2v})　　反式(D_{2h})

顺式是重要的抗癌药物，俗称顺铂，为极性分子. 反式为中心对称，偶极矩为零，无抗癌活性. 可见，顺反异构体表现出不同的性质.

对于 MA_2B_4 型的八面体顺反异构配合物，A 和 A 处于邻位的称为顺式，A 和 A 处于对位的称为反式. 这一类型的顺反异构体数目很多，如$[Pt(NH_3)_4Cl_2]^{2+}$、$[Co(NH_3)_4Cl_2]^+$和 $Ru(PMe_3)_4Cl_2$ 等. 以表 2.1 中$[Pt(NH_3)_4Cl_2]^{2+}$的两个几何异构体为例，其中 2 个 Cl 处于相邻位置，为顺式；处于相对位置，称为反式：

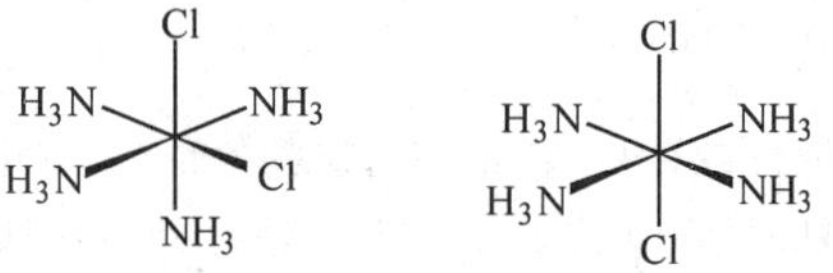

顺式　　反式

在 MA_3B_3 型的八面体配合物中，3 个 A (或 B)彼此相邻的称为面式(fac，即 facial)；有 2 个 A (或 B) 彼此相对，则称为经式(mer，即 meridional)，例如 $Co(NH_3)_3(NO_2)_3$、$RuCl_3(H_2O)_3$和 $RhCl_3(CH_3CN)_3$ 等. 表 2.1 中的$[Pt(NH_3)_3Cl_3]^+$的有两个几何异构体，按此定义可把它们区分为面式和经式异构体：

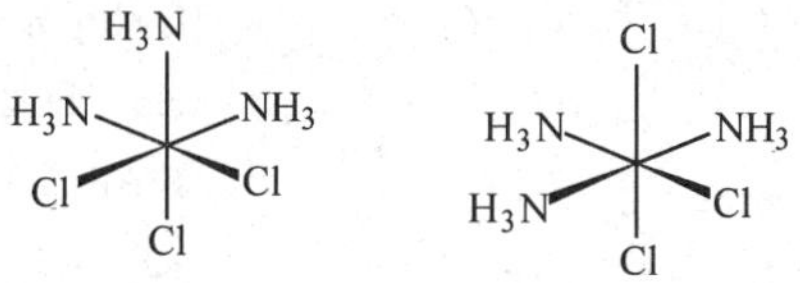

面式 (fac)　　经式 (mer)

配合物的几何异构现象，可以通过红外和拉曼光谱来表征. 以 MA_3B_3 型的八面体配合物 $RhX_3(PMe_3)_3$(X=Cl, Br)为例，面式异构体具有 C_{3v}的对称性，经式异构体具有 C_{2v}的对称性. 按照 C_{2v}和 C_{3v}点群的特征标表，根据各种对称操作中不动的化学键数得到可约表示的特征标；再分解成不可约表示后，就可以从理论上预测在 IR 和 Raman 光谱中，Rh—X 和 Rh—P 键伸缩(简正)振动可能出现的谱带数；然后，再和实际谱图进行分析和比较，便可区分出面式和经式两种异构体.

具体步骤如下：

(i) 面式-$RhX_3(PMe_3)_3$

C_{3v}	E	$2C_3$	$3\sigma_v$
Γ(Rh—X)	3	0	1
Γ(Rh—P)	3	0	1

表中 Γ(Rh—X)$=\Gamma$(Rh—P)$=A_1+E$.
　　　　　　　　　　(IR)　(IR)
　　　　　　　　　　(R)　 (R)

(ii) 经式-RhX$_3$(PMe$_3$)$_3$

C_{2v}	E	C_2	σ_v	σ_v'
Γ(Rh—X)	3	1	3	1
Γ(Rh—P)	3	1	1	3

表中 Γ(Rh—X)$=2A_1+B_1$；Γ(Rh—P)$=2A_1+B_2$.
　　　　　　(IR)　(IR)　　　　　(IR)　(IR)
　　　　　　(R)　 (R)　　　　　 (R)　 (R)

　　由此可见,面式异构体的 Rh—X 和 Rh—P 键在 IR 和 Raman 光谱中各应出现 2 个伸缩振动的谱带；经式异构体则各应出现 3 个相应的谱带.

　　对照 RhX$_3$(PMe$_3$)$_3$ 的 IR 和 Raman 光谱数据(表 2.5 和表 2.6)[4],上述理论预示和实际观测的结果基本相符.同时从实验数据可见,对于 Rh—X 键的伸缩振动频率,当 X 为 Cl、Br 时,数据相差甚远；相应 Rh—P 键的伸缩振动频率则变化甚微,因而可对 Rh—X 键和 Rh—P 键的谱带加以区别.

表 2.5　面-RhX$_3$(PMe$_3$)$_3$的振动光谱数据(800 cm^{-1}以下)

		RhCl$_3$(PMe$_3$)$_3$		RhBr$_3$(PMe$_3$)$_3$	
		IR(cm^{-1})	Raman(cm^{-1})	IR(cm^{-1})	Raman(cm^{-1})
RhP$_3$(伸缩)	A_1	391　弱	395　弱	388　中等	385　弱
	E	369　中等	371　弱	367　强	367　弱
RhX$_3$(伸缩)	A_1	263　很强	263　很强	198　中等	195　很强
	E	233　很强	232　很强	175　很强	180　强

表 2.6　经-RhX$_3$(PMe$_3$)$_3$的振动光谱数据(800 cm^{-1}以下)

	RhCl$_3$(PMe$_3$)$_3$		RhBr$_3$(PMe$_3$)$_3$	
	IR(cm^{-1})	Raman(cm^{-1})	IR(cm^{-1})	Raman(cm^{-1})
RhP(伸缩)	387　弱	388　弱	388　中等	388　弱
RhP$_2$(伸缩,对称)	—	356　弱	—	362　弱
(不对称)	—	—	360　强	—
RhX(伸缩)	264　强	265　中等	176　强	—
RhX$_2$(伸缩,对称)	297　凸缘	297　很强	188　中等	184　很强
(不对称)	346　很强	346　很弱	206　强	—

2.3.2　旋光异构

旋光异构(optical isomerism)又称光活异构或光学异构.如果某一配合物与它的镜像不能重合,即分子为**手性**,则可能出现光活异构现象.手性化合物的严格判据是看分子中是否存在 n 重映轴 S_n. 通常可观察分子中是否存在镜面(相当于 S_1)或者反演中心(相当于 S_2),不存在的为手性分子.有机化合物中的旋光异构现象与四面体构型的不对称碳原子关联.在无机化合物中,配合物大多为八面体结构,因此,无机旋光异构体中最重要的是八面体配合物.其中,以乙二胺或草酸根等双齿螯合配体形成的旋光异构体较常见.

例如:$cis\text{-}Co(en)(NO_2)_2^+$,$cis\text{-}Co(en)Cl_2$、$Co(en)_3^{3+}$ 以及 $Co(ox)_3^{3-}$ 等均存在镜面对称的旋光异构体:

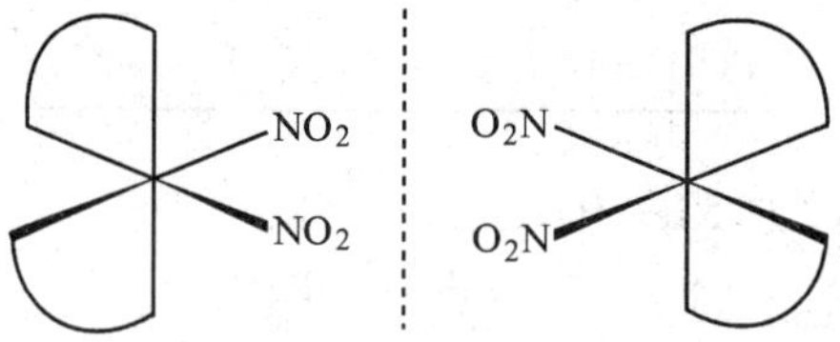

图中的曲线代表乙二胺(en).

如果配合物中某一原子为不对称原子,也可使整个配合物具有旋光性.例如氯化甲基甘氨酸二乙二胺合钴(Ⅲ)共有 4 个旋光异构体,因为氨基与 Co 配位后,氨基上的 N^* 变为不对称原子:

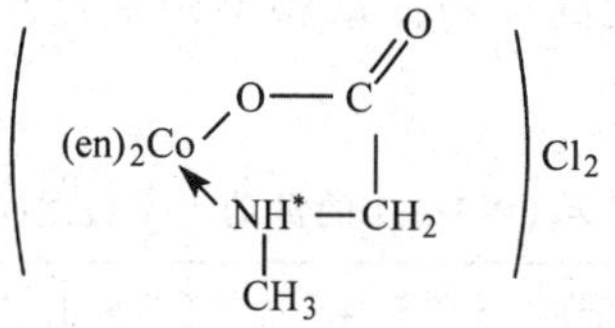

在 $cis\text{-}Co(en)_2Cl_2$ 的两种旋光异构体浓度相等时,左旋和右旋的作用相互抵消,得到外消旋混合物.

六配位的旋光异构体数量较多,常见的几种构型列于下表:

构　型	实　例
$M(L\text{—}L)_3$ 型	$Co(ox)_3^{3-}$,$Cr(ox)_3^{3-}$ 等风扇形分子
$cis\text{-}M(L\text{—}L)_2A_2$ 型	$cis\text{-}Co(en)_2(NO_2)_2^+$,$cis\text{-}Co(en)_2Cl_2^+$
$MA_2B_2C_2$ 型	$Pt(NH_3)_2(NO_2)_2Cl_2$
$MABCDEF$ 型	$Pt(NH_3)(py)(NO_2)(Cl)(Br)(I)$

四面体配合物也有旋光异构体,例如 Be^{2+} 的 β-双酮化合物:

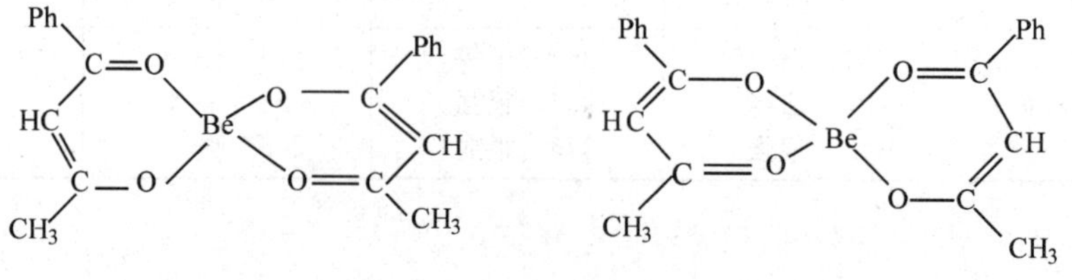

手性配合物的绝对构型用符号 Δ 和 Λ 表示. 沿八面体的三重轴方向观察,配合物的三重轴向右旋转的用 Δ 表示,向左旋转的用 Λ 表示. 图 2.13 给出了这两种异构体的示意图. Δ 和 Λ 有不同的旋光性质,能使偏振光右旋的异构体称为 D-型,或者(+)异构体;能使偏振光左旋的异构体称为 L-型,或者(-)异构体. 但必须注意的是异构体的旋光性质和绝对构型之间并没有完全的对应关系,也就是说,对不同的化合物而言,有的 Δ 型化合物是右旋,有的则是左旋,Λ 型亦同.

旋光异构体绝对构型的确认,从 Werner 时代至今,对化学家就是一个挑战性的问题. 现在常用光旋转散射谱(optical rotatory dispersion,ORP)和圆二色谱(circular dichroism,CD 谱)来分析光活异构体的绝对构型.

通常合成的手性配合物,是由两种对映体各半组成的外消旋混合物. 除旋光性质外,其他物理和化学性质均相同,因此较难分离. 但如果在加入另一种手性试剂,与这两种对映体反应后生成非对映体,而非对映体之间在物理和化学性质上会有差别,从而使它们容易

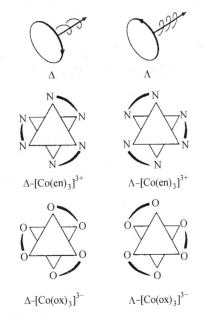

图 2.13 [M(L-L)$_3$]配合物的绝对构型
Δ 型是沿三重轴向右旋转,Λ 型是向左旋转

分离. 例如,在[Co(en)$_3$]SO$_4$Cl 溶液中加入光活性的 D-酒石酸盐(D-tartrate)[①]后,(+)-tart 和左、右旋的[Co(en)$_3$]$^{3+}$ 都发生反应,但生成的非对映体溶解度有差别,溶解度较小的 [(+)Co(en)$_3$]$^{3+}$[(+)-tart]Cl,先从溶液中结晶析出,加入碘离子,则该化合物转变为 [(+)Co(en)$_3$]I$_3$·H$_2$O. 结晶出[(+)Co(en)$_3$]$^{3+}$[(+)-tart]Cl 的母液中则剩余较多的 [(-)Co(en)$_3$]$^{3+}$ 异构体.

2.3.3 键合异构

键合异构(linkage isomerism)是一种配体可以用不同的配位原子或配位方式与金属配位. Werner 同时代的配位化学家 Jørgensen 制备出 Co^{3+} 的配合物:

$$[Co(NH_3)_5Cl]Cl_2 \xrightarrow{NH_3} \xrightarrow{HCl} \xrightarrow{NaNO_2} \text{"溶液 A"} \tag{2.2}$$

$$\text{"溶液 A"} \xrightarrow{\text{冷却}} [Co(NH_3)_5ONO]Cl_2 \quad (\text{红色}) \tag{2.3}$$

$$\text{"溶液 A"} \xrightarrow{\text{加热}} \xrightarrow{\text{浓 HCl,冷却}} [Co(NH_3)_5NO_2]Cl_2 \quad (\text{黄色}) \tag{2.4}$$

他们认为两种异构体的差别是 NO$_2$ 基团与 Co 原子的连接方式不同:金属与 N 相连的称为硝基(nitro)配合物,是黄色的异构体;与 O 相连的称为亚硝酸根(nitrito)配合物,是红色异

---

① 记为(+)-tart,化学式为 C$_4$H$_4$O$_6^{2-}$,结构简式 $^-$OOC—CH—CH—COO$^-$.
（上下各有 OH 连接在两个 CH 上）

构体. 颜色的确认是根据与它们相似的配化物颜色推测的. 例如, 六氨合钴、三乙二氨合钴都是 N 配位, 颜色为黄色, 因此推测 N 配位的硝基配合物为黄色; 而一水五氨合钴或一硝酸五氨合钴中, 配位层中均有一个 O 原子与 Co 配位, 颜色呈红色, 因此推测 O 配位的亚硝酸根配合物为红色. 以后的电子光谱证明, 根据颜色对配位原子的推测是正确的.

　　后来发现, 红色异构体不太稳定, 放置可缓慢转变为黄色异构体, 加热或在盐酸溶液中转变更快. 由于实验精确度的限制, 当时化学家对两种异构体的吸收光谱和 X 射线粉末衍射的研究没有得出明确的结论.

　　Adell 在 20 世纪 40 年代用光度法测定了红色异构体到黄色异构体的转变速率, 证明此为一级反应, 即转变过程不涉及其他物种, 仅仅是分子内的重排, 证实了 Jørgensen 根据颜色判断的两个异构体是正确的. 它们是亚硝酸根和硝基的键合方式不同形成的异构体, 与 N 原子配位的硝基配合物 $[Co(NH_3)_5NO_2]^{2+}$ 为黄色; 与 O 原子配位的亚硝酸根配合物 $[Co(NH_3)_5ONO]^{2+}$ 是红色. 在一定的条件下, 红色的亚硝酸根配合物可转化为黄色的硝基配合物. 这两者的结构为:

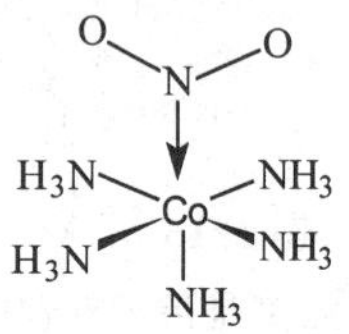

硝基配合物（黄色） 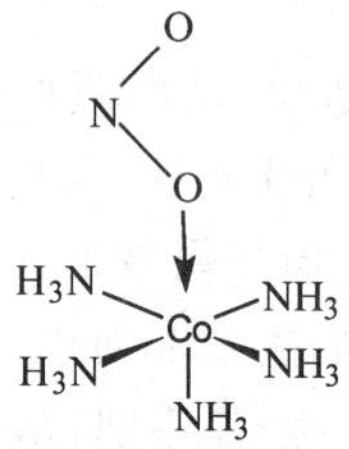　　　　　　　　亚硝酸根配合物（红色）

　　十多年后, Taube 等用 ^{18}O 同位素标记起始物 $[Co(NH_3)_5{}^{18}OH]^{2+}$, 发现 ^{18}O 留在后来生成的配合物中, 反应倾向于生成亚硝酸根配合物:

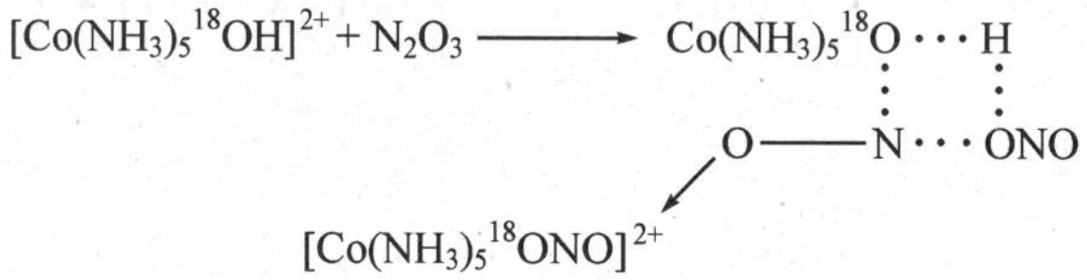

$$(2.5)$$

标记的亚硝酸配合物加热发生重排, 生成硝基配合物:

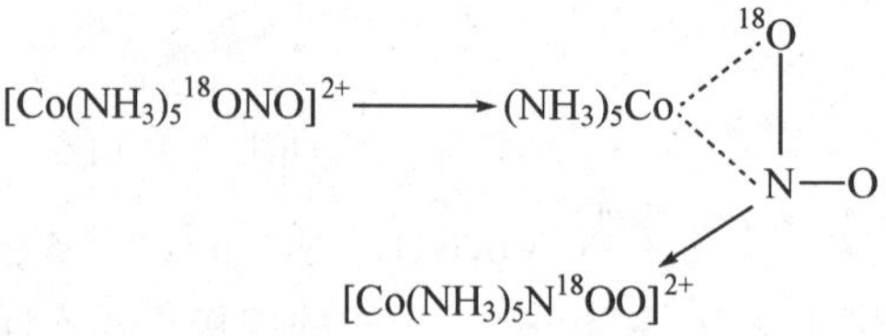

$$(2.6)$$

最终, 硝基配合物异构体中的 ^{18}O 可以被碱性水解除去:

$$[Co(NH_3)_5N^{18}OO]^{2+} + OH^- \longrightarrow [Co(NH_3)_5OH]^{2+} + {}^{18}ONO^- \qquad (2.7)$$

　　所有这些实验都和 Werner 和 Jørgensen 的假设一致. 后来 Basolo[5,6]等合成了 Cr(Ⅲ)、Rh(Ⅲ)、Ir(Ⅲ) 和 Pt(Ⅳ) 配合物的硝基-亚硝酸键合异构体, 除 Cr(Ⅲ) 以外的所有配合物中, 亚硝酸异构体均容易转变为更稳定的硝基异构体.

硝基-亚硝酸的键合异构体还有:[Co(en)$_2$(NCS)(NO$_2$)]$^+$和[Co(en)$_2$(NCS)(ONO)]$^+$,[Co(en)$_2$(NO$_2$)$_2$]$^+$和[Co(en)$_2$(ONO)$_2$]$^+$,[Co(NH$_3$)$_2$(py)$_2$(NO$_2$)$_2$]$^+$和[Co(NH$_3$)$_2$(py)$_2$(ONO)$_2$]$^+$等.

两种异构体的命名分别是:[Co(NH$_3$)$_5$ONO]Cl$_2$ 二氯化亚硝酸根·五氨合钴,[Co(NH$_3$)$_5$NO$_2$]Cl$_2$二氯化硝基·五氨合钴.

"NO$_2$"与金属离子除了上述几种典型的配位方式外,还有螯合的 NO$_2^-$ 双齿配体,以及 μ-O 和 μ-(O,N) 的桥式配体等.

另一类键合异构体是硫氰酸根(thiocyanate)和异硫氰酸根(isothiocyanate)的异构体,即 NCS 基团是以 S 配位,还是以 N 配位.

金属-硫氰酸根　　　　　金属-异硫氰酸根

在包含硫氰酸根和其他配体(如氨,或者膦)的顺式平面四方 Pt 的配合物中,与氨配位的 Pt 和 S 键合,而与膦配位的 Pt 则和 N 键合,这样的结合与 d—d π 键的形成有关,如下图所示:

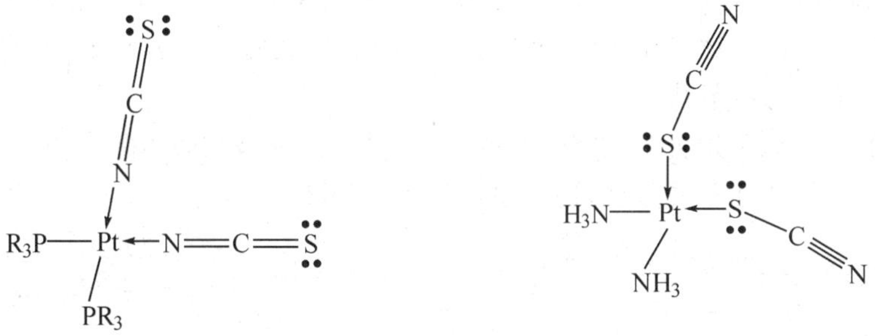

cis-Pt(NCS)$_2$(NH$_3$)$_2$　　　　　　cis-Pt(SCN)$_2$(NH$_3$)$_2$

这一现象可认为是因为:膦配体中 P 的 d 轨道与 Pt 的 d 轨道形成更有效的 π 键,削弱了 S 与 Pt 的 d 轨道形成 π 键的稳定性,因此硫氰基团倾向于和 N 配位.相反,氨配位的 N 原子不能提供 d 轨道和 Pt 成键,因此有利于 S 的 d 轨道与 Pt 的 d 轨道成键.基于这一假设,Basolo 等推测,在能够形成 π 键的配合物中,可能存在一键合异构的平衡体系,并能分别检出两种异构体.实验证明平衡体系中的确存在键合异构体[(Ph$_3$As)$_2$Pd(SCN)$_2$]和[(Ph$_3$As)$_2$Pd(NCS)$_2$]以及[(bipy)Pd(SCN)$_2$]和[(bipy)Pd(NCS)$_2$].在这两个体系中,均是 S-键合的异构体加热后转变为较稳定的 N-键合异构体.

除了成键作用外,配体的体积效应也对硝基-亚硝酸根、硫氰酸根-异硫氰酸根,以及相似的硒氰酸根-异硒氰酸根的键合异构体有重要的作用.例如,硝基的空间位阻大于亚硝酸根,弯曲型的硫氰酸根键合位阻比直线型的异硫氰酸根大,因此当配合物中存在体积较大的其他配位基团时,例如 1,1,7,7-四乙基二乙三氨(Et$_4$dien)、SeCN$^-$ 与 Pd^{2+} 的配合物,在极性溶剂中,Se-键合的硒氰酸根异构体转变为 N-键合的异硒氰酸根异构体[7]:

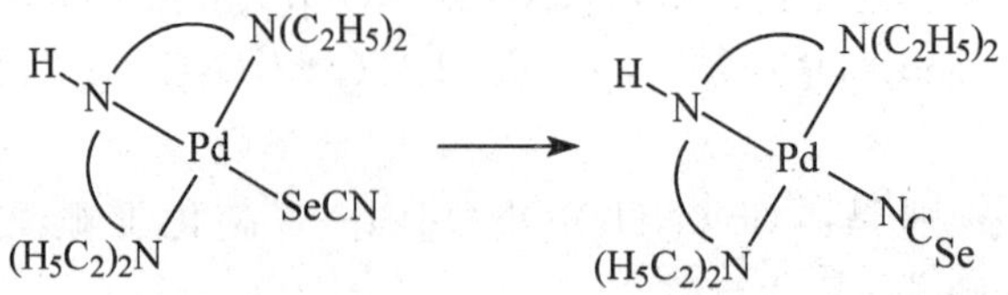

$$\text{(2.8)}$$

另一条与键合异构相关联的重要原则是**软硬酸碱**规则. Jørgensen 提出了软硬酸碱行为的协同(symbiosis)原理. 这一近似规则认为,硬的配体使其配位的中心金属原子变得更硬,按照软亲软和硬亲硬的原则,因而容易吸引其他硬配体,反之亦然. 很多例子证明了这一倾向,列举在表 2.7 中:

表 2.7　键合异构中的软硬酸碱规则

全部硬配体	全部软配体
$[Co(NH_3)_5NCS]^{2+}$	$[Co(CN)_5SCN]^{3-}$
$[Rh(NH_3)_5NCS]^{2+}$	$Rh(SCN)_6^{3-}$
$Fe(NCS)_4^{2-}$	$[cpFe(CO)_2(SeCN)]$

从 Co^{3+} 的配合物中可以看出,NH_3 是硬碱配体,能使 Co^{3+}“硬化”,因此硫氰配体以硬的 N 和 Co^{3+} 连接,而软碱配体 CN^- 使 Co^{3+}“软化”,因而硫氰配体以软的 S 和金属相连. 表 2.7 中的其他例子也有类似的规律.

软硬酸碱的协同原理适合于大部分的键合异构体,特别是八面体配合物,但遗憾的是不同的规则在应用时尚有矛盾和局限性,还需以实验事实为准.

2.3.4　其他异构现象

1. 电离异构

电离异构(ionization isomerism)现象是指组成相同的配合物在溶液中可电离出不同的离子. 例如 Co^{3+} 的配合物 $[Co(NH_3)_5Br]^{2+}[SO_4]^{2-}$ 和 $[Co(NH_3)_5SO_4]^+Br^-$ 为组成元素相同的异构体,但溶于水后电离出不同的离子,因此具有不同的化学反应:

$$[Co(NH_3)_5Br]^{2+}[SO_4]^{2-} \xrightarrow{Ba^{2+}} BaSO_4 \downarrow \tag{2.9}$$

$$[Co(NH_3)_5SO_4]^+Br^- \xrightarrow{Ba^{2+}} 不反应 \tag{2.10}$$

$$[Co(NH_3)_5Br]^{2+}[SO_4]^{2-} \xrightarrow{Ag^+} 少量 Ag_2SO_4 \downarrow \quad 浑浊 \tag{2.11}$$

$$[Co(NH_3)_5SO_4]^+Br^- \xrightarrow{Ag^+} AgBr \downarrow \tag{2.12}$$

其他的电离异构体还有:

$$[Co(NH_3)_5NO_3]^{2+}[SO_4]^{2-} 和 [Co(NH_3)_5SO_4]^+[NO_3]^-$$
$$[Co(NH_3)_4(NO_2)Cl]^+Cl^- 和 [Co(NH_3)_4Cl_2]^+[NO_2]^-$$
$$[Co(en)_2(NO_2)Cl]^+[NO_2]^- 和 [Co(en)_2(NO_2)_2]^+Cl^- 等$$

2. 溶剂合异构

溶剂合异构 (solvate isomerism) 是指在中性溶剂中,溶剂分子和配体相互交换,也可认为是上述电离异构的特例.最典型的例子是水合氯化铬,化学式中均含有 6 个水分子和 3 个氯离子,但它们的结构分别是 $[Co(H_2O)_6]Cl_3$、$[Co(H_2O)_5Cl]Cl_2 \cdot H_2O$ 和 $[Co(H_2O)_4Cl_2]Cl \cdot 2H_2O$,因此各自具有不同的反应,浓硫酸只能脱去配离子外界的水,Ag^+ 也只能与外界的氯离子反应:

$$[Co(H_2O)_6]Cl_3 \xrightarrow{\text{浓 H}_2\text{SO}_4,\text{脱水}} [Co(H_2O)_6]Cl_3 \quad \text{无变化} \tag{2.13}$$
（紫色）

$$[Co(H_2O)_5Cl]Cl_2 \cdot H_2O \xrightarrow{\text{浓 H}_2\text{SO}_4,\text{脱水}} [Co(H_2O)_5Cl]Cl_2 \tag{2.14}$$
（浅绿）

$$[Co(H_2O)_4Cl_2]Cl \cdot 2H_2O \xrightarrow{\text{浓 H}_2\text{SO}_4,\text{脱水}} [Co(H_2O)_4Cl_2]Cl \tag{2.15}$$
（深绿）

$$[Co(H_2O)_6]Cl_3 \xrightarrow{Ag^+} [Co(H_2O)_6]^{3+} + 3AgCl \downarrow \tag{2.16}$$

$$[Co(H_2O)_5Cl]Cl_2 \cdot H_2O \xrightarrow{Ag^+} [Co(H_2O)_5Cl]^{2+} + 2AgCl \downarrow \tag{2.17}$$

$$[Co(H_2O)_4Cl_2]Cl \cdot 2H_2O \xrightarrow{Ag^+} [Co(H_2O)_4Cl_2]^+ + AgCl \downarrow \tag{2.18}$$

3. 配位异构

配位异构(coordination isomerism)是指由配阴离子和配阳离子组成的盐,可以交换阴离子和阳离子中的配体,形成配位异构体.例如:$[Co(NH_3)_6][Cr(CN)_6]$ 和 $[Cr(NH_3)_6][Co(CN)_6]$、$[Cu(NH_3)_4][PtCl_4]$(紫色)和 $[Pt(NH_3)_4][CuCl_4]$(绿色)、$[Co(NH_3)_6][Cr(C_2O_4)_3]$ 和 $[Cr(NH_3)_6][Co(C_2O_4)_3]$.

此外,也可以形成一系列部分交换的配位异构体,例如:$[Co(en)_3][Cr(C_2O_4)_3]$、$[Co(en)_2(C_2O_4)][Cr(en)(C_2O_4)_2]$、$[Co(en)(C_2O_4)_2][Cr(en)_2(C_2O_4)]$ 和 $[Co(C_2O_4)_3][Cr(en)_3]$ 等.

即使化学简式为 $Co(NH_3)_3(NO_2)_3$ 的化合物,因为形成不同的配位异构体,相对分子质量可以是化学简式的若干倍,因此此类配位异构又称聚合异构(polymerization isomerism).以化学简式 $Co(NH_3)_3(NO_2)_3$ 为例,其聚合异构体有:

$$[Co(NH_3)_6][Co(NO_2)_6](\text{2 倍})$$
$$[Co(NH_3)_4(NO_2)_2][Co(NH_3)_2(NO_2)_4](\text{2 倍})$$
$$[Co(NH_3)_5(NO_2)][Co(NH_3)_2(NO_2)_4]_3(\text{3 倍})$$
$$[Co(NH_3)_4(NO_2)_2]_3[Co(NO_2)_6](\text{4 倍})$$
$$[Co(NH_3)_6][Co(NH_3)_2(NO_2)_4]_3(\text{4 倍})$$
$$\text{和} [Co(NH_3)_5(NO_2)]_3[Co(NO_2)_6]_2(\text{5 倍}) \text{等}$$

2.4 合成配合物的一般方法

配合物的数量大,合成方法的种类多,通常把配合物进行分类,再对各类化合物的反应机理分析综合.本章简要说明配合物的典型合成方法,对有机金属化合物、羰基化合物等的合成,以及利用反位效应指导配合物的特殊合成等,将在相关章节具体讨论.

2.4.1　水溶液中的取代反应

水溶液中的配体取代反应是常用的方法. 例如铜氨配合物可用硫酸铜水溶液与过量氨水反应制备:

$$Cu(H_2O)_4^{2+} + 4NH_3 \longrightarrow Cu(NH_3)_4^{2+} + 4H_2O \tag{2.19}$$

生成蓝紫色的 $Cu(NH_3)_4^{2+}(aq)$, 在反应混合物中加入乙醇, 得到深蓝色的铜氨配合物晶体. Ni^{2+}、Co^{2+}、Zn^{2+} 氨配合物也能用类似方法合成, 但这对 Fe^{3+}、Al^{3+} 及 Ti^{4+} 等易水解的高价阳离子不适合, 它们与氨水反应只能生成氢氧化物沉淀.

制备 $[Co(en)_3]Cl_3$ 可在蒸气浴上进行, 以加快反应速率:

$$[Co(NH_3)_5Cl]Cl_2 + 3en \longrightarrow [Co(en)_3]Cl_3 + 5NH_3 \tag{2.20}$$

制备单一配体的配合物通常加入过量的配体, 以生成完全取代的产物. 控制配体的浓度, 也能得到混合配体配位的化合物. 例如, $[Pt(en)(NH_3)_2]Cl_2$ 可依下列两个方程式制备:

$$K_2[PtCl_4] + en \longrightarrow Pt(en)Cl_2 + 2KCl \tag{2.21}$$

$$Pt(en)Cl_2 + 2NH_3 \longrightarrow [Pt(en)(NH_3)_2]Cl_2 \tag{2.22}$$

因为中间产物 $Pt(en)Cl_2$ 是分子型化合物, 很容易从反应混合物中提取出来, 使反应得以进行.

许多金属离子对水的亲和力很强, 在水溶液中会形成一系列水合离子, 或者水解生成羟基合物, 其中的水很难被其他配体取代, 不能用水作溶剂. 因此, 水溶液中的取代反应有一定的局限性.

2.4.2　非水溶剂中的取代反应

大部分有机配体在水溶液中溶解度很小, 另外, 有的硬酸金属阳离子与水键合的倾向性比与其他配体的大, 在水溶液中只能生成水合离子, 很难发生配体间的交换反应, 因此很多配位取代反应只能在非水溶剂中进行. 例如, 合成二茂铁 $Fe(C_5H_5)_2$ 必须在无水条件下进行, 若所用试剂的水未除净, 则产物中主要为铁的氢氧化物沉淀. 再如, $[Cr(en)_3]Cl_3$ 的合成, 在 $CrCl_3$ 水溶液中加乙二胺得到:

$$Cr^{3+}(aq) + en \longrightarrow Cr(OH)_3 \tag{2.23}$$

若以无水硫酸铬为反应物, 在非水溶剂中进行, 则得到:

$$Cr_2(SO_4)_3 + en \xrightarrow[\quad]{乙醚,\triangle} \xrightarrow{KI} [Cr(en)_3]I_3 \tag{2.24}$$

其中的 KI 提供了大小与配离子相当、起平衡电荷作用的 I^-, 用 AgCl 与 $[Cr(en)_3]I_3$ 混合, 使两者的卤素离子相互交换, 得到 $[Cr(en)_3]Cl_3$.

另外, 钴和乙二胺的配合物可在二甲基甲酰胺 $[HCON(CH_3)_2, DMF]$ 中制备, DMF 本身既是溶剂, 也是胺配体. $CoCl_2$ 溶于 DMF 首先生成 $[Co(DMF)_3Cl_3]$, 因为 Co(Ⅱ) 化合物在配位过程中伴随着 Co(Ⅱ) 的氧化, 生成的 Co(Ⅲ) 配合物 $[Co(DMF)_3Cl_3]$ 与 en 发生下述取代反应:

$$[Co(DMF)_3Cl_3] + 2en \xrightarrow{DMF} [Co(en)_2Cl_2]Cl + 3DMF \tag{2.25}$$

对于不溶于水的配体, 如联吡啶(bipy)和菲咯啉(phen), 可把配体溶于水-非水溶剂组成的混合体系中, 再进行配体取代反应. 例如联吡啶的水-乙醇溶液和氯化亚铁水溶液反应, 能制得 $[Fe(bipy)_3]Cl_2$ 红色配合物:

$$[Fe(H_2O)_6]^{2+} + 3\ bipy \xrightarrow{H_2O\text{-}C_2H_5OH} [Fe(bipy)_3]^{2+} + 6\ H_2O \qquad (2.26)$$

液氨也同时作为溶剂和配体. 当无水 $CrCl_3$ 与液氨反应时,主要产物为 $[Cr(NH_3)_5Cl]Cl_2$,内界的 Cl^- 很难被取代,但能被 KNH_2 催化的强碱性液氨加快反应速率,取代内界的 Cl^-,反应生成的 $[Cr(NH_3)_6]Cl_3$ 可在硝酸中交换外界离子:

$$[Cr(NH_3)_5Cl]Cl_2 + NH_3 \xrightarrow{KNH_2/\text{液氨}} [Cr(NH_3)_6]Cl_3 \quad (\text{棕色}) \qquad (2.27)$$

$$[Cr(NH_3)_6]Cl_3 \xrightarrow{HNO_3(aq)} [Cr(NH_3)_6](NO_3)_3 \quad (\text{黄色}) \qquad (2.28)$$

2.4.3　模板合成

上述两种合成方法都是配体和金属离子在溶液中直接反应.但对于大环配体而言,直接合成的步骤多,产率低,而且在合成有机配体过程中易发生副反应或配体的聚合反应.因此先合成配体,再让配体与金属离子反应生成配合物的传统方法往往不能奏效.20 世纪 60 年代以后,含氧或氮的大环或者多大环配合物化学的发展,开创了新的合成方法,即**模板合成**(template synthesis).

模板合成方法的基本要点是:在合成有机配体的同时,加入中心金属离子,在该金属离子原位生成大环配合物,金属离子相当于一个**模板**(template),促进了大环配体和配合物的形成,该过程称为金属离子的模板效应.例如,希夫碱-Cu^{2+}配合物的合成,当二-邻苯甲醛乙二胺与另一分子的乙二胺发生希夫碱缩合反应时:未加入金属离子时,只能发生有机配体聚合,生成树脂状聚合物;当加入 Cu^{2+} 等金属离子时,才能发生希夫碱缩合反应,得到所加金属的 N_4 大环配合物 $Cu(Salen)$.该金属离子的体积应与环的大小匹配,才能得到所要的配合物.如图 2.14 所示:

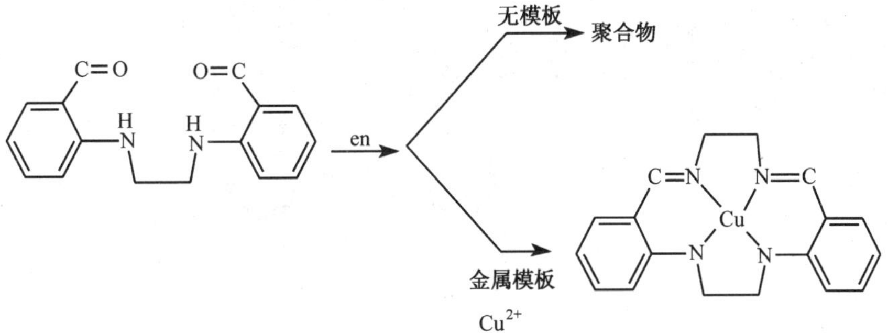

图 2.14　Cu(Salen)大环配合物的 Cu^{2+} 模板合成

另一个典型例子是 Ni^{2+} 做模板剂合成 N_2S_2 的大环配合物.Busch 等人曾设想用 α-二酮和 2-氨基乙硫醇合成四齿配体 **2**,但实际得到的主要产物是噻唑啉 **1**.在 **1** 和 **2** 之间存在一平衡过程.当加入 $Ni(II)$后,稳定了中间体 **2**,最终得到 **2** 的配合物 **3**,其产率高达 70%.加入金属模板稳定住某一中间体,使平衡体系移动,这样的模板作用称为热力学模板.配合物 **3** 与有机二溴化物进行反应,关环成为六配位的大环化合物 **5**(图 2.15).**3~5** 的反应是动力学模板作用的一个例子,即在合成过程中,利用金属离子使参加反应的有机基团保持一定的几何构型,引导选择性的反应发生:

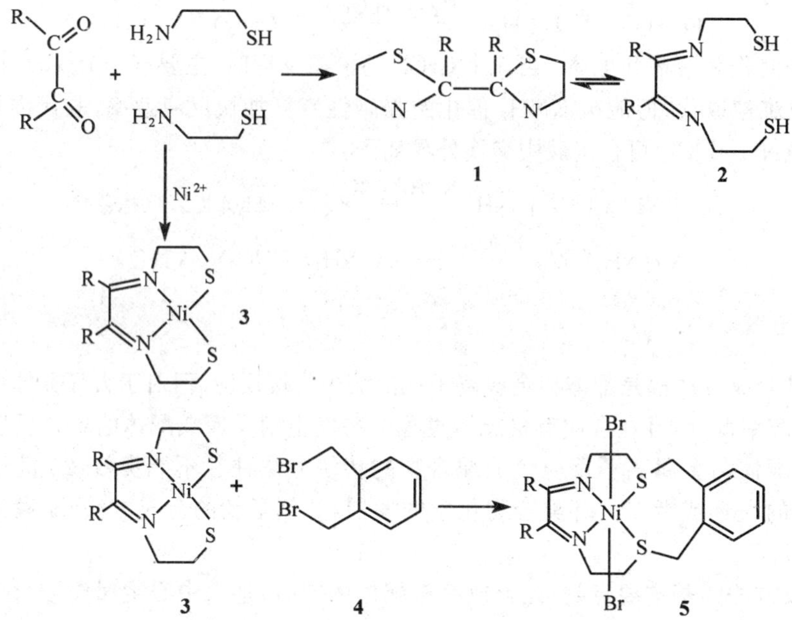

图 2.15　Ni²⁺作模板剂合成的 N₂S₂ 大环配合物

模板合成的大环配合物对于研究具有生物活性的无机化合物,例如卟啉类 N_4 大环配合物以及它们的模型化合物有一定意义(式 2.29).

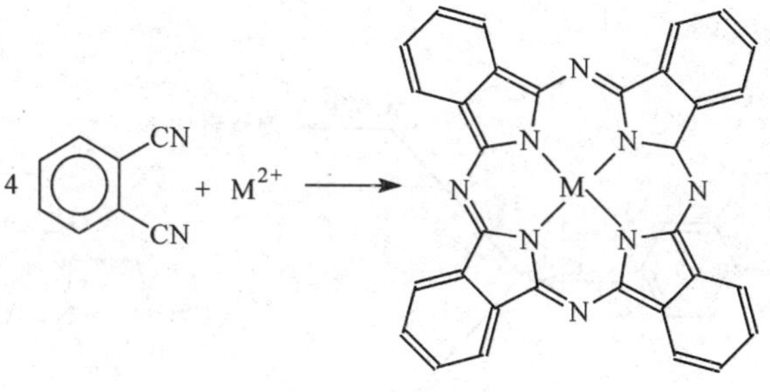

$$(2.29)$$

2.5　超分子化学

分子内的主要作用力是化学键. 对于超分子(supramolecular),顾名思义,是"分子层次之上的化学",是指分子之间存在的非共价键作用力. 超分子通常是指两种或两种以上的物种依靠分子间作用力结合在一起,组成复杂的、有明确微观结构和宏观性质、比分子更高层次的聚集体. 由分子间的识别(recognition)和组装(assembly),形成超分子的结构物质.

在生命科学中,金属酶中的金属阳离子与大分子生物配体的作用、金属酶和底物的作用,以及酶促反应的专一性等都包含以分子识别和组装为基础的超分子作用. 例如,生物体中 DNA 双链间氢键的相互识别,形成双螺旋结构,使 DNA 形成一个典型的超分子体系. 超分子和自组装现象在生物体中普遍存在,由此可创造出无数有特殊生物功能的物种,因此可以认为超分子作用是生命的基础. 而在化学研究中,化学家研究的配位化合物,特别是螯合配体,平面的大环卟啉类配体配合物实际上也是金属离子和配体的超分子组装而成.

从无机化学的角度看,超分子化学是配位化学在深度和广度上的延伸. 在配位化学 100 多年的历史中,配合物主要是以阳离子中心、阴离子配位为基本出发点. 超分子化学的发展极大地拓宽了这一概念,可以模拟生命中的识别和组装,创造出很多结构新颖、性质奇特的超分子物质.

目前超分子化学研究工作非常活跃,它涉及无机化学、有机化学、高分子化学及生物化学等. D. J. Cram,J -M Lehn[8]和 C. J. Pedersen 因在超分子化学方面的出色工作获得 1987 年的诺贝尔化学奖. Pedersen 发现冠醚配合物;Lehn 发现穴醚配合物,并提出了超分子概念; Cram 首先研究了**主客体化合物**. 他们为超分子的研究和发展奠定了基础.

近年来,超分子化学得到了很大的发展,成为化学与其他学科的交叉的前沿领域. 它与生命科学、材料科学、物理学等学科[9]相关联. 本章中讨论的超分子化学的内容只涉及与无机化学有关的部分.

以非化学键相互作用组装成的超分子体系的过程,可以表示为:

$$\left.\begin{array}{l}\text{主体(受体)}\\[1mm]\text{客体(底物)}\end{array}\right\} \longrightarrow 分子识别 \longrightarrow 超分子组装 \longrightarrow 超分子化合物 \qquad (2.30)$$

在配位化学中,**主体**(host)、**配体**(ligand)、**受体**(receptor)和酶通常指外围配位体. **客体**(guest)、**中心离子**(central ion)和**底物**(substrate)则指较小的中心部分. 但在复杂的超分子体系中,通常用受体和底物,或者主体和客体来描述超分子体系.

2.5.1　分子识别

分子识别是以不同分子间的特殊的、专一的相互作用为基础的. 要求满足相互结合的分子间空间要求、能量和键的匹配. 在超分子体系中,通常受体分子在特定部位有某些基团,与底物恰巧匹配,能相互识别,并能选择性结合,组装成新的超分子体系. 分子识别主要体现在主体和客体形成的新物种具有某些特定的功能.

从能量因素看,分子间的相互作用使体系的能量降低,即 Gibbs 自由焓 ΔG 减小. 氢键和配位键的形成使体系的 ΔH 减小,而螯合效应、大环效应和疏水作用又使体系的熵增加.

结构上的锁-钥匙匹配,能量上焓和熵效应的配合,是分子识别并组装成稳定超分子体系的基础.

超分子自组装的基础是主体和客体的相互识别和选择. 金属阳离子与含氧穴状配体的识别是分子识别的重要实例. 主体可是单纯的有机化合物,冠醚(crown ether)、穴醚(cryptands)和球状化合物(spherands)配体,也可是在有机分子中包含过渡金属原子的金属冠醚配体(coronates),等等. 图 2.16 给出了含氧穴状配体与金属离子组成的超分子金属拓扑化合物(metallatopomers)结构示意图. 图中的 **1** 是冠醚配合物,**2** 和 **3** 是穴醚配合物,**4~6** 是金属的**金属冠醚配合物**(metallacoronates)[10]. "冠"本身包含金属离子 M′,以 $(M'_n L_m)$ 表示金属冠醚配体. 它是由金属离子 M′ 与碳、氧等其他原子键合形成多层次大环,把客体的金属 M 中心离子包围在其中,用 $M \subset (M'_n L_m)$ 表示金属冠醚配合物.

最简单的分子识别是冠醚和金属阳离子的识别作用. 碱金属和碱土金属与一般的配体较

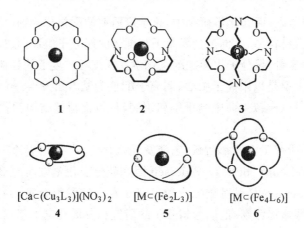

$[Ca \subset (Cu_3L_3)](NO_3)_2$　　$[M \subset (Fe_2L_3)]$　　$[M \subset (Fe_4L_6)]$
　　　　4　　　　　　　　　5　　　　　　　　　6

图 2.16　含氧穴状配体与金属离子组成的超分子拓扑化合物结构示意图

中心的黑球为金属客体,1 为金属冠醚配合物,2 和 3 是金属穴合物,4~6 是金属的金属冠醚配合物

难形成配合物,冠醚和碱金属的配位作用与冠醚的空腔直径和碱金属离子的体积是否匹配有关[11,12].

例如 18-冠-6(或 18-c-6)与碱金属 Na^+、K^+、Rb^+、Cs^+ 形成冠醚配合物的稳定常数的对数值及生成自由焓($-\Delta G^{\ominus}$, kJ/mol)分别为(见下表):

稳定常数的对数值	4.32,	6.06,	5.32,	4.44
$-\Delta G^{\ominus}/(kJ/mol)$	24.62,	34.57,	30.35,	25.33

说明碱金属离子与 18-冠-6 有一定的选择性和匹配关系. 18-冠-6 的内径与 K^+、Rb^+ 的半径比较接近,较小的 Na^+ 和较大的 Cs^+ 则与 18-冠-6 匹配较差,可见,18-冠-6 能对碱金属离子进行识别和选择,并与 K^+ 匹配最好,组装成稳定常数大的 $K^+ \subset$(18-冠-6). 不同大小的冠醚内腔直径和碱金属离子的关系可由表 2.8 看出.

表 2.8　冠醚内腔直径和碱金属离子大小的匹配关系

冠 醚	内腔直径/pm	阳离子	阳离子直径/pm
12-c-4	120~150	Li^+	120
15-c-5	170~190	Na^+	190
18-c-6	260~320	K^+	266
21-c-7	340~430	Rb^+	296
24-c-8	>400	Cs^+	334

穴醚和金属的选择关系可由表 2.9 中给出. 从表中的稳定常数可见,与冠醚类似,穴醚环的大小和金属离子的半径有匹配关系:空腔最小的穴醚[2.1.1] 对 Li^+ 的选择性强,较大的[2.2.1]对 Na^+ 的结合能力强,[2.2.2] 对 K^+ 的结合强,[3.2.2]对大的碱金属阳离子 K^+、Rb^+、Cs^+ 的结合最强,而更大的穴醚,不能与碱金属阳离子形成稳定穴合物. 从主体对客体的束缚能力看,螯合作用强于一般的配位作用,大环作用(如冠醚)又大于螯合作用,最强的是穴合作用. 这一顺序与主体的拓扑束缚作用增加,导致主客体的亲和能力增强有关.

表 2.9　穴醚和碱土金属和碱金属离子的稳定常数(对数值)

M^{n+}	[2.1.1]	[2.2.1]	[2.2.2]	[3.2.2]	[3.3.2]	18-c-6
Ca^{2+}	2.5	6.95	4.4	≈ 2	≈ 2	0.4
Sr^{2+}		7.35	8.0	3.4	≈ 2	3.24
Ba^{2+}		6.3	9.5	6.0	3.6	
Li^+	5.5	2.50				0.6
Na^+	3.2	5.40	3.9	1.65		1.7
K^+		3.95	5.4	2.2		2.2
Rb^+		2.55	4.35	2.05		1.5
Cs^+				2.0		1.2

2.5.2　超分子自组装

超分子自组装(supramolecular self-assembly)是指一种或多种分子依靠分子间相互作用,自发结合成的超分子体系.上述冠醚、穴醚以及金属冠醚配合物对于客体金属离子的识别,并组装为各种超分子,可认为是最简单的超分子自组装,也是超分子化学的基础内容.下面分述部分重要的超分子自组装的实例.

1. 通过氢键组装的超分子体系

由分子间的氢键相互匹配组成的超分子体系,在生命科学和材料科学中都有重要作用.除了 DNA 双链中碱基配对形成氢键外,在有机分子中,利用氢键还可以组装成各种超分子.例如,巴比妥酸(BH)和 2,4,6-三氨基嘧啶(TAP)可通过相互匹配的 N—H⋯N 或 N—H⋯O 氢键,形成带状结构或者环状结构,如图 2.17[13]所示.

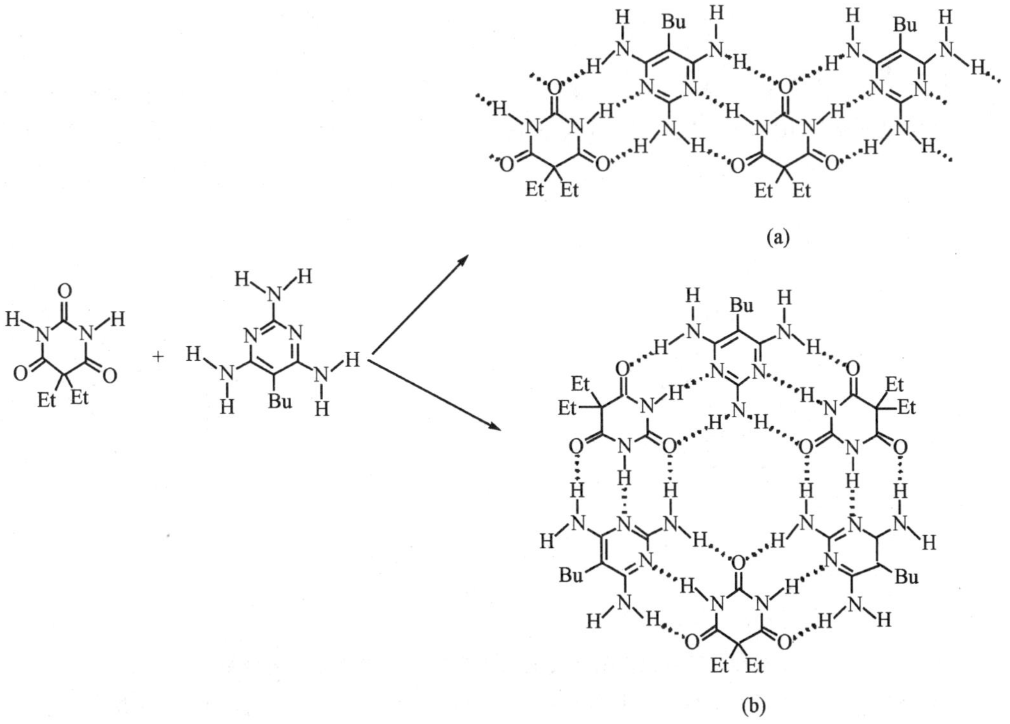

图 2.17　巴比妥酸与 2,4,6-三氨基嘧啶由氢键形成的带状(a)和环状(b)的超分子

2. 金属阳离子与含氧穴状配体的识别和组装

金属冠醚是多核的金属-氧冠醚化合物,与单纯的有机冠醚类似,是铁、锰和镍等金属与其他原子形成的多核金属-氧体系. 用 Fe^{3+} 与甲醇和 β-双酮反应,可得到含 Fe_2、Fe_3、Fe_4、Fe_6 和 Fe_{10} 的铁冠醚. 铁冠醚是一中性的闭合化合物,可以是平面、椅式和扭船形式等构象. 例如,含 6 个 Fe 的铁冠醚 $Fe_6(\mu_2\text{-}OMe)_{12}(dbm)_6$ 是一典型的金属冠醚,其中的 Hdbm 为二苯甲酰甲烷 (dibenzoylmethane),是 β-双酮类型的配体. 在固态时与 NaCl 反应结晶成铁冠醚钠离子配合物,钠离子被组装到铁冠醚环的中心,生成高对称性的 $Na \subset Fe_6(\mu_2\text{-}OMe)_{12}(dbm)_6^+$ 超分子组合,如图 2.18 所示[14].

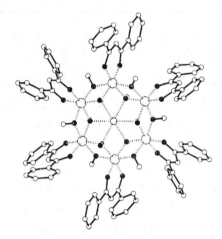

图 2.18　X 射线衍射得出的 $Na \subset Fe_6(\mu_2\text{-}OMe)_{12}(dbm)_6^+$ 阳离子结构

(图中心的圆球为 Na^+,环边缘的大白球为 Fe,小白球为 C,小黑球为 O)

与此类似的三乙醇胺与氢化钠和三氯化铁在 THF 中反应,得到 Fe:Na 物质的量之比为 6:1 的铁冠醚钠离子包合物 $\{Na \subset Fe_6[N(CH_2CH_2O)_3]_6\}Cl$(式 2.29). 它的分子结构图示于图2.19(a),简化的骨架结构示于图2.19(b). X射线晶体结构分析证明,这是由6个等价

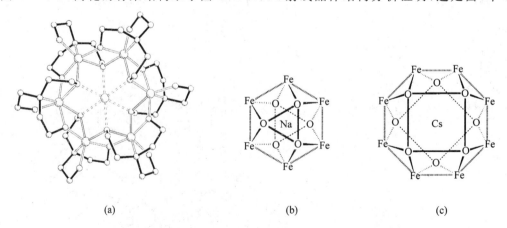

(a)　　　　　　　　　　(b)　　　　　　　　　　(c)

图 2.19　X 射线衍射得出的六核铁的含氧穴状配体包合物

(a) $Na \subset Fe_6[N(CH_2CH_2O)_3]_6^+$ 阳离子结构　(b) $Na \subset Fe_6[N(CH_2CH_2O)_3]_6^+$ 骨架结构

(c) $Cs \subset Fe_8[N(CH_2CH_2O)_3]_8^+$ 骨架结构

铁离子组成的中心对称结构,铁处于变形八面体 N 和 μ_1-O,2 个 μ_2-O 和 2 个 μ_3-O 的中心,三乙醇胺作为四齿配体和 3 个铁离子连接,钠离子嵌入在铁冠醚的中心.与此类似,由 8 个铁离子和三乙醇胺形成的铁冠醚与 Cs 离子组装成的 $\{Cs\subset Fe_8[N(CH_2CH_2O)_3]_8\}Cl$ 骨架结构图由图 2.19(c)给出[15].

$$N(CH_2CH_2OH)_3 + FeCl_3 + NaH \longrightarrow \{Na\subset Fe_6[N(CH_2CH_2O)_3]_6\}Cl \qquad (2.31)$$

$$N(CH_2CH_2OH)_3 + FeCl_3 + Cs_2CO_3 \longrightarrow \{Cs\subset Fe_8[N(CH_2CH_2O)_3]_8\}Cl \qquad (2.32)$$

3. 阴离子中心的螺旋环超分子[16,17]

在经典的配位化学中,中心离子通常为金属离子.实际上,在超分子的组装中客体可能是阴离子.与阳离子底物相比,阴离子的体积大,几何构型复杂,可以是球形(如卤离子)、直线形(OCN^-,N_3^- 等)、平面三角、四面体形(ClO_4^-,SO_4^{2-})以及八面体形$[M(CN)_6^{n-}]$等.

三-2,2′联吡啶配体 L 与铁盐形成多核的螺旋环结构$[Cl\subset(Fe_5L_5)]^{9+}$,在自组装过程中 Cl^- 位于五核的螺旋环空腔中心,5 个 Fe 螺旋均为手性,如图 2.20.若反应物 $FeCl_2$ 用 $FeBr_2$ 代替,则生成类似的$[Br\subset(Fe_5L_5)]^{9+}$.

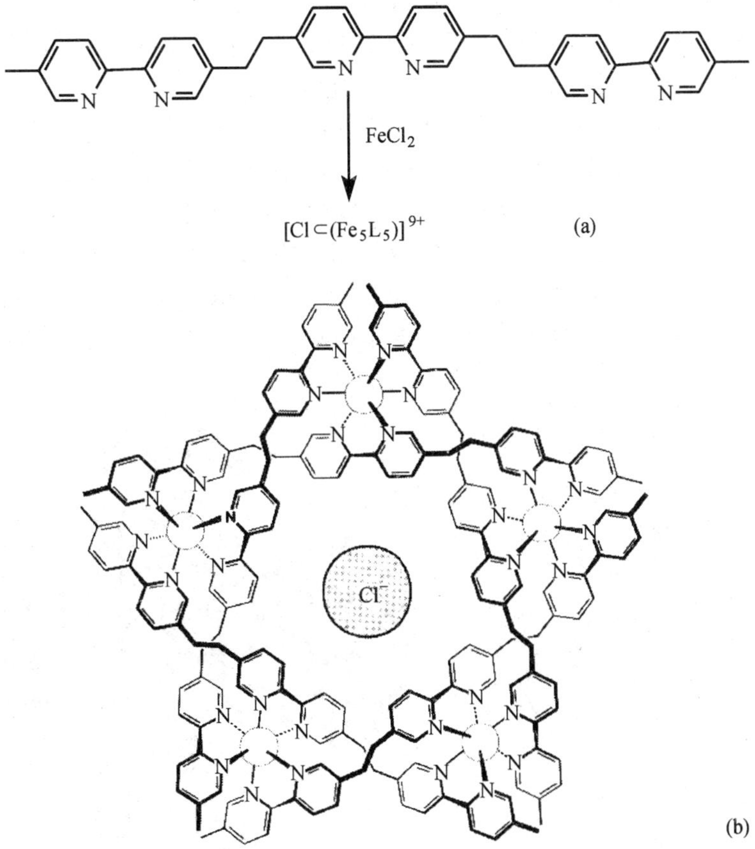

图 2.20 $[Cl\subset(Fe_5L_5)]^{9+}$的自组装和结构图

(a) $[Cl\subset(Fe_5L_5)]^{9+}$的自组装过程　(b) $[Cl\subset(Fe_5L_5)]^{9+}$的结构

Cu^I离子与配体 L 也能组装成奇妙的无机超分子体系.X 射线晶体结构数据表明,产物包含一个很大的复杂阳离子$[Cu_{12}L_4]^{12+}$,中心为阴离子 PF_6^- 和其他溶剂分子占据.由图 2.21 可

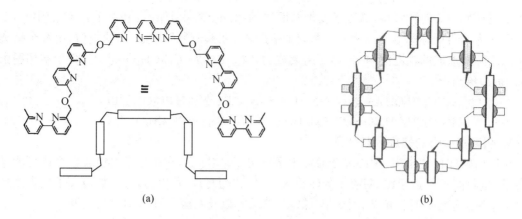

图 2.21　配体 L（a）和［$Cu_{12}L_4$］$^{12+}$（b）的示意图（中心离子 PF_6^- 省略）

以看出，12 个 Cu^I 离子有两种不同的配位环境，但它们都是畸变的 N 的四面体配位[18].

4. 中心为分子或复杂结构的超分子组装

以上的超分子体系中，中心的客体多为金属阳离子或者简单阴离子. 实际上，有机小分子或简单的配合物也能作为中心客体. 例如，二茂铁就可以作为客体组装到杯芳烃（calixarenes）中. 杯芳烃是超分子组装的重要主体化合物. 它是由 4～8 个不等的芳香环组成的"杯"状化合物，其空腔大小由芳香环的个数而定，"杯"的上下缘可以引入取代基团，构象也可能改变. 通常杯口和内壁为疏水的烃基和苯环. 用杯［4］芳烃和有机金属化合物二茂铁在甲苯溶液中反应，得到黄色晶体，X 射线结构分析证明：二茂铁被束缚在杯芳烃中，化学组成为（杯［4］芳烃）$_3$（二茂铁），其中的杯芳烃三聚体为主体，二茂铁为客体，杯［4］芳烃三聚体按照 1：1 的比率和二茂铁形成六方堆积，晶体结构如图 2.22 所示. 这是中心客体为有机金属化合物的实例[19].

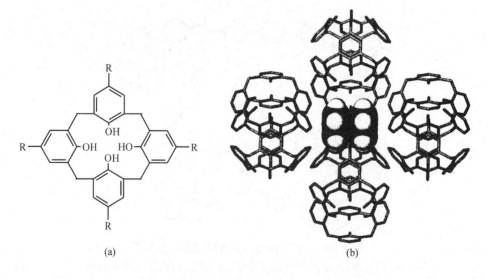

图 2.22　杯［4］芳烃（a）和（杯［4］芳烃）$_3$（二茂铁）晶体结构（b）

（二茂铁前方的杯［4］芳烃三聚体省略）

环糊精(CD,cyclodextrin)是淀粉水解产生的 D-葡萄糖的 α 苷键首尾相连的环状分子,它们通常由 6～8 个吡喃葡萄糖单元组成,分别称为 α-、β- 和 γ-环糊精(图 2.23).环糊精具有疏水的内壁和亲水的外壁,能与很多的无机分子、有机分子和生物分子组装成超分子主客化合物.

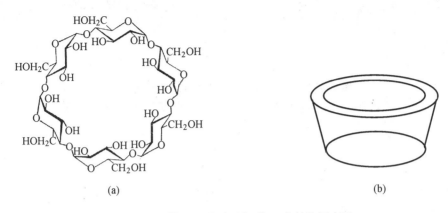

图 2.23 环糊精(CD)的分子组成(a)和结构示意图(b)

三苯基磷磺酸单钠盐(TPPMS)和 β-环糊精(β-cyclodextrin 简写为 β-CD,即由 7 个吡喃葡萄糖单元组成)存在相互作用,三苯基磷磺酸钠盐被作为客体和环糊精发生了自组装.NMR 和紫外吸收光谱给出了在水溶液中环糊精包合物的结构,它们是由 1：1 的主体和客体组成,未磺化的一个苯环装入疏水的环糊精内腔中,见图 2.24.疏水基团间的相互作用,增强了它们之间的结合力,容易把水分子排挤出环糊精内腔,使体系的熵增加,能量减低,组装成超分子体系[20].

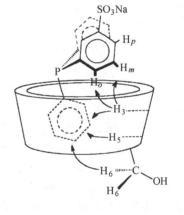

图 2.24 在水溶液中 TPPMS/β-CD
包合物的结构示意图

5. 超分子自组装的应用举例

超分子化学在生命、材料和信息等科学等方面都有重要的应用前景.例如,利用分子的大小和几何形状不同进行识别和组装,可以对化合物进行分离和纯化.

由于杯芳烃的疏水内腔,可用于富勒烯的分离.例如用叔丁基-杯[8]芳烃可以分离 C_{60} 和 C_{70}.将该杯芳烃和 C_{60} 和 C_{70} 混合物的甲苯溶液作用,C_{60} 可进入杯中形成超分子体系沉淀出来,而半径较大的 C_{70} 则不能被杯芳烃识别而组装,留在甲苯溶液中.

也可作为信息传感器,例如:图 2.25 中含 4 个 N 的二胺-二酰胺的四齿螯合配体(a),分子中的酰胺 N 配位倾向很弱,但脱氢后对过渡金属的配位能力很强.因此,酰胺在碱作用下脱氢后同时与金属离子配位.配位后形成 4 个 N 原子的刚性平面四方配合物(b),酰胺键上的负电荷在 O—C—N 原子间形成离域 π 键.如果把某些金属离子(如 Cu^{2+},Ni^{2+})与该配体在碱性条件下反应,就可形成具有荧光特性的中性分子(b),金属离子不存在时则荧光消失.因此,此类由配位键组装成的超分子是 Cu^{2+} 和 Ni^{2+} 等金属离子的分子开关[21].

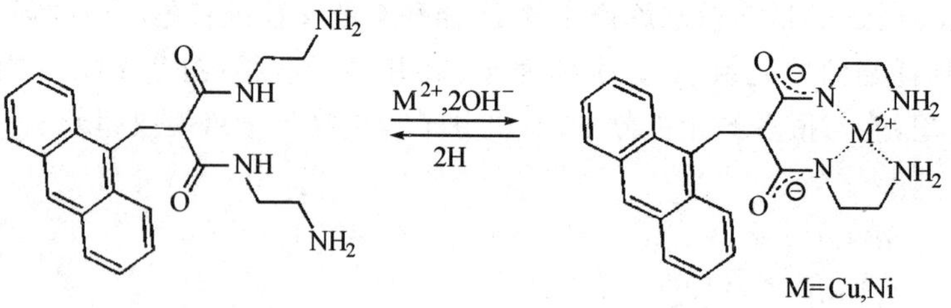

图 2.25　二胺-二酰胺螯合剂和金属离子的组装

（a）组装前的二胺-二酰胺螯合剂　（b）与金属离子组装后的荧光复合物

习　题

2.1　2 价 Ni 配合物 $[Ni(PPh_3)_2Cl_2]$ 为顺磁性, Pt 的类似配合物 $[Pt(PPh_3)_2Cl_2]$ 为反磁性, 写出每种化学式的所有异构体.

2.2　讨论下两组异构体的偶极矩情况:(1) 顺式和反式的 MA_2B_4,(2)经式和面式的 MA_3B_3.

2.3　绘出 $[Co(en)_2Cl_2]^+$、$[Co(en)_2NH_3Cl]^{2+}$ 和 $[Co(en)(NH_3)_2Cl_2]^+$ 的所有几何和光学异构体.

2.4　$[Co(en)_3]^{3+}$、$[Ru(bipy)_3]^{2+}$ 和 $[PtCl(dien)]^+$ (dien 为二乙三胺)中,哪些是手性化合物?

2.5　用哪些化学实验可从各组配合物中证明可能的结构形式:

(1) $[Co(NH_3)_5Br]SO_4$ 和 $[Co(NH_3)_5SO_4]Br$

(2) $[Co(H_2O)_4Cl_2]Cl \cdot 2H_2O$ 和 $[Co(H_2O)_5Cl]Cl_2 \cdot H_2O$

(3) $[Co(H_2O)_4Cl_2]^+$ 的异构体

2.6　$Mo(CN)_8^{4-}$ 水溶液做 ^{13}C 的 NMR 表征,只得到一个峰,由此你得到什么结构信息?

2.7　按照 HSAB 规则绘出五氨络钴(Ⅲ)-μ-硫氰根-五氰络钴(Ⅲ)的结构.

2.8　下面哪一个结构最符合五氨络钴(Ⅲ)-μ-氰根-五氰络钴(Ⅲ)?

$Co(NH_3)_5$—CN—$Co(CN)_5$ 或 $Co(NH_3)_5$—NC—$Co(CN)_5$

2.9　在 AgO 晶体中,其中一半 Ag 原子与近邻的 2 个 O 原子呈直线配位,另一半 Ag 原子与近邻的 4 个 O 原子呈平面四方形配位,请解释.

2.10　用点群符号表示下列配合物(含不同异构体)的几何构型.

(1) $Mn(CO)_5(NO)$　　　(2) $Co(PPh_2Me)_2(NO)Cl_2$　　　(3) $[Fe(CO)_4(CN)]^-$

(4) $Ni(PPhMe_2)_2Br_3$　　　(5) $Ru(PPh_3)_3Cl_2$　　　(6) $[VOCl_4]^{2-}$

参 考 文 献

[1]　Daryle Busch. Chem. Rev. , 93, 847~860 (1993)

[2]　J. A. Muir et al.. Acta Crystallogr. , Sect. C. , 41, 1174(1985)

[3]　McConnachie et al.. Inorg. Chem. , 32, 3201(1993)

[4]　P. L. Goggin and J. R. Knight. J. Chem. Soc. , Dalton Trans. , 1389(1973)

[5]　F. Basolo and G. S. Hammaker. J. Am. Chem. Soc. , 82,1001(1962), Inorg. Chem. , 1, 1(1961)

[6]　F. Basolo, J. L. Burmeister and A. P. Poe. J. Am. Chem. Soc. , 85,1700 (1963)

[7]　J. L. Burmeister, H. J. Gysling and J. C. Lim. J. Am. Chem. Soc. , 91,44(1969)

［8］ Jean-Marie Lehn. Supramolecular Chemistry, Concepts and Perspectives, VCH Verlagses-sellschaft mbh (1995)

［9］ 周公度. 大学化学,17(5),1(2002)

［10］ Jean-Pierre Sauvage. Transition Metals in Supramolecular Chemistry, vol. 5,p. 3, John Wiley & Sons (1999)

［11］ Daryle H. Busch. Chem. Rev. , 93, 847~860(1993)

［12］ Lehn, J. -M, Sauvage, J. P. . J. Am. Chem. Soc. , 97, 6700(1973)

［13］ J-M Lehn, M. Mascal, A. De Cian and J. Fischer. J. Chem. Soc. , Pekin Trans, 2, 461(1992)

［14］ D. Gatteschi, A. Caneschi, R. Sessoli, A. Cornia. Chem. Soc. Rev. , 101(1996)

［15］ R. W. Saalfrank, N. Low, B. Demleitner, D. Stalke, M. Teichert. Chem. Eur. J. , 4, 1305 (1998)

［16］ B. Hansenknopf, J-M Lehn, et al. . J. Am. Chem. Soc. , 119, 10956(1997)

［17］ B. Hansenknopf, J-M Lehn,B. O. Kneisel, G. Baum and D. Fenske. Angew. Chem. Int. Ed. Engl, 35, 1838(1996)

［18］ D. P. Funeriu, J-M Lehn, G. Baum, D. Fenske. Chem. Eur. J. 3, 99 (1997),

［19］ Michaele J. Hardie. Supramolecular Chemistry, 14(1), 7 (2002)

［20］ Laurent Caron et al. . Supramolecular Chemistry, 14(1), 11 (2002)

［21］ L. Fabbrizzi, M. Licchelli, P. Pallavicini, A. Perotti and D. Sacchi. Angew. Chem. Int. Ed. Engl, 33, 1975 (1994)

参 考 书 目

［1］ Gary L. Meissler and Donald A. Tarr. Inorganic Chemistry, Upper Saddle River, 1999

［2］ D. F. Shriver, P. W. Atkins. Inorganic Chemistry, Oxford University Press, 3rd ed. , 1999

［3］ Jean-Pierre Sauvage. Transition Metals in Supramolecular Chemistry, vol. 5, John Wiley & Sons, 1999

［4］ James E. Huheey, Ellen A. Keiter, Richard L. Keiter Inorganic Chemistry ; Principles of Structure and Reactivity,New York; Harper Collins College Publishers, 1993

［5］ W. L. Jolly. Modern Inorganic Chemistry, McGraw-Hill Book Company, 1991

［6］ F. A. Cotton, G. Wilkinson C. A. Murillo and M. Bocchmann. Advanced Inorganic Chemistry, 6th ed. , John Wiley & Sons, Inc. , New York,1999

［7］ Catherine E. Housecroft and Alan G. Sharpe. Inorganic Chemistry, Prentice Hall, London,2001

第3章　配位场理论和配合物的电子光谱

配位场理论 LFT (Ligand Field Theory) 的基础是晶体场理论 CFT (Crystal Field Theory). 晶体场理论由 H. Bethe 在 1929 年提出, 该理论把配体 L 与金属 M 间的相互作用看成是点电荷间的静电作用. 对于过渡金属, L 对 M 的静电微扰作用使中心金属 d 轨道的能级发生分裂, 导致电子排布发生变化, 从而引起配合物结构、光谱、磁性以及热力学性质的变化. 晶体场理论虽可解释配合物的磁学性质、热力学性质和结构性质, 但其出发点为静电模型, 无法解释金属和配体间的轨道的重叠作用, 也不能解释 NH_3、CO 等中性配体对中心金属的强场作用现象. 配位场理论是在晶体场理论的基础上发展起来的, 是晶体场理论与分子轨道理论结合的产物, 以配体和金属离子的原子轨道间的相互作用, 即配体和金属离子间的共价作用. 结合配合物的电子光谱数据, 可定量或半定量地给出轨道能级的分裂情况. 因此, 配位场理论也可看成是分子轨道理论对晶体场理论的修正, 但它比晶体场理论更接近实际, 又比纯粹分子轨道理论简单和直观.

3.1　配位场理论和 d 轨道在配位场中的能级分裂

对于过渡金属配合物, 它们的中心离子都有未充满电子的 d 轨道. 因此, 不论是晶体场理论还是配位场理论, 两者的核心都认为 d 轨道在配体的微扰下, 能级发生分裂, 此处重点讨论八面体配位场(六配位)的 d 轨道能级分裂, 同时也考虑四面体场和平面四方形场的情况.

3.1.1　八面体场(ML_6)

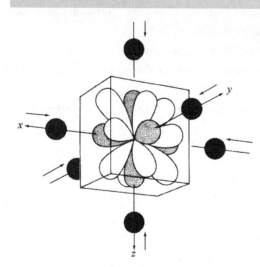

图 3.1　八面体场配体和 d 轨道的作用
（黑球表示配体进攻的方向）

如果在中心金属离子周围有一对称的球形场配位, 由于金属 d 电子和配位场的相互作用, 使 5 个 d 轨道的能量都升高, 但仍保持能量简并. 当 6 个配体从 x、y、z 轴的方向接近中心金属时(图 3.1), 配体与在轴方向的 $d_{x^2-y^2}$ 和 d_{z^2} 作用强, 使其能量升高, 而与非轴向的 d_{xy}、d_{xz}、d_{yz} 作用弱, 能量相对较低.

因此 5 个原来能量简并的 d 轨道分裂为不同能量的两组, 即能量较高的 e_g 轨道 ($d_{x^2-y^2}$ 和 d_{z^2}) 和能量较低的 t_{2g} 轨道 (d_{xy}, d_{xz}, d_{yz}), 它们之间的能量差称为分裂能 Δ_o. 为方便起见, 通常把 Δ_o 定为 $10\,Dq$(图 3.2).

如果从分子轨道角度考虑, 过渡金属的价电子轨道分别为 1 个 s, 5 个 d, 3 个 p, 一共 9 个价轨道; 具有 σ 对称性的轨道有 6 个, 分别是 1 个 s,

3 个 p 和 2 个 d 轨道($d_{x^2-y^2}$和 d_{z^2}). 从 O_h 点群的特征标表可知,它们依次是 a_{1g}、t_{1u}、e_g 轨道. 其中:a 或者 b 表示非简并的轨道,e 表示二重简并的轨道,t 表示三重简并的轨道;下角标的 g 和 u 分别表示中心对称和反对称,其他的上、下角标符号均表示轨道的对称性质(见第 1 章的特征标表论述)[1].

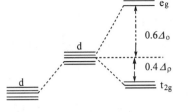

图 3.2　d 轨道在八面体场中的能级分裂

另外具有 π 对称性的 d_{xy}、d_{xz}、d_{yz} 属配合物的 t_{2g} 轨道. 如果配体是单纯的 σ 给体,如 H_2O 或 NH_3 等,按照轨道对称性匹配成键的原则,配体的 6 个 σ 轨道与 M 的 6 个 σ 对称性的轨道组合,得到 6 个成键轨道和 6 个反键轨道,分别为两组 a_{1g}、t_{1u} 和 e_g;M 的 t_{2g} 轨道 d_{xy}、d_{xz}、d_{yz} 的方向与配体的 σ 轨道错开,受配位场影响较小,因此能量变化不大,成为非键轨道. 其 ML_6 的配位场分子轨道能级图如图 3.3 所示.

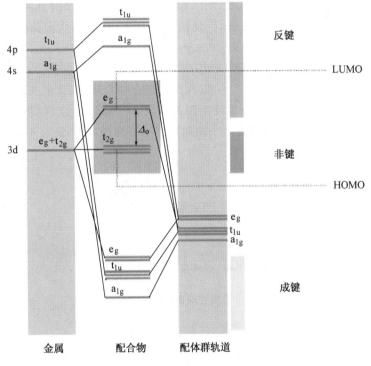

图 3.3　八面体配位场的分子轨道能级图

从图中可看出,配体的轨道能级低,因此配体上的电子进入 a_{1g}、t_{1u}、e_g 这 6 个低能量的成键轨道,与 M 形成 6 个 σ 键,而金属原子上的电子则分别填入 t_{2g} 非键轨道和 e_g 反键轨道,t_{2g} 和 e_g 之间的能量差为 d 轨道的配位场分裂能 Δ_o,因此用分子轨道的配位场理论推导出的结论和用晶体场理论从静电作用出发推测出的一致. HOMO 是 t_{2g} 轨道,LUMO 是 e_g 轨道.

分裂能可用配合物的吸收光谱测量,例如 $Ti(H_2O)_6^{3+}$ 中,Ti^{3+} 电子组态为 d^1,不存在 d 电子之间的相互作用,因此吸收光谱是 d 电子由 $t_{2g}^1 e_g^0 \longrightarrow t_{2g}^0 e_g^1$ 的跃迁产生的. 该跃迁的最大吸收峰在 20 300 cm^{-1},即吸收波长为 493 nm 的蓝绿光,使 Ti^{3+} 水溶液显紫红色. 或者说 $Ti(H_2O)_6^{3+}$ 配位场分裂能 $\Delta_o = 20\ 300\ cm^{-1}$,即 243 kJ·$mol^{-1}$. 对于 $d^n (n>1)$ 电子组态的情况,由于必须考虑 d 电子间的相互作用,能级进一步发生分裂,这将在电子光谱一节中讨论.

3.1.2　其他配位场的 d 轨道能级分裂

对于四面体形的 ML_4,配体的作用方向是由立方体的 4 个顶点(T_d 对称性)指向中心(图 3.4). 由于配体的微扰,自由离子中五重简并的 d 轨道能量分裂为两组:一组为 e 轨道,包括坐标轴方向的 $d_{x^2-y^2}$ 和 d_{z^2},因为没有直接被配体作用,能量较低;另一组为 t_2 轨道,包括 d_{xy}、d_{xz} 和 d_{yz}. t_2 轨道比 e 轨道受配体的作用强,能量较高,与在八面体场的分裂情况恰好相反. 四面体无对称中心,因此产生的轨道无 g 或 u 之分,其分裂能用 Δ_t 或 10 Dq 表示. 但与八面体场相比,一方面四面体场中配体数目减少而导致配位场减弱;另一方面是因为从配位场和金属的作用方向看,配体和金属的 d 轨道的作用方向匹配较差,作用较弱,因此四面体的 T_d 场不如八面体的 O_h 有效,分裂能较小,$\Delta_t=(4/9)\Delta_o=10Dq$(图 3.5). 所以四面体配合物的 d 电子均为高自旋排列.

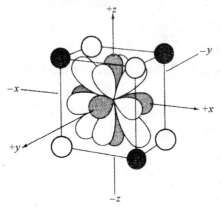

图 3.4　四面体场配体和 d 轨道的作用
(白球或者黑球均表示配体进攻的方向)

以八面体配合物为基础,从正八面体的 O_h 点群沿 z 轴发生四方畸变,可得到 D_{4h} 点群拉长的八面体和缩短八面体,拉长八面体的极端情况是失去 2 个轴向配体的平面四方形场. 在不同配位场中 d 轨道的畸变和分裂情况示意图由图 3.6 给出.

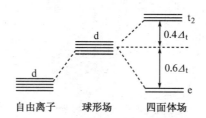

图 3.5　d 轨道在四面体场的能级分裂

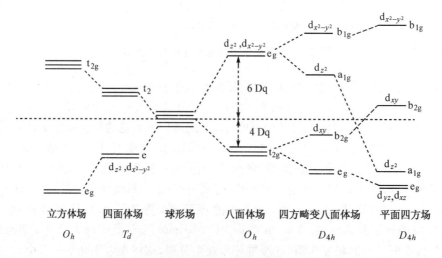

图 3.6　不同配位场中 d 轨道的畸变和能级分裂

3.1.3 影响分裂能大小的因素

影响 d 轨道分裂能的因素主要从以下两方面考虑：一是金属离子，另一个是配体. Jørgensen 提出八面体场分裂能的 Δ 的数值，可用下列公式估算：

$$\Delta = 10\,\mathrm{Dq} = f(\text{配体}) \times g(\text{离子}) \tag{3.1}$$

式中的 f 为配体的特征参数，g 为金属离子的特征参数. 表 3.1 列出了常见配体和金属离子的 f 和 g 值.

表 3.1 常见配体和金属离子的 f 和 g 值

配位体	f	金属离子	$g \times 10^{-3}/\mathrm{cm}^{-1}$
Br^-	0.72	Mn^{2+}	8.0
SCN^-	0.75	Ni^{2+}	8.7
Cl^-	0.78	Co^{2+}	9
N_3^-	0.83	V^{2+}	12.0
F^-	0.9	Fe^{3+}	14.0
CH_3COOH	0.94	Cu^{3+}	15.7
C_2H_5OH	0.97	Cr^{3+}	17.4
$C_2O_4^{2-}$	0.99	Co^{3+}	18.2
H_2O	1.00	Ru^{2+}	20
NCS^-	1.02	Ag^{3+}	20.4
NC^-	1.15	Ni^{4+}	22
CH_3NH_2	1.17	Mn^{4+}	24
CH_3CN	1.22	Mo^{3+}	24.6
Py	1.23	Rh^{3+}	27
NH_3	1.25	Pd^{4+}	20
en	1.28	Te^{4+}	31
dien	1.29	Ir^{3+}	32
SO_3^{2-}	1.2	Pt^{4+}	36
bipy	1.33		
NO_2^-	1.4		
CN^-	1.7		

从大量光谱学数据中还可以总结出以下规律：

(i) 金属离子的电荷对 $10\,\mathrm{Dq}$ 的影响很大，电荷越高，配体和金属的相互作用越强，因此对配位场的微扰越大，从而使分裂能增大. 理论计算电荷从 $+2$ 增加到 $+3$，分裂能 Δ 值增加 50%.

(ii) 八面体场的 Δ_o 是四面体场的近两倍，即 $\Delta_t = (4/9)\Delta_o$.

(iii) 金属离子在元素周期表中的位置. 对于元素周期表中的同族过渡金属, 如果其他因素相同, 则分裂能按照 3d→4d→5d 的顺序递增, 从表 3.2 可知, 从 Cr 到 Mo、Co 到 Rh, Δ_o 值增加近 50%, 这也是第二、第三过渡系金属(4d 和 5d)的配合物多为低自旋的原因之一.

表 3.2　部分过渡金属配合物的分裂能(Δ_o)

配合物[a]	$\Delta_o/(kJ \cdot mol^{-1})$	配合物[a]	$\Delta_o/(kJ \cdot mol^{-1})$	配合物[a]	$\Delta_o/(kJ \cdot mol^{-1})$
$[CrCl_6]^{3-}$	158	$[MoCl_6]^{3-}$	230	$[WCl_6]^{3-}$	—
$[Cr(dtp)_3]$	172	$[Mo(dtp)_3]$	—	$[W(dtp)_3]$	—
$[CrF_6]^{3-}$	182	$[MoF_6]^{3-}$	—	$[WF_6]^{3-}$	—
$[Cr(H_2O)_6]^{3+}$	208	$[Mo(H_2O)_6]^{3+}$	—	$[W(H_2O)_6]^{3+}$	—
$[Cr(NH_3)_6]^{3+}$	258	$[Mo(NH_3)_6]^{3+}$	—	$[W(NH_3)_6]^{3+}$	—
$[Cr(en)_3]^{3+}$	262	$[Mo(en)_3]^{3+}$	—	$[W(en)_3]^{3+}$	—
$[CoCl_6]^{3-}$	—	$[RhCl_6]^{3-}$	243	$[IrCl_6]^{3-}$	299
$[Co(dtp)_3]$	170	$[Rh(dtp)_3]$	263	$[Ir(dtp)_3]$	318
$[Co(H_2O)_6]^{3+}$	218	$[Rh(H_2O)_6]^{3+}$	323	$[Ir(H_2O)_6]^{3+}$	—
$[Co(NH_3)_6]^{3+}$	274	$[Rh(NH_3)_6]^{3+}$	408	$[Ir(NH_3)_6]^{3+}$	490
$[Co(en)_3]^{3+}$	278	$[Rh(en)_3]^{3+}$	414	$[Ir(en)_3]^{3+}$	495
$[Co(CN)_6]^{3-}$	401	$[Rh(CN)_6]^{3-}$	544	$[Ir(CN)_6]^{3-}$	—

[a]　表中: dtp 为二乙氧基二硫代磷酸根, $(C_2H_5O)_2PSS^-$; "—"表示无数据.

(iv) 配体的性质对 d 轨道的分裂能影响很大. 按照配体的配位场强度增加的顺序, 由光谱实验的数据得到了**光谱化学序列**(spectrochemical series), 即配体的配位场强度逐渐增加的顺序:

$$I^- < Br^- < S^{2-} < SCN^- < Cl^- < NO_3^- < F^- < OH^- < ox^{2-} < H_2O < NCS^- < CH_3CN$$
$$< NH_3 < en < dipy < phen < NO_2^- < PR_3 < CN^- < CO$$

对于不同的金属离子, 有时这一顺序会有所改变.

从该序列可看出, 如果配体具有 π 对称性, 它们与金属配位时可以作为 π 电子给体(如卤离子的 p 轨道)或者 π 电子受体(如 CO 的 π^*, PR_3 的 d 轨道), 那么它们具有 π 对称性的轨道可以和金属离子有 π 对称性的 t_{2g} 轨道相互作用, 改变分裂能.

图 3.7 的能级图说明了两种不同的 π 配体对分裂能的影响, 其中的图 3.7(a)为 π 电子给体的 t_{2g} 和金属的 t_{2g} 轨道作用, 使配合物的 Δ_o 减小; 图 3.7(b)为 π 电子受体的 t_{2g} 和金属的 t_{2g} 轨道作用, 使配合物的 Δ_o 增加.

图 3.8 给出了三种不同的 CrL_6 的吸收光谱, 配位原子从 F→O→N, π 给电子能力减弱, π 接受电子能力增强, 因此 Δ_o 逐渐增加, 即吸收光谱的频率逐渐增高, 与光谱化学序列一致.

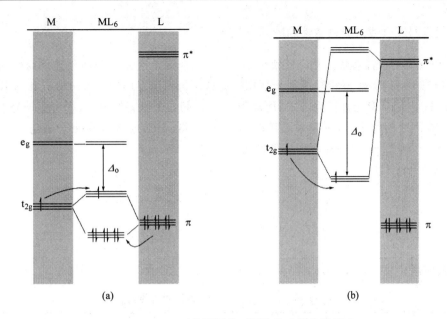

图 3.7 π 对称性配体对配合物分裂能的影响

（a）π 电子给体使 Δ_0 减小　　（b）π 电子受体使 Δ_0 增加

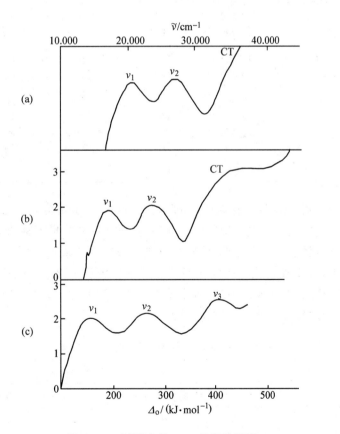

图 3.8　Cr^{3+} 配合物 CrL_6 的吸收光谱

（a）$[Cr(en)_3]^{3+}$　　（b）$[Cr(ox)_3]^{3-}$　　（c）$[CrF_6]^{3-}$

3.1.4　配位场对配合物自旋和磁性的影响

d 轨道在配位场或晶体场作用下能级分裂,形成 t_{2g} 非键轨道和 e_g 反键轨道两组轨道. d 电子按照 Hund 规则和 Pauli 不相容原理分别排布在这两组轨道上,对于 d^1、d^2、d^3 以及 d^8、d^9、d^{10} 组态的电子,它们只有一种排列方式;而对于 $d^4 \sim d^7$ 间 4 个组态的电子,则可由于分裂能 Δ_o 和电子成对能 P 之间的大小,决定采取高自旋(high spin, HS)或低自旋(low spin, LS)的排列方式(表 3.3). 例如,d^4 组态有两种排列方式:

HS   LS

e_g $\underline{1}$ $\underline{}$ e_g $\underline{}$ $\underline{}$

t_{2g} $\underline{1}$ $\underline{1}$ $\underline{1}$ Δ_o

                                   t_{2g} $\underline{1\!\!\downarrow}$ $\underline{1}$ $\underline{1}$

因此,配位场强度大时,$\Delta_o > P$,则 d 电子排布为低自旋;反之,则为高自旋.

表 3.3　部分 $d^4 \sim d^7$ 组态 ML_6 配合物的电子自旋状态

d^n	M	P/cm^{-1}	L	Δ_o/cm^{-1}	自旋状态 理论	自旋状态 实验
d^4	Cr^{2+}	23 500	H_2O	13 900	HS	HS
	Mn^{3+}	28 000	H_2O	21 000	HS	HS
d^5	Mn^{2+}	25 500	H_2O	7 800	HS	HS
	Fe^{3+}	30 000	H_2O	13 700	HS	HS
d^6	Fe^{2+}	17 600	H_2O	10 400	HS	HS
			CN^-	33 000	LS	LS
	Co^{3+}	21 000	F^-	13 000	HS	HS
			NH_3	23 000	LS	LS
d^7	Co^{2+}	22 500	H_2O	9 300	HS	HS

不同电子组态的配位场稳定化能(ligand field stabilization energy, LFSE)不同. LFSE 是指 d 电子进入分裂的轨道后,相对于处于未分裂的轨道时,总能量下降的数值,它代表在配位环境中 d 电子的稳定性. 在八面体配合物中,t_{2g} 轨道的能量与球形场相比下降了 $0.4\,\Delta_o$,e_g 则上升了 $0.6\Delta_o$. 例如在上述 d^4 组态中,弱场高自旋配位场稳定化能 LFSE,为 $0.4 \times 3 - 0.6 = 0.6(-\Delta_o)$,或者说下降了 $0.6\Delta_o$. 强场低自旋组态的 LFSE,为 $0.4 \times 4 = 1.6(-\Delta_o)$,下降了 $1.6\,\Delta_o$. 其他 d^n 组态的配位场稳定化能均列于表 3.4 中.

表 3.4　d^n 组态八面体配位场的 LFSE$(-\Delta_o)$

d^n	LFSE$(-\Delta_o)$ 弱场高自旋	LFSE$(-\Delta_o)$ 强场低自旋
d^0	0	0
d^1	0.4	0.4
d^2	0.8	0.8

续表

d^n	LFSE($-\Delta_0$)	
	弱场高自旋	强场低自旋
d^3	1.2	1.2
d^4	0.6	1.6
d^5	0	2.0
d^6	0.4	2.4
d^7	0.8	1.8
d^8	1.2	1.2
d^9	0.6	0.6
d^{10}	0	0

对于 d^1、d^2、d^3 和 d^8、d^9、d^{10} 组态,弱场和强场的 LFSE 和磁性都没有区别,而在 d$^4 \sim$ d^7 组态中,弱场和强场的 LFSE 和磁性都明显不同. 随 d 电子数的增加,弱场的 LFSE 为"双峰"变化,而强场的为"单峰"变化.

配合物的磁性和电子的自旋状态相关. 配合物分子的磁性由电子的自旋运动和轨道运动决定. 电子的自旋运动具有自旋角动量,由此产生自旋磁矩;电子同时绕核运动具有轨道角动量,产生轨道磁矩. 而相当多过渡金属配合物分子有未成对电子,而有永久磁矩. 但一般情况下配合物本身并不显示磁性,原因是热运动使磁矩的取向紊乱. 而在外磁场作用下,磁矩沿磁场方向取向,磁场加强,表现出**顺磁性**(paramagnetism). 当电子全部成对时,电子之间的自旋磁矩和轨道磁矩都相互抵消,没有净磁矩,称为**抗磁性**(diamagnetism),又称反磁性. 因此,研究配合物的磁性可以给出金属离子的电子结构、氧化态和配位环境的性质.

一切物质都有抗磁性. 外磁场作用于成对电子时,可诱导产生一净的磁偶极,感应产生的磁矩与外磁场方向相反. 顺磁性物质的闭壳层电子也能产生抗磁性,但抗磁性比顺磁性小几个量级,总体仍表现为顺磁性.

在有强度梯度的磁场中,顺磁性物质被吸引向高强度的磁场,抗磁性物质被推向低强度磁场. 根据这一性质,可用磁天平测出物质的磁性,计算出磁化率. 分子的总磁化率是抗磁磁化率和顺磁磁化率之和,顺磁磁化率则为:

$$\mu(顺) = \mu(总) - \mu(抗) \tag{3.2}$$

若只考虑自旋对磁矩的贡献,而忽略轨道角动量的作用,自旋磁矩 μ_s 可由下式得出:

$$\mu_s = g\sqrt{S(S+1)} \tag{3.3}$$

式中 g 称为"g 因子",自由电子的 g 值取 2.00;S 为总自旋量子数,且

$$S = \sum m_s = n \times 1/2 \tag{3.4}$$

代入上式,得到

$$\mu_s = g\sqrt{S(S+1)} = \sqrt{n(n+2)} \tag{3.5}$$

这里的 n 为未成对电子数;μ_s 则为唯自旋(spin only)磁矩,单位为 μ_B(即 Bohr 磁子)[①]. 根据实验测定的磁矩,可计算出未成对电子数 n,或者已知未成对电子数,用惟自旋磁矩的简单公式推算出磁矩的大小. 实验测得的体积磁化率 χ 与摩尔磁化率 χ_M 的关系为:

$$\chi_M = \frac{\chi}{c} \tag{3.6}$$

---

① $\mu_B = -\dfrac{eh}{4\pi m_e} = -\dfrac{e\hbar}{2m_e} = 9.2740 \times 10^{-24}$ J·T^{-1}.

式中 c 为顺磁物质的量浓度.

配合物的 χ_M 是中心离子、配体和其他离子未成对电子的顺磁性和成对电子反磁磁化率的总和,因此中心离子 χ_M 还要进行校正. χ_M 与磁矩、温度的关系为居里(Curie)定律,即摩尔磁化率与热力学温度呈反比:

$$\chi_M = \frac{N\mu^2}{3kT} = \frac{C}{T} \tag{3.7}$$

式中的 k 为波尔兹曼常数, N 为阿佛伽德罗常数, C 称为居里常数.

实际上大部分顺磁物质并不遵循居里定律,而是符合居里-维斯(Curie-Weiss)定律:

$$\chi_M = \frac{C}{T+\theta} \tag{3.8}$$

式中的 θ 为 Weiss 常数.

有效磁矩 μ_{eff} 则为:
$$\mu_{\mathrm{eff}} = 2.84\sqrt{\chi_M \cdot T} \tag{3.9}$$

表 3.5 给出第一过渡系金属离子的自旋磁矩引起的磁矩 μ_s、自旋-轨道耦合磁矩 μ_{s+L} 及实验磁矩 μ_{eff}. 由表可见,大部分离子的 μ_s 和 μ_{eff} 很接近,只有高自旋 Co^{3+}、低自旋 Fe^{3+} 相差较大,因此对这两个离子要考虑轨道角动量的贡献.

表 3.5　第一过渡系金属离子的磁矩

d^n	金属离子	配合物	μ_{eff}/μ_B 实验值	μ_s/μ_B 计算值	未成对电子数	自旋状态
d^1	Ti^{3+}	$CsTi(SO_4)_2 \cdot 12H_2O$	1.8	1.73	1	
d^2	V^{3+}	$(NH_4)V(SO_4)_2 \cdot 12H_2O$	2.7	2.83	2	
d^3	Cr^{3+}	$KCr(SO_4)_2 \cdot 12H_2O$	3.8	3.87	3	
d^4	Cr^{2+}	$Cr(SO_4)_2 \cdot 6H_2O$	4.8	4.90	4	HS
		$Cr(bipy)_2Br_2 \cdot 4H_2O$	3.3	2.83	2	LS
	Mn^{3+}	$Mn(acac)_3$	4.9	4.90	4	HS
		$K_3Mn(CN)_6$	3.2	2.83	2	LS
d^5	Mn^{2+}	$K_2Mn(SO_4)_2 \cdot 6H_2O$	5.9	5.92	5	HS
		$K_4Mn(CN)_6 \cdot 3H_2O$	2.2	1.73	1	LS
	Fe^{3+}	$(NH_4)Fe(SO_4)_2 \cdot 12H_2O$	5.9	5.92	5	HS
		$K_3Fe(CN)_6$	2.4	1.73	1	LS
d^6	Fe^{2+}	$(NH_4)_2Fe(SO_4)_2 \cdot 6H_2O$	5.5	4.90	4	HS
		$K_4Fe(CN)_6$	0.1	0	0	LS
	Co^{3+}	K_3CoF_6	5.5	4.90	4	HS
		$Co(en)_2Cl_3$	0.2	0	0	LS
d^7	Co^{2+}	$(NH_4)_2Co(SO_4)_2 \cdot 6H_2O$	5.1	3.87	3	HS
		$K_2PbCo(NO_2)_6$	1.8	1.73	1	LS
d^8	Ni^{2+}	$(NH_4)_2Ni(SO_4)_2 \cdot 6H_2O$	2.3	2.83	2	
d^9	Cu^{2+}	$(NH_4)_2Cu(SO_4)_2 \cdot 6H_2O$	1.9	1.73	1	

未成对电子除了自旋产生磁矩外,电子绕核运动的轨道角动量对磁矩也有贡献.如果忽略轨道本身之间的相互作用,则第一过渡系的多电子离子的磁矩为:

$$\mu_{L+S} = \sqrt{4S(S+1)+L(L+1)} \tag{3.10}$$

其中的 L 为总角动量量子数.因为 3d 电子处于价层轨道,受配位场影响大,因此电子的轨道运动受到破坏而使轨道磁矩"冻结",因此轨道角动量对分子磁矩的贡献很小而可忽略.从表 3.5 的数据可看出,第一过渡系大部分离子磁矩的实验值与惟自旋计算值一致,而与上式计算的 μ_{S+L} 值相差较大.电子的自旋运动受外电场影响很小,自旋磁矩得到保存,因此按照惟自旋计算可得到与实验比较符合的结果.

3.1.5 配位场对配合物热力学性质的影响

配位场对配合物热力学性质的影响体现在第 4 周期 d^0 到 d^{10} 组态的金属离子的水合焓变 ΔH 的递变规律.若不考虑配位场作用引起的 LFSE 不同,随 d 电子数的增加,金属离子有效核电荷随之增加,3d 电子层逐渐收缩,水分子对金属离子的作用逐渐加强,水合热应该呈现单调上升的趋势.但实际测到的水合热为双峰曲线(图 3.9).若考虑到水作为弱场配体,当 d 电子数 d^0 增加到 d^{10},八面体弱场配位的 LFSE 变化趋势呈双峰结构(见表 3.4).LFSE 能对水合热的影响,使水合热的变化也为双峰形式.类似的,因为卤离子也属于弱场配体,2 价金属卤化物的晶格能也表现出双峰变化规律(图 3.10).

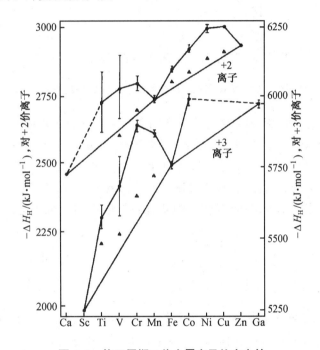

图 3.9 第四周期二价金属离子的水合焓

(图中 ● 为实验值, ▲ 为除去 LFSE 的校正值,垂直线表示实验值的不确定性)

3.1.6 Jahn-Teller 效应

对于电子结构为球形对称的金属离子,O_h 配位场是最稳定的.但如果金属离子的电子构型本身不对称,则八面体场的能量升高,稳定性减低,结构发生畸变.其结果使体系的能量降低,稳定性增加.由于电子结构不对称而导致配合物几何构型的变化,即 **Jahn-Teller 效应**.例如,高自旋 d^4 组态在八面体场中电子排布为 $t_{2g}^3 e_g^1$.在规则的八面体环境中,e_g 的两个轨道是简

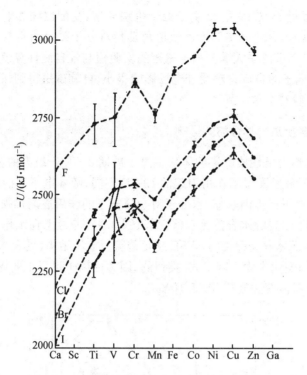

图 3.10 第四周期二价金属离子卤化物的晶格能

并的, 若配合物发生四方畸变, 则能级发生分裂, $d_{x^2-y^2}$ 和 d_{z^2} 能量不再简并, e_g 轨道的电子尽量占据能量较低的轨道. d^1、d^2、d^6(高自旋), d^7(低自旋)以及 d^9 组态的金属离子均能发生 Jahn-Teller 畸变. 最明显的例子是 d^9 组态. 只要电子不对称地占据 d 轨道, 就可能产生 Jahn-Teller 效应. CrF_2 和 MnF_3(高自旋 d^4)、$NaNiO_2$(低自旋 d^7)以及很多 Cu^{2+}(d^9 组态)化合物, 如 CuF_2 和 $CuCl_2$ 等都发生八面体 Jahn-Teller 畸变. 以 d^9 组态为例, 电子有如下两种排列方式:

	$d_{x^2-y^2}$	d_{z^2}			$d_{x^2-y^2}$	d_{z^2}
e_g	↑	↑↓		e_g	↑↓	↑
t_{2g}	↑↓ ↑↓ ↑↓			t_{2g}	↑↓ ↑↓ ↑↓	

在 d 电子这两种排布方式中, 电子的非对称占据使两个 e_g 轨道受到的配位场作用的强度不同, 前者的 d_{z^2} 轨道有一对电子占据, $d_{x^2-y^2}$ 轨道仅有一个电子, 因此 x 和 y 轴上的受到的配位场的排斥作用力小于 z 轴方向上的作用, 导致 在 z 轴方向的键长比 x、y 方向的长, 配合物发生四方畸变, 形成是拉长的八面体, 称为 z-out. 后一种电子排布则是电子对占据 $d_{x^2-y^2}$ 轨道, 单电子占据 d_{z^2} 轨道, 导致 z 轴方向的键长比 x、y 轴方向的短, 得到压扁的八面体, 又称 z-in. 对于 Cu^{2+} 配合物, 拉长八面体畸变的占多数. 例如 $Cu(NH_3)_4(H_2O)_2^{2+}$ 为水分子在 z 轴所拉长八面体. 拉长八面体的极限则为平面四方形, 即两个 z 轴方向的配体远离. 六配位铜(Ⅱ)离子的结构数据也体现了 d^9 组态的化合物中的 Jahn-Teller 效应(图 3.11).

图 3.12 是 $Ti(H_2O)_6^{3+}$(d^1 组态)的可见吸收光谱. 从图中可看出, 谱带宽化和不对称性比较明显. 这同样是八面体构型中 Jahn-Teller 畸变的结果, 一个 d 电子可跃迁到两个对称性不

76

同的激发态,导致谱带的不对称.

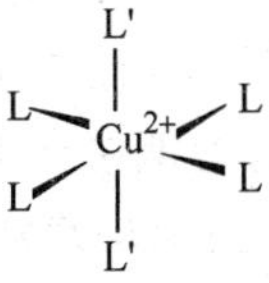

	Cu—L	Cu—L'		
CuF$_2$	193 pm	227 pm	z-out	拉长
CuCl$_2$	230 pm	293 pm	z-out	拉长
CuBr$_2$	243 pm	318 pm	z-out	拉长
Cu(NH$_3$)$_6^{2+}$	207 pm	262 pm	z-out	拉长
K$_2$CuF$_4$	208 pm	195 pm	z-in	压扁

图 3.11　Cu^{2+}六配位卤化物的八面体场四方畸变 Jahn-Teller 效应
(L 和 L′是同一种配体,分别表示它们在赤道和轴向位置)

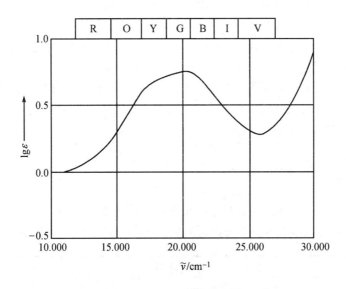

图 3.12　Ti(H$_2$O)$_6^{3+}$ 的可见吸收光谱

3.2　过渡金属配合物的电子光谱

　　过渡金属配合物大多有颜色,表明它们吸收的能量在可见光范围内.3.1 节中用单电子近似的方法讨论了配位场对 d 轨道作用,使其能级发生分裂,没有涉及到 d 电子间的相互作用.单电子近似较好地解释了配合物的颜色、磁性等,但对于配合物吸收光谱的解释则明显不足.如图 3.8 中 Cr^{3+}配合物 CrL$_6$ 的吸收光谱,出现的多个谱带,表明 d 电子不是仅在 t$_{2g}$和 e$_g$ 间两个能级间跃迁,两个能级间的跃迁不可能产生 2 个或 3 个谱带.只有电子在对称性确定的多个能级间跃迁,才能产生几个不同的谱带.

　　因此,除了需要了解 d 轨道在配位场中的分裂以外,还必须考虑 d 电子间静电排斥作用导致的能级分裂.对于第一过渡系的金属离子,由配位场引起的能级分裂或 d 电子相互作用引起的能级分裂,大体上处于同一数量级,因此两者都不能忽略.

3.2.1　微状态和自由离子光谱项

当金属离子的 d 电子数大于 1 时,电子除受配位场作用外,还有 d 电子之间的相互作用.因此,即使是自由金属离子的 d 电子,也会由于这一微扰而使 d 轨道的能级分裂.对于处于配位场中的金属离子,就必须综合考虑配体的作用和 d 电子间的作用.当无法确定哪一种作用对 d 轨道能级分裂的影响更大时,可从两个不同的角度处理:(i)假设电子间的静电相互排斥作用的影响超过配位场的影响,因此 首先考虑 d 电子间作用产生的**光谱项**(term),再讨论配位场对各个光谱项的影响,这一方法称为"弱场方法".(ii)假设配位场的作用更大,因此先考虑配位场作用,再考虑 d 电子作用对能级的影响,这种处理方法称为"强场方法".用两种不同的处理方法都能得到相似的结论,在配位化学中常用第一种方法,即"弱场方法".

"弱场方法"首先要对自由金属离子的能级状态进行分析.金属离子的能级状态可用光谱项表示.以最简单的 d^1 电子组态为例,由于 d 轨道的角量子数 $l=2$,因此,角量子数在磁场的分量有 $(2l+1)$ 个取向,即磁量子数 m_l 的值可取 ± 2、± 1、0,一个 d 电子可以排布在轨道角动量取向不同的 5 个轨道上.又因为电子的自旋量子数 $s=1/2$,因此自旋角动量在磁场方向的分量只有 2 个取向,即 m_s 可分别为 $\pm 1/2$,因此这一 d 电子共有 10 种排列方式,每种排列方式称为**微状态**(microstate)或微态.在无外场的情况下,这 10 种排列的能量是简并的,用 ^2D 表示,^2D 为光谱项.光谱项的通式为:

$$^{2S+1}L$$

L 为各个电子轨道角动量的矢量和

$$L = l_1 + l_2 + l_3 + \dots \tag{3.11}$$

当 $L=0,1,2,3,4,5,\cdots$ 时,分别对应的光谱项符号为 S,P,D,F,G,H,$\cdots$.左上标的 $(2S+1)$ 为自旋多重态(spin multiplicity),其中的 S 为总自旋量子数,例如(见下表):

$(2S+1)$	自旋状态	未成对电子数
1	单重态(singlet)	0
2	二重态(doublet)	1
3	三重态(triplet)	2

例如,^1G 则为单重态,$S=0$,无未成对电子.^3F 为三重态,$S=1$,有 2 个未成对电子.

对于电子数少的组态,很容易推出微状态数,例如 d^1 组态的微状态数为 10,p^2 为 15.若电子组态为 d^2,则 2 个 d 电子间存在着静电排斥作用和自旋-轨道的耦合,能级的分裂会更复杂,排布的方式也越多.d^2 组态有 45 种可能的排布方式,也就是说它的微状态数为 45.d 电子的 l 等于 2,$m_l=\pm 2,\pm 1,0$,$m_s=\pm 1/2$.因 2 个电子占有同一个 d 轨道时,自旋势必相反:

$$M_S = \sum m_s = 0$$

当 2 个电子占有不同的 d 轨道时,自旋可以平行($M_S=\pm 1$),也可以反平行($M_S=0$).

表 3.6 排列出了 45 种可能的微状态("×"表示电子).

表 3.6 d² 组态 45 种可能的电子排布

2	1	0	-1	-2	$M_L = \sum m_l$	$M_S = \sum m_s$
$\times\times$					4	0
	$\times\times$				2	0
		$\times\times$			0	0
			$\times\times$		-2	0
				$\times\times$	-4	0
$\times$	$\times$				3	$1,0,0,-1$
$\times$		$\times$			2	$1,0,0,-1$
$\times$			$\times$		1	$1,0,0,-1$
$\times$				$\times$	0	$1,0,0,-1$
	$\times$	$\times$			1	$1,0,0,-1$
	$\times$		$\times$		0	$1,0,0,-1$
	$\times$			$\times$	-1	$1,0,0,-1$
		$\times$	$\times$		-1	$1,0,0,-1$
		$\times$		$\times$	-2	$1,0,0,-1$
			$\times$	$\times$	-3	$1,0,0,-1$

（表头中 2、1、0、-1、-2 为 m_l）

将表 3.6 中 d² 组态的 45 种可能的电子排布重新整理,按每组 M_L 和 M_S 所包含的微状态列出表格,便可从中找出相应的光谱项. 例如,可取出一组:

$$M_L = \pm 4 、 \pm 3 、 \pm 2 、 \pm 1 、 0 \text{ 和 } M_S = 0$$

即 $L=4, S=0$ 的微态,用光谱项 ¹G 表示,剩下的微态再列出表格,又取出一组

$$M_L = \pm 3 、 \pm 2 、 \pm 1 、 0 \text{ 和 } M_S = \pm 1 、 0$$

即 $L=3, S=1$ 的微态,用光谱项 ³F 表示. 这样继续下去,直到所有的微态都包含在光谱项中.

具体步骤是:

$M_L \backslash M_S$	$+1$	0	-1
$+4$		1	
$+3$	1	2	1
$+2$	1	3	1
$+1$	2	4	2
0	2	5	2
-1	2	4	2
-2	1	3	1
-3	1	2	1
-4		1	

$$\xrightarrow{\text{¹G}} \; (L=4, S=0)$$

$M_L \backslash M_S$	$+1$	0	-1
$+3$	1	1	1
$+2$	1	2	1
$+1$	2	3	2
0	2	4	2
-1	2	3	2
-2	1	2	1
-3	1	1	1

$$\xrightarrow{\text{³F}} \; (L=3, S=1)$$

M_L＼M_S	+1	0	−1	
+2		1		
+1	1	2	1	$\xrightarrow{\ ^1D\ }$
0	1	3	1	$(L=2,S=0)$
−1	1	2	1	
−2		1		

M_L＼M_S	+1	0	−1	
+1	1	1	1	$\xrightarrow{\ ^3P\ }$
0	1	2	1	$(L=1,S=1)$
−1	1	1	1	

M_L＼M_S	0	
0	1	$\xrightarrow{\ ^1S\ } 0$ $(L=0,S=0)$

即在忽略自旋-轨道耦合的前提下,可推出 d^2 组态自由离子的光谱项共有 5 个,光谱项符号分别是 $^3F,^3P,^1G,^1D$ 和 ^1S. 按照简并度等于 $(2L+1)(2S+1)$ 的关系,可得到这些光谱项的简并度为:

光谱项	^3F	^3P	^1G	^1D	^1S
简并度	7×3	3×3	9×1	5×1	1×1
	21	9	9	5	1

所有简并的能态一共 45 项,即 45 种微态.

d^2 组态的微态数还可按下式求得:

$$\frac{n(n-1)}{2!}=\frac{10\times9}{2\times1}=45 \tag{3.12}$$

类似,d^3 组态的微态数为

$$\frac{n(n-1)(n-2)}{3!}=\frac{10\times9\times8}{3\times2\times1}=120 \tag{3.13}$$

某一组态的微状态,只有忽略电子间的相互作用时,能量才相同,因此 p^1 或 d^1 等单电子微状态的能量是简并的. 对电子数大于 1 的组态,则不同的微状态可能具有不同的能量. 在考虑电子相互作用后把能量相同的微状态归为一组,这一组能量相同的能级可用谱学方法测出,得到光谱项的能量.

由谱项 L 和 S 的大小,可按照 Hund 规则和 Pauli 原理得到能量最低的谱项,即基谱项. 其基本要点为:

(i) 对于给定组态(L 相同),自旋多重态越大,能量越低. 即自旋平行的电子越多,S 值越大,能量越低. 在 d^2 组态的所有谱项中,^3F 和 ^3P 的能量低于 ^1G、^1D 和 ^1S.

(ii) 对于给定自旋多重态(S 相同),L 越大,能量越低. L 大则电子与其他电子的距离远,作用力小;L 小则相反,电子间作用力大,能量高. 因此这意味着 ^3F 的能量低于 ^3P.

根据这两条原则,可推出 d^2 组态的 5 个谱项的能量顺序为:

$$^3F < {}^3P <<{}^1G < {}^1D < {}^1S$$

其中 ^3F 为能量最低的基谱项.

但实验观察到的 d^2 组态(Ti^{2+})光谱项的能量顺序则为:

$$^3F < {}^1D < {}^3P < {}^1G < {}^1S$$

与 Hund 规则和 Pauli 原理推导的略有差异.

由于电子间的排斥作用,不同的谱项有不同的能量. 要计算出这些谱项的能量,必须通过量子化学的复杂计算,每个谱项的能量可用 3 个参数 A、B、C 的线性组合表示,即 Racah 参数,它们是由气相原子光谱中得到的. 对于 d^2 组态的谱项能量,可用下面的 5 个式子表示:

$$E(^1S) = A + 14B + 7C$$
$$E(^1G) = A + 4B + 2C$$
$$E(^1D) = A - 3B + 2C$$
$$E(^3P) = A + 7B$$
$$E(^3F) = A - 8B$$

式中的 A、B、C 均为正值,代表电子间的排斥作用. 如果只对谱项的相对能量感兴趣,则不必知道 A 值. 如果只想知道三重态的相对值,则不必知道 C 的值. 对于第一过渡系元素,$C \cong 4B$,由以上式子计算出 d^2 组态的谱项顺序为:

$$^3F < {}^1D < {}^3P < {}^1G < {}^1S$$

表 3.7 给出了 d^1 到 d^9 组态自由离子的光谱项,从表中可见,d^n 和 d^{10-n} 具有相同的光谱项,因为 d^{10-n} 相当于含一个正电子或者一个空穴,正电子与电子相似,也能互相排斥. 因此可推断,p^n 和 p^{6-n}、f^n 和 f^{14-n} 也有同样的对应关系.

表 3.7 d^1 到 d^9 组态自由离子的光谱项

电子组态	光 谱 项
d^1, d^9	^2D
d^2, d^8	^3F, ^3P, ^1G, ^1D, ^1S
d^3, d^7	^4F, ^4P, ^2H, ^2G, ^2F, $2\,^2D$, ^2P
d^4, d^6	^5D, ^3H, ^3G, $2\,^3F$, ^3D, $2\,^3P$, ^1I, $2\,^1G$, ^1F, $2\,^1D$, $2\,^1S$
d^5	^6S, ^4G, ^4F, ^4D, ^4P, ^2I, ^2H, $2\,^2G$, $2\,^2F$, $3\,^2D$, ^2P, ^2S

虽然高能量谱项的顺序理论推算和实验结果不完全一致,但基谱项则是确定的.

一般情况下,最重要的是判断原子或离子的基谱项. 判断基谱项的简单步骤是:

(i) 由 d 电子数,得到 M_s 最大的微状态,并得到最大的自旋多重态.

(ii) 在这一最大的自旋多重态下找出允许的 M_L 的最大值. 即可得到与最大自旋多重态对应的最大 L 值,由此可得到基谱项.

例如,判断 d^5 组态(如 Mn^{2+})的基谱项,5 个 d 电子可分别自旋平行地占据 5 个 d 轨道,得到最大的 S 值 5/2,自旋多重态$(2S+1) = (2 \times 5/2 + 1) = 6$,即六重态. 因为所有的电子占据不同的轨道,因此每个电子必然有不同的轨道角动量 m_l 为 $+2$,$+1$,0,-1,-2,因此 $L = 0$,d^5 组态的基谱项为 ^6S. 同理,可推出所有电子组态的基谱项. 自由离子 d^n 电子组态的基谱项列于表 3.8 中.

表 3.8　自由离子 d^n 电子组态的基谱项

d 电子组态	m_l					L	S	基谱项
	2	1	0	−1	−2			
d^1	↑					2	0.5	^{2}D
d^2	↑	↑				3	1	^{3}F
d^3	↑	↑	↑			3	1.5	^{4}F
d^4	↑	↑	↑	↑		2	2	^{5}D
d^5	↑	↑	↑	↑	↑	0	2.5	^{6}S
d^6	↑↓	↑	↑	↑	↑	2	2	^{5}D
d^7	↑↓	↑↓	↑	↑	↑	3	1.5	^{4}F
d^8	↑↓	↑↓	↑↓	↑	↑	3	1	^{3}F
d^9	↑↓	↑↓	↑↓	↑↓	↑	2	0.5	^{2}D

3.2.2　配位场中的 d^n 组态离子谱项及其分裂

d^n 组态的自由离子,由于电子间的排斥作用,它们可具有不同的能级,即有不同的光谱项. 但如果离子处于配位场中,在配位场作用下,谱项的能级还会进一步分裂,使简并度降低. 例如,在处理单电子的八面体场中,d 轨道可分裂为 t_{2g} 和 e_g 两组轨道,s 轨道变为 a_{1g} 轨道. 与此类似,在多电子体系中,D 谱项在 O_h 场中也能分裂为三重简并的 T_{2g} 和二重简并的 E_g 两个光谱支项. s 轨道则与 A_{1g} 对应. 若忽略配位场对电子自旋的作用,则光谱项在配位场中分裂的能级与原光谱项的自旋多重性相同. 表 3.9 给出了 d^n 组态的光谱项在不同配位场中的分裂.

表 3.9　d^n 组态的光谱项在不同配位场中分裂的不可约表示

光谱项	O_h	T_d	D_{4h}
S	A_{1g}	A_1	A_{1g}
P	T_{1g}	T_1	A_{2g}, E_g
D	E_g, T_{2g}	E, T_2	A_{1g}, B_{1g}, B_{2g}, E_g
F	A_{2g}, T_{1g}, T_{2g}	A_2, T_1, T_2	A_{2g}, B_{1g}, B_{2g}, $2E_g$
G	A_{1g}, E_g, T_{1g}, T_{2g}	A_1, E, T_1, T_2	$2A_{1g}$, A_{2g}, B_{1g}, B_{2g}, $2E_g$
H	E_g, $2T_{1g}$, T_{2g}	E, $2T_1$, T_2	A_{1g}, $2A_{2g}$, B_{1g}, B_{2g}, $3E_g$
I	A_{1g}, A_{2g}, E_g, T_{1g}, $2T_{2g}$	A_1, A_2, E, T_1, $2T_2$	$2A_{1g}$, A_{2g}, $2B_{1g}$, $2B_{2g}$, $3E_g$

d^n 组态的离子各谱项能量的进一步分裂也可用场强与能量变化的相关图表示. 因为电子间的排斥作用和配位场作用都对谱项能量有影响,但如果同时考虑两者的作用,处理该问题的难度很大,因此,可先从两种极端情况出发,使问题简化. 对于只考虑电子排斥作用的弱场极限,谱项的相对能量由 Racah 参数确定;对于强场极限则忽略电子间的排斥作用. 确定了这两个极端,则可绘出场强与能量两者之间变化的相关图,从中推出中间状态的情况. 图 3.13 给出 d^1 组态和 d^2 组态在八面体场中部分自由离子谱项和强场谱项的能量相关图,图中表示了两种

极端情况,左边的纵坐标表示自由离子的谱项,右边的纵坐标表示随配位场的增强谱项的分裂. 参照表 3.9 中 d^n 组态的光谱项在不同配位场中分裂的不可约表示,可知 ^3F 谱项在八面体配 位场作用下分裂为 $^3T_{1g}$、$^3T_{2g}$ 和 $^3A_{2g}$,其余可依此类推. 图 3.13(a) 为 d^1 组态,自由离子只有一 个 ^2D 谱项,在八面体配位场作用下分裂为 ^2E_g 和 $^2T_{2g}$;图 3.13(b) 为 d^2 组态的两个三重态谱项 的能级分裂图,^3F 谱项分裂为 $^3T_{1g}$、$^3T_{2g}$ 和 $^3A_{2g}$,^3P 则为 $^3T_{1g}$. 图 3.14 为 d^2 组态的全部谱项在 八面体场中的能级分裂相关图.

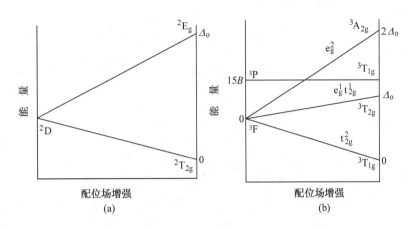

图 3.13 d^1 和 d^2 组态的自由离子谱项和强场谱项的能量相关图

(a) d^1 组态　　(b) d^2 组态

从图 3.14 的能级图得出如下规则:

(i) 从 L-S 耦合得出的自由离子光谱项位于图的最左边,无限强的配位场的能级位于最 右边.

(ii) 弱场和强场的能级一一对应,如在弱场中存在 $^3T_{1g}$ 的能级,则在强场也有相应的 $^3T_{1g}$ 的能级. 或者说它们均有对称性相同的不可约表示.

(iii) 自由离子的光谱项在配位场中分裂后,分裂得到的能级自旋多重态不变. 例如,三重 态谱项 ^3F 分裂为的 $^3T_{1g}$、$^3T_{2g}$ 和 ^3E_g 仍然为三重态. 单重态的 ^1D 分裂为的 $^1E_{2g}$ 和 $^1T_{2g}$ 则为单重 态.

(iv) 当配位场变得无限强时,电子间的相互排斥作用忽略不计,d 轨道的能级分裂简化为 单电子的能级形式.

(v) 不相交规则. 相同对称性的连线不能相交. 例如,$^3T_{1g}$(^3F) 和 $^3T_{1g}$(^3P) 不可能相交. 因 此随配位场的增强,为避免相交,两条连线会发生弯曲,这在 Orgel 图以及下面的 Tanabe- Sugano 图[3] 中比较明显.

Tanabe-Sugano 图(简称 T-S 图)是一种应用广泛的配位场强度和谱项能量的相关图,可 用于解释配合物的电子光谱. 图中的最低能级是横轴,纵坐标表示能量的高低. 图 3.15(a)～ (g) 为 d^2～d^8 组态的 Tanabe-Sugano 图. 例如,对于 d^2 组态谱项的最低能级为 $^3T_{1g}$(^3F),因 此在 d^2 组态的 Tanabe-Sugano 图中,横轴为 $^3T_{1g}$(^3F),也就是说,把基谱项的能量设为零. 以谱项能量 E 和 Recah 参数 B 之比,即 E/B 为纵坐标,以 Δ_o/B 为横坐标,可做出一系列不同 d^n 组态的 Tanabe-Sugano 能级图. 图中的线条分别代表一个激发态能级,斜率代表激发态能

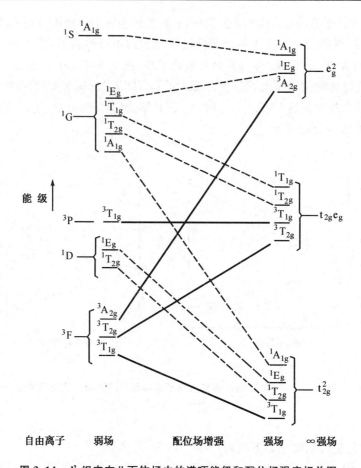

图 3.14　d^2 组态在八面体场中的谱项能级和配位场强度相关图

量随配位场强度的变化. 没有 d^1 和 d^9 组态的 T-S 图,因为 d^1 组态没有 d 电子间的相互作用,10 种微观状态归于一个 ^2D 谱项,能级图可按图 3.13(a)图分析. 或者用简单 d 轨道能级分裂和前面述及的 Jahn-Teller 畸变分析. d^9 组态相当于有一个正电子或一个空隙,能级与 d^1 组态类似,不同之处是能级顺序颠倒,$T_{2g} > E_g$.

在 $d^4 \sim d^7$ 的组态的 Tanabe-Sugano 图中,能级曲线在中部发生转折,转折处用垂直线作记号. 因为这些组态可形成高、低自旋两种配合物,当配位场增强到某一点时,可由高自旋变为低自旋,自旋的转变点即为 T-S 图中线条的转折点. 这样的 T-S 图实际上由两部分组成,左边为高自旋态,右边为低自旋态.

例如,d^4 组态的高自旋(弱场)有 4 个未成对电子(t_{2g}^3,e_g^1),$S = 4 \times (1/2) = 2$,自旋多重态 $= 2S + 1 = 2 \times 2 + 1 = 5$;而低自旋(强场)有 2 个未成对电子($t_{2g}^4$),$S = 2 \times (1/2) = 1$,自旋多重态 $= 2S + 1 = 2 \times 1 + 1 = 3$,因此 d^4 Tanabe-Sugano 图中弱场的基态能级是五重态的 ^5E_g,强场的基态能级是三重态的 $^3T_{1g}$,在横坐标 $\Delta_o / B = 27$ 处自旋转变.

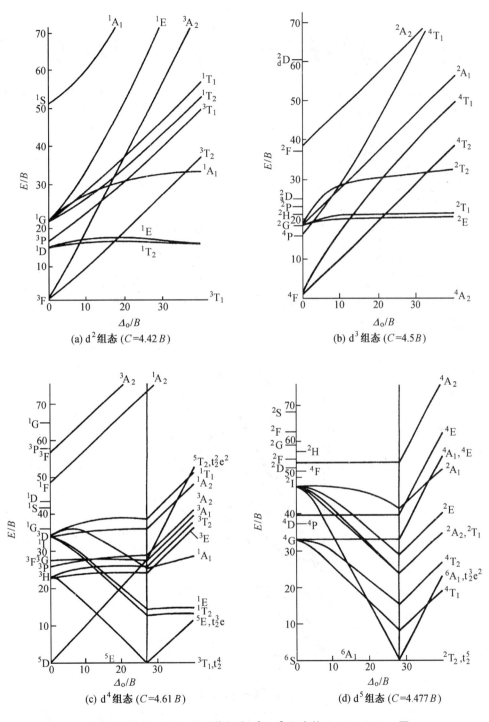

(a) d^2 组态 ($C=4.42B$)

(b) d^3 组态 ($C=4.5B$)

(c) d^4 组态 ($C=4.61B$)

(d) d^5 组态 ($C=4.477B$)

图 3.15(a)～(d)　八面体场中 d^2～d^5 组态的 Tanabe-Sugano 图

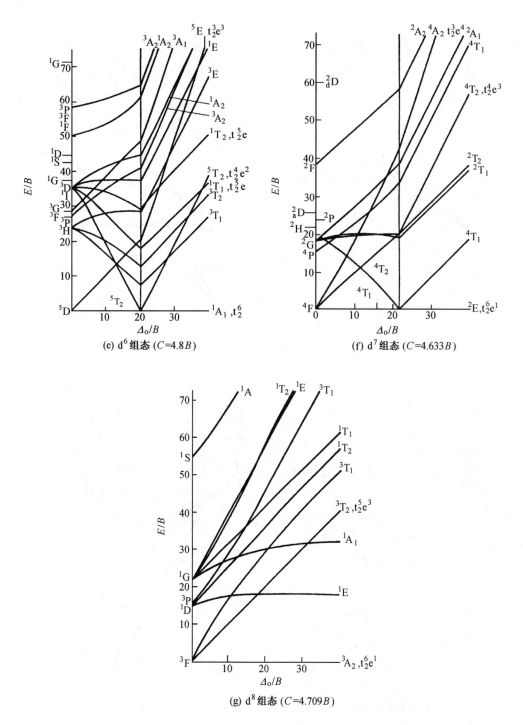

图 3.15(e)～(g)　八面体场中 d⁶～d⁸ 组态的 Tanabe-Sugano 图

3.2.3 d—d 跃迁光谱

d 区元素的 d 轨道未充满,d 电子在不同能级间的跃迁(通常称为 d—d 跃迁)产生吸收光谱,若吸收在可见光区,则化合物会有颜色.并非各能级间都能发生跃迁,有的能级间的跃迁强度很大,有的很小,有的则根本不能进行.电子的 d—d 跃迁要服从一定的规则,这些规则称为电子跃迁选律,或简称选律(selection rule).符合选律的跃迁几率大,称为允许跃迁,不符合选律的则为禁阻跃迁.

d—d 跃迁的选律[2]要点是:

(1) 自旋选律

要求 $\Delta S=0$,即电子只能在自旋多重态相同的能级间跃迁.例如,若基态为四重态,则允许跃迁的激发态只能为四重态.按照自旋选律,从 d^3 的 T-S 图可知,$^4A_2 \rightarrow ^4T_1$ 的跃迁为自旋允许,而 $^4A_2 \rightarrow ^2T_1$ 则为自旋禁阻.

(2) 宇称选律

又称对称性选律,或者 Laporte 选律.具有对称中心的分子,只有伴随宇称改变的跃迁才是允许跃迁.因此,具有相反的奇偶对称性之间的跃迁是允许跃迁.例如,宇称不同的 g ↔ u 或 u ↔ g 跃迁是允许的,而相同宇称的 g→g,u→u 跃迁是禁阻的.按此规则,过渡金属中具有中心对称(如八面体等)配合物 d→d 跃迁(d 轨道是中心对称,为 g),稀土化合物的 f→f 跃迁(f 轨道是中心反对称,为 u)都是对称性禁阻的,跃迁强度应该不大,比 T_d 点群的四面体配合物吸收光谱的强度弱.

跃迁选律不是绝对的,它只适于理想化模型,很多化合物中的 d→d 跃迁并不完全符合选律.这两条选律中,自旋选律相对更严格,但自旋-轨道角动量的耦合可以松动自旋选律.重原子的耦合比轻原子强,因此在重过渡元素化合物中能观察到违背自旋选律的光谱.自旋选律在重原子中松动的现象称为重原子效应.违背宇称选律跃迁也经常发生,因为配合物不可能完全处于理想的对称状态,配位环境畸变或本身的结构不对称,使分子偏离中心对称.另外,配合物的不对称振动也能破坏中心对称性,使宇称选律发生松动,从而使禁阻的跃迁在一定程度上能够发生.

根据上述对 d 电子光谱项、配位场对其能级的影响以及电子的跃迁选律等等的分析,我们可以对很多配合物的电子光谱有一定认识.

例如,前述图 3.12 d^1 电子组态 $Ti(H_2O)_6^{3+}$ 的吸收光谱,它在 20 300 cm^{-1} 处有一个宽带吸收,其自由离子的光谱项是 ^2D,在八面体场中能级分裂为二重简并能量较高的 E_g 和三重简并能量较低的 T_{2g}.因此 d^1 电子组态的吸收光谱只有一个单峰,是由 $T_{2g} \rightarrow E_g$ 的电子跃迁产生的.

谱带宽化表明跃迁的能级差分布在很宽的能级范围内,这与配体的热振动、Jahn-Teller 效应以及轨道-自旋耦合有关.

现以 d^3 组态的 $Cr(NH_3)_6^{3+}$ 为例,来说明如何利用 T-S 图分析所得到的电子光谱和计算分裂能.从图 3.16 的光谱图中可得到两个主要吸收带:21 550 cm^{-1} 和 28 500 cm^{-1}.从 d^3 组态的 T-S 图(图 3.17)可知,^4F 是基谱项,电子在两个四重态的跃迁 $^4A_{2g} \rightarrow ^4T_{2g}$ 和 $^4A_{2g} \rightarrow ^4T_{1g}$ 应该与这两个吸收峰对应.两者的能量比为 21 550:28 500=1:1.32,在 d^3 组态的 T-S 图中,在横坐标中只有惟一的一个点满足这一比值,即在 $\Delta_o/B=32.8$ 处,如图中的两个箭头所示.对

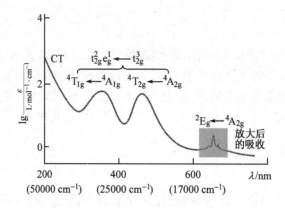

图 3.16　d^3 组态的 $Cr(NH_3)_6^{3+}$ 的吸收光谱

于 d^3 组态的离子,配位场分裂能 Δ_o 为 $^4A_{2g} \rightarrow {}^4T_{2g}$ 的跃迁能,因此能量较低的吸收 $21\,550\,cm^{-1}$ 为分裂能 Δ_o. 又因为 $\Delta_o/B = 32.8$, $\Delta_o = 21\,550\,cm^{-1} = 32.8B$,因此可得出 $B = 657\,cm^{-1}$.

在 d^6 组态的 CoF_6^{3-} 中,F^- 为弱场配体,CoF_6^{3-} 为高自旋的配合物,它的吸收光谱中只有一个 $13\,000\,cm^{-1}$ 的吸收峰,对应的吸收波长为 $770\,nm$,该化合物为蓝色. 从 d^6 组态的 T-S 图

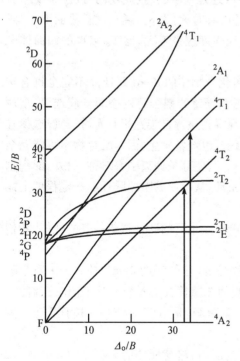

图 3.17　从 d^3 组态的 T-S 图计算 Δ_o 和 B

左边的高自旋部分,可知该吸收峰对应五重态的自旋允许跃迁 $^5T_{2g} \rightarrow {}^5E_g$. 而在图 3.18 中,两个强场配体配合物 $Co(en)_3^{3+}$ 和 $Co(ox)_3^{3-}$ 的吸收可从 T-S 图右边的低自旋区域看出,应该有单重态的 $^1A_{1g} \rightarrow {}^1T_{1g}$ 和 $^1A_{1g} \rightarrow {}^1T_{2g}$ 两个跃迁,而且根据光谱化学序列,en 的配位场强度大于 ox 的,因此 $Co(en)_3^{3+}$ 吸收光谱应该比 $Co(ox)_3^{3-}$ 的能量高,实际的吸收光谱图与 d^6 组态的 T-S 图分析的结果一致.

用 d^5 电子组态的 T-S 图,也可以分析 $Mn(\text{II})$ 的六配位化合物的吸收光谱为什么非常弱. 例如 $Mn(H_2O)_6^{2+}$ 的吸收光谱如图 3.19 给出,从图中可看出吸光系数很小,ε 约为 $0.03\,L \cdot mol^{-1} \cdot cm^{-1}$,比 $Ti(H_2O)_6^{3+}$, $Cr(en)_3^{3+}$ 的吸光系数小几个量级. 从图3.15的 T-S 图中可知,d^5 组态有 5 个未成对电子,基态能级是六重态的 $^6A_{1g}$,激发态均非六重态,第一、二激发态均为四重态,如 $^4T_{1g}$ 和 $^4T_{2g}$ 等. 电子从 $^6A_{1g} \rightarrow {}^4T_{1g}$ 的跃迁既属宇称禁阻（d—d 跃迁）,又是自旋禁阻,因此跃迁的几率很小. $MnBr_4^{2-}$ 为四面体构型,没有对称中心,宇称选律有所松动,因此虽然吸光系数较小,但仍比$Mn(H_2O)_6^{2+}$ 的吸收高 2 个量级.

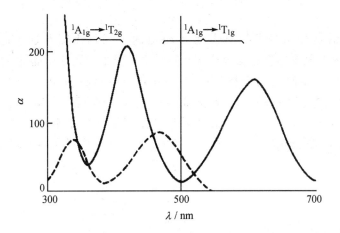

图 3.18 Co(en)$_3^{3+}$ 和 Co(ox)$_3^{3-}$ 的吸收光谱

图中虚线为 Co(en)$_3^{3+}$，实线为 Co(ox)$_3^{3-}$

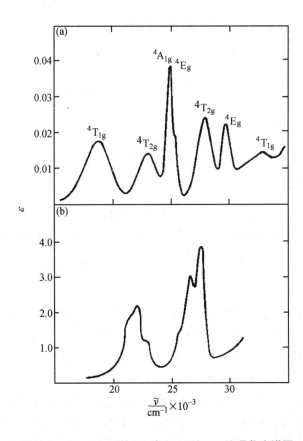

图 3.19 Mn(H$_2$O)$_6^{2+}$(a) 和 MnBr$_4^{2-}$(b)的吸收光谱图

89

3.3　电荷迁移光谱（CT 光谱）

d—d 跃迁光谱是金属离子的电子在 d 轨道的不同能级间跃迁引起的，而电荷迁移（charge transfer）光谱是配体轨道与金属离子轨道之间的电子跃迁引起的. 电荷迁移光谱通常有两类：（i）电荷由配体向金属迁移（ligand-to-metals charge transfer transition，**LMCT 跃迁**），可以认为是金属形式上的还原谱带［图 3.20(a)］.（ii）电荷由金属向配体的迁移（metals-to-ligand charge transfer transition，**MLCT 跃迁**），则可以认为是金属形式上的氧化谱带［图 3.20 (b)］. CT 跃迁一般能量较高，因此 CT 吸收带主要在紫外区域，跃迁强度一般也比 d—d 跃迁大得多.

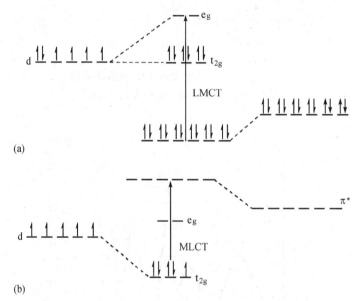

图 3.20　电荷迁移示意图
（a）配体向金属的电荷迁移（LMCT）　（b）金属向配体的电荷迁移（MLCT）

3.3.1　LMCT 跃迁

LMCT 跃迁见图 3.16 $Cr(NH_3)_6^{3+}$ 的吸收光谱中. 谱图的高能量区域有比较强的 CT 谱带，如果 $Cr(NH_3)_6^{3+}$ 中的一个配位场较强的氨分子被较弱的 Cl^- 代替，配合物离子的对称性由 O_h 点群降为 C_{4v} 点群，对称性的降低虽未使能级进一步分裂，但在 $42\,000\ cm^{-1}$ 处出现较强的 CT 峰，它是由 Cl^- 上的孤对电子向具有空轨道的金属离子发生 LMCT（图 3.21）跃迁产生的.

八面体配合物 $IrBr_6^{2-}$（d^5）和 $IrBr_6^{3-}$（d^6）都表现出电荷迁移光谱，$IrBr_6^{2-}$ 有 600 nm 和 270 nm 两个吸收带，是由于 Br^- 的电子对分别向金属离子的 t_{2g} 和 e_g 轨道的跃迁吸收. $IrBr_6^{3-}$（d^6）的 t_{2g} 轨道已经全充满，因此 Br^- 的电子对只能向能量高的 e_g 轨道的跃迁，因此在吸收光谱中只观察到 250 nm 附近的强吸收. 如果 L 具有能量较高的孤对电子，M 有能量较低的空轨道，则 LMCT 谱带可出现在可见光区，使配合物有颜色. 例如红色 HgS 是 $S^{2-}(\pi) \rightarrow Hg^{2+}(6s)$ 的电荷迁移跃迁；氧化铁的褐色是 $O^{2-}(\pi) \rightarrow Fe^{3+}(3d)$ 电荷迁移跃迁等.最明显的例子是四面体高氧化态金属的含氧酸根 MnO_4^-、CrO_4^{2-} 和 VO_4^{3-} 等,金属离子的电子组态为 d^0,O 原子上的孤对 π 和 σ 电子迁移到金属离子的 t_{2g} 和 e_g 空轨道,相当于金属离子被部分还原,配体被部分氧化,因此它们在可见光区有很强的吸收. MnO_4^-、CrO_4^{2-} 的 CT 吸收能量较低,位于可见光区,因此有明显的颜色；VO_4^{3-} 因其 CT 光谱在紫外区而无色.

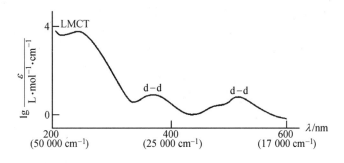

图 3.21　[Cr(NH₃)₅Cl]²⁺ 水溶液的吸收光谱

3.3.2　MLCT 跃迁

从 M 到 L 的电荷迁移通常要求 M 具有较低的氧化态(易给出电子),L 具有能量较低的 π^* 轨道(易接收电子).能发生 MLCT 的配体诸如有 π^* 轨道的小分子 CO,CN^- 和 SCN^-,以及有芳香环的联吡啶(bipy)、邻菲咯啉(phen)等有 2 个 N 原子配位的二亚胺,以及二硫代烯 $S_2C_2R_2$ 等.例如,三-联吡啶合钌(Ⅱ)离子 $Ru(bipy)_3^{2+}$ 由于 MLCT 跃迁而显橙色(图 3.22),这是一个有用的光化学还原剂,激发态寿命为微秒量级.共振 Raman 谱是表征 MLCT 的重要手段.

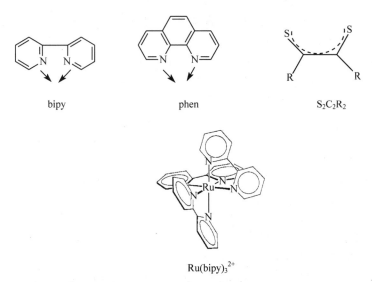

图 3.22　能发生 MLCT 跃迁的配体及配合物

从上述讨论和例子中,可以对不同类型的跃迁强度作一总结.表 3.10 给出了 3d 配合物的光谱带强度大致数量级的比较,由图 3.18、图 3.19 和图 3.21 等过渡元素配合物的吸收光谱图中,可大致比较出不同吸收类型的吸光系数,或者吸收强度.对称性允许跃迁的 CT 光谱吸收强度最大.d—d 跃迁是电子在相同类型的 d 轨道能级间跃迁,由于 d 轨道都是中心对称的(g),如果配合物又是中心对称的(g),g—g 间的跃迁是宇称禁阻的,虽然许多因素使宇称选律松动(见 3.2 节),但电子跃迁的吸收强度相对较弱,ε 约为 20～100.而在 d—d 跃迁的宇称禁阻中同时是自旋禁阻,即 $\Delta S \neq 0$,则所观察到了吸收强度更弱,ε 通常小于 1,大约只有自旋允许跃迁的百分之一,如图 3.19 中 $Mn(H_2O)_6^{2+}$ 的吸收光谱;对于 d—d 跃迁中宇称禁阻规则被破坏的,例如四面体配合物没有 g 对称性,因此有较强的吸收谱带,ε 约为 50～200.

表 3.10　3d 配合物的吸收光谱强度的大致范围

谱带类型	最大吸收强度 $\varepsilon/(L \cdot mol^{-1} \cdot cm^{-1})$
自旋禁阻	< 1
宇称禁阻(d—d 跃迁)	20～100
宇称允许(d—d 跃迁)	≈500
对称性允许(CT 光谱等)	1 000～50 000

习　题

3.1　解释:$Fe(CN)_6^{3-}$ 为弱顺磁性,$Fe(H_2O)_6^{3+}$ 是强顺磁性.类似,$[Ni(CN)_4]^{2-}$ 是反磁性的,而 $[Ni(Cl)_4]^{2-}$ 为顺磁性,并有两个未成对电子.

3.2　Ni 和 Pt 为同族元素,但 $[NiCl_4]^{2-}$ 和 $[PtCl_4]^{2-}$ 的几何构型、颜色和磁性均不同,用任一理论来解释这一现象.

3.3　对每一个自由离子的谱项,给出相应的 L、M_L、S 和 M_S 的表示:

(1) ^2D　　　(2) ^3G　　　(3) ^4F

3.4　$3d^2$ 组态的谱项有:^1G、^3F、^1D、^3P、^1S,按照谱项能量由低到高排序.

3.5　写出下列电子组态的基谱项

(1) $2p^1$　(2) $2p^2$　(3) $3d^1$　(4) $3d^3$　(5) $3d^5$　(6) $3d^9$

3.6　解释:高自旋的 CoF_6^{3-} 在可见吸收光谱中有一个吸收带.

3.7　已知 $\Delta_o=17600\,cm^{-1}$,$B=918\,cm^{-1}$,用 Tanabe-Sugano 图预言 $Cr(H_2O)_6^{3+}$ 吸收光谱中自旋允许的两个四重态谱带.

3.8　用 Tanabe-Sugano 图确定基态能级:(1) 低自旋 $[Rh(NH_3)_6]^{3+}$;(2) $[Ti(H_2O)_6]^{3+}$;(3) $[Fe(H_2O)_6]^{3+}$.

3.9　分析图 3.8 的 CrL_6 的吸收光谱.(1) 归属各吸收峰的跃迁能级;(2) (a)～(c) 三图各有何不同? 为什么?

3.10　用 Tanabe-Sugano 图解释:Mn^{2+} 的六水合离子基本无色,而 Cr^{3+} 的六水合离子为深紫色.

3.11　d^2 组态的离子 CrO_4^{4-}、MnO_4^{3-}、FeO_4^{2-} 和 RuO_4^{2-} 已有报道,请回答:

(1) 哪个离子的 Δ_t 最大,哪个离子的 Δ_t 最小?

(2) CrO_4^{4-}、MnO_4^{3-}、FeO_4^{2-} 中,哪个有最短的 M—O 键距? 简单解释.

(3) CrO_4^{4-}、MnO_4^{3-}、FeO_4^{2-} 的 CT 跃迁分别为 43 000、33 000 和 21 000 cm^{-1},是 LMCT,还是 MLCT? 为什么?

[参考文献 T. C. Brunold et al.. Inorg. Chem.,36,2084 (1997)]

参 考 文 献

[1] F. A. Cotton. Chemical Applications of Group Theory，3ed ed，Wiley-Interscience，New York，Chapter 9(1990)

[2] B. N. Figgis. "Ligand Field Theory" in "Comprehensive Coordination Chemistry ", Vol. I, G. Wilkinson et al. , Pergamon Press，Elmsford，N. Y. , p. 243～246(1987)

[3] Y. Tanabe and S. Sugano. J. Phys. Soc. , Japan，9，766(1954)

参 考 书 目

[1] D. F. Shriver，P. W. Atkins. Inorganic Chemistry，Oxford University Press，3rd ed. ,1999

[2] Gary L. Meissler and Donald A. Tarr. Inorganic Chemistry，Upper Saddle River, 1999

[3] F. A. Cotton. Chemical Applications of Group Theory，3ed ed，Wiley-Interscience，New York，1990

[4] F. A. Cooton，G. Wilkinson,C. A. Murillo and M. Bocchmann. Advanced Inorganic Chemistry,6th ed. , John Wiley & Sons，Inc. , New York,1999

[5] Catherine E. Housecroft and Alan G. Sharpe. Inorganic Chemistry，Prentice Hall，London,2001

第4章　配位化合物的反应机理和动力学

配位化合物在溶液里能发生一系列的化学反应,如配体取代反应、电子转移反应、分子重排反应和配体的化学反应等.本章将就前两类反应的机理和动力学作一概括的介绍.

4.1　配体取代反应

配体取代反应(ligand substitution reaction)是一大类相当普遍的反应.例如,绿色的 $[Co(NH_3)_3(H_2O)Cl_2]Cl$ 水溶液在室温下放置,很快就转变成蓝色,继而转变成紫色,这是因为发生了如下的配体取代反应:

$$[Co(NH_3)_3(H_2O)Cl_2]Cl + H_2O \longrightarrow [Co(NH_3)_3(H_2O)_2Cl]Cl_2 \qquad (4.1)$$
绿色　　　　　　　　　　　　　　　　　蓝色

$$[Co(NH_3)_3(H_2O)_2Cl]Cl_2 + H_2O \longrightarrow [Co(NH_3)_3(H_2O)_3]Cl_3 \qquad (4.2)$$
蓝色　　　　　　　　　　　　　　　　　紫色

又如,浓度为 10^{-3} mol·dm^{-3} 的 K_2PtCl_4 水溶液,在室温下达到平衡时,溶液中含 53% 的 $PtCl_3(H_2O)^-$ 以及 42% 的 $PtCl_2(H_2O)_2$,而 $PtCl_4^{2-}$ 离子的含量仅占 5%.这也是因为发生了配体的取代反应.反应式:

$$PtCl_4^{2-} + H_2O \longrightarrow PtCl_3(H_2O)^- + Cl^- \qquad (4.3)$$

$$PtCl_3(H_2O)^- + H_2O \longrightarrow PtCl_2(H_2O)_2 + Cl^- \qquad (4.4)$$

类似的例子举不胜举.在配体取代反应中,从动力学的角度来讲,研究得较多的是八面体和平面四方形配合物.

4.1.1　八面体配合物

在配位化学中,六配位的八面体构型配合物是一种最为普遍的配位形式.不仅元素周期表中d区的过渡金属原子或离子形成大量的八面体配合物,即使对 s 区和 p 区的元素,也是一种常见的形式,$[Mg(H_2O)_6]^{2+}$、SF_6 和 $[SiF_6]^{2-}$ 就是其中的几例.在八面体配合物的化学反应中,又以配体的取代反应最为普遍.它的一般形式可用式 4.5 表示:

$$ML_5X + Y \longrightarrow ML_5Y + X \qquad (4.5)$$

式中 X 为被取代配体,通常称做**离去基团**(leaving group);Y 为取代基团,通常称做**进入基团**(entering group).

许多八面体配合物的动力学研究,是围绕着钴(Ⅲ)的配合物展开的.这一方面是因为钴(Ⅲ)能形成大量的八面体配合物,而且对它们的性质研究得比较深入;另一方面,也是因为钴(Ⅲ)配合物的取代反应速率较慢,比较适宜于实验室的研究.但随着研究快速反应实验技术的发展,动力学研究的范围也随之扩展.

本节将介绍几种八面体配合物取代反应的可能机理及影响配体取代反应速率的主要因素,并以钴(Ⅲ)为例,介绍几类较为简单的八面体取代反应实例.

1. 几种可能的机理

(1) 解离机理 D

八面体配合物 ML_6 取代反应的**解离机理**(dissociative mechanism):首先失去一配体,形成五配位的活性中间体.一般认为它具有四方锥,但也不排除三角双锥的可能性.这一步较慢.然后,五配位的中间体再迅速捕获一进入基团 Y,形成六配位的 ML_5Y.

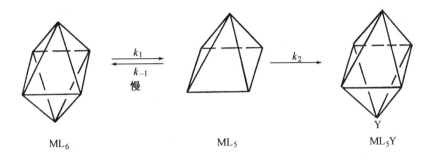

$$ML_6 \qquad\qquad\qquad ML_5 \qquad\qquad\qquad ML_5Y$$

图 4.1 解离机理示意图

上述过程表示在图 4.1 和式 4.6~式 4.7 中.

$$ML_6 \underset{k_{-1}}{\overset{k_1}{\rightleftharpoons}} ML_5 + L \tag{4.6}$$

$$ML_5 + Y \xrightarrow{k_2} ML_5Y \tag{4.7}$$

若对 ML_5 采取稳定态近似,便得到式 4.8 的速率方程:

$$速率 = \frac{k_1 k_2 (ML_6)(Y)}{k_{-1}(L) + k_2(Y)} \tag{4.8}$$

显然,反应速率依赖于 ML_6 和 Y 的浓度.若 Y 的浓度很大,k_{-1} 跟 $k_2[Y]$ 相比可以忽略不计时,便得到一级反应的速率方程(式 4.9):

$$速率 = k_1[ML_6] \tag{4.9}$$

解离机理的极端情况,即离去基团彻底和原来的配合物分离,产生一个五配位的中间体.有时也用符号 S_N1 表示,其中"1"表示一级,"S"表示取代,"N"表示亲核,所以符号"S_N1"总的含义是**单分子亲核取代反应**(unimolecular nucleophilic substitution).

(2) 缔合机理 A

缔合机理(associative mechanism)是八面体配合物 ML_6 首先和进入基团 Y 形成"外界配合物",即 Y 处于外界,通常用 ML_6,Y 表示.若 ML_6 为阳离子,Y 为阴离子,则称为"离子对".接着形成一个七配位的中间体,具有五角双锥.然后再失去一原来的配体 L,完成取代过程.缔合机理可用图 4.2 和式 4.10 表示:

$$ML_6 \underset{}{\overset{K_{扩散}}{\rightleftharpoons}} ML_6,Y \longrightarrow ML_6Y \longrightarrow ML_5Y + L \tag{4.10}$$

式 4.10 中的 $K_{扩散}$ 为外界配合物缔合常数,它是一个平衡常数.

(3) 交替机理 I

若取代反应的动力学数据不足以明确地说明存在五配位或七配位的中间体,则认为具有**交替机理**(interchange mechanism),即在 M—L 旧键断裂之前,M—Y 间的新键已在某种程度上形成.交替机理可用图 4.3 和式 4.11 表示.

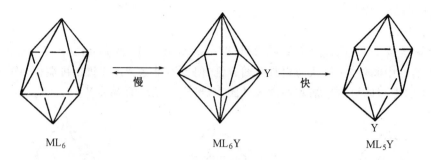

$$ML_6 \qquad\qquad ML_6Y \qquad\qquad ML_5Y$$

图 4.2　缔合机理示意图

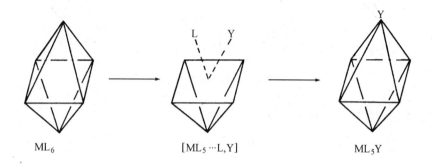

$$ML_6 \qquad\qquad [ML_5 \cdots L, Y] \qquad\qquad ML_5Y$$

图 4.3　交替机理示意图

式 4.11 中的 ML_6，Y 为外界配合物，$[L_5M\cdots L, Y]$ 为过渡态，即中心金属离子同时和离去基团及进入基团形成弱的 $M\cdots L$ 和 $M\cdots Y$ 键.

$$ML_6 + Y \xrightarrow{\;K_{扩散}\;} ML_6,Y \xrightarrow{\;决速步\;} [L_5M\cdots L, Y] \longrightarrow ML_5Y + L \qquad (4.11)$$

交替机理又可分为两种情况：(i) 在过渡态时，新键（$M\cdots Y$）的形成比旧键（$M\cdots L$）的打断更重要，称之为**缔合交替机理**（associative interchange mechanism），用 I_a 表示. (ii) 在过渡态时，旧键的打断比新键的形成更重要，称之为**解离交替机理**（dissociative interchange mechanism），用 I_d 表示.

2. 水交换反应

在八面体配合物的配体取代反应中，首先考虑一种较为简单的情况，即配合物内界水分子和溶剂水分子之间的相互交换，这类反应称为**水交换反应**（water-exchange reaction）.

金属水合离子的水交换反应可用式 4.12 的通式表示.

$$M(H_2O)_m^{n+} + H_2O^* \longrightarrow M(H_2O)_{m-1}(H_2O^*)^{n+} + H_2O \qquad (4.12)$$

式中 H_2O^* 表示溶剂水分子，以示区别.

若干金属离子水交换反应的特征速率常数表示在图 4.4 中. 由图 4.4 可见，大多数水合金属离子的水交换反应速率是很快的，但也有少数很慢，例如 Cr^{3+}、Co^{3+}、Rh^{3+} 和 Ir^{3+} 的特征速率常数在 $10^{-3} \sim 10^{-6}\ s^{-1}$ 的范围内.

在动力学上，凡能迅速进行配体取代反应的配合物称为**活性**（labile）配合物；反之，取代反应进行得很慢，甚至几乎不进行的称为**惰性**（inert）配合物. 活性和惰性配合物之间虽无严格的

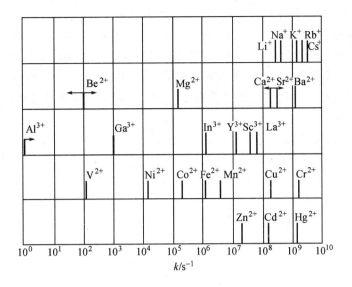

图 4.4 若干水合金属离子水交换反应的特征速率常数

界限,但 Taube 建议:凡 25 ℃时大约能在 1 min 以内完成反应的,可认为是**活性配合物**;超过的,则可认为是**惰性配合物**. 因此,动力学上的活性或惰性和热力学上的稳定(stable)或不稳定(unstable)是两个不同范畴的概念,它们有时是不一致的. 例如,$Co(NH_3)_6^{3+}$ 在动力学上是惰性的,它可在酸性介质中存在数日. 然而,它在热力学上却是不稳定的,反应 4.13 的平衡常数很大.

$$[Co(NH_3)_6]^{3+} + 6H_3O^+ \longrightarrow [Co(H_2O)_6]^{3+} + 6NH_4^+ \quad K \approx 10^{25} \tag{4.13}$$

相反,$Ni(CN)_4^{2-}$ 阴离子特别稳定,反应 4.14 的平衡常数极小:

$$[Ni(CN)_4]^{2-} \longrightarrow Ni^{2+} + 4CN^- \quad K \approx 10^{-22} \tag{4.14}$$

但是它的 CN^- 配体和用同位素标记的 CN^- 离子之间的交换速率却极其迅速.

由式 4.12 可见,水交换反应实际上并无净的化学反应发生,那么如何测定这类反应的动力学数据呢? 早期的方法是采用**同位素标记**(isotopic labelling)法,即用 $H_2^{18}O$ 来进行交换,其间可中断反应,将配合物分离出来,然后用质谱法测定配位层中 $H_2^{18}O$ 的含量. 显然,此法仅适用于某些反应速率较慢的反应,$[Cr(H_2O)_6]^{3+}$ 离子的水交换反应速率便是最早研究的一例. 对于反应速率较快的反应,**核磁共振**(nuclear magnetic resonance spectroscopy,NMR)法已成为一种有效的研究手段. 例如,可运用线宽测定技术,分别用 ^1H NMR 或 ^{17}O NMR 法来获取反磁性或顺磁性水合离子的水交换动力学数据. 此法可测定到速率常数为 10^6 s^{-1}. 对于反应速率更快的反应,则可用**中子散射**(neutron scattering)法或 Raman、**红外光谱**等法来研究. 后两者可用以测定速率常数为 10^{10} s^{-1} 以上的快速反应.

水交换反应速率的变化范围很宽,速率常数几乎可由 $10^{-9} \sim 10^9$ s^{-1} 间变化. 那么哪些因素影响水交换反应的速率呢? 现在了解,至少有以下几方面主要的影响因素:

(1) 金属离子半径和电荷的影响

在水交换反应中,由于水合金属离子的配体均属同一种物质,这就为讨论不同金属离子对取代反应速率的影响提供了一个方便条件. 比较图 4.4 所表示的特征速率常数可见,对于碱金属和碱土金属离子,离子半径和电荷的影响是不言而喻的. 在同一族元素中,随着离子半径的增加,水交换速率增加,而对于类似大小的 M^+ 和 M^{2+} 离子,则电荷少的反应快.显然,这是由于 $M—OH_2$ 的键强随着金属离子电荷的增加和半径的减小而增强的缘故.因此,这种关系本身就意味着水交换反应的活性中间体,由打断原来的 $M—OH_2$ 键而来的可能性比由新键的形成而来的大.这也就是说,反应机理主要是解离机理.除碱金属、碱土金属以外,Al^{3+}、Ga^{3+}、In^{3+} 和 Zn^{2+}、Cd^{2+}、Hg^{2+} 也遵循上述半径规律.当然,某些不服从电荷规律的情况也是有的,原因尚不十分清楚.

(2) d 电子组态的影响

由图 4.4 还可见,过渡金属的二价离子并不完全遵循半径和电荷规律.其中 d 电子组态的影响不容忽视.对于 Cu^{2+}(d^9 组态)和 Cr^{2+}(高自旋 d^4 组态),由于 Jahn-Teller 效应的影响较显著,致使它们的配位多面体发生畸变,偏离了正八面体,轴向的两个 $M—OH_2$ 键比其他 4 根键长且弱,因而加快了它们的水交换速率.图 4.5 表示了 Jahn-Teller 效应的影响.

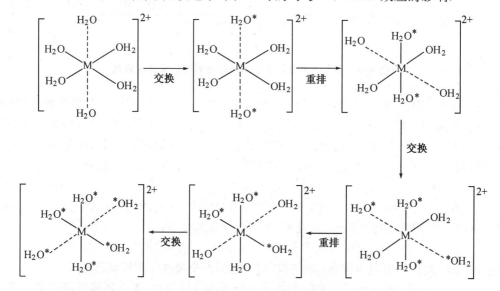

图 4.5　水交换反应中 Jahn-Teller 效应影响的示意图(M=Cu 或 Cr)

图中的虚线表示轴向较长的 $H_2O—M^{2+}$ 键,它们很快地和溶剂水分子进行交换,紧接着又迅速地重排,导致 Cu^{2+} 和 Cr^{2+} 水合离子有很高的水交换反应速率.

除 Jahn-Teller 效应的影响以外,过渡金属离子的水交换速率,还受到配位层从反应物的八面体转变到活性中间体的四方锥或五角双锥时,d 电子能量变化的影响.

过渡金属离子水交换速率和 d 电子组态之间的关系表示在图 4.6 中.这种关系可从晶体场理论得到解释.表 4.1 和图 4.7 表示了几种不同对称性晶体场中 d 轨道的分裂情况和相应的能级状况,其中能级的分裂状况均以八面体场的分裂能 Δ_0 为单位.

表 4.1　不同对称性晶体场中 d 轨道能级的分裂(Δ_0)

场对称性	$d_{x^2-y^2}$	d_{z^2}	d_{xy}	d_{xz}	d_{yz}
正八面体	0.600	0.600	-0.400	-0.400	-0.400
四 方 锥	0.914	0.086	-0.086	-0.457	-0.457
五角双锥	0.282	0.493	0.282	-0.528	-0.528

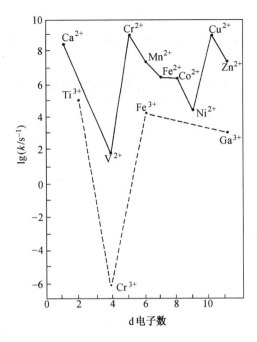

图 4.6 $M(H_2O)_6^{n+}$ 离子水交换反应速率和 d 电子数的关系

　　按照解离机理,八面体配合物的活性中间体是四方锥;按照缔合机理,八面体配合物的活性中间体是五角双锥.因此,对于不同 d 电子数的过渡金属水合离子,根据表 4.1 和图 4.7 可分别计算出在强场和弱场中,当它们的内界配位层由八面体转变成四方锥或五角双锥后,晶体场稳定化能 CFSE 的变化.计算结果列于表 4.2 和 4.3 中.CFSE 的变化可认为是对活化能 E_a 的贡献,称**晶体场活化能**(crystal field activative energy,CFAE).若 CFAE 为负值,表示由八面体转变到四方锥或五角双锥,能量降低,因而容易实现这种由反应物到活性中间体的转变,

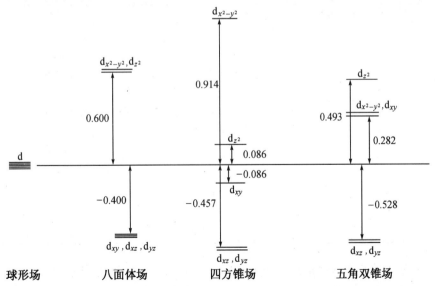

图 4.7 不同对称性晶体场中 d 轨道能级的分裂(Δ_0)

也就是说,八面体配合物是动力学活性的;反之,若 CFAE 为正值,则是动力学惰性的. 事实上,CFAE 为负值意味着畸变可能在基态就已经发生,因此,负值容易引起错觉,把它们看做零也未尝不可.

表 4.2　解离机理(八面体→四方锥)的 CFAE(Δ_0)

组　态	强　　场			弱　　场		
	八面体	四方锥	CFAE	八面体	四方锥	CFAE
d^0	0	0	0	0	0	0
d^1	−0.400	−0.457	−0.057	−0.400	−0.457	−0.057
d^2	−0.800	−0.914	−0.114	−0.800	−0.914	−0.114
d^3	−1.20	−1.00	0.20	−1.20	−1.00	0.20
d^4	−1.60	−1.457	0.143	−0.600	−0.914	−0.314
d^5	−2.00	−1.914	0.086	0	0	0
d^6	−2.40	−2.00	0.40	−0.400	−0.457	−0.057
d^7	−1.80	−1.914	−0.114	−0.800	−0.914	−0.114
d^8	−1.20	−1.00	0.20	−1.20	−1.00	0.20
d^9	−0.600	−0.914	−0.314	−0.600	−0.914	−0.314
d^{10}	0	0	0	0	0	0

若水交换反应属解离机理,则从表 4.2 的计算结果可见,d^3、d^6(低自旋)和 d^8 受 CFSE 变化的影响较大,它们的 CFAE 为较大的正值,因此,反应速率应较慢;相反,d^0、d^1、d^2、d^5(高自旋)和 d^{10} 无论哪一种机理都不损失 CFSE 或损失很少. 可以预期,它们的取代反应速率较 CFAE 为正值的配合物快.

表 4.3　缔合机理(八面体→五角双锥)的 CFAE(Δ_0)

组　态	强　　场			弱　　场		
	八面体	五角双锥	CFAE	八面体	五角双锥	CFAE
d^0	0	0	0	0	0	0
d^1	−0.400	−0.528	−0.128	−0.400	−0.528	−0.128
d^2	−0.800	−1.056	−0.256	−0.800	−1.056	−0.256
d^3	−1.20	−0.774	0.426	−1.20	−0.774	0.426
d^4	−1.60	−1.302	0.298	−0.600	−0.493	0.107
d^5	−2.00	−1.83	0.170	0	0	0
d^6	−2.40	−1.548	0.852	−0.400	−0.528	−0.128
d^7	−1.80	−1.266	0.534	−0.800	−1.056	−0.256
d^8	−1.20	−0.774	0.426	−1.20	−0.774	0.426
d^9	−0.600	−0.493	0.107	−0.600	−0.493	0.107
d^{10}	0	0	0	0	0	0

确实,从图 4.6 的实验结果来看,d^3(V^{2+},Cr^{3+})和 d^8(Ni^{2+})组态离子的水交换反应速率相对是慢的或比较慢的. d^6 组态的 $Fe(H_2O)_6^{2+}$ 是高自旋化合物,所以不在此例. d^0(Ca^{2+})、d^1(Ti^{3+})、d^5(Fe^{3+},Mn^{2+})和 d^{10}(Zn^{2+},Ga^{3+})组态离子的水交换反应速率都是比较快的. 至于

$d^4(Cr^{2+})$和 $d^9(Cu^{2+})$组态的离子,除了 CFAE 的影响以外,还有 Jahn-Teller 效应的影响,因此,反应速率非常快.

(3) 其他配体的影响

除金属的水合离子外,对很多含混合配体的水交换反应,也进行了研究.表 4.4 列出了某些 Ni^{2+}、Co^{2+} 和 Mn^{2+} 配合物的水交换反应速率常数.

表 4.4　若干 Ni^{2+}、Co^{2+} 和 Mn^{2+} 配合物的水交换反应速率常数

配合物	$10^{-5}\,k/s^{-1}$		配合物[a]	$10^{-5}\,k/s^{-1}$	
	Ni^{2+}	Co^{2+}		Ni^{2+}	Mn^{2+}
$M(H_2O)_6^{2+}$	0.32 (25 ℃)	22.4 (25 ℃)	$M(H_2O)_6^{2+}$	0.32	59 (0 ℃)
$M(H_2O)_5(NH_3)^{2+}$	2.5	155			
$M(H_2O)_5(NCS)^+$		95			
$M(H_2O)_5Cl^+$	1.4	170			
$M(H_2O)_4(NH_3)_2^{2+}$	6.1	650	$M(H_2O)_4(bipy)^{2+}$	0.49	
$M(H_2O)_4(en)^{2+}$	4.4		$M(H_2O)_4(phen)^{2+}$		130
$M(H_2O)_4(NCS)_2$		3000			
$M(H_2O)_3(NH_3)_3^{2+}$	25		$M(H_2O)_3(SB)^{2+}$	0.38	
$M(H_2O)_3(NCS)_3^-$	11	>5000			
$M(H_2O)_2(en)_2^{2+}$	54		$M(H_2O)_2(bipy)_2^{2+}$	0.66	
			$M(H_2O)_2(phen)_2^{2+}$		310

[a] 本栏 $M(H_2O)_3(SB)^{2+}$ 中的 SB 表示 Schiff 碱.

表 4.4 所列的配合物可分成两组,反映了两种不同的速率变化倾向.(i) 左边的一组配合物,除水分子外,还含有简单的配体,如 NH_3、Cl^-、NCS^- 等,占主导的 M—L 键是 σ 键.部分水分子被这些配体取代后,导致水交换反应速率明显地加快.这种效应可认为是由于配体的 σ 给电子性,降低了中心金属离子的电荷效应,因而削弱了 M—OH_2 键.(ii) 右边的一组,则对水交换反应速率的影响很小.这可认为是强的 π 反馈键抵消了配体的 σ 给电子性.但无论影响大小,引入其他配体都使配位水分子的活性增加.

水交换反应机理可根据活化体积 $\Delta V^{\neq}$ 的符号来判断.在水交换反应中,反应物和产物是完全等同的,也就是说,并没有发生净的化学变化.在这种情况下,$\Delta V^{\neq}$ 就是过渡态和反应物体积之差.$\Delta V^{\neq}$ 的数值可用式 4.15 表示:

$$\Delta V^{\neq} = -\frac{RT\ln(k_2/k_1)}{p_2 - p_1} \tag{4.15}$$

式 4.15 中的 k_1、k_2 相应于压力为 p_1、p_2 时的速率常数.

若 $\Delta V^{\neq}$ 为正值,表示在形成过渡态时体积膨胀;反之,若 $\Delta V^{\neq}$ 为负值,表示在形成过渡态时体积收缩.前者相应于解离机理,后者相应于缔合机理.这种情况可从图 4.8(见下页)中清楚地看到.

表 4.5 列出了某些配合物水交换反应的 $\Delta V^{\neq}$ 值.由表 4.5 可见,前三种钴(Ⅲ)配合物的 $\Delta V^{\neq}$ 为正值,因而属解离机理;后三种配合物的 $\Delta V^{\neq}$ 为负值,显然属缔合机理.

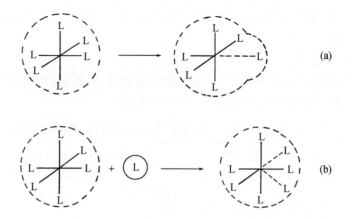

图 4.8　过渡态形成时体积变化示意图

(a) 解离机理　(b) 缔合机理

表 4.5　某些配合物水交换反应的 $\Delta V^{\neq}$ 值

配　合　物	$\dfrac{\Delta V^{\neq}}{cm^3 \cdot mol^{-1}}$
$Co(H_2O)(NH_3)_5^{3+}$	$+1.2(25\ ℃,35\ ℃)$
反-$Co(H_2O)_2(en)_2^{3+}$	$+14$
反-$Co(H_2O)(en)_2(SeO_3)^+$	$\approx +8$
$Cr(H_2O)(NH_3)_5^{3+}$	$-5.8(25\ ℃)$
$Rh(H_2O)(NH_3)_5^{3+}$	$-4.1(35\ ℃)$
$Ir(H_2O)(NH_3)_5^{3+}$	$-3.2(70.5\ ℃)$

3. 水解反应

在八面体配合物中,另一类研究得比较多的配体取代反应是**水解反应**. 这里所指的水解反应,实际上包括**水化**(aquation)和**水解**(hydrolysis)两类反应. 典型的反应通式可用式 4.16 和式 4.17 表示:

$$ML_5X^{n+} + H_2O \longrightarrow ML_5(H_2O)^{(n+1)+} + X^- \tag{4.16}$$

$$ML_5X^{n+} + OH^- \longrightarrow ML_5(OH)^{n+} + X^- \tag{4.17}$$

由于这两类反应都是配离子和水的反应,因此,两者都称为水解反应(hydrolysis reaction),而把式 4.16 表示的反应叫做**酸水解**(acid hydrolysis),式 4.17 表示的反应叫做**碱水解**(base hydrolysis). 它们依赖于水溶液不同的 pH.

由于很多水解反应的动力学数据是通过对钴(Ⅲ)(d^6,低自旋)和铬(Ⅲ)(d^3)等惰性配合物的研究得到的,因此,本节将以钴(Ⅲ)配合物为典型来讨论酸水解和碱水解.

(1) 酸水解

$Co(NH_3)_5X^{2+}$ 的酸水解在 pH<3 时,可用式 4.18 表示:

$$Co(NH_3)_5X^{2+} + H_2O \rightleftharpoons Co(NH_3)_5(H_2O)^{3+} + X^- \tag{4.18}$$

由式 4.18 可见,酸水解实际上是阴离子取代内界水分子反应的逆反应. 和式 4.18 相应的酸水解速率方程表示在式 4.19 中. 某些 $Co(NH_3)_5X^{2+}$ 配离子的速率常数 k_a 列于表 4.6 中.

$$速率 = k_a[Co(NH_3)_5X^{2+}] \tag{4.19}$$

表 4.6 某些 $Co(NH_3)_5X^{2+}$ 配离子的 k_a 值

X	k_a/s^{-1}	X	k_a/s^{-1}
ClO_4^-	8.1×10^{-2}	Cl^-	1.8×10^{-6}
$CF_3SO_3^-$	2.7×10^{-2}	$CCl_3CO_2^-$	5.8×10^{-7}
ReO_4^-	3.1×10^{-4}	$CF_3CO_2^-$	1.7×10^{-7}
$MeSO_3^-$	2.0×10^{-4}	$CH_3CO_2^-$	2.7×10^{-8}
NO_3^-	2.4×10^{-5}	NO_2^-	1.2×10^{-8}
I^-	8.3×10^{-6}	N_3^-	2.1×10^{-9}
H_2O	5.9×10^{-6}	NCS^-	3.7×10^{-10}
Br^-	3.9×10^{-6}	NH_3	5.8×10^{-12}

由表 4.6 可见,$Co(NH_3)_5X^{2+}$ 的酸水解速率强烈地依赖于离去基团 X 的性质.表中活性最大的 ClO_4^- 和 $CF_3SO_3^-$ 基团,跟惰性最大的 N_3^- 和 NCS^- 基团相比,速率常数 k_a 有 7~8 个数量级之差.相反,对于酸水解的逆反应(式 4.18),进入基团 X 的性质,对反应速率的影响就不那么敏感.表 4.6 还同时列出了中性配体 H_2O 和 NH_3 分子的 k_a 值.可见,当 $Co(NH_3)_6^{3+}$ 配离子中的一个 NH_3 分子被其他-1 价的阴离子配体取代后,酸水解的速率都大大地加快.

对于 $Co(NH_3)_5X^{2+}$ 的酸水解反应,由于溶液中的水大大地过量($\approx55.5\ mol\cdot dm^{-3}$),因此,无论是解离(式 4.20)还是缔合(式 4.21)的两种极端机理,反应都是一级的.换句话说,反应速率仅和配离子的浓度有关,速率方程均为式 4.19 的形式.

$$Co(NH_3)_5X^{2+}\longrightarrow Co(NH_3)_5^{3+} + X^-$$
$$Co(NH_3)_5^{3+} + H_2O \xrightarrow{快} Co(NH_3)_5(H_2O)^{3+}$$
$$(4.20)$$

$$Co(NH_3)_5X^{2+} + H_2O \longrightarrow Co(NH_3)_5X(H_2O)^{2+}$$
$$Co(NH_3)_5X(H_2O)^{2+} \xrightarrow{快} Co(NH_3)_5(H_2O)^{3+} + X^-$$
$$(4.21)$$

可见,速率方程式本身并不能说明酸水解反应的机理是解离还是缔合,必须从别处入手.究竟如何判断?目前尚未得到圆满的解决.但比较倾向于解离或解离交替机理.

除 $Co(NH_3)_5X^{2+}$ 离子外,其他许多 d^6 组态离子的酸水解反应速率也较慢,如 $Rh(NH_3)_5Br^{2+}$ 的 k_a 为 $2\times10^{-7}\ s^{-1}$,$Ir(NH_3)_5Br^{2+}$ 的为 $2\times10^{-9}\ s^{-1}$.$Cr(NH_3)_5X^{2+}$ 的酸水解速率则较 $Co(NH_3)_5X^{2+}$ 的快,相应配合物的活化能约低 $8\ kJ\cdot mol^{-1}$,再次体现了 CFSE 的影响.

(2) 碱水解

$Co(NH_3)_5X^{2+}$ 的碱水解可用式 4.22 表示,相应的速率方程可用式 4.23 表示:

$$Co(NH_3)_5X^{2+} + OH^- \longrightarrow Co(NH_3)_5(OH)^{2+} + X^- \tag{4.22}$$
$$速率 = k_a[Co(NH_3)_5X^{2+}] + k_b[Co(NH_3)_5X^{2+}][OH^-] \tag{4.23}$$

由式 4.23 可见,碱水解的速率方程包括两项,反映了两种不同的途径.当溶液的 pH<3 时,第一项所表示的途径占优势;随着溶液 pH 的增加,第二项所表示的途径就变得不能忽略,而且很快就占主导地位.对照式 4.22,似乎这后一种途径是由 OH^- 离子直接取代配位层中的 X^- 离子,但动力学的研究指出,实际情况并非如此简单.

目前一般认为,碱水解具有 S_N1 **共轭碱**(conjugate-base,简称 CB)或**解离共轭碱机理**(D CB)(式 4.24~式 4.26).式 4.22 仅表示出总反应而已.

$$Co(NH_3)_5X^{2+} \xrightleftharpoons{K} Co(NH_3)_4(NH_2)X^+ + H^+ \qquad 快 \qquad (4.24)$$
$$共轭碱$$

$$Co(NH_3)_4(NH_2)X^+ \xrightarrow{k_b'} Co(NH_3)_4(NH_2)^{2+} + X^- \qquad 决速步 \qquad (4.25)$$
$$五配位中间体$$

$$Co(NH_3)_4(NH_2)^{2+} + H_2O \longrightarrow Co(NH_3)_5(OH)^{2+} \qquad 快 \qquad (4.26)$$

上述 S_N1 CB 或 D CB 机理的速率方程可用式 4.27 表示:

$$速率 = \frac{k_b'K}{K_w}[Co(NH_3)_5X^{2+}][OH^-] = k_b[Co(NH_3)_5X^{2+}][OH^-] \qquad (4.27)$$

由于室温下的 $K_w \approx 10^{-14}\ mol^2 \cdot (dm^{-3})^2$,$K$ 的数量级又和 K_w 近似,因而 $k_b' \approx k_b$,这就支持了 S_N1 CB 机理的合理性.

对比钴(Ⅲ)配合物的碱水解和酸水解的反应速率,前者比后者快得多. 例如:

$$反 - Co(en)_2Cl_2^+ \begin{cases} \xrightarrow[t_{1/2} = 几分钟 \sim 几小时]{H_2O, pH = 7} Co(en)_2(H_2O)Cl^{2+} \quad (4.28) \\ \qquad\qquad\qquad\qquad\qquad 粉红色 \\ \xrightarrow[瞬间]{H_2O, pH > 7} Co(en)_2(OH)Cl^+ \quad (4.29) \\ \qquad\qquad\qquad\qquad\qquad 紫色 \end{cases}$$
$$绿色$$

除钴(Ⅲ)的配合物外,对其他许多过渡金属离子,如铁(Ⅱ)、镍(Ⅱ)、铬(Ⅲ)和铑(Ⅲ)等八面体配合物的水解反应也进行了大量的动力学研究,此处不拟作更多的介绍.

4.1.2　平面四方形配合物

大多数形成平面四方形配合物的过渡金属离子具有 d^8 电子组态,如铑(Ⅰ)、铱(Ⅰ)、镍(Ⅱ)、钯(Ⅱ)和铂(Ⅱ)等. 在这些离子中,对铂(Ⅱ)配合物的反应动力学研究得最多,主要原因有以下几方面:(i) 铂(Ⅱ)的配合物比较稳定,不像铑(Ⅰ)、铱(Ⅰ)那样容易被氧化成高价. (ii) 铂(Ⅱ)的四配位化合物总是平面四方形的,不像其他的离子,如镍(Ⅱ),尽管在大多数情况下形成平面四方形配合物,但也能形成少数四面体配合物. (iii) 对铂(Ⅱ)的化学研究得较透彻,加上铂(Ⅱ)配合物的取代反应速率比较适合于实验室的研究. 对于同一类配合物,反应速率的顺序是:

$$镍(Ⅱ) > 钯(Ⅱ) \gg 铂(Ⅱ)$$

镍(Ⅱ)的配体取代反应有时甚至比铂(Ⅱ)的快 10^6 倍. 鉴于上述原因,本节将以铂(Ⅱ)的配合物为典型来讨论平面四方形配合物的取代反应机理和影响反应速率的因素.

1. 速率方程和反应机理

平面四方形配合物的取代反应可用如下的通式表示:

$$ML_3X + Y \longrightarrow ML_3Y + X \qquad (4.30)$$

动力学的研究表明,上述配体取代反应通常遵循以下速率方程:

$$速率 = k_1[配合物] + k_2[配合物][Y] \qquad (4.31)$$

式 4.31 包括两项,反映了两种平行的反应途径. 其中 k_1 是**溶剂过程**(solvolytic path)的一级速率常数,k_2 是直接的**双分子取代过程**(direct bimolecular substitution path)的二级速率常数.

直接的双分子取代过程可用图 4.9 表示. 图 4.9 中的 X 代表离去基团,Y 代表进入基团. 过程中 Y 从平面的一侧接近配合物,形成五配位的活性中间体(labile intermediate)或过渡态(transition state),它同时包含 X 和 Y. 五配位的活性中间体可以是四方锥,或经过重排成为三角双锥. 但从目前得到的动力学数据来看, 和三角双锥更符合, 所以一般认为它具有三角双锥的几何构型.

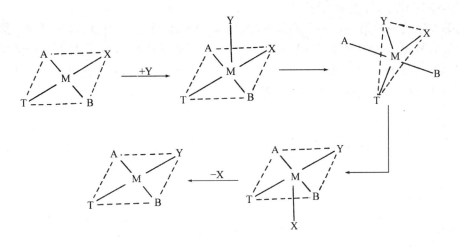

图 4.9　直接的双分子取代过程示意图

直接的双分子取代过程包含旧键(M—X)的打断和新键(M—Y)的形成, 决定反应速率的一步可以是前者, 也可以是后者, 而活性的五配位中间体可以在决速步前或决速步后形成(图 4.10)[1].

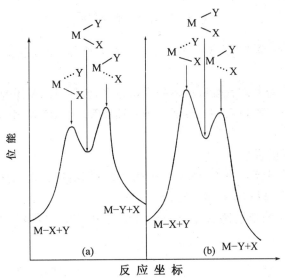

图 4.10　平面四方形配合物取代反应过程中活性五配位中间体 $\left[\text{以 } M\begin{smallmatrix}Y\\X\end{smallmatrix} \text{ 表示}\right]$ 的形成

(a) 旧键打断为决速步　(b) 新键形成为决速步

上述双分子取代过程属于缔合机理 A. 由于速率方程(式 4.31)中第二项的 k_2 为二级速率常数, 它和配合物及进入基团 Y 的浓度均有关, 因而有时也用符号"S_N2"来表示."S_N2"的含义是: 双分子亲核取代(bimolecular nucleophilic substitution)机理. 很多稳定的五配位化合物的存在,表明了缔合机理的合理性.此外,d^8 组态的金属离子,外围仅有 16 个电子,即配位层不饱和.因此,有理由预期缔合机理的五配位活性中间体具有 18 电子结构,比解离机理三配位活性中间体的 14 电子,在能量上更可行.

速率方程式中的第一项表示溶剂过程(图 4.11).由图 4.11 可见,溶剂过程一般包括两步:(i) 离去基团 X 为溶剂分子 S 所取代,这是决定反应速率的一步,此与进入基团 Y 的浓度无关,而溶液中的溶剂分子又是大量的,所以 k_1 为一级速率常数.(ii) 溶剂分子 S 再为进入基团 Y 所取代,这一步是快的.由此可见,溶剂过程也属缔合机理.

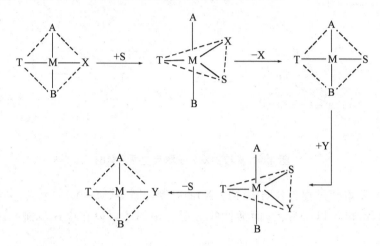

图 4.11　溶剂过程示意图

大量实验表明,平面四方形配合物取代反应的缔合机理,同时包含上述两种途径.

2. 影响因素

影响平面四方形配合物取代反应速率的因素很多,包括进入基团的性质、配位层中其他配体的影响、离去基团的性质,以及中心金属离子的性质等.本节将以铂(Ⅱ)的配合物为例,讨论几种重要的影响因素.

(1) 进入基团性质的影响

具有缔合机理的取代反应速率,受进入基团性质的影响较明显,而进入基团取代能力的大小,通常用**亲核性**(nucleophilicity)来描述.

各种不同进入基团的亲核性以反-$Pt(py)_2Cl_2$ 在 25 ℃时的甲醇溶液作为相对基准,通过下列反应测得[2]:

$$\text{(4.32)}$$

亲核反应活性常数(nucleophilic reactivity constant)$n^0(Pt)$则根据式 4.33 求得：

$$n^0(Pt) = \lg \frac{k_Y}{k_s^0} \tag{4.33}$$

式 4.33 中的 k_Y 为亲核剂的双分子直接取代过程的二级速率常数, k_s^0 为溶剂(此处为甲醇)的双分子亲核反应的假一级速率常数.

若干亲核剂对反-$Pt(py)_2Cl_2$ 的亲核反应活性常数列于表 4.7 中. 为便于比较, 表中的 $n^0(Pt)$值按配位原子的顺序列出.

表 4.7 若干亲核剂的 $n^0(Pt)$值

亲核剂	$n^0(Pt)$	亲核剂	$n^0(Pt)$	亲核剂	$n^0(Pt)$
C		Et_3P	8.99	PhSH	4.15
$C_6H_{11}NC$	6.34	As		Me_2S	4.87
CN^-	7.14	Ph_3As	6.89	SCN^-	5.75
N		Et_3As	7.68	PhS^-	7.17
NH_3	3.07	Sb		Se	
C_5H_5N	3.19	Ph_3Sb	6.79	$(PhCH_2)_2Se$	5.53
NO_2^-	3.22	O		Me_2Se	5.70
N_3^-	3.48	MeOH	0	$SeCN^-$	7.11
NH_2NH_2	3.86	MeO^-	<2.4	X	
P		OH^-	<2.4	F^-	<2.2
$(Et_2N)_3P$	4.57	$MeCO_2^-$	<2.4	Cl^-	3.04
$(MeO)_3P$	7.23	S		Br^-	4.18
Ph_3P	8.93	$(PhCH_2)_2S$	3.43	I^-	5.46

表 4.7 所列的 $n^0(Pt)$数值, 即反应活性有好几个数量级上的差别, 可见, 平面四方形配合物缔合机理的反应速率强烈地依赖于进入基团的性质. 比较同族元素的配位原子, 则亲核性依次增加的顺序为：

$$F^- \ll Cl^- < Br^- < I^-$$

$$O \ll (Te) < S < Se$$

$$N \ll Sb < As < P$$

其他一系列铂(II)的中性配合物和反-$Pt(py)_2Cl_2$ 的亲核反应活性常数 $n^0(Pt)$ 之间的关系可用式 4.34 表示：

$$\lg k_Y = S n^0(Pt) + \lg k_s^0 \tag{4.34}$$

式 4.34 中的常数 S 称为**亲核区别因子**(nucleophilic discrimination factor), 它们随铂(II)配合物的不同而异.

表 4.8 列出了某些铂(II)配合物在甲醇溶液中的亲核区别因子 S 的数值. 由表 4.8 可见, 各种中性铂(II)配合物 S 值的差别并不大, 换句话说, 它们的亲核反应活性常数差别不大.

表 4.8　若干铂(Ⅱ)配合物在甲醇中的 S 值

配 合 物	$t/℃$	S
反-$[Pt(PEt_3)_2Cl_2]$	30	1.43
$[Pt(bipy)(SCN)Cl]$	25	1.3
反-$[Pt(AsEt_3)_2Cl_2]$	30	1.25
反-$[Pt(py)_2Cl_2]$	30	1.00
反-$[Pt(pip)_2Cl_2]$	30	0.91
$[Pt(bipy)(NO_2)Cl]$	25	0.87
$[Pt(bipy)Cl_2]$	25	0.75
$[Pt(en)Cl_2]$(在水中)	35	0.64

值得注意的是,化合物或基团的碱性和亲核性是两个不同范畴的概念.前者是热力学的概念,后者表示当 Lewis 碱作为进入基团时,对亲核取代反应速率的影响,因而是一个动力学的概念.因此,亲核性和碱性大小的变化趋势并不一定是一致的,表 4.9 所列的 $n^0(Pt)$ 和 pK_a 的数据清楚地说明了这一点.

表 4.9　若干亲核剂的 $n^0(Pt)$ 和 pK_a 数据

亲核剂	$n^0(Pt)$	pK_a
Cl^-	3.04	-5.74
NH_3	3.07	9.25
I^-	5.46	-10.7
CN^-	7.14	9.1
$P(C_6H_5)_3$	8.93	2.61

(2) 反位效应

与离去基团处于反位上的配体对取代反应的速率有显著的影响.例如,K_2PtCl_4 和氨水反应,结果得到的产物是顺式 $Pt(NH_3)_2Cl_2$,而不是反式(式 4.35).

$$\left[\begin{array}{c} Cl \quad Cl \\ Pt \\ Cl \quad Cl \end{array}\right]^{2-} \xrightarrow{NH_3} \left[\begin{array}{c} Cl \quad NH_3 \\ Pt \\ Cl \quad Cl \end{array}\right]^{-} \xrightarrow{NH_3} \begin{array}{c} Cl \quad NH_3 \\ Pt \\ Cl \quad NH_3 \end{array} \qquad (4.35)$$

顺式

这是因为当一个氯离子被氨分子取代后,便出现了两种空间位置不同的氯离子,其中有两个氯离子相互处于反位上,而另一个则处于氨分子的反位上.当进一步发生取代反应时,究竟哪一种位置上的氯离子首先被取代,取决于氯离子和氨分子哪一个更能促进其反位上的配体发生取代反应.实验表明,氯离子比氨分子更能影响它反位上的配体被取代的速率,结果产物是顺式的.于是,我们说氯离子的反位效应比氨分子的强.

根据同样的道理,为得到反式的 $Pt(NH_3)_2Cl_2$,只有用浓氨水和 K_2PtCl_4 反应,首先形成 $[Pt(NH_3)_4]Cl_2$,然后再通过浓 HCl 中过量的氯离子取代两个氨分子(式 4.36).

$$\left[\begin{array}{c} H_3N \quad NH_3 \\ Pt \\ H_3N \quad NH_3 \end{array}\right]^{2+} \xrightarrow{Cl^-} \left[\begin{array}{c} H_3N \quad Cl \\ Pt \\ H_3N \quad NH_3 \end{array}\right]^{+} \xrightarrow{Cl^-} \begin{array}{c} H_3N \quad Cl \\ Pt \\ Cl \quad NH_3 \end{array} \qquad (4.36)$$

反式

大量实验结果表明,一系列基团或离子的反位效应按如下的顺序增加:

$$H_2O < OH^- < F^- \approx RNH_2 \approx py \approx NH_3 < Cl^- < Br^-$$

$$< SCN^- \approx I^- \approx NO_2^- \approx C_6H_5^- < SC(NH_2)_2 \approx CH_3^- < NO \approx H^- \approx PR_3 < C_2H_4 \approx CN^- \approx CO$$

反位效应可用以指导合成一系列的几何异构体.上述顺、反-$Pt(NH_3)_2Cl_2$ 异构体的合成仅仅是其中的一例,类似的例子还有许多.例如,以 K_2PtCl_4 为原料,按不同的次序先后用氨分子或亚硝酸根离子取代,结果得到两种不同的几何异构本:

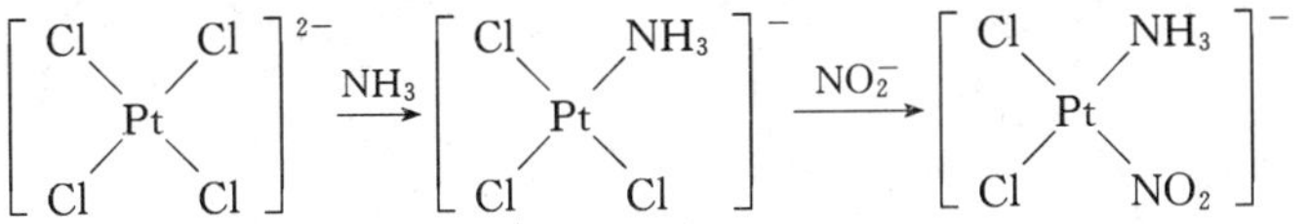

$$\left[\begin{array}{cc} Cl & Cl \\ & Pt \\ Cl & Cl \end{array}\right]^{2-} \xrightarrow{NH_3} \left[\begin{array}{cc} Cl & NH_3 \\ & Pt \\ Cl & Cl \end{array}\right]^{-} \xrightarrow{NO_2^-} \left[\begin{array}{cc} Cl & NH_3 \\ & Pt \\ Cl & NO_2 \end{array}\right] \tag{4.37}$$

$$\left[\begin{array}{cc} Cl & Cl \\ & Pt \\ Cl & Cl \end{array}\right]^{2-} \xrightarrow{NO_2^-} \left[\begin{array}{cc} Cl & Cl \\ & Pt \\ Cl & NO_2 \end{array}\right]^{-} \xrightarrow{NH_3} \left[\begin{array}{cc} H_3N & Cl \\ & Pt \\ Cl & NO_2 \end{array}\right] \tag{4.38}$$

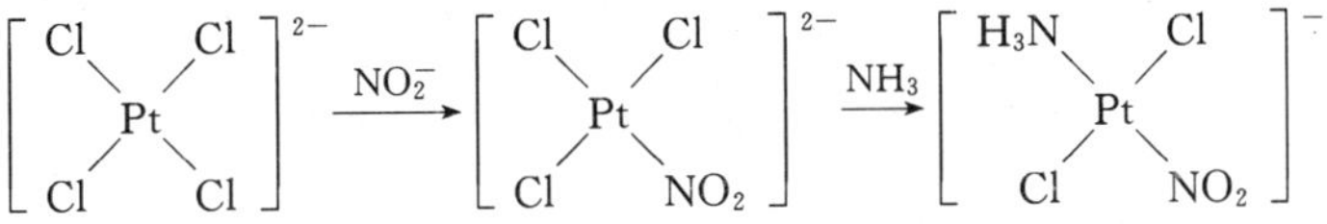

这是因为氯离子的反位效应比氨分子强,而亚硝酸根离子的反位效应又比氯离子的强.由此可见,在无机合成中,选用试剂的先后次序有时是很重要的.当然,反位效应的先后次序不是绝对的,例外的情况总难免.例如反应 4.39 的第二步就不符合氯离子的反位效应比氨分子强的一般规律,结果吡啶取代了氯离子而不是氨分子的位置.

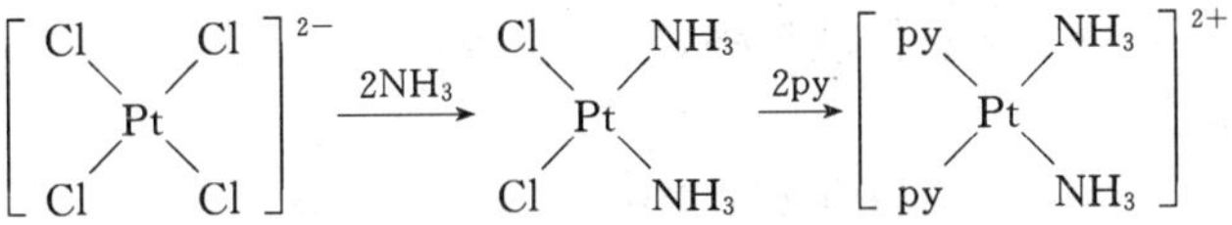

$$\left[\begin{array}{cc} Cl & Cl \\ & Pt \\ Cl & Cl \end{array}\right]^{2-} \xrightarrow{2NH_3} \left[\begin{array}{cc} Cl & NH_3 \\ & Pt \\ Cl & NH_3 \end{array}\right] \xrightarrow{2py} \left[\begin{array}{cc} py & NH_3 \\ & Pt \\ py & NH_3 \end{array}\right]^{2+} \tag{4.39}$$

需指出的是,**反位效应**(trans effect)不要和**反位影响**(trans influence)混淆.反位效应是一种动力学现象,是指内界配体对它反位上配体取代速率的影响;反位影响则是一种热力学现象,是指平衡状态时,内界配体对它反位上配体和金属离子间化学键的削弱程度.例如,在图 4.12 所表示的三种铂(Ⅱ)的配合物中,Cl^-、C_2H_4 和 PEt_3 配体对它反位上 Pt—Cl 键长的影响

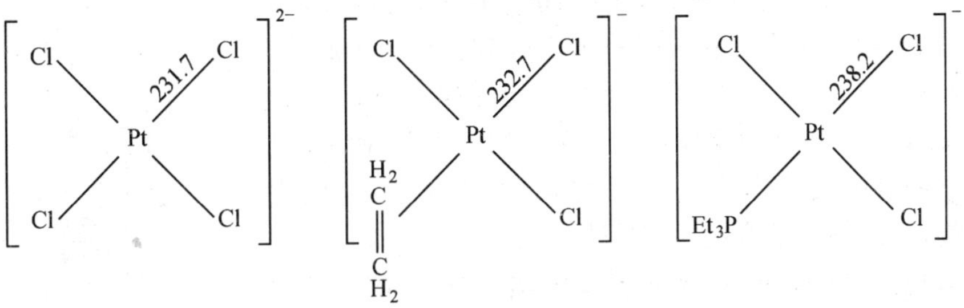

图 4.12　Cl^-、C_2H_4 和 PEt_3 配体对反位上 Pt—Cl 键的影响

(a) $PtCl_4^{2-}$　　(b) $Pt(CH_2{=}CH_2)Cl_3^-$　　(c) $PtEt_3PCl_3^-$

不同,它们使 Pt—Cl 键的键长依次递增,也就是说,键强依次递减.根据一系列实验数据,以下基团反位影响增加的顺序为:

$$NH_3 \approx Cl^- \approx C{=}C \approx RNC \approx CO < AsR_3 \leqslant PR_3$$

对于反位效应的解释,已经提出多种理论.**极化理论**(polarization theory)认为,在完全对称的平面四方形配合物 MX_4(如 $PtCl_4^{2-}$)中,键的极性相互抵消了,因而 4 个配体是完全等同的.一旦引进一个可极化性较强的配体 L,如碘离子,情况就不同了.中心金属离子的正电荷能

使配体 L 产生一诱导偶极,反过来,它又可诱导出中心金属离子的偶极.后者或与配体 L 反位上配体的负电荷相斥,或与它原来的偶极方向相反,结果促进了反位上配体的被取代,如图4.13所示.

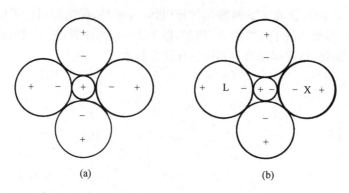

图 4.13　极化理论示意图

（a）无反位效应　（b）有反位效应

支持极化理论的事实有:

（i）中心金属离子越大、可极化性越强,则反位效应越强.确实,镍(Ⅱ)、钯(Ⅱ)和铂(Ⅱ)反位效应强弱的次序是:

$$Pt(Ⅱ) > Pd(Ⅱ) > Ni(Ⅱ)$$

（ii）一般来讲,可极化性越强的离子或基团,反位效应也越强.以卤离子为例,它们的可极化性和反位效应的强弱顺序是一致的,均为:

$$I^- > Br^- > Cl^- > F^-$$

从反位效应强弱的顺序中可见,具有 π 键的配体,如 C_2H_4、CN^- 和 CO 等,它们的反位效应都很强.因此,**π 键理论**(π-bonding-theory)认为,这是因为在形成五配位三角双锥活性中间体的阶段,那些具有能量较低的、空的反键 $π^*$ 轨道的配体,由于反馈键的形成,一部分负电荷从中心金属离子转移到配体 L 上,致使 M—X 及 M—Y 方向上的电子密度降低(图 4.14),因而增强了中间体或过渡态的相对稳定性,结果加快了取代反应的速率.

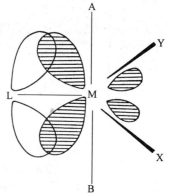

反位效应已被一系列实验,如振动光谱、核磁共振和 X 射线衍射等所证实.例如,用 ^1H NMR 研究反-$[Pt(C_2H_4)(py)Cl_2]$ 与 py 在 $CDCl_3$ 溶液中的取代反应,不仅观测到五配位中间体 $[Pt(C_2H_4)(py)_2Cl_2]$ 的信号,表明游离的 py 和配位的 py 间快速交换.同时还证实 C_2H_4 配体提高了三角双锥活性中间体的相对稳定性.此外,个别反应的五配位中间体还被分离出来,并

图 4.14　五配位活性中间体的 π 反馈键

用单晶 X 射线衍射进行了结构测定,进一步验证了缔合机理的合理性.

（3）离去基团性质的影响

离去基团的性质,对取代反应的速率也有影响,以反应 4.40 为例:

$$[Pt(dien)X]^{n+} + py \longrightarrow [Pt(dien)py]^{2+} + X^{n-2} \tag{4.40}$$

当 X 为不同的配体时,取代反应的速率不同.表 4.10 列出了在 25 ℃.反应 4.40 在水溶液中进行,X 为不同离去基团时的二级速率常数 k_2(式 4.31).

表 4.10　X 为不同离去基团时,反应 4.40 的 k_2 值

X	$\dfrac{k_2(25\ ℃)}{dm^3 \cdot mol^{-1} \cdot s^{-1}}$	X	$\dfrac{k_2(25\ ℃)}{dm^3 \cdot mol^{-1} \cdot s^{-1}}$
Cl^-	3.48×10^{-5}	SCN^-	3.2×10^{-7}
Br^-	2.30×10^{-5}	NO_2^-	5×10^{-8}
I^-	1.0×10^{-5}	CN^-	1.67×10^{-8}
N_3^-	8.33×10^{-7}		

由表 4.10 可见,当离去基团分别为上述离子时,取代反应速率依次降低的顺序是:

$$Cl^- > Br^- > I^- > N_3^- > SCN^- > NO_2^- > CN^-$$

但对卤离子而言,差别并不显著,其他类似反应的实验结果,也表明卤离子的反应活性相似.因而认为在这种情况下,新键的形成是决速步[图 4.10(b)];相反,若反应速率强烈地依赖于离去基团的反应活性,则认为决速步是旧键的打断[图 4.10(a)].

影响平面四方形配合物取代反应速率的因素,除上述进入基团、离去基团的性质和反位效应外,还有其他多种因素,诸如配体的空间效应、溶剂及中心金属离子的影响等,此处不一一述及.

4.2　电子转移反应

电子转移反应(electron transfer reaction)的类型和机理远比取代反应的复杂和多样化,这里仅介绍两种已被人们普遍接受的机理.

4.2.1　外界机理

具有**外界机理**(outer-sphere mechanism)的电子转移反应,包括两大类:(i) 虽有电子的转移,但无净的化学变化,如式 4.41 和式 4.42 所表示的反应;(ii) 则既有电子的转移,又有净的化学变化,如式 4.43 和式 4.44 所表示的反应.前一类反应又称电子交换反应(electron-exchange reaction)或自交换反应(self-exchange reaction),后一类反应即为通常的氧化还原反应.

$$Fe(H_2O)_6^{2+} + Fe^*(H_2O)_6^{3+} \longrightarrow Fe(H_2O)_6^{3+} + Fe^*(H_2O)_6^{2+} \tag{4.41}$$

$$IrCl_6^{3-} + Ir^*Cl_6^{2-} \longrightarrow IrCl_6^{2-} + Ir^*Cl_6^{3-} \tag{4.42}$$

$$Fe(H_2O)_6^{2+} + IrCl_6^{2-} \longrightarrow Fe(H_2O)_6^{3+} + IrCl_6^{3-} \tag{4.43}$$

$$Fe(CN)_6^{4-} + Fe(phen)_3^{3+} \longrightarrow Fe(CN)_6^{3-} + Fe(phen)_3^{2+} \tag{4.44}$$

现以反应 4.41 为典型,来剖析外界机理.一般认为,当 $Fe(H_2O)_6^{2+}$ 和 $Fe(H_2O)_6^{3+}$ 离子处在正常大小的情况下,不可能发生电子的转移,原因是 Fe^{2+} 的离子半径(74 pm)比 Fe^{3+} 的离子半径(64 pm)大,因此,在正常的情况下,相应轨道的能量相差太远.按照 Franck-Condon 原理,在发生电子转移之前,参与电子转移的轨道能量必须达到相等.这种轨道能量的变化,可通过原子核沿着核间键轴方向的运动来实现.从几率考虑,在任何温度下,总有某些 M—OH$_2$ 的距离比平均的距离明显的增长或缩短. 也就是说, 总有某些 Fe(Ⅱ)—OH_2 的距离缩短到一定程度, Fe(Ⅲ)—OH_2 的距离增长到一定程度, 致使两者的距离恰好相等. 这时它们相应的轨道具有相同的能量, 可以发生电子的转移. 由于原子核的运动(≈10^{-13} s 数量级)比电子的运动(≈10^{-15} s 数量级)大约慢 2 个数量级, 因此, 这种核的运动过程必须发生在电子转移之前. 而当轨道能量相等, 电子转移的那一瞬间, 可近似地认为原子核处于一种"冻结"状态[3].

当轨道能量相等时, 反应物间缔合, 形成双核的活性中间体[Fe$(H_2O)_6^{2+}$、Fe$(H_2O)_6^{3+}$]$^{\neq}$, 称离子对(ion-pair). 离子对的存在已为实验所证实. 在这个阶段, 发生电子的转移. 然后, 两部分很快分开, 形成最终产物. 这种电子转移的途径, 无化学键的打断和形成, 称外界机理(图 4.15).

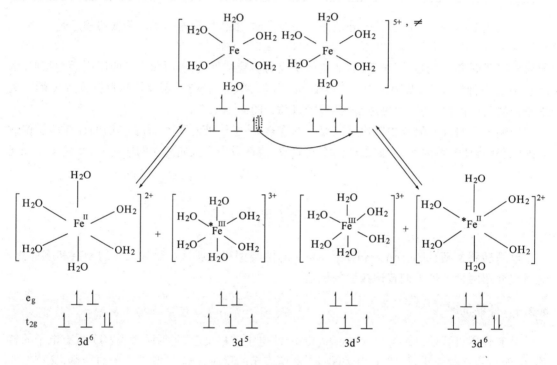

图 4.15　外界机理示意图

由图 4.15 可见, 在外界机理的电子转移阶段, 反应物仍保持它原有的配位层, 这是外界机理最显著的特征. 此外, 前已述及, 属于外界机理的电子转移反应, 不一定伴随着净的氧化还原反应. 在这种情况下, 位能对反应坐标的曲线是对称的(图 4.16). 它的活化能 E_a 由三部分组

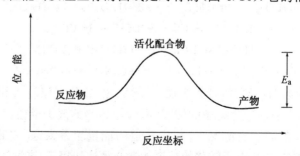

图 4.16　位能-反应坐标图

成:(i) 克服相同电荷离子排斥的静电能;(ii) 扭曲两个配离子配位层所需的能量;(iii) 改变两个配离子周围溶剂排布所需的能量. $Fe(H_2O)_6^{2+}$-$Fe(H_2O)_6^{3+}$ 自交换反应(式 4.41)的活化能 $\approx 32\,kJ \cdot mol^{-1}$.

属于外界机理的电子转移反应很多,表 4.11 列出了若干实例及相应的速率常数. 值得注意的是,在多数情况下,电子转移反应的速率比配体取代反应快得多. 例如,反应 $Fe(CN)_6^{4-}$-$IrCl_6^{2-}$(式 4.45)中的两个反应物均属惰性,它们在 $0.1\,mol \cdot dm^{-3}$ 溶液中水化作用的半寿期 $t_{1/2}$ 都大于 $1\,min$;然而,电子转移反应的速率常数却为 $3.8 \times 10^5\,dm^3 \cdot mol^{-1} \cdot s^{-1}$.

$$Fe(CN)_6^{4-} + IrCl_6^{2-} \longrightarrow Fe(CN)_6^{3-} + IrCl_6^{3-} \tag{4.45}$$

此外,伴随着净的化学变化的外界反应,一般说来,反应速率比相应的自交换反应快. 例如,反应 $Cr(H_2O)_6^{2+}$-$Fe(H_2O)_6^{3+}$(式 4.46)的速率常数为 $2.3 \times 10^3\,dm^3 \cdot mol^{-1} \cdot s^{-1}$;而相应自交换反应的速率常数,$Cr(H_2O)_6^{2+}$-$Cr(H_2O)_6^{3+}$ 为 $5.1 \times 10^{-10}\,dm^3 \cdot mol^{-1} \cdot s^{-1}$,$Fe(H_2O)_6^{2+}$-$Fe(H_2O)_6^{3+}$ 为 $4\,dm^3 \cdot mol^{-1} \cdot s^{-1}$.

$$Cr(H_2O)_6^{2+} + Fe(H_2O)_6^{3+} \longrightarrow Cr(H_2O)_6^{3+} + Fe(H_2O)_6^{2+} \tag{4.46}$$

其他,如 $Fe(H_2O)_6^{2+}$-$IrCl_6^{2-}$ 等反应,也有类似的情况(见表 4.11).

表 4.11　若干外界反应及相应的速率常数(25 ℃)

反　　应	$k/(dm^3 \cdot mol^{-1} \cdot s^{-1})$
$Cr(H_2O)_6^{2+}$-$Cr(H_2O)_6^{3+}$	5.1×10^{-10}
$Co(NH_3)_6^{2+}$-$Co(NH_3)_6^{3+}$	$< 10^{-9}$
$Co(en)_3^{2+}$-$Co(en)_3^{3+}$	1.4×10^{-4}
$Fe(H_2O)_6^{2+}$-$Fe(H_2O)_6^{3+}$	4
$Co(H_2O)_6^{2+}$-$Co(H_2O)_6^{3+}$	≈ 5
$Fe(CN)_6^{4-}$-$Fe(CN)_6^{3-}$	7.4×10^2
$Ru(NH_3)_6^{2+}$-$Ru(NH_3)_6^{3+}$	8×10^2
$Os(bipy)_3^{2+}$-$Os(bipy)_3^{3+}$	5×10^4
$IrCl_6^{3-}$-$IrCl_6^{2-}$	2.3×10^5
$Cr(H_2O)_6^{2+}$-$Co(en)_3^{3+}$	3.4×10^{-4}
$Ru(NH_3)_6^{2+}$-$Co(NH_3)_6^{3+}$	1.1×10^{-2}
$Cr(bipy)_3^{2+}$-$Co(NH_3)_6^{3+}$	1.9×10^2
$Cr(H_2O)_6^{2+}$-$Fe(H_2O)_6^{3+}$	2.3×10^3
$Fe(H_2O)_6^{2+}$-$Fe(phen)_3^{3+}$	3.7×10^4
$Fe(CN)_6^{4-}$-$IrCl_6^{2-}$	3.8×10^5
$Fe(H_2O)_6^{2+}$-$IrCl_6^{2-}$	3.0×10^6
$Cr(bipy)_3^{2+}$-$Fe(H_2O)_6^{3+}$	1.4×10^9
$Ru(NH_3)_6^{2+}$-$Ru(bipy)_3^{3+}$	3.7×10^9

4.2.2　内界机理

内界机理(inner-sphere mechanism)和外界机理不同,它在电子转移的过程中,金属离子原来的配位层发生了变化. 内界机理的主要特征是形成一双核的配合物(binuclear complex),即成桥活化配合物(bridged activated complex),它通过桥式配体把两个中心金属离子连接起来(M_1—L—M_2).

内界机理以及第一个反应实例是由 Henry Taube 及其合作者们在 20 世纪 50 年代初期提出来的. 他们几十年的研究, 不仅对现代无机化学, 而且对生物化学也有着重要的影响, 因为涉及耗氧量的呼吸等问题就和电子的转移有关. 由于他们在电子转移反应, 特别是在过渡金属配合物电子转移反应机理方面的卓越贡献, Taube 荣获了 1983 年的 Nobel 化学奖[4]. 他以"金属配合物间的电子转移——回顾篇"(Electron Transfer between Metal Complexes—A Retrospective View)为题, 发表了他的 Nobel 演讲[5].

Taube 及其合作者们研究了一系列钴(Ⅲ)和铬(Ⅱ)在酸性介质中的电子转移反应(式 4.47):

$$Co^{II}(NH_3)_5X^{2+} + Cr^{II}(H_2O)_6^{2+} + 5H^+ + 5H_2O \longrightarrow Co^{II}(H_2O)_6^{2+} + Cr^{III}(H_2O)_5X^{2+} + 5NH_4^+$$

$$(X = F^-, Cl^-, Br^-, I^-, NCS^-, N_3^-, CH_3COO^-, SO_4^{2-}, PO_4^{3-} \text{ 等})$$

(4.47)

现以 X 为 Cl^- 时的反应(式 4.48)为例, 具体介绍此类电子转移反应的机理[6].

$$Co^{II}(NH_3)_5Cl^{2+} + Cr^{II}(H_2O)_6^{2+} + 5H^+ + 5H_2O \longrightarrow Co^{II}(H_2O)_6^{2+} + Cr^{III}(H_2O)_5Cl^{2+} + 5NH_4^+$$

(4.48)

反应 4.48 的反应物中, 低自旋 d^6 组态的钴(Ⅲ)是惰性的, $Co^{II}(NH_3)_5Cl^{2+}$ 配离子能在酸性溶液中存在数小时, 基本上不释放出 NH_3 分子, 只释放出少量 Cl^- 离子; 另一反应物, 即高自旋 d^4 组态的铬(Ⅱ), 却由于 Jahn-Teller 效应的影响, 是活性的, $Cr^{II}(H_2O)_6^{2+}$ 离子水交换反应的半寿期 $t_{1/2}$ 小于 10^{-9} s. 若 $Cr^{II}(H_2O)_6^{2+}$ 离子转移掉一个电子, 形成 $Cr^{III}(H_2O)_6^{3+}$ 离子, 则水合离子的立体结构也随之发生变化, 即由拉长的八面体转变成正八面体. 因而 d^3 组态的铬(Ⅲ)是惰性的, $Cr^{III}(H_2O)_6^{3+}$ 离子水交换反应的半寿期约为 10^6 s. 前后相差 10^{15} 因子. 相反, 产物中高自旋 d^7 组态的钴(Ⅱ)倒是活性的. 基于上述实验事实, Taube 认为 Cr—Cl 之间的化学键是当铬为 +2 价时, 而不是在它被氧化到 +3 价以后形成的.

从另一角度来看, 反应 4.48 是很快的, 其速率方程为

$$速率 = k_1[Cr^{2+}][Co(NH_3)_5Cl^{2+}] + k_2[Cr^{2+}][Co(NH_3)_5Cl^{2+}][H^+] \quad (4.49)$$

$$k_1 = 6 \times 10^5 \text{ dm}^3 \cdot \text{mol}^{-1} \cdot \text{s}^{-1} \quad (25 \text{ ℃})$$

事实上, 溶液中所有的铬(Ⅲ)几乎都以 $Cr(H_2O)_5Cl^{2+}$ 离子的形式存在. 但实验表明, 若铬(Ⅲ)的溶液中含氯的自由基, 产物则很少以 $Cr(H_2O)_5Cl^{2+}$ 离子的形式存在. 因为由 Cr^{3+}(aq)形成 $CrCl^{2+}$(aq)的速率很慢, 25 ℃时的速率常数仅为 3×10^{-8} dm$^3 \cdot$ mol$^{-1} \cdot$ s^{-1}, 远远低于氧化还原反应的速率. 因此, Taube 等得出结论: 氯离子是在电子转移的过程中, 直接由钴离子转移到铬离子上, 而不是首先脱离钴离子进入溶液, 然后再跟铬离子结合的. 也就是说, 在电子转移的过程中, 形成一双核的活化配合物. 这种途径称内界机理, 可用图 4.17 表示.

由图 4.17 可见, 在双核的活化配合物中, 氯离子作为桥式配体把钴离子和铬离子联系在一起(图 4.18). 因而成桥配体至少还要有另一对孤对电子, 才能同时和两个金属离子配位, 像氨分子就不可能作为双核活化配合物的桥式配体.

图 4.17 所表示的内界机理, 若用反应式表示, 则为:

$$(NH_3)_5Co^{III}Cl^{2+} + Cr^{II}(H_2O)_6^{2+} \longrightarrow [(NH_3)_5Co^{III}ClCr^{II}(H_2O)_5]^{4+} + H_2O \quad (4.50)$$

$$[(NH_3)_5Co^{III}ClCr^{II}(H_2O)_5]^{4+} \longrightarrow [(NH_3)_5Co^{II}ClCr^{III}(H_2O)_5]^{4+} \quad (4.51)$$

A   B

$$[(NH_3)_5Co^{II}ClCr^{III}(H_2O)_5]^{4+} + 5H^+ + 6H_2O \longrightarrow Co^{II}(H_2O)_6^{2+} + Cr^{III}(H_2O)_5Cl^{2+} + 5NH_4^+$$

(4.52)

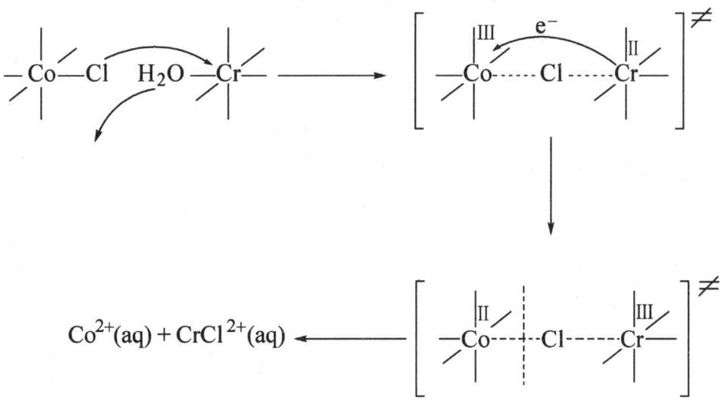

图 4.17　内界机理示意图

反应 4.50 表示氯离子的转移是直接的,而且由氯桥连接的双核配合物,在铬(Ⅱ)被氧化前就已形成. 电子转移则发生在式 4.51 所表示的一步反应,其中,A 表示电子转移前的双核配合物,B 表示电子转移后的双核配合物. 由于钴(Ⅱ)是活性的,铬(Ⅲ)是惰性的,所以预期 B 自 Co^{II}—Cl 键处断裂. 在酸性溶液中,B 再进一步按式 4.52 反应,得到最终产物.

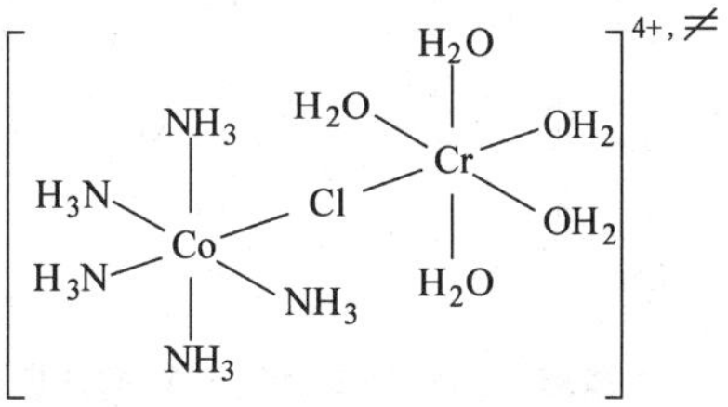

图 4.18　反应 4.48 的双核活化配合物

可进一步从电子结构和能量关系上来探索内界机理. 按照 ML_6^{n+} 的近似分子轨道能级图,6 个配体提供的 12 个 σ 电子刚好充满 6 个成键的分子轨道(a_{1g},t_{1u},e_g),而反键的分子轨道 a_{1g}^* 和 t_{1u}^* 能量又太高,可不予考虑. 因此,需要考虑的只是非键的 t_{2g} 和弱反键的 e_g^* 轨道,因为过渡金属离子本身的 d 电子将充填在这些分子轨道上.

图 4.19 表示了当氯离子由钴离子转向铬离子时,d 轨道能量的变化. 从能量关系看,双核配合物可表示为:

$[(NH_3)_5Co^{III}Cl\cdots Cr^{II}(H_2O)_5]^{4+}$　　　电子转移前(a)

$[(NH_3)_5Co\cdots Cl\cdots Cr(H_2O)_5]^{4+}$　　　电子转移时(b)

$[(NH_3)_5Co^{II}\cdots ClCr^{III}(H_2O)_5]^{4+}$　　　电子转移后(c)

处在过渡态时,随着氯离子从钴(Ⅲ)转移到铬(Ⅱ),电子从铬(Ⅱ)转移到钴(Ⅲ)上. 图 4.19(a) 表示在氯离子移向铬(Ⅱ)以前,铬(Ⅱ)的 σ* 轨道的能量低于钴(Ⅲ)的 σ* 轨道. 当氯离子逐步移向铬(Ⅱ),钴(Ⅲ)σ* 轨道的能量发生分裂,而铬(Ⅱ)σ* 轨道的能量相应的升高. 到钴(Ⅲ)能量较低的 σ* 轨道几乎接近铬(Ⅱ)能量较低的 σ* 轨道时,发生电子的转移 [图 4.19(b)]. 可见,在成桥活化配合物阶段,电子由铬(Ⅱ)的 σ* 轨道转移到钴(Ⅲ)的 σ* 轨道上. 当氯离子进一步移向铬,钴离子捕获了电子以后,才最后完成了氯离子由钴到铬的转移. 由

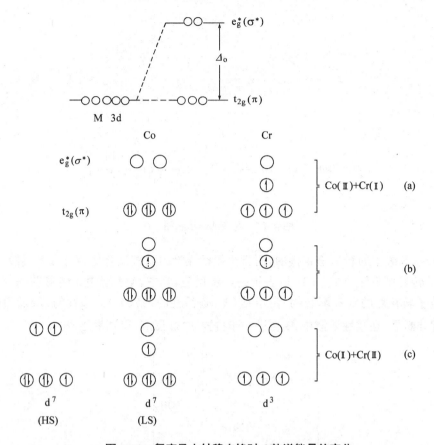

图 4.19　氯离子由钴移向铬时 d 轨道能量的变化

(a) 电子转移前　(b) 电子转移时　(c) 电子转移后

于大多数钴(Ⅲ)的还原产物是高自旋的钴(Ⅱ)化合物,估计可能先形成一活泼的低自旋的中间产物,然后再转变为高自旋型[图 4.19(c)].

　　内界机理已为一系列实验直接或间接地加以证实了[7]. 如前所述,内界机理的核心是在过程中形成一双核的配合物,而某些电子转移反应的双核配合物已直接由实验观测到. 例如,$Cr(H_2O)_6^{2+}$-$IrCl_6^{2-}$ 的反应体系曾被详尽地研究过. 该反应在 2 ℃进行时,明显地分成两个阶段:

　　(i) $IrCl_6^{2-}$ 离子的红棕色极其迅速地消失,伴随着形成一绿色的中间产物;

　　(ii) 绿色的消失和最终产物的形成,此时溶液呈橄榄棕色.

　　电子光谱的实验结果表明,过程中形成一双核配合物$(H_2O)_5CrClIrCl_5$,含铬(Ⅲ)(d^3 组态)和铱(Ⅲ)(低自旋 d^6 组态). 可见,它是电子转移后的双核配合物.

　　经过进一步的研究,表明该反应平行地通过外界和内界机理发生电子的转移. 在 0 ℃时,71%通过外界机理,29%通过内界机理. 电子转移后的双核配合物,39%通过 Cr—Cl 键的断裂,61%通过 Ir—Cl 键的断裂发生解离(式 4.53). 由此可见,内界机理并不一定伴随着配体的转移,像式 4.47 和式 4.48 所表示的那样.

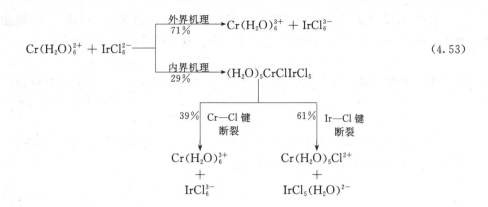

$$\tag{4.53}$$

$Cr(H_2O)_6^{2+}$-$IrBr_6^{2-}$ 的反应和 $Cr(H_2O)_6^{2+}$-$IrCl_6^{2-}$ 极其类似. 其他, 如式 4.54 表示的反应的双核配合物 $[(H_2O)_5CrClRu(NH_3)_4Cl]^{3+}$ 已为光谱的测定所证实; 式 4.55 表示的反应的双核配合物 $[(NC)_5Fe(CN)Co(CN)_5]^{6-}$ 曾作为一主要产物被分离出来. 这些无疑表明了内界机理的合理性.

$$Cr^{II}(H_2O)_6^{2+} + 顺\text{-}Ru^{III}(NH_3)_4Cl_2^+ \longrightarrow [(H_2O)_5CrClRu(NH_3)_4Cl]^{3+}$$

$$\longrightarrow Cr^{III}(H_2O)_5Cl^{2+} + 顺\text{-}Ru^{II}(NH_3)_4Cl(H_2O)^+ \tag{4.54}$$

$$Co^{II}(CN)_5^{3-} + Fe^{III}(CN)_6^{3-} \longrightarrow [(NC)_5Fe^{II}(CN)Co^{III}(CN)_5]^{6-} \tag{4.55}$$

此外, 运用快速的流动技术, 已经探测到了内界机理中由于配体转移所形成的过渡态. 以下面的反应为例:

$$Cr(H_2O)_6^{2+} + Fe(H_2O)_5Cl^{2+} \longrightarrow Cr(H_2O)_5Cl^{2+} + Fe(H_2O)_6^{2+} \tag{4.56}$$

运用流动法, 研究在 $Fe(H_2O)_6^{2+}$、Cl^- 和 $Fe(H_2O)_5Cl^{2+}$ 的平衡体系中加入 $Cr(H_2O)_6^{2+}$ 的情况. 实验中直接观测反应物 $Fe(H_2O)_5Cl^{2+}$ 的消失. 结果, 速率方程式中的一项为

$$k_4[Fe(H_2O)_5Cl^{2+}][Cr(H_2O)_6^{2+}]$$

其中

$$k_4 = 2 \times 10^7 \, dm^3 \cdot mol^{-1} \cdot s^{-1}$$

上述实验结果表明, 反应 4.56 无疑经过一桥式的过渡态

$$[(H_2O)_5CrClFe(H_2O)_5^{4+}]^{\neq}$$

内界机理还有许多更为复杂的情况. 例如, 成桥配体不限于单个的原子, 还可为多个原子组成的基团, 主要是有机配体. 反应 4.57 就是其中一例.

$$\left[(NH_3)_5Co^{III}N\bigcirc C{\overset{\textstyle O}{\|}}NH_2\right]^{3+} + Cr(H_2O)_6^{2+} \xrightarrow{H^+} Co(H_2O)_6^{2+} + \left[HN\bigcirc C{\overset{\textstyle OCr^{III}(H_2O)_5}{\|}}NH_2\right]^{4+} \tag{4.57}$$

现在认为, 反应 4.57 在过程中形成如下的双核配合物:

$$\left[(NH_3)_5CoN\bigcirc C{\overset{\textstyle OCr(H_2O)_5}{\|}}NH_2\right]^{5+}$$

由于电子的转移需通过含一系列化学键的体系, Taube 称之为"远方进攻"("remote attack").

117

此外,在双核配合物中,不仅有单重桥,还可能出现多重桥.式 4.58 给出的反应体系顺-$Cr(H_2O)_4(N_3)_2^+$-$Cr(H_2O)_6^{2+}$ 即为第一个含双重桥活化配合物的实例.

$$顺 -Cr^{III}(H_2O)_4(N_3)_2^+ + Cr^*(H_2O)_6^{2+} \longrightarrow \left[(H_2O)_4Cr \begin{array}{c} N=N=N \\ \diagup \quad \diagdown \\ \diagdown \quad \diagup \\ N=N=N \end{array} Cr^*(H_2O)_4 \right]^{3+} + 2H_2O$$

$$\longrightarrow Cr(H_2O)_6^{2+} + 顺 -Cr^{*III}(H_2O)_4(N_3)_2^+ \tag{4.58}$$

总之,配合物的电子转移反应是一类相当复杂的反应,而且变化多端,许多有关的反应机理和动力学问题尚待进一步的研究和探索.

习　　题

4.1　不同的膦配体对 $Ni(CO)_4$ 的取代反应具有相同的取代速率,判断该反应属于哪种机理.

4.2　如何以 $[PtCl_4]^{2-}$ 为起始物,合成顺式和反式的 $[PtCl_2(NO_2)(NH_3)]^-$?

4.3　写出下列反应的产物:

(1) $[Pt(PR_3)_4]^{2+} + 2Cl^- \longrightarrow$

(2) $[PtCl_4]^{2-} + 2PR_3 \longrightarrow$

(3) 顺-$[Pt(NH_3)_2(py)_2]^{2+} + 2Cl^- \longrightarrow$

4.4　$Pt(NH_3)_2Cl_2$ 有两种异构体 A 和 B,当 A 与硫脲(tu)反应时,生成 $Pt(tu)_4^{2+}$;B 与硫脲反应,则得 $Pt(NH_3)_2(tu)_2^{2+}$.问 A、B 两种异构体各是什么?为什么?

4.5　$Au(dien)Cl^{2+}$ 与放射性 Cl^* 离子发生快速交换反应:

$$Au(dien)Cl^{2+} + Cl^{*-} \longrightarrow Au(dien)Cl^{*2+} + Cl^-$$

反应的速率方程为:

$$速率 = k_1[Au(dien)Cl^{2+}] + k_2[Au(dien)Cl^{2+}][Cl^{*-}]$$

问该反应属于哪一种反应机理?

4.6　将下列配合物按被水取代速率由快至慢的顺序排列:

$$[Co(NH_3)_6]^{3+},[Rh(NH_3)_6]^{3+},[Ir(NH_3)_6]^{3+},[Mn(H_2O)_6]^{2+} 和 [Ni(H_2O)_6]^{2+}.$$

4.7　在下列反应中:

$$Ni(CO)_4 + L \longrightarrow Ni(CO)_3L + CO$$

对于 $Ni(CO)_4$ 是一级反应,对于 L 是零级反应.而反应:

$$Co(CO)_3(NO) + L \longrightarrow Co(CO_2)(NO)L + CO$$

为二级反应,对于 $Co(CO)_3(NO)$ 和 L 均为一级.试解释两者的差异.

4.8　钒(Ⅱ)-钒(Ⅲ)在水溶液中电子转移反应的速率方程为:

$$速率 = k[V(Ⅱ)][V(Ⅲ)]$$

式中 k 依赖于氢离子浓度,即

$$k = a + \frac{b}{[H^+]}$$

试用反应式表示上述反应历程.

参 考 文 献

配体取代反应

[1] A. Peloso, Coord. Chem. Rev., 10,123 (1973)

[2] R. G. Pearson, H. Sobel and J. Songstad. J. Am. Chem. Soc., 90, 319 (1968)

电子转移反应

[3] N. A. Lewis. J. Chem. Educ. , 57，478 (1980)

[4] L. Milgrom and I. Anderson. New Scientist，253 (1983)

[5] H. Taube. Angew. Chem. , Int. Ed. , Engl. , 23，329 (1984)

[6] H. Taube. J. Chem. Educ. , 45，452 (1968)

[7] A. Haim. Prog. Inorg. Chem. , 30，273 (1983)

参 考 书 目

[1] A. G. Sykes. "Kinetics of Inorganic Reactions". Pergamon，Oxford，1966

[2] J. Burgess. "Metal Ions in Solution". Wiley，New York，1978

[3] 王琪."化学动力学导论". 长春：吉林人民出版社，1982

[4] F. Basolo and R. G. Pearson. "Mechanisms of Inorganic Reactions"，2nd ed.. Wiley，New York 1967

[5] K. F. Purcell and J. C. Kotz. "An Introduction to Inorganic Chemistry". Saunders，Philadelphia， 1980

[6] W. L. Jolly. "Modern Inorganic Chemistry". McGraw-Hill，New York，1984

[7] J. E. Huheey. "Inorganic Chemistry：Principles of Structure and Reactivity"，3rd ed.. Harper & Row，New York，1983

[8] F. Basolo and R. C. Johnson. "Coordination Chemistry：The Chemistry of Metal Complexes". Benjamin，Inc. ，宋银柱，王耕霖等译."配位化学：金属配合物的化学". 北京大学出版社，1982

[9] M. L. Tobe and J. Burgess. "Inorganic Reaction Mechanisms". Longman，London，1999

第 5 章 非金属原子簇

原子簇化学是无机化学中极其活跃的一个领域.它涉及的面很广,既包括非金属,也包括金属元素.在非金属原子簇中,研究得较早,也是较成熟的一类是硼的原子簇,即硼烷及其衍生物.20 世纪 80 年代中期,又发现了一类以 C_{60} 为代表的碳原子簇.这是继金刚石和石墨之后,发现的又一种单质碳的同素异形体,从而对碳化学的认识再次提高到一个新的高度.由于碳原子簇独特的结构、性质及其巨大的潜在应用,广泛受到瞩目,成为无机化学乃至相关领域的一个研究热点,发展异常迅猛.除硼和碳以外,其他的非金属元素,如磷、硫、砷、硒和碲等也能形成原子簇,但相对而言比较零散.因此,本章将以硼和碳的原子簇化学为重点.

5.1 硼 烷

5.1.1 硼烷的制备

硼能形成多种氢化物,如 B_2H_6、B_4H_{10}、B_5H_9、B_6H_{10} 及 $B_{10}H_{14}$ 等.硼氢化物通称**硼烷**(borane).硼不仅能形成中性的硼氢化物,还能形成一系列硼氢阴离子,如 BH_4^-、$B_3H_8^-$、$B_{11}H_{14}^-$ 及 $B_nH_n^{2-}$ ($n=6\sim12$) 等.

硼烷的化学是 20 世纪的产物.最初在 1912~1936 年间,德国的 Alfred Stock 及其合作者们通过酸和硼化镁的作用,制备了 B_4H_{10}、B_5H_9、B_6H_{10} 及 $B_{10}H_{14}$ 等一系列的硼烷以及它们的衍生物.虽然现时制备硼烷一般不用上述方法,但由于硼烷本身的挥发性、易燃性、活泼性以及对空气的敏感性,使 Stock 在制备硼烷的过程中,运用和发展了真空技术,这是 Stock 对化学的又一贡献.

到 20 世纪 50 年代,由于发展了一种方便地制备硼氢化钠 $NaBH_4$ 的方法,即通过甲基硼酸酯和氢化钠反应来制备:

$$B(OCH_3)_3 + 4NaH \xrightarrow{250\,℃} NaBH_4 + 3NaOCH_3 \tag{5.1}$$

因此,B_2H_6 便可通过硼氢化钠和三氟化硼反应制得.反应式:

$$3NaBH_4 + 4BF_3 \xrightarrow{(C_2H_5)_2O} 2B_2H_6 + 3NaBF_4 \tag{5.2}$$

在实验室里如制备少量 B_2H_6,还可小心地将硼氢化钠加到浓硫酸或磷酸中:

$$2NaBH_4 + 2H_2SO_4 \longrightarrow B_2H_6 + 2NaHSO_4 + 2H_2 \tag{5.3}$$

此外,B_2H_6 还可在铝和三氯化铝存在下,直接由氢化三氧化二硼来合成:

$$B_2O_3 + 2Al + 3H_2 \xrightarrow{AlCl_3} B_2H_6 + Al_2O_3 \tag{5.4}$$

在 175 ℃、氢气压力为 75 MPa 时,由上述反应可制得很纯的 B_2H_6,转化率达 50%.

由 B_2H_6 的热解,又可进一步制取其他较高级的硼烷,如:

$$2B_2H_6 \xrightarrow{120\,℃} B_4H_{10} + H_2 \tag{5.5}$$

$$5 B_4H_{10} \xrightarrow{120\ ℃} 4 B_5H_{11} + 3 H_2 \tag{5.6}$$

目前,更多的是通过硼氢阴离子和三卤化硼或氯化氢的反应来制取较高级的硼烷.例如:

$$[M][B_3H_8] + BX_3 \xrightarrow{0\ ℃\ 或室温} B_4H_{10} + [M][HBX_3] + [固体 BH 残渣] \tag{5.7}$$

$$M = (CH_3)_4N^+ \ 或 \ (n\text{-}C_4H_9)_4N^+; \ BX_3 = BF_3, BCl_3 \ 或 \ BBr_3$$

产率最高可达 65%.气体产物 B_4H_{10} 的纯度至少为 95%,其中含少量 B_2H_6 及 B_5H_9 杂质,它们很容易从 B_4H_{10} 中分离出来.B_5H_{11} 和 $B_{10}H_{14}$ 也可用类似的方法制得.反应式:

$$K[B_4H_9] + BX_3 \longrightarrow B_5H_{11} + K[HBX_3] + [固体 BH 残渣] \tag{5.8}$$

$$[M][B_9H_{11}] + BX_3 \longrightarrow B_{10}H_{14} + H_2 + [M][HBX_3] + [固体 BH 残渣] \tag{5.9}$$

由硼氢阴离子和氯化氢反应来制备硼烷,则可用下式表示:

$$K[B_5H_{12}] + HCl \xrightarrow{-110\ ℃} B_5H_{11} + H_2 + KCl \tag{5.10}$$

$$K[B_6H_{11}] + HCl \xrightarrow{-110\ ℃} B_6H_{12} + KCl \tag{5.11}$$

较高级的硼氢阴离子,则可用 B_2H_6 或其他含 BH 基团的物质来处理较低级的硼氢阴离子,以加入 BH 基团.如:

$$2 NaBH_4 + 5 B_2H_6 \longrightarrow Na_2[B_{12}H_{12}] + 13 H_2 \tag{5.12}$$

也可通过有机的 Lewis 碱和硼氢化物反应来合成:

$$2(C_2H_5)_3N + 6 B_2H_6 \longrightarrow [(C_2H_5)_3NH]_2[B_{12}H_{12}] + 11 H_2 \tag{5.13}$$

另一条途径是由较低级的硼氢阴离子盐的热解来制备.热解的产物强烈地依赖于温度、阳离子以及溶剂.以 $B_3H_8^-$ 的盐为例:

$$[(CH_3)_4N][B_3H_8] \xrightarrow{\triangle} (CH_3)_3NBH_3 + [(CH_3)_4N]_2[B_{10}H_{10}] + [(CH_3)_4N]_2[B_{12}H_{12}] \tag{5.14}$$

$$Cs[B_3H_8] \xrightarrow{\triangle} Cs_2[B_9H_9] + Cs_2[B_{10}H_{10}] + Cs_2[B_{12}H_{12}] \tag{5.15}$$

$$Cs[B_3H_8] \xrightarrow[少量乙醚]{\triangle} Cs_2[B_{12}H_{12}] \tag{5.16}$$

5.1.2　硼烷的性质和命名

若干硼烷的物理和化学性质列于表 5.1 中.表中第二栏所列的命名原则类似于烷烃,即硼原子数在 10 以内的用干支词头表示;超过 10 的用数字表示.氢原子数用阿拉伯数码表示在括弧中.例如,B_5H_9 称戊硼烷(9),B_5H_{11} 为戊硼烷(11),$B_{20}H_{16}$ 则为二十硼烷(16)等等.

表 5.1　若干硼烷的性质

化学式	名称	熔点/℃	沸点/℃	25 ℃时与空气的反应	热稳定性	与水的反应
B_2H_6	乙硼烷	−164.85	−92.59	自燃	25 ℃时相当稳定	立即水解
B_4H_{10}	丁硼烷(10)	−120	18	纯时不自然	25 ℃时迅速分解	在 24 h 内水解
B_5H_9	戊硼烷(9)	−46.8	60	自燃	25 ℃稳定,150 ℃缓慢分解	仅在加热时水解
B_5H_{11}	戊硼烷(11)	−122	65	自燃	25 ℃时分解极快	迅速水解
B_6H_{10}	己硼烷(10)	−62.3	108	稳定	25 ℃时缓慢分解	仅在加热时水解

续表

化学式	名称	熔点/℃	沸点/℃	25 ℃时与空气的反应	热稳定性	与水的反应
B_6H_{12}	己硼烷(12)	-82.3	$80\sim90$	—	液态在 25 ℃时稳定几小时	定量水解,生成 B_4H_{10},$B(OH)_3$ 及 H_2
$B_{10}H_{14}$	癸硼烷(14)	99.5	213(外推)	极稳定	150 ℃时稳定	缓慢水解
$B_{14}H_{18}$	十四硼烷(18)	液态	—	稳定	≈100 ℃分解	—
$B_{14}H_{20}$	十四硼烷(20)	固态	—	稳定	—	—
$B_{20}H_{16}$	二十硼烷(16)	$196\sim199$	—	稳定	—	不可逆地生成 $2H^+$ 及 $B_{20}H_{16}(OH)_2^{2-}$

由表 5.1 可见,最简单的硼烷是乙硼烷 B_2H_6. BH_3 虽存在于 Lewis 酸-碱加合物中,如 $H_3B \cdot NH_3$、$H_3B \cdot PF_3$ 和 $H_3B \cdot CO$ 等,而且推测 BH_3 是 B_2H_6 某些反应的中间体,然而,迄今未曾分离出 BH_3.

在硼烷中,研究得最多的是最简单的乙硼烷 B_2H_6 和最稳定的癸硼烷 $B_{10}H_{14}$.

乙硼烷气体剧毒.遇水,立即水解,产生硼酸并释放出氢气.遇强氧化剂,如氯气,则反应产生相应的卤化物.反应式:

$$B_2H_6 + 6H_2O \longrightarrow 2H_3BO_3 + 6H_2 \uparrow \tag{5.17}$$

$$B_2H_6 + 6Cl_2 \longrightarrow 2BCl_3 + 6HCl \tag{5.18}$$

纯乙硼烷在室温下虽不和氧气反应,但仍须多加小心,因为它燃烧时放出大量的热.这就是为何当初曾设想用硼烷作火箭燃料的原因所在.反应式:

$$B_2H_6 + 3O_2 \longrightarrow B_2O_3 + 3H_2O \tag{5.19}$$

$$\Delta H = -2137.7 \text{ kJ} \cdot \text{mol}^{-1}$$

乙硼烷和某些 Lewis 碱反应时,发生两种不同情况的分裂.通常,和较小的 Lewis 碱反应,发生异裂;和较大的 Lewis 碱反应,则发生均裂.加热,两者均可形成环状化合物,如:

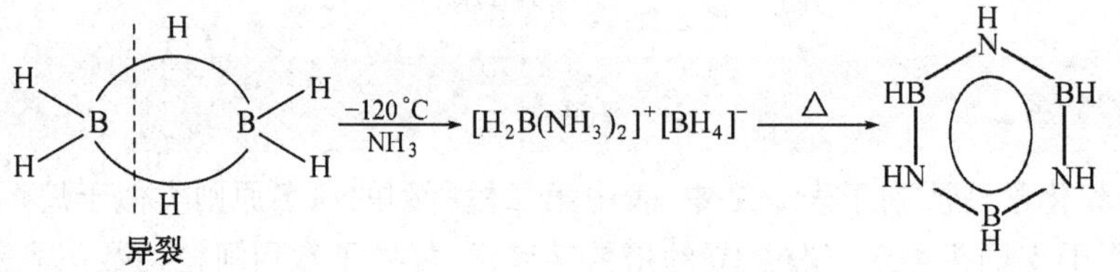

$$\tag{5.20}$$

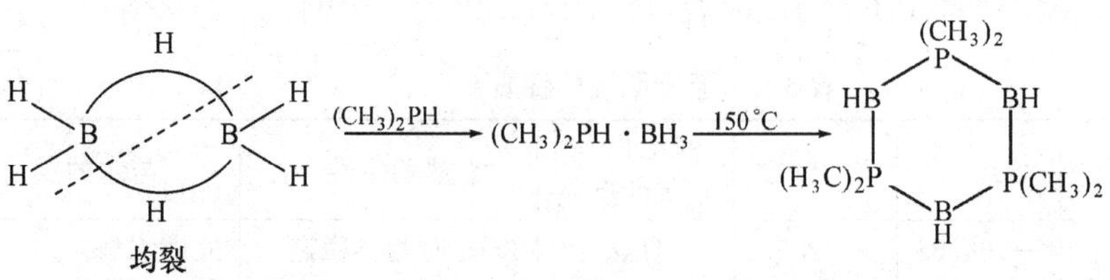

$$\tag{5.21}$$

前已述及,乙硼烷可用作制备其他高级硼烷的原料.此外,它在有机合成中也占有一席之地.其中最著名的是硼氢化反应,即乙硼烷和不饱和烃生成烃基硼烷的反应.烃基硼烷是有机合成重要的中间体,广泛用于 C—H、C—O、C—X 或 C—N 键的形成,如:

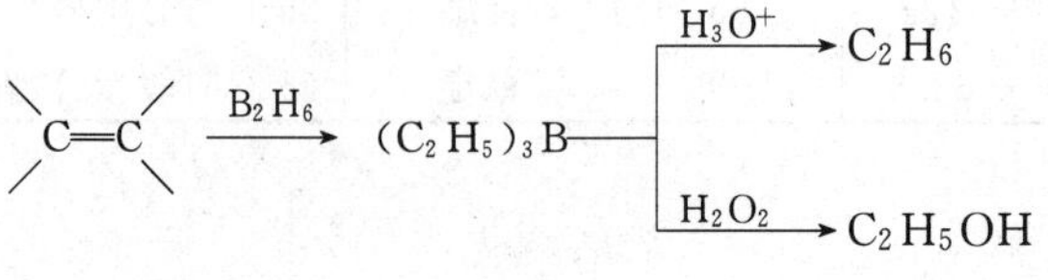

$$\tag{5.22}$$

$$\tag{5.23}$$

乙硼烷和氢化锂反应,产生硼氢化锂.反应式:

$$B_2H_6 + 2LiH \xrightarrow{乙醚} 2LiBH_4 \qquad (5.24)$$

$LiBH_4$ 无毒,溶于水或乙醇,化学性质稳定且还原性强.在有机合成中,常用做选择性还原剂,因为它可将醛和酮还原为醇,而对酸和酯基本无影响.

癸硼烷能发生许多类似于乙硼烷的反应.例如,能在酸性介质中形成硼氢阴离子;其中的氢原子能被卤素或有机基团取代;以及形成加合物等.

$$B_{10}H_{14} + NaH \longrightarrow NaB_{10}H_{13} + H_2 \qquad (5.25)$$

$$B_{10}H_{14} + I_2 \xrightarrow{AlCl_3} 2,4\text{-}B_{10}H_{12}I_2 + HI \qquad (5.26)$$

$$B_{10}H_{14} + RBr \xrightarrow[CS_2]{AlCl_3} 2\text{-}RB_{10}H_{13} + HBr \qquad (5.27)$$

癸硼烷还有一重要反应,即形成硼磷聚合物 POP:

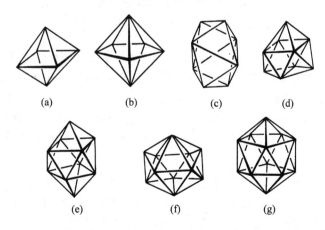

POP 的相对分子质量大于 20 000,在空气中高于 600 ℃仍很稳定.与石棉制成的石棉复合材料,强度优于酚醛树脂-石棉复合材料,可在 600～700 ℃长期使用.

5.1.3 硼烷的结构

硼烷有三种典型的结构,即闭式(closo)、开式(nido)和网式(arachno)[1],其他还有敞网式(hypho)等结构类型.

1. 闭式-硼烷阴离子

闭式-硼烷阴离子的通式可用 $B_nH_n^{2-}$($n=6\sim12$)表示.它们的骨架结构表示在图 5.1 中.

(a)　　(b)　　(c)　　(d)

(e)　　(f)　　(g)

图 5.1　闭式-硼烷阴离子的骨架结构

(a) $B_6H_6^{2-}$　(b) $B_7H_7^{2-}$　(c) $B_8H_8^{2-}$　(d) $B_9H_9^{2-}$　(e) $B_{10}H_{10}^{2-}$　(f) $B_{11}H_{11}^{2-}$　(g) $B_{12}H_{12}^{2-}$

由图 5.1 可见,在闭式-硼烷阴离子的结构中,n 个硼原子构成多面体骨架.它们均由三角面组成,硼原子占据着顶点的位置.由于闭式-硼烷阴离子的骨架多面体形如笼,故又有笼形硼烷之称.

在闭式-硼烷阴离子中,每个硼原子均有一端梢的氢原子与之键合.这种端梢的 B—H 键,由 B_n 组成的多面体骨架的中心向四周散开,故又称外向 B—H 键.

值得注意的是,$B_nH_n^{2-}$ 笼形骨架的相对稳定性有很大的差异.例如,$B_{12}H_{12}^{2-}$ 不易水解,不与强碱作用,且热稳定性高,其中 $K_2B_{12}H_{12}$ 加热到 700 ℃ 以上才分解;而 $B_7H_7^{2-}$ 遇水即缓慢水解,放出氢气.以 $Na_2B_8H_8$ 为原料制备 $B_7H_7^{2-}$ 时,无论原料如何纯,产物中总含相当量的 $B_6H_6^{2-}$、$B_{10}H_{10}^{2-}$ 和 $B_{12}H_{12}^{2-}$.$B_{11}H_{11}^{2-}$ 受热则易歧化为 $B_{10}H_{10}^{2-}$ 和 $B_{12}H_{12}^{2-}$.Wade 等又进一步通过 EHMO (Extended Hückel MO)法的理论计算,比较了它们的稳定性[2].综合实验结果和理论预示,在 $B_nH_n^{2-}$ 中,$B_6H_6^{2-}$、$B_{10}H_{10}^{2-}$ 和 $B_{12}H_{12}^{2-}$ 稳定,其中以 $B_{12}H_{12}^{2-}$ 最为稳定;$B_7H_7^{2-}$、$B_8H_8^{2-}$、$B_9H_9^{2-}$ 和 $B_{11}H_{11}^{2-}$ 不稳定,尤以 $B_7H_7^{2-}$ 最不稳定.

2. 开式-硼烷

开式-硼烷的通式可用 B_nH_{n+4} 表示.若干开式-硼烷的结构表示在图 5.2 中.

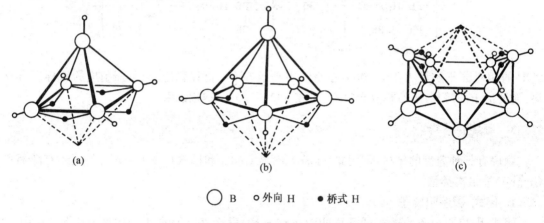

○ B　　○ 外向 H　　● 桥式 H

图 5.2　若干开式-硼烷的结构

(a) B_5H_9　(b) B_6H_{10}　(c) $B_{10}H_{14}$

开式-硼烷的骨架,可看成由闭式-硼烷阴离子的多面体骨架去掉一个顶衍生而来.它们是开口的、不完全的或缺顶的多面体.由于这种结构的形状好似鸟窝,故又称为巢形硼烷."nido"一词来自希腊文,原意就是"巢".

开式硼烷由闭式硼烷去掉一个顶点而来,但究竟去掉哪一个顶点得到的开式异构体最稳定?Williams 曾提出一条经验规则,即去掉一个相邻硼原子数最多的顶点.此经验规则尔后为 Wade 等的理论计算所验证[3].上述规则虽一般适用,但也有例外.

在开式-硼烷中,有两种结构上不同的氢原子,其中的一种和闭式-硼烷阴离子类似,属于端梢的外向氢原子;另一种处于氢桥的位置,属于桥式氢原子.由图 5.2 可见,在开式-硼烷 B_nH_{n+4} 中,除有 n 个外向氢原子以外,剩下的 4 个氢原子为桥式氢.

3. 网式-硼烷

网式-硼烷的通式可用 B_nH_{n+6} 表示.若干网式-硼烷的结构表示在图 5.3 中.

网式-硼烷的骨架,可看成由闭式-硼烷阴离子的多面体骨架去掉 2 个相邻的顶衍生而来,

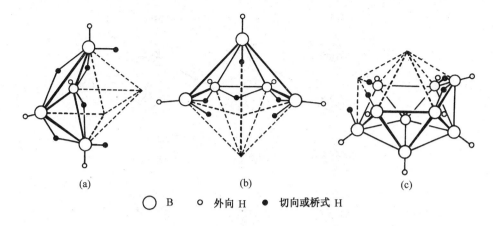

○B　　◦外向 H　　●切向或桥式 H

图 5.3　若干网式-硼烷的结构

(a) B_4H_{10}　　(b) B_5H_{11}　　(c) $B_9H_{14}^{-}$

也可看成由开式-硼烷的骨架再去掉 1 个相邻的顶衍生而来. 因此, 网式-硼烷的"口"张得比开式-硼烷的更大, 它们是不完全的或缺两个顶的多面体. "arachno"一词也来自希腊文, 原意就是"蜘蛛网". 因此, 此类硼烷又称蛛网式硼烷.

在网式-硼烷中, 有三种结构上不同的氢原子, 除外向和桥式氢以外, 还有另一种端梢的氢原子. 后者和硼原子形成的 B—H 键, 指向假想的基础多面体或完整多面体外接球面的切线方向, 因此, 这种氢原子又称切向氢原子. 它们和处于不完全的边或面上的硼原子键合, 如图 5.3 所示. 总之, 在网式-硼烷 B_nH_{n+6} 中, 除 n 个外向氢以外, 剩下的 6 个氢原子或者是桥式氢, 或者是切向氢.

理论计算表明, 网式异构体的稳定性不仅和骨架的对称性和原子的连接方式有关, 还和桥式、切向氢原子的存在和位置有关[4].

归纳起来, 可将上述三种硼烷的主要结构模式总结比较在表 5.2 和图 5.4 中. 它们之间的多面体关系可从图 5.4 中一目了然[5].

表 5.2　若干闭式、开式和网式-硼烷的主要结构模式

多面体的顶点数	基础多面体的对称性	闭式-$B_nH_n^{2-}$	开式-B_nH_{n+4}	网式-B_nH_{n+6}
6	八面体(O_h)	$B_6H_6^{2-}$	B_5H_9	B_4H_{10}
7	五角双锥(D_{5h})	$B_7H_7^{2-}$	B_6H_{10}	$B_6H_{11}+B_5H_{11}$
8	十二面体(D_{2d})	$B_8H_8^{2-}$	—	B_6H_{12}
9	三帽三角棱柱体(D_{3h})	$B_9H_9^{2-}$	B_8H_{12}	$B_7H_{12}^{-}$
10	双帽四方反棱柱体(D_{4d})	$B_{10}H_{10}^{2-}$	$B_9H_{12}^{-}$	B_8H_{14}
11	十八面体(C_{2v})	$B_{11}H_{11}^{2-}$	$B_{10}H_{14}$	B_9H_{15}
12	二十面体(I_h)	$B_{12}H_{12}^{2-}$	$B_{11}H_{13}^{2-}$	$B_{10}H_{15}^{-}$

4. 敞网式-硼烷

除上述三种主要的硼烷结构类型以外, 还有另一种网敞得更开, 几乎成平面的结构, 称敞网式-硼烷. 这类化合物为数较少, 且大都为加合物, 此处仅举出几例作为代表. 图 5.5(a)表示

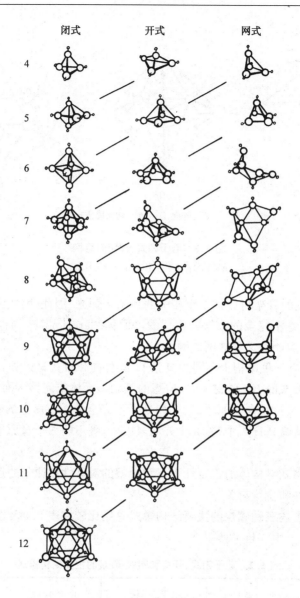

闭式   开式   网式

4

5

6

7

8

9

10

11

12

图 5.4   闭式、开式、网式-硼烷的结构关系
(电荷、桥式和切向氢原子未示出)

了 $B_5H_9 \cdot [P(CH_3)_3]_2$ 的结构. X 射线晶体结构的测定表明,其中的 B_5 部分略呈锥形[6],类似的化合物还有 $B_5H_9 \cdot [N(CH_3)_3]_2$ 等. 图 5.5(b)表示了 $B_5H_9 \cdot (Ph_2PCH_2)_2$ 的结构[7],类似的化合物还有 $B_5H_9 \cdot (Ph_2P)_2CH_2$ 及 $B_5H_9 \cdot [(CH_3)_2NCH_2]_2$ 等.

以上虽着眼于含 6~12 个硼原子的基础多面体骨架,但 B_{12} 并非最大的硼烷原子簇,现已合成了许多超过 12 个顶点的硼烷及硼烷阴离子[8~10]. 例如:$B_{13}H_{19}$、$B_{14}H_{18}$、$B_{15}H_{23}$、$B_{16}H_{20}$、$B_{18}H_{22}$、$B_{20}H_{16}$;$B_{18}H_{20}^{2-}$、$B_{19}H_{19}^{2-}$、$B_{19}H_{20}^{-}$、$B_{24}H_{23}^{3-}$ 和 $B_{48}H_{45}^{5-}$ 等. 其中有的结构已经测定,有的尚未测定. 总的来看,它们的结构比较复杂,而且大都由几个多面体骨架共角或共面组成. 图 5.6 所表示的 $B_{16}H_{20}$ 和 $B_{20}H_{16}$ 的结构就是两例,其中 $B_{16}H_{20}$ 为开式结构,$B_{20}H_{16}$ 则为闭式结构.

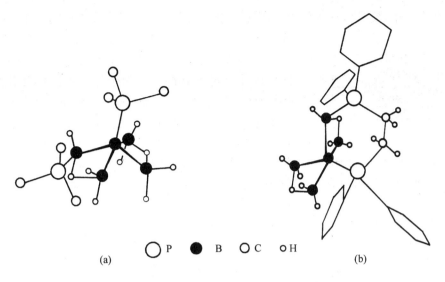

○ P ● B ○ C ○ H

(a) (b)

图 5.5 B₅H₉·[PMe₃]₂(a)和 B₅H₉·(Ph₂PCH₂)₂(b)的结构
（Me 和 Ph 基中的氢原子未示出）

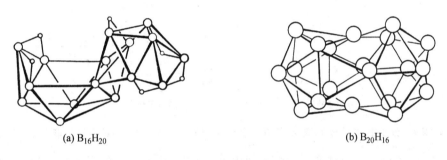

(a) B₁₆H₂₀ (b) B₂₀H₁₆

图 5.6 开式-硼烷(a)和闭式-硼烷(b)的结构
（端梢氢未示出）

5.1.4 硼烷的化学键

1. 定域键处理

硼烷属于缺电子分子,因为硼的外围电子构型为 $2s^2 2p^1$,它有 4 个价轨道但只有 3 个价电子.换句话说,它的价轨道数大于价电子数.因此,在硼氢化物中,原子间共价键的数目比电子对的数目多.以最简单的硼烷 B_2H_6 为例,它的结构表示在图 5.7 中,相应的结构数据列于表 5.3 中.

表 5.3 B₂H₆ 分子的结构数据

	B—H端	B—H桥	B⋯B	H端 BH端	H桥 BH桥
电子衍射	119.6 pm	133.9 pm	177.5 pm	119.9°	97.0°
X 射线衍射	108 pm	124 pm	177.6 pm	124°	90°
IR 和 Raman 光谱	119 pm	132 pm	177 pm	121°	96°

由图 5.7 可见,每个硼原子周围有 4 个氢原子,它们接近于四面体取向.但 B_2H_6 分子总共

只有 12 个价电子,没有足够的价电子使所有相邻的两原子间都形成常规的两中心—两电子键,简称 2c—2e 键. 其中端梢的 B—H 键可看做是正常的 2c—2e σ 键. 于是 B_2H_6 分子中 4 个端梢的 B—H 键,总共用去了 12 个价电子中的 8 个. 至于每个硼原子,则使用了 2 个价电子和 2 个大致上为 sp^3 的杂化轨道,形成两个端梢的 B—H 键,还剩下 2 个 sp^3 杂化轨道和 1 个价电子可用于进一步成键. 2 个硼原子的各一个 sp^3 杂化轨道和氢原子的 1s 轨道相互作用,可组合成 3 个分子轨道,其中包括一个成键、一个非键和一个反键的分子轨道(图 5.8).

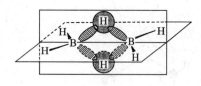

图 5.7　B_2H_6 分子的结构

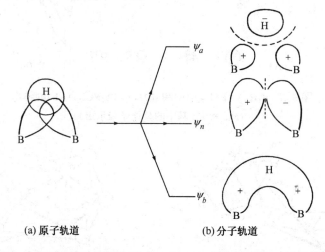

(a) 原子轨道　　　　　　(b) 分子轨道

图 5.8　B_2H_6 分子中,由原子轨道(a)形成三中心 B—H—B 桥分子轨道(b)及近似能级图的定性描述

　　B_2H_6 的 2 个价电子充填在成键分子轨道上,形成三中心—两电子的 B—H—B 桥键,简称 3c—2e 氢桥键. 在 B_2H_6 分子中,共有 2 个这种 3c—2e 键,总共包含 4 个价电子. 因此,在 B_2H_6 分子中,存在着两种硼氢键,即

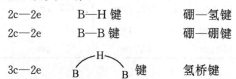

为了阐明较复杂的硼烷的化学键,除上述两种 2c—2e 和 3c—2e 硼氢键以外,Lipscomb 等认为还需有其他两种成键要素[11],即

　　综上所述,硼烷的基本化学键类型有:

$3c-2e$ 硼桥键

2. 分子轨道法处理

迄今为止,有关硼烷的化学键和结构规则,已经提出了多种.其中有完全是经验的,如 Lipscomb 提出的**拓扑法**(Topological Approach);也有半经验的,如 Wade 提出的**骨架电子对理论**(Skeletal Electron Pair Theory);还有几种完全是理论的模型和计算.最近,King 对硼烷的各种结构规则和理论模型作了全面的归纳和综述[12].本节仅介绍其中常用的一种,即骨架电子对理论,又称 **Wade 规则**.

Wade 用半经验的分子轨道法处理硼烷的结构[1],不是把骨架电子对固定在定域键中,而是把骨架电子对数和骨架的成键分子轨道数联系在一起.同时,找出构成闭式-、开式-、或网式-硼烷结构的骨架电子对数的规律性.

以闭式-硼烷阴离子 $B_6H_6^{2-}$ 为例.它具有正八面体的骨架,每个 BH 单元有 4 个价电子,每个硼原子有 4 个价轨道可加以利用.倘若每个硼原子用一个 sp 杂化轨道和氢原子形成一 $2c-2e$ 的外向 B—H 键,则每个 BH 单元用去一对价电子,还剩下一对价电子.同时,每个硼原子还剩下 3 个价轨道,即 1 个 sp 杂化轨道和 2 个 p 轨道,可用以形成骨架或 B_6 原子簇.这样,$B_6H_6^{2-}$ 阴离子总的骨架电子对数为 $n+1=7$,其中每个 BH 单元提供一对,共 n 对,还有一对来自闭式阴离子的负电荷.

按照分子轨道理论的计算,$B_nH_n^{2-}$ 的 $3n$ 个原子轨道相互作用,产生 $(n+1)$ 个成键分子轨道.对 $B_6H_6^{2-}$ 来说,18 个原子轨道相互作用,产生 7 个成键分子轨道(图 5.9).

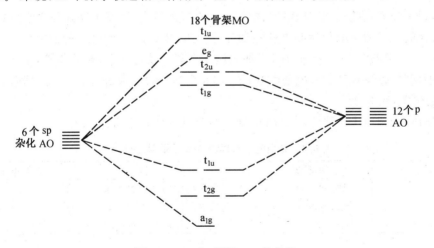

图 5.9　$B_6H_6^{2-}$ 骨架 MO 能级图

在 $B_6H_6^{2-}$ 离子中,骨架的成键分子轨道数为 $(n+1)$,即 7;骨架的电子对数也为 $(n+1)$,即 7 对.它们恰好充填在上述 $(n+1)$ 个成键分子轨道上.至于较高级的硼烷阴离子 $B_nH_n^{2-}$,虽然成键的分子轨道数随 n 值的增加而增加,但情况仍和 $B_6H_6^{2-}$ 类似,即成键分子轨道数为 $(n+1)$,骨架电子对数也为 $(n+1)$.

开式-、网式-硼烷可从假想的阴离子 $B_nH_n^{4-}$ 和 $B_nH_n^{6-}$ 入手.如前所述,每个 BH 单元为骨架贡献一对电子,因此,这两种阴离子的骨架电子对总数分别为 $(n+2)$ 和 $(n+3)$.开式结构相应于 $B_nH_n^{4-}$,它含 $(n+2)$ 对骨架电子对;网式结构相应于 $B_nH_n^{6-}$,它含 $(n+3)$ 对骨架电子对.尽管开式-、网式-硼烷是缺一个或两个顶的、不完全的多面体,然而,它们骨架的成键分子轨道数仍比基础多面体的顶点数多一个,这可从图 5.10 中清楚地看到.

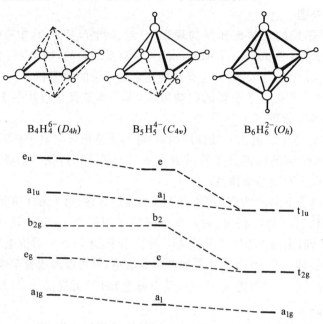

$B_4H_4^{6-}(D_{4h})$ $\qquad$ $B_5H_5^{4-}(C_{4v})$ $\qquad$ $B_6H_6^{2-}(O_h)$

图 5.10 $B_4H_4^{6-}$、$B_5H_5^{4-}$ 和 $B_6H_6^{2-}$ 成键分子轨道相关图

由此可见,设想在闭式-硼烷 $B_nH_n^{2-}$ 中加入一对或两对电子,就可得到开式或网式的结构.事实上,加入的电子的负电荷为形成氢桥 BHB 及切向 BH 基团所补偿.若把中性的开式-硼烷 B_nH_{n+4} 看成是由 $B_nH_n^{4-}$ 加 4 个 H^+ 而来,那么这 4 个氢占据着 BHB 桥的位置(图 5.2).同样,若把中性的网式-硼烷 B_nH_{n+6} 看成是由 $B_nH_n^{6-}$ 加 6 个 H^+ 而来,那么这 6 个氢占据着 BHB 桥或切向 BH 的位置(图 5.3).

综上所述,骨架电子对理论,即 Wade 规则的要点,可归纳在表 5.4 中.

表 5.4 骨架电子对理论(Wade 规则)的要点

化学式	结构类型	骨 架	骨架电子对数
$B_nH_n^{2-}$	闭式(closo)	三角面构成的完整多面体	$n+1$
B_nH_{n+4}	开式(nido)	闭式多面体缺一顶	$n+2$
B_nH_{n+6}	网式(arachno)	开式多面体再缺一相邻的顶	$n+3$

5.2 硼烷的衍生物

5.2.1 碳硼烷

由于 CH 和 BH^- 基团是等电子体,因而硼烷中部分 BH^- 可被 CH 基团取代,形成**碳硼烷**(carborane).它是硼烷重要的衍生物,其中硼、碳原子共同组成多面体骨架.

碳硼烷从 20 世纪 60 年代初期以来陆续合成出来[13].最初合成的是 $C_2B_{n-2}H_n$ 系列.例如,$C_2B_3H_5$ 是在常温下,由 B_5H_9 和等物质量的乙炔混合物在无声放电装置中反应产生的.$C_2B_3H_5$

在室温下为气体,且不和空气或水发生明显的反应.用类似的方法还制得了 $C_2B_4H_6$ 的两种异构体.$C_2B_{10}H_{12}$ 则是将乙炔通入 $B_{10}H_{14}$ 和二乙基硫醚的丙醚溶液,经提纯制得的.反应式:

$$B_{10}H_{14} + 2(C_2H_5)_2S \xrightarrow{\text{正丙醚}} [(C_2H_5)_2S]_2[B_{10}H_{12}] + H_2 \tag{5.28}$$

$$[(C_2H_5)_2S]_2[B_{10}H_{12}] + C_2H_2 \xrightarrow{\text{正丙醚}} C_2B_{10}H_{12} + H_2 + 2(C_2H_5)_2S \tag{5.29}$$

$C_2B_{n-2}H_n(n=5\sim12)$ 具有闭式多面体的骨架结构.它们和硼氢阴离子 $B_nH_n^{2-}$ 等电子、等结构.图 5.11 表示了部分通式为 $C_2B_{n-2}H_n$ 的闭式-碳硼烷的结构.它们当中很多都有异构体.

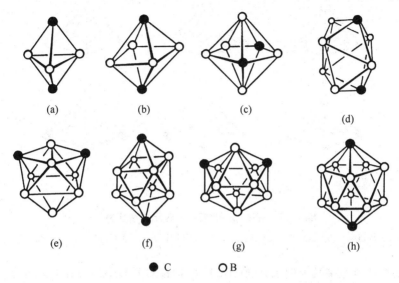

$\bullet$ C $\quad$ $\circ$ B

图 5.11　若干 $C_2B_{n-2}H_n(n=5\sim12)$ 系列闭式-碳硼烷的结构

(a) $C_2B_3H_5$　(b) $C_2B_4H_6$　(c) $C_2B_5H_7$　(d) $C_2B_6H_8$　(e) $C_2B_7H_9$

(f) $C_2B_8H_{10}$　(g) $C_2B_9H_{11}$　(h) $C_2B_{10}H_{12}$

闭式-硼烷或碳硼烷的命名原则是:从最高次对称轴上最高位置的硼原子或碳原子开始编号,然后自上而下,绕轴依顺时针方向为各平面上的硼原子或碳原子编号.杂原子的编号应尽可能的低(图 5.12).

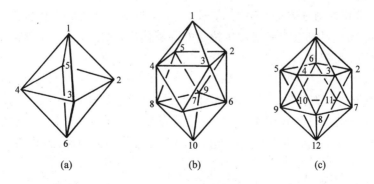

图 5.12　闭式-$B_nH_n^{2-}$ 或碳硼烷骨架原子的编号顺序

(a) $B_6H_6^{2-}$ 或碳硼烷　(b) $B_{10}H_{10}^{2-}$ 或碳硼烷　(c) $B_{12}H_{12}^{2-}$ 或碳硼烷

按照上述编号原则,图 5.11(a)所表示的碳硼烷应为 $1,5\text{-}C_2B_3H_5$;图 5.11(c)所表示的应为 $2,4\text{-}C_2B_5H_7$;图 5.11(h)所表示的则应为 $1,12\text{-}C_2B_{10}H_{12}$,余类推.

碳硼烷不仅有闭式,也有开式和网式的结构.第一个被发现的开式-碳硼烷是 $C_2B_4H_8$. 它是在一定温度下,通过戊硼烷和炔烃反应制得的.$C_2B_4H_8$ 的结构和它的等电子体 B_6H_{10} 相似,也为五角锥. 此后,又逐步完善了整个系列,包括 B_6H_{10}、CB_5H_9、$C_2B_4H_8$、$C_3B_3H_7$、$C_4B_2H_6$ 和 $C_5BH_6^+$(图 5.13).

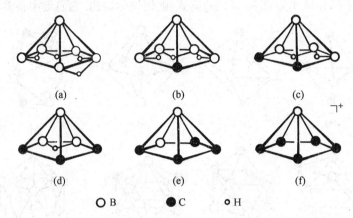

$$\bigcirc B \qquad \bullet C \qquad \circ H$$

图 5.13　开式-碳硼烷系列(仅示出桥式氢)

(a) B_6H_{10}　(b) CB_5H_9　(c) $C_2B_4H_8$　(d) $C_3B_3H_7$　(e) $C_4B_2H_6$　(f) $C_5BH_6^+$

开式-碳硼烷还有很多其他的系列,如 B_5H_9、CB_4H_8、$C_2B_3H_7$、$C_3B_2H_6$、C_4BH_5 等,不胜枚举. $C_2B_7H_{13}$ 的发现又开拓了网式-碳硼烷系列,对应于 B_nH_{n+6}. 碳硼烷虽然也有闭式、开式和网式三个系列的结构,但以前两者为主.

5.2.2　金属碳硼烷和金属硼烷

金属碳硼烷(metallocarborane)是由金属原子、硼原子以及碳原子组成骨架多面体的原子簇化合物.自从第一个金属碳硼烷阴离子 $[(C_2B_9H_{11})_2Fe]^{2-}$ 在 1965 年问世以来,这个领域的化学迅速地发展起来.

第一个金属碳硼烷的母体是碳硼烷 $1,2\text{-}C_2B_{10}H_{12}$[图 5.14(a)].虽然 $1,2\text{-}C_2B_{10}H_{12}$ 对一般的化学试剂是稳定的,但强碱能使它发生特殊的降解作用,以致失去一个 BH 顶,产生相应的 $7,8\text{-}C_2B_9H_{12}^-$ 阴离子.反应式:

$$1,2\text{-}C_2B_{10}H_{12} + CH_3O^- + 2CH_3OH \longrightarrow 7,8\text{-}C_2B_9H_{12}^- + B(OCH_3)_3 + H_2 \tag{5.30}$$

$7,8\text{-}C_2B_9H_{12}^-$ 阴离子的骨架为缺顶的二十面体,它的 12 个氢原子中有 11 个处在端梢的位置上,还有 1 个处在三中心的 BHB 桥键上,它的位置在开口五元面的一条边上[图 5.14(b)].若用很强的碱(如氢化钠)来处理 $7,8\text{-}C_2B_9H_{12}^-$,则可去掉这个桥式氢原子,产生 $7,8\text{-}C_2B_9H_{11}^{2-}$ 阴离子.反应式:

$$7,8\text{-}C_2B_9H_{12}^- + NaH \xrightarrow{\text{THF}} 7,8\text{-}C_2B_9H_{11}^{2-} + Na^+ + H_2 \tag{5.31}$$

产物 $7,8\text{-}C_2B_9H_{11}^{2-}$ 阴离子的结构表示在图 5.14(c)中。

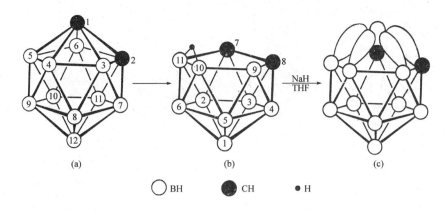

○ BH　　● CH　　• H

图 5.14　7,8-C₂B₉H₁₁²⁻ 的由来和结构

(a) 1,2-$C_2B_{10}H_{12}$　　(b) 7,8-$C_2B_9H_{12}^-$　　(c) 7,8-$C_2B_9H_{11}^{2-}$

在 7,8-$C_2B_9H_{11}^{2-}$ 阴离子开口的面上,3 个硼原子和 2 个碳原子各提供 1 个 sp^3 杂化轨道,它们指向原来第 12 个硼原子所占据的顶点. 这 5 个轨道总共包含 6 个离域电子. 这种情况和环戊二烯基阴离子 $C_5H_5^-$ 由 p 轨道组成的 π 体系极其类似. 既然环戊二烯基能形成大量的有

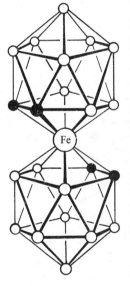

○ BH　　● CH

图 5.15　[(C₂B₉H₁₁)₂Fe]²⁻ 阴离子的结构

机金属化合物,Hawthorne 及其合作者们便推测 $C_2B_9H_{11}^{2-}$ 也应该能作为 π 配体形成金属碳硼烷. 按照这种思路,他们用类似于合成二茂铁的方法,即用无水氯化亚铁和开式-碳硼烷阴离子反应,果然成功地合成出第一个金属碳硼烷[(CH₃)₄N]₂[(C₂B₉H₁₁)₂Fe][14]. 反应式:

$$2C_2B_9H_{11}^{2-} + FeCl_2 \longrightarrow [(C_2B_9H_{11})_2Fe]^{2-} + 2Cl^- \qquad (5.32)$$

$[(CH_3)_4N]_2^+[(C_2B_9H_{11})_2Fe(II)]^{2-}$ 是一个粉红色、反磁性的化合物,在空气中不稳定,很快便氧化成栗色、顺磁性的化合物:

$$[(CH_3)_4N]^+[(C_2B_9H_{11})_2Fe(III)]^-$$

图 5.15 表示了 $[(C_2B_9H_{11})_2Fe]^{2-}$ 阴离子的结构. 由图 5.15 可见,在它的结构里,含铁、硼和碳原子组成的共 12 个顶点的多面体骨架,其中铁原子为 2 个二十面体所共享. 这种结构也可看成是由开式配体和金属离子形成的配位化合物.

自从合成出第一个金属碳硼烷以后,Hawthorne 等又合成了一系列类似的化合物,为金属碳硼烷化学的发展奠定了基础. 后又通过多种途径,合成出大量的金属碳硼烷和**金属硼烷**(metalloborane),其中尤以 12 个顶的化合物为数最多[15,16].

金属碳硼烷和金属硼烷的原子簇骨架也有闭式、开式和网式之分. 图 5.16 和图 5.17 分别表示了若干闭式和开式化合物的结构.

硼烷的衍生物除碳硼烷、金属碳硼烷和金属硼烷以外还有很多,因为不仅碳原子或金属原子可参与硼烷的原子簇骨架,其他很多原子如硫、磷等也都可以作为骨架原子参与. 此外,由有机基团取代硼烷中部分氢原子形成的有机硼烷则为数更多,此处不一一述及.

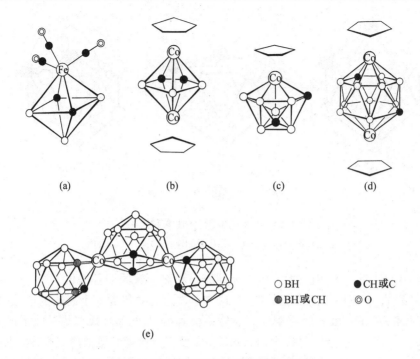

○ BH　　　● CH 或 C
◉ BH 或 CH　　◎ O

图 5.16　若干闭式-金属碳硼烷的结构

(a)（CO)$_3$FeC$_2$B$_3$H$_5$　(b)（CpCo)$_2$C$_2$B$_3$H$_5$　(c) CpCoC$_2$B$_6$H$_8$　(d)（CpCo)$_2$（C$_2$B$_{10}$H$_{12}$)

(e)[（C$_2$B$_9$H$_{11}$)Co（C$_2$B$_8$H$_{10}$)Co（C$_2$B$_9$H$_{11}$)]$^{2-}$

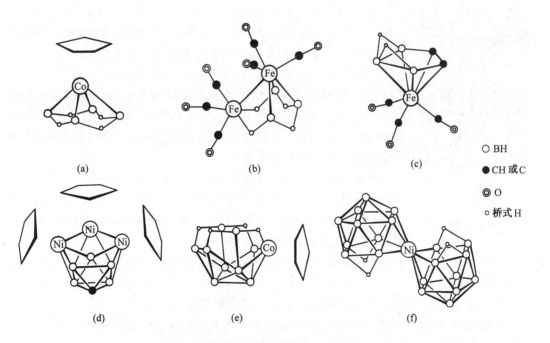

○ BH
● CH 或 C
◎ O
○ 桥式 H

图 5.17　若干开式-金属碳硼烷或金属硼烷的结构

(a) CpCoB$_4$H$_8$　(b) [（CO)$_3$Fe]$_2$B$_3$H$_7$　(c)（CO)$_3$FeC$_2$B$_3$H$_7$　(d)（CpNi)$_3$CB$_5$H$_6$

(e) CpCoB$_9$H$_{13}$　(f) [Ni（B$_{10}$H$_{12}$)$_2$]$^{2-}$

5.3 富勒烯及其化合物

1985 年,Kroto、Curl 和 Smalley 等通过实验验证了 C_{60} 是一个独特的稳定分子[17],1990 年 Kratschmer 等又用电弧法合成了宏观量的 C_{60} 以及一些更大的碳原子簇[18],展现了一个全新的碳化学领域,广泛受到瞩目,发展异常迅猛.目前,不仅对碳原子簇,尤其是 C_{60} 进行了较为深入的研究,还合成了众多的碳簇化合物和碳纳米管,并揭示出深远的潜在应用前景.影响面除涉及化学和物理外,还波及材料科学、医学及生命科学等许多领域.为此,Kroto、Curl 和 Smalley 分享了 1996 年的 Nobel 化学奖.

5.3.1 富勒烯

1984 年 Rohlfing 等在氦气流中用激光使石墨棒蒸发,产物用质谱仪探测,结果发现了一系列碳原子数为 1~190 的原子簇(carbon cluster)信号[19].在 1~30 个碳原子间,有单数也有双数的信号.超过 40 个碳原子,则只观测到双数的信号,其中 C_{60} 的峰最强,量化计算也表明 C_{60} 最稳定.以后的实验又进一步证实 C_{60} 具有特殊的稳定性,因而最受瞩目.

C_{60} 主要以光谱纯的石墨棒作电极,在氦气氛中,通过电弧法制备.混合产物中 C_{60} 约占 85%,其他还有 C_{70}、C_{76}、C_{78}、C_{84} 和 C_{94} 等.上述混合物可通过高效液相色谱法、重结晶法、萃取法或升华法等进行分离提纯.最终得到的 C_{60} 纯度可达 99.9%,C_{70} 可达 98% 以上[20,21].

碳原子簇具有闭式的空心笼形结构,统称**富勒烯**(fullerene).此名是为纪念著名建筑师 Buckminster Fuller(他曾用五边形和六边形构筑成薄壳球形建筑),将 C_{60} 命名为"buckminsterfullerene".因为当初就曾推测,碳原子簇须由五边形和六边形构成,否则就不可能闭合.从电子结构来看,笼内和笼外都有一片电子海洋,即大 π 键.当 π 电子数为 $(6n+60)$[其中 $n=0$,2,3,4,…]时是稳定的,称为"芳香性规则"(aromaticity rule).故认为富勒烯具有"超芳香性"(superaromaticity)[22].以后的结构测定,证实了当初的推测.

现在了解,C_{60} 由三十二面体组成,其中含 12 个五边形和 20 个六边形,相当于截顶的二十面体,属 I_h 点群.C_{60} 的结构中有 60 个等同的碳原子,每个碳原子用接近 sp^2 杂化轨道成键,但却有两种不同类型的 C—C 键.其中两个六边形交界的 C—C 键较短,为 138 pm;六边形和五边形交界的 C—C 键较长,为 145 pm[图 5.18(a)],前者表现出双键的性质.C_{60} 形似足球,故又

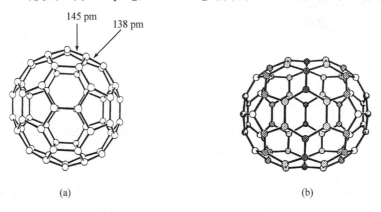

图 5.18 C_{60}(a)和 C_{70}(b)理想的结构

有"足球烯"(footballene)之称. 除 C_{60} 外, 富勒烯中 C_{70} 丰度居第二位. C_{70} 形似橄榄球, 由 2 个类 C_{60} 半球, 通过另外 10 个碳原子桥联构成, 属 D_{5h} 点群, 是富勒烯中独一无二的. C_{70} 共有 5 种类型的碳原子, 8 种类型的 C—C 键, 其分子结构较 C_{60} 复杂得多[图 5.18(b)][23].

若富勒烯仅由五边形和六边形组成, 则应符合 Euler 规则, 即面数(F)、顶点数(V)和棱数(E)间存在如下的关系:

$$F + V = E + 2$$

富勒烯中每个碳原子和相邻的 3 个碳原子相连, 每条棱由 2 个碳原子相连, 因而存在以下关系:

$$3V = 2E$$
$$2E = 5F_5 + 6F_6$$
$$3V = 5F_5 + 6F_6$$

由此可得:

$$F_5 = 12$$
$$F_6 = \frac{1}{2}V - 10$$

即富勒烯分子中, 必须有 12 个五边形. 按照 Euler 规则, C_{60} 应有 12 个五边形, 20 个六边形; C_{70} 应有 12 个五边形, 25 个六边形, 此与实验结果一致. 从另一个角度看, 在富勒烯中, 每增加 2 个碳原子便增加一个六边形. 由此容易理解为何当碳原子数较大时, 在质谱中仅观测到双数碳原子簇的信号.

C_{60} 晶体呈棕黑色. 晶体结构的测定表明, 由于 C_{60} 分子间仅靠微弱的范德华力结合, 因而室温下, C_{60} 的空心球体不断旋转, 致使分子的取向无序. 低于 249 K, 则 C_{60} 分子取向有序. 5 K时, 中子衍射法测得 C_{60} 属立方晶系[24].

C_{60} 电子结构的主要特点, 通常集中在表面的 π 轨道上. 由分子轨道能级图(图 5.19)可见, 有 30 个充满的 π 型轨道. 其中 HOMO 为五重简并的 h_u 轨道, LUMO 为三重简并的 t_{1u} 轨道, (LOMO+1) 为 t_{1g} 轨道. 由于 t_{1u} 和 t_{1g} 轨道的能量较低, 因而 C_{60} 易获取电子, 即易被还原[23,25].

C_{60} 已通过多种波谱实验进行了表征. 在 ^{13}C NMR 谱中, C_{60} 在苯溶液中仅有一条化学位移为 143.2 的峰, 表明 C_{60} 分子中所有的碳原子都是等效的. 在红外光谱中的峰值为 1400、1180、580 和 510 cm^{-1}, 其中 510 cm^{-1} 为最强峰. C_{60} 有 174 种振动模式和 42 种不同的对称性, 其中仅有 4 种 t_{1u} 振动具有红外活性. C_{60} 的电子吸收光谱有 3 个强峰, 分别位于 220、270 和 340 nm处, 此为 $^1A_g \rightarrow {}^3T_{1u}$ 跃迁造成. C_{60} 溶液的紫色, 即由弱的 400~600 nm 处的跃迁引起, 这是自旋禁阻的单重态间的跃迁[23].

5.3.2　富勒烯化合物

富勒烯能形成种类繁多的化合物, 其中以 C_{60} 的化合物研究得最多. 富勒烯的化学体现在笼内和笼外的修饰上. 笼外修饰主要集中在双键的加成反应上, 笼内修饰的结果则形成包合物. 本节将主要以 C_{60} 为代表来介绍富勒烯化合物.

1. 离子型化合物

C_{60} 和金属通过扩散反应能形成 A_3C_{60} (A = K, Rb, Cs) 型的**金属富勒烯** (metallo-fullerene), 晶体中含 C_{60}^{3-} 和 A^+ 离子. 例如, K_3C_{60} 为面心立方晶体, 其中球形的 C_{60}^{3-} 按立方最密

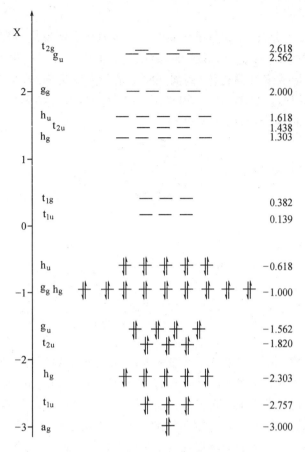

图 5.19 C$_{60}$的 Hückel 分子轨道能级图
（能量以 β 参数表示）

堆积形成面心立方结构,且不能自由旋转,K$^+$离子则填入全部八面体和四面体空隙中. 和 K$_3$C$_{60}$类似,其他的 A$_3$C$_{60}$型化合物也都具有面心立方的晶体结构. 除 A$_3$C$_{60}$型外,C$_{60}$还能形成 A$_4$C$_{60}$（A=K,Rb）型和混合型的离子化合物,如 K$_2$RbC$_{60}$、Rb$_2$CsC$_{60}$ 和 RbTl$_2$C$_{60}$ 等[20,24].

这类化合物最受关注的是它们的超导性. 例如,K$_3$C$_{60}$的超导起始温度 T_c 为 19.3 K,Rb$_3$C$_{60}$为 29.4 K,RbTl$_2$C$_{60}$为 42.5 K 等. 它们已成为新型的三维高温超导体. 值得注意的是,另一类 C$_{60}$的离子型化合物 K$_6$C$_{60}$等则为绝缘体[20].

2. 共价型化合物

C$_{60}$分子中有 30 个六边形交界的 C—C 键,即双键. 它们能和无机小分子、过渡金属化合物和有机化合物等分步加成,形成为数众多的化合物. 形式上最简单的就是 C$_{60}$和氢以及卤素形成的加合物. 例如,C$_{60}$能和氢形成 C$_{60}$H$_2$、C$_{60}$H$_4$、C$_{60}$H$_6$、C$_{60}$H$_{18}$和 C$_{60}$H$_{36}$等一系列加合物,前 4 种的结构已经测定. 这类化合物可通过金属的还原来制备. 如在甲苯溶液中,用湿的 Zn-Cu 金属还原 C$_{60}$,产生 C$_{60}$H$_2$、C$_{60}$H$_4$ 和 C$_{60}$H$_6$,其中质子的来源为水. 但反应的产率低,分离困难. C$_{70}$也能形成类似的化合物,如 C$_{70}$H$_4$、C$_{70}$H$_{10}$和 C$_{70}$H$_{12}$等[26].

在加热的条件下,棕黑色的 C$_{60}$粉末能分步氟化,形成 C$_{60}$F$_6$、C$_{60}$F$_{42}$和 C$_{60}$F$_{60}$等. 后者为白色粉末,可用做高温润滑剂和耐热、防水材料. 用金属氟化物氟化 C$_{60}$,则可得 C$_{60}$F$_{18}$、C$_{60}$F$_{36}$和

$C_{60}F_{48}$ 等[27].

C_{60}能和一系列过渡金属,尤其是第Ⅷ族的过渡金属化合物反应. 最常见的形式是金属化合物加成到双键性质的 C—C 键上,形成 η^2-型配合物. 但由于 C_{60} 分子中的双键共有 30 个,使加成反应复杂化,常形成多种异构体. 例如,OsO_4 是一强氧化剂. 若将 C_{60} 在吡啶(pyridine,py)溶液中用 OsO_4 处理,产生单加成产物 $C_{60}O_2OsO_2(py)_2$ 或一种单加成与 5 种双加成异构体 $C_{60}[O_2OsO_2(py)_2]$ 的混合物,如下式所示[23]:

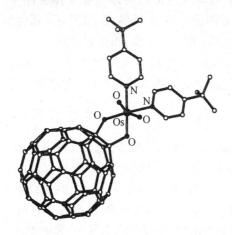

$$(5.33)$$

及另4种异构体

产物为单加成或双加成可由反应的化学计量来控制. 单加成产物可自双加成产物中分离出来,因为前者在甲苯中的溶解度较大. 若用 4-叔-丁基吡啶(4-*tert*-butypyridine,4-*t*-bupy)和吡啶基交换,得到的衍生物则更易溶,甚至可结晶析出. 图 5.20 示出了 $C_{60}O_2OsO_2(4\text{-}t\text{-bupy})_2$ ·$2.5C_6H_5Me$ 的单晶 X 射线衍射法测定的结构,其中锇氧基中的两个氧原子加成到 C_{60} 的一个双键上,它的加成对 C_{60} 结构的影响仅局限于加成部位的附近. 结构测定表明,未参与反应的碳原子,距中心的平均距离为 351 pm;而与锇氧基相连的两个碳原子则分别为 380 和 381 pm. 图 5.20 所示的化合物具有特殊的意义,因为它第一次从晶体学上证明,该化合物中的 C_{60} 部分具有足球结构.

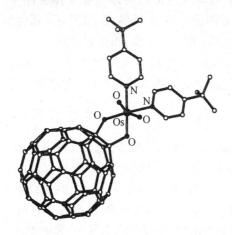
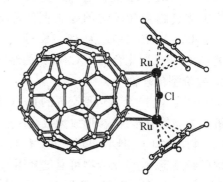

图 5.20 $C_{60}O_2OsO_2$(4-*t*-bupy)$_2$ 的结构   图 5.21 $C_{60}Ru_2(\mu\text{-Cl})(\mu\text{-H})(\eta^5\text{-}C_5Me_5)_2$ 的结构

C₆₀还可以和某些更为复杂的过渡金属化合物反应. 例如, 90 ℃下, C₆₀与等物质量的 $[(\eta^5\text{-}C_5Me_5)Ru(\mu\text{-}H)]_2$ 和 $[(\eta^5\text{-}C_5Me_5)Ru(\mu\text{-}Cl)]_2$ 混合物在甲苯溶液中反应, 得到组成为 $C_{60}Ru_2(\mu\text{-}Cl)(\mu\text{-}H)(\eta^5\text{-}C_5Me_5)_2$ 的绿色结晶. 结构示于图 5.21 中. 其中两个钌原子与一根 C—C 双键配位, 并和 Cl 及 H 原子桥联. Ru—Ru 距离 295.5 pm, 表明两金属原子间存在着化学键.

在已分离得到的 C₆₀和过渡金属配合物形成的加合物中, 最多有 6 个金属原子和 C₆₀结合在一起, 图 5.22 示出的 $C_{60}[Pt(PEt_3)_2]_6$ 即为一例, 而在气相反应中覆盖率更高.

C₆₀不仅能和无机小分子或过渡金属化合物形成共价化合物, 还能和许多有机化合物, 甚至一些较为复杂的有机分子形成为数众多的**有机富勒烯**(organofullerene). 在有机富勒烯中, 有一类 C₆₀和有机电子给予体形成的电荷转移化合物(charge-transfer complexe, CTC)备受瞩目. 因为它们有望成为光电转移器件或光电池材料.

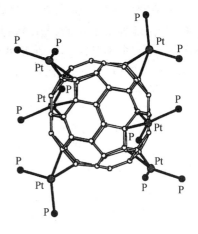

图 5.22 $\mathbf{C_{60}[Pt(PEt_3)_2]_6}$ 的结构
(PEt₃ 中的 Et₃ 未示出)

目前, 已合成了一系列共价结合的 C₆₀—给体对, 它们均具有光化学活性. 由 Diels-Alder 反应制得的下列化合物就是其中的一例[28].

该化合物含二甲基苯胺给电子体, 是一个典型的"球-和-链"("ball-and-chain")体系. 体系中的给体和受体分子间通过类降冰片桥相连, 并存在着电子和能量的转移. 由于化合物中给体和受体间的距离较远, 可有效地阻止电子迅速返回. 这正是光解水的设计中一个很重要的问题.

在苯氰 C₆H₅CN 溶液中, 对上述体系进行闪光光解的研究表明, 电子迅速由二甲苯胺给体转移到分子内的 C₆₀受体上, 并形成一寿命为 250 ns 的电荷分离态(charge-separated state).

科学家们对 C₆₀和卟啉或类胡萝卜素等共价结合形成的 C₆₀—给体对, 以及它们的光致电子转移性也颇感兴趣. 现已发现, C₆₀—卟啉对的电荷转移态寿命较长, 且已成功地用以产生光电流, 有望作为光活性材料加以利用. 以下示出了两例 C₆₀—卟啉化合物.

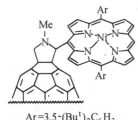

Ar=3,5-(Buᵗ)₂C₆H₃   Ar=3,5-(Buᵗ)₂C₆H₃

3. 包合物

富勒烯是一类空心笼. 以 C₆₀为例, 实验测定, C₆₀的直径为 710 pm, 扣除笼内电子云的厚度,空腔的直径约为 375 pm. 因此,C_{60}刚发现时,Smalley 等就曾预言笼内能容纳一个或几个原子,形成包合物. 如今,预言已成真,**富勒烯包合物**(endohedral fullerene)的合成已经实现. 在已制备的富勒烯包合物中,以金属包合物为主,其次是稀有气体和非金属包合物. 在金属包合物中,又以稀土金属、碱土金属和碱金属包合物为主[29]. 其中绝大多数仅包入 1 个原子,少数包入 2 个,个别包入 3 个. 形成包合物的富勒烯,除 C_{60} 和 C_{70} 外,还包括一些更大的笼. 下表举出若干金属包合物的实例,表中符号"@"表示左边的原子包在右边的富勒烯笼中.

金属包合物实例	M
$M@C_{60}$	Y,La,Ce,Pr,Nd,Gd,Ca,Ba
$M@C_{82}$	Sc,Y,La,Ce,Pr,Nd,Gd,Ho,Tm,Ca
$M_2@C_{80}$	La,Pr
$M_3@C_{82}$	Sc,Ho

其中 $La@C_{82}$ 为首例制备出来的富勒烯包合物.

金属富勒烯包合物主要用同步合成法制备. 例如,以金属碳化物/石墨的复合石墨棒作为阳极,在一定条件下,通过电弧法,同时蒸发被包原子和碳. 结果,空心富勒烯及其包合物同步形成. 混合金属包合物可进一步通过萃取或高效液相色谱法分离提纯. 但合成产率低,分离困难,仍为一大障碍. 目前,已通过 X 射线粉末衍射和波谱等实验手段,对某些纯包合物进行了研究,证实金属原子确实包入笼内. 对于单个的包入原子而言,它的位置偏离笼中心,且靠近某六元环,符合理论计算的稳定位置.

金属富勒烯包合物是一类奇特的分子,具有非同寻常的电学和磁学性质. 研究表明,在 $La_2@C_{80}$ 笼内的静电势能几乎是同心圆,故两个 La 原子可在笼内作环形运动而勿需付出很多能量. La 原子的环形运动可通过调节温度来控制,降低温度,运动停止;升高温度,环形运动又复始. 这实际上是一种有趣的"分子器件",有望用做信息开关或开发其他方面的应用.

除富勒烯的金属包合物外,另一类典型的包合物是稀有气体的包合物,迄今已制得了 C_{60} 和 He、Ar、Kr 和 Xe 的包合物. 以 $Xe@C_{60}$ 为例,它是在高温、高压的条件下,由 C_{60} 和 Xe 气直接反应而得. 混合产物经高效液相色谱,将 $Xe@C_{60}$ 和空的 C_{60} 分离后,进行同位素标记的 ^{129}Xe NMR 的测定. 测定结果表明,笼内、外 ^{129}Xe 的 NMR 信号有明显的化学位移,有力地证实了 Xe 原子确实包入 C_{60} 笼中[30]. ^3He NMR 的测定,同样证实了 C_{60} 笼中的 He 原子.

5.4　碳 纳 米 管

自从 1991 年 Iijima 报道合成了**碳纳米管**(carbon nanotube)以来[31],有关的研究成为继富勒烯以后,碳原子簇领域的又一亮点. 短短的十多年间,无论是碳纳米管的合成、结构,还是性质、应用的研究都取得了可喜的进展,表明碳纳米管性质优良,是一类应用前景广阔的新颖材料.

5.4.1　碳纳米管的结构和合成

前已述及,富勒烯由六边形和五边形构成. 各种不同大小的富勒烯,六边形的数目不等,但五边形却都只有 12 个,这是 Euler 规则决定的(5.3.1 节). 不妨设想一下,拉得很长的富勒烯中,六边形的数目可有千百万,而五边形的数目仍为 12 个,这就演变成了碳纳米管.碳纳米管的管壁为无数个六边形构筑成的网状圆柱体,好似一卷曲的石墨层;两端是由两个富勒烯半球构成的封闭拱顶,共含 12 个五边形.由于富勒烯可通过不同的方式剖开成半球,因而碳纳米管也有几种不同的型式.碳纳米管的直径取决于富勒烯半球的大小,例如,在 C_{240} 基础上生长形成的碳纳米管,直径约为 1.2 nm.图 5.23 示意了碳纳米管的结构[32].

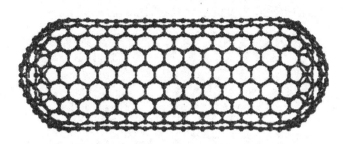

图 5.23　碳纳米管示意图

碳纳米管有一显著的结构特征,即在圆柱体弯曲的表面上,由碳原子构成的六边形盘绕成螺旋形的排列.从高分辨扫描隧道显微镜 STM(scanning tunneling microscopy)的映像中,可清晰地观察到碳纳米管结构中的这种螺旋性(图 5.24).

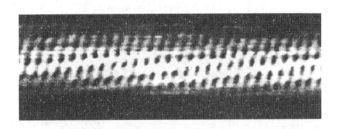

图 5.24　碳纳米管的高分辨 STM 映像

现已合成的碳纳米管分为两类:一类是**多层碳纳米管** MWNT(multiwalled carbon nanotube),另一类是**单层碳纳米管** SWNT(singlewalled carbon nanotube).前者是首先发现的一类.多层碳纳米管的层间距为 0.34 nm,较单晶石墨的层间距(0.335 nm)略大.在多层碳纳米管中,由于层与层之间的相对旋转,使它丧失了单晶石墨那种有序的堆垛方式,成为无序叠置.MWNT 和 SWNT 的长径比都很大,因为它们的长度在微米数量级,而 MWNT 的直径一般在 2~25 nm 的范围内,SWNT 的直径范围相当窄,多数在 1~2 nm 间.碳纳米管正因其直径在纳米数量级而得名.

MWNT 可在氦气氛中通过直流电弧法制备,结果,高度有序的晶须聚集在电极间等离子体产生的区域.此外,还可通过催化气相沉积法或等离子-热阴极化学气相沉积法等制备.SWNT 则可通过催化剂-碳蒸气沉积法制备.过程中催化剂及碳同时通过电弧或激光蒸发引入惰性气氛中.迄今以 Ni:Y:C 质量比为 15:5:80 的混合物为最佳选择.此法得到的产物中,杂质含量很高.此外,还可通过化学气相沉积法(CVD)制备,例如,使 CO 在 Mo 催化剂上歧化产生 SWNT.实验表明,MWNT 的生长可不依赖催化剂,而 SWNT 的生长则必须有催化剂存在,且末端总是闭合的,不含痕迹量的催化剂.这两类碳纳米管的生长机理,目前尚不清楚.

　　最近,Mitchell 等报道,他们以氰/镍/钇为催化剂,在 Re(CO)$_5$Br 存在下,通过激光或电弧蒸发石墨,获得了直径很大,有的甚至达到 5 μm 的多层碳纳米管[33].从扫描电镜 SEM(scanning electron microscopy)和透射电镜 TEM(transmission electron microscopy)映像,可清晰地观察到碳纳米管的形貌和内部的层状结构(图 5.25~5.27).

图 5.25　枝状碳纳米管的 SEM 映像

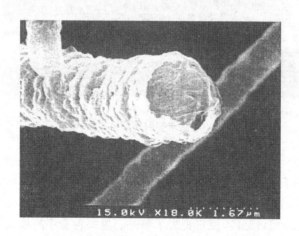

图 5.26　切开的多层碳纳米管的 SEM 映像

　　前已述及,烟炱中的富勒烯可通过溶于有机溶剂,然后再用色谱法分离提纯.和富勒烯不同,碳纳米管不溶于大多数有机溶剂,故提纯方法都基于过滤技术,因而达不到富勒烯的纯度.碳纳米管的纯化,大体上经下列步骤:初级过滤,除去较大的石墨颗粒;用有机溶剂溶解除去富勒烯;用浓酸溶解除去催化剂颗粒;精细过滤以及用色谱法,或者分离大小不同的 MWNT,或者将 SWNT 和无定形碳杂质分离.反复上述操作,最终得到的 SWNT 纯度可达 99% 以上,而从纳米微粒中分离 MWNT 则更困难.分离提纯碳纳米管的方法还在不断地改进中.

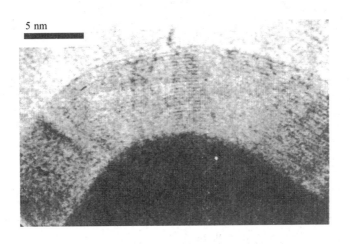

图 5.27　层状多层碳纳米管的 TEM 映像

5.4.2　碳纳米管的性质和应用前景

由于碳纳米管的尺寸、结构上的特征,以及强的 C—C 化学键,使它具有一系列不同寻常的性质.以电学性质为例.碳纳米管的电学性质依赖于不同的型式、直径的大小和螺旋性.例如,由于螺旋结构的不同,SWNT 有金属性和半导性之分.图 5.24 所表示的 STM 映像,即为半导性 SWNT 的螺旋结构.单个的 MWNT 则显示出多样化的电学性质,有金属性、半金属性和半导性.故 MWNT 仅表现出平均的电学性质,倾向于半金属性.

除电学性质外,碳纳米管的机械性质同样具有吸引力.碳纳米管具有高强度和高硬度,是最强和最硬的材料之一,且弹性好,密度低.由于碳纳米管有中空通道,它的密度比石墨低得多,粗略估计,SWNT 可低到 $0.6\,\mathrm{g/cm^3}$,MWNT 在 $1\sim2\,\mathrm{g/cm^3}$ 间.此外,碳纳米管的比表面积大.BET 法的测定表明,MWNT 的比表面积约为 $10\sim20\,\mathrm{m^2/g}$,介于多孔活性炭和石墨之间,预计 SWNT 的还要大一个数量级.

由于碳纳米管优良的特性,以及化学性质上的惰性,因而具有潜在的应用前景.例如,可望用做纳米半导体器件;纳米探针,用于高分辨映像、纳米平版印刷术和传感器等方面;纳米微电极已成功地用于某些生物电化学反应,如多巴胺的氧化反应,性能优于碳电极.碳纳米管还不失为优良的催化剂载体,以及高分子复合材料的填料.

碳纳米管还有一特点,即表面很光滑,且笔直,内部又有一维通道,能嵌入其他物种的原子或分子,有望成为分子导线或纳米存贮器.已有实验表明,KI 能在直径为 1.6 nm 的 SWNT 中生长成一维晶体,长度可达数十微米,而宽度仅为 $2\sim3$ 个原子.用高分辨 TEM 甚至能观察到排列在管内的单个钾和碘离子[34].另有实验表明,氢气或氩气可进入碳纳米管内部,并在一定条件下释放出来,或许碳纳米管能成为世界上最小的气体存贮器[35,36].

总之,碳纳米管的应用,正在不断地探索和开发之中.据报道,国外已有碳纳米技术公司即将批量生产和销售碳纳米管.也许碳纳米管的商业化以及在工业上的应用已指日可待.

5.5　其他非金属原子簇

除硼和碳以外,p 区的其他非金属元素,包括磷、砷、硒和碲等也能形成原子簇,且以**裸原子簇**(naked cluster)为主,如 P_4、As_4、S_4N_4、P_4S_3 和 P_4Se_4 等中性原子簇,以及 Te_6^{4+}、Se_{10}^{2+} 和 $Te_2Se_8^{2+}$ 等簇阳离子[37].但总的来说,这一类原子簇数量较少,研究得也不那么系统.

在上述原子簇中,除 P_4(白磷)和 As_4 广为熟知外,S_4N_4 是较为典型和研究得较多的一个. S_4N_4 可通过 $[(Me_3Si)_2N]_2S$、SCl_2 和 SO_2Cl_2 在 CH_2Cl_2 溶液中反应制得[38].反应式:

$$[(Me_3Si)_2N]_2S + SCl_2 + SO_2Cl_2 \longrightarrow \frac{1}{2}S_4N_4 + 4Me_3SiCl + SO_2 \tag{5.34}$$

S_4N_4 为橙色结晶,25 ℃的电导率仅为 $10^{-14}S \cdot cm^{-1}$,故晶体为绝缘体.在催化剂的作用下, S_4N_4 在气相分解为环状的 S_2N_2,并立即聚合成 $(SN)_x$. $(SN)_x$ 具有各向异性的半导性,在 $0.33K$ 以下则具有超导性.和 S_4N_4 类似的原子簇还有 $Se_2S_2N_4$ 等,后者为红棕色粉末,几乎不溶于有机溶剂.

本节涉及的非金属原子簇,在化学键性质和结构上和硼烷都有明显的差异.根本的原因是硼烷为缺电子(electron-dificient)体系,即硼原子的价电子数比价轨道数少.因此,需用多中心键来描述硼烷的化学键和结构.本节述及的非金属则不同,它们的价电子数多于价轨道数,形成的原子簇属于富电子(electron-rich)体系,因而通常用定域键和孤对电子来描述.同时,随着电子数的增加,在富电子体系中,遂失去了硼烷骨架那种三角面的性质,多面体变得更为开放.此外,它们形成的原子簇,大都为裸原子簇.图 5.28 表示了几例这类原子簇的结构.

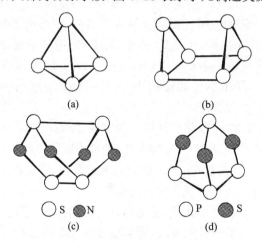

(a)　　　　　　(b)

(c)　　　　　　(d)

○ S　● N

○ P　● S

图 5.28　若干非金属裸原子簇的结构

(a) 白磷 P_4　(b) $Te_6(AsF_6)_4 \cdot 2SO_2$ 中的 Te_6^{4+} 阳离子　(c) S_4N_4　(d) P_4S_3

图 5.28 中的 P_4 具有四面体的结构,Te_6^{4+} 阳离子具有三角棱柱体的结构.假设这类非金属原子簇遵循八隅律,则它们的化学键可描述为:每个原子形成 3 根原子簇键,同时含一对孤对电子.它们的骨架结构则符合 Euler 规则.5.3.1 节已述及,Euler 规则的表达式为:

$$F + V = E + 2$$

以 Te_6^{4+} 阳离子为例,顶点数 $V=6$,棱数 $E=3\times(6/2)=9$,代入上式,则面数 $F=5$. 此与实验

测得的三角棱柱体结构[图 5.28(b)]一致.

图 5.28(c)和(d)所表示的 S_4N_4 和 P_4S_3 的结构,可视为由符合 Euler 规则的基础多面体骨架演变而来.例如,S_4N_4 可视为在楔形假想的 $S_4N_4^{4+}$ 结构中,加入两对电子而得.加入电子对,可使原子簇的键打开,结果一对成键电子为两对孤对电子所代替.若继续加入电子对,则最终可由簇状分子转变为环状分子.这种结构关系表示如下:

假想的 $S_4N_4^{4+}$　　　　　　　S_4N_4　　　　　　　S_8^{2+}　　　　　　　S_8
楔形　　　　　　　　　　　　　　　　　　　　　　　　　　　　　环状
价电子数 $=40=5n$　　　　　　　　　　　　　　　　　　　　　　价电子数 $=48=6n$

P_4S_3 则可视为由四面体的结构派生而得.其中四面体的三条棱被桥式硫原子所取代.其他较为复杂的原子簇结构,也可看做通过不同的途径,由某种形式的基础多面体骨架派生而得.

习　题

5.1 举例说明如何以 BF_3 为原料制备其他高级硼烷.

5.2 按照 Wade 规则,计算下列化合物的骨架电子对数:

(1) B_5H_9　　　　　　　　　　(2) B_5H_{11}

(3) $(Me_4N)[B_3H_8]$　　　　　　(4) $Na_2[B_{10}H_{10}]$

(5) $C_2B_4H_6$　　　　　　　　　(6) $C_2B_4H_8$

5.3 用 Lipscomb 给出的硼烷中化学键的类型,分析 B_4H_{10}、B_5H_9 和 B_5H_{11} 中各存在哪些类型的化学键,并绘出拓扑结构.(提示:注意结构中的总电子数与化学式给出的是否符合.)

5.4 $B_{10}H_{10}^{2-}$、$B_{10}H_{12}^{2-}$ 和 $B_{10}H_{14}^{2-}$ 各是哪种类型的结构?并在图 5.4 中找出它们的位置.

5.5 比较 B_6H_{10} 和 B_6H_{12} 的热稳定性.硼烷热稳定性的一般规律是什么?

5.6 绘出下列分子的结构:

(1) $1,5\text{-}C_2B_3H_5$　　　　　　(2) $1,2\text{-}C_2B_4H_6$

(3) $2,3\text{-}C_2B_4H_8$　　　　　　(4) $CpCoB_4H_8$

5.7 通过计算,说明 As_4、Te_6^{4+} 和 C_8H_8(立方烷)原子簇的骨架结构是否符合 Euler 规则.

5.8 讨论 K_3C_{60} 和 $La@C_{60}$ 在结构和制备上有何不同.

参 考 文 献

硼烷

[1]　K. Wade. Adv. Inorg. Chem. Radiochem. , 18, 1(1976)

[2]　W. W. Porterfield, M. E. Jones, W. R. Gill and K. Wade. Inorg. Chem. , 29, 2914 (1990)

[3]　W. W. Porterfield, M. E. Jones and K. Wade. Inorg. Chem. , 29, 2919 (1990)

[4]　W. W. Porterfield, M. E. Jones and K. Wade. Inorg. Chem. , 29, 2923 (1990)

[5]　R. W. Rudolph. Acc. Chem. Res. , 9, 446 (1976)

[6]　M. L. Denniston, R. K. Hertz and S. G. Shore. J. Am. Chem. Soc. , 96, 3013 (1974)

[7]　N. W. Alcock, H. M. Colquhoun, G. Haran et al. . J. Chem. Soc. , Chem. Commun. , 368 (1977)

[8]　L. Barton. Topics in Current Chemistry, 100, 169 (1982)

[9]　J. A. Dopke, D. R. Powell and D. F. Gaines. Inorg. Chem. , 39, 463 (2000)

[10]　R. B. King. Inorg. Chem. , 40, 6369 (2001)

[11]　W. H. Eberhardt, B. Crawford, Jr. and W. N. Lipscomb. J. Chem. Phys. , 22, 989 (1954)

[12]　R. B. King. Chem. Rev. , 101, 1119 (2001)

硼烷的衍生物

[13]　R. E. Williams. Adv. Inorg. Chem. Radiochem. , 18, 67 (1976)

[14]　M. F. Hawthorne, D. C. Young and P. A. Wegner. J. Am. Chem. Soc. , 87, 1818 (1965)

[15]　K. P. Callahan and M. F. Hawthorne. Adv. Organomet. Chem. , 14, 145 (1976)

[16]　R. N. Grimes. Comprehensive Organometallic Chemistry, 1, 459 (1982)

富勒烯及其化合物

[17]　H. W. Kroto, J. R. Heath, S. C. O'Brien, R. F. Curl and R. E. Smalley. Nature, 318, 162 (1985)

[18]　W. Kratschmer, L. D. Lamb, K. Fostiropoulos et al. . Nature, 347, 354 (1990)

[19]　E. A. Rohlfing, D. M. Cox and A. Kaldor. J. Chem. Phys. , 81, 3322 (1984)

[20]　顾镇南,张泽莹. 大学化学,7(2),1 (1992)

[21]　李玉良,徐菊华,朱道本. 化学通报,No. 10,10(1999)

[22]　H. Kroto. Pure & Appl. Chem. , 62, 407 (1990)

[23]　A. L. Balch and M. M. Olmstead. Chem. Rev. , 98, 2123 (1998)

[24]　周公度. 大学化学,7(4),29(1992)

[25]　M. Bühl and A. Hirsch. Chem. Rev. , 101, 1153 (2001)

[26]　R. G. Bergash, M. S. Meier, J. A. L. Cooke et al. . J. Org. Chem. , 62, 7667 (1997)

[27]　O. V. Boltalina, A. Y. Lukonin, A. G. Avent et al. . J. Chem. Soc. , Perkin Trans. 2, 683 (2000)

[28]　N. Martin, L. Sánchez, B. Illescas and I. Pérez. Chem. Rev. , 98, 2527 (1998)

[29]　曹保鹏,周锡煌,顾镇南. 化学通报,No. 1, 15 (1999)

[30]　M. S. Syamala, R. J. Cross and M. Saunders. J. Am. Chem. Soc. , 124, 6216 (2002)

碳纳米管

[31]　S. Iijima. Nature, 354, 56 (1991)

[32]　P. M. Ajayan. Chem. Rev. , 99, 1787 (1999)

[33]　D. R. Mitchell, R. M. Brown Jr. , T. L. Spires et al. . Inorg. Chem. , 40, 2751 (2001)

[34]　R. R. Meyer, J. Sloan et al. . Science, 289, 1324 (2000)

[35]　C. Liu, Y. Y. Fan, M. Liu et al. . Science, 286, 1127 (1999)

[36]　G. E. Gadd, M. Blackford, S. Moricca et al. . Science, 277, 933 (1997)

其他非金属原子簇

[37]　R. J. Gillespie. Chem. Soc. Rev. , 8, 315 (1979)

[38]　A. Maaninen, R. S. Laitinen, T. Chivers and T. A. Pakkanen. Inorg. Chem. , 38, 3450 (1999)

第6章 有机金属化学(一)

有机金属化合物(organometallic compound)一般是指化合物中至少含一根金属—碳(M—C)键.换句话说,在这类化合物中,金属原子或离子直接和有机基团中的碳原子键合.因此,有机金属化学包括了为数众多的一大类化合物,它是有机和无机化学相互渗透的交叉领域.

有机金属化学的最初发展,可追溯到 1827 年 Zeise 盐 $K[PtCl_3(C_2H_4)] \cdot H_2O$ 的发现.此后,虽然出现了不少重要的有机金属化合物,如 1848 年 Frankland 用锌和卤代烷反应,合成了二甲基锌,随后又相继合成了 $(C_2H_5)_2Zn$、$(CH_3)_2Hg$ 和 $(C_2H_5)_4Sn$ 等,同时将有机锌用于有机合成,并首次将"有机金属化合物"("organometallics")一词引入化学.后来又有四羰基镍和格氏试剂(Grignard reagent)RMgX 等的合成.然而,有机金属化学的迅速发展,还要从 1951 年二茂铁$(C_5H_5)_2Fe$ 的合成算起.因此,一般认为,有机金属化学形成一个相对独立的研究领域,始于 20 世纪 50～60 年代.当前,它不仅是现代无机化学的一个重要组成部分,而且涉及到有机化学,又逐步扩展到生物化学.

由于有机金属化合物在有机合成、催化等许多方面具有特殊重要的意义,发展极其迅速,种类极其繁多.因此,有必要将它们适当地加以分类.分类的方法很多,常见的有:(i) 按不同的金属元素分类;(ii) 按有机基团分类;(iii) 按元素周期表的族分类等.但若从 M — C 化学键性质的角度,则可将有机金属化合物分成以下三大类.

1. 碳原子为 σ 给予体

在碳原子为 σ 给予体(carbon σ donor)的有机金属化合物中,配体大都为有机基团的阴离子,如烷基和芳基等.s 区和 p 区的主族金属元素大多形成此类有机金属化合物,d 区的过渡金属虽也能形成简单的烷基或芳基化合物,但稳定性却比主族金属元素的化合物差.

2. 碳原子既为 σ 给予体,又为 π 接受体

在碳原子既为 σ 给予体,又为 π 接受体(carbon σ donor and π accepter)的有机金属化合物中,配体一般为中性分子,典型的有 CO 和 RNC 等,它们又称 π 酸配体.其中一氧化碳虽为典型的无机小分子,但它和过渡金属形成的羰基化合物中含 M—C 键,因此,同属有机金属化学的范畴.

3. 碳原子为 π 给予体

在碳原子为 π 给予体(carbon π donor)的有机金属化合物中,配体或为直链的不饱和烃,如烯烃或炔烃;或为具有离域 π 键的环状体系,典型的有环戊二烯和苯等.其中最著名的就是Zeise 盐和二茂铁.

由于有机金属化学十分庞大,不仅化合物种类繁多,而且内容极其丰富,因此,本书拟分成两章分别对以上三类有机金属化合物予以梗概地讲述.本章以金属烷基化合物和过渡金属羰基化合物和类羰基化合物为代表,介绍前两类有机金属化合物;后一类则留在下一章中介绍.

6.1　金属烷基化合物

金属烷基化合物(metal alkyls)是有机金属化合物中较为简单、也是发展较早的一类.元素周期表上 s 区和 p 区主族金属元素形成的有机金属化合物,大多属于金属烷基或金属芳基化合物.金属烷基化合物有离子型和共价型之分.电正性高的金属元素,如碱金属中的钠、钾,碱土金属中的钙、锶、钡等,能和烷基形成离子型化合物;而大多数此类化合物则以共价性为主.本节所讨论的仅限于后一类.在共价型金属烷基化合物中,金属—碳(M—C)键一般为正常的二中心—二电子(2c—2e)σ 键,但在某些缺电子体系,如锂、铍、镁、铝等的烷基化合物中,也和硼烷类似,形成烷基桥的多中心键.

6.1.1　合成

金属烷基化合物的合成途径主要有以下四种:

1. 金属和有机卤化物直接反应

许多金属,包括某些过渡金属,都可通过和卤代烷直接反应获取.二烷基锌和格氏试剂最初就是通过下列反应合成的:

$$2\,Zn + 2\,RI \longrightarrow R_2Zn + ZnI_2 \tag{6.1}$$
$$(R=CH_3 \text{ 或 } C_2H_5)$$

$$Mg + CH_3I \xrightarrow{\text{无水乙醚}} CH_3MgI \tag{6.2}$$

工业上生产甲基锂的反应也属此类:

$$8\,Li + 4\,CH_3Cl \longrightarrow (CH_3)_4Li_4 + 4\,LiCl \tag{6.3}$$

类似地,较大的烷基锂,如丁基锂 C_4H_9Li 等也可用此法制备.反应通常在苯或烷烃中进行.其他,如烷基汞和烷基铅等也可直接合成.反应式:

$$Hg + 2\,Na + 2\,CH_3Br \longrightarrow (CH_3)_2Hg + 2\,NaBr \tag{6.4}$$

$$4\,Na\text{-}Pb + 4\,C_2H_5Cl \longrightarrow (C_2H_5)_4Pb + 3\,Pb + 4\,NaCl \tag{6.5}$$

2. 金属置换反应

某些电负性较低的金属,可从其他金属烷基化合物中,将电负性较高的金属置换出来,形成相应的金属烷基化合物.下列反应就是其中的几例:

$$Mg(\text{过量}) + R_2Hg \longrightarrow R_2Mg + Hg \tag{6.6}$$

$$2\,Al + 3(CH_3)_2Hg \longrightarrow Al_2(CH_3)_6 + 3\,Hg \tag{6.7}$$

$$Zn + (CH_3)_2Hg \longrightarrow (CH_3)_2Zn + Hg \tag{6.8}$$

反应 6.6 产生的 R_2Mg,是除格氏试剂(RMgX)外,烷基镁的一种重要类型.反应 6.7 是实验室制备甲基铝常用的方法,而二烷基汞则主要用以制备其他的金属烷基化合物.

除 Mg、Al、Zn 外,Ga、Sn、Pb 和 Bi 等的烷基化合物,也可通过金属置换反应制备.

3. 复分解反应

复分解反应是制备众多金属烷基化合物的有效方法,其中金属烷基化合物和无机金属卤化物间的复分解反应是一种常用的手段,而 Li、Mg、Al 等的烷基化合物更是常用的原料.例如:

$$3(C_2H_5)_4Li_4 + 4\,GaCl_3 \longrightarrow (C_2H_5)_3Ga + 12\,LiCl \tag{6.9}$$

$$2\,RMgX + HgX_2 \longrightarrow R_2Hg + 2\,MgX_2 \tag{6.10}$$

$$Al_2(CH_3)_6 + ZnCl_2 \longrightarrow (CH_3)_2Zn + (CH_3)_4Al_2Cl_2 \tag{6.11}$$

$$4\,R_3Al + 3\,SnCl_4 + 4\,NaCl \longrightarrow 3\,R_4Sn + 4\,NaAlCl_4 \tag{6.12}$$

4. 加成反应

$$C_2H_5Li + Al_2(C_2H_5)_6 \longrightarrow 2\,LiAl(C_2H_5)_4 \tag{6.13}$$

$$2(C_2H_5)_2AlH + 2\,C_2H_4 \longrightarrow Al_2(C_2H_5)_6 \tag{6.14}$$

$$3\,Bu_4Ge + GeCl_4 \xrightarrow[120\,℃]{AlCl_3} 4\,Bu_3GeCl \tag{6.15}$$

$$R_3SnH + R'CH=CH_2 \longrightarrow R'CH_2CH_2SnR_3 \tag{6.16}$$

除上述四条合成路线外,金属烷基化合物还有其他的制备方法,如有机金属化合物与卡宾的反应及光化学反应等.

6.1.2 性质和结构

在金属烷基化合物中,重要的有 Li、Mg、Al、Zn、Hg 等的烷基化合物,而 Sn、Pb 的烷基化合物及其衍生物颇有商业价值. 其中烷基锂是同类碱金属化合物中少有的典型共价化合物,溶于烃或其他非极性溶剂,具有挥发性. 它能在空气中自燃,也能和水或水蒸气反应,但烷基锂和氯化锂或溴化锂按化学计量形成的复合物 $RLi(LiX)_{1\sim6}$ 则为固体,在空气中较稳定. 不仅是烷基锂,R_2Mg、$RMgX$ 和低碳 R_2Zn 等均易被空气氧化,并和水发生剧烈反应. 相对分子质量较低的液态烷基铝很活泼,在空气中着火,遇水则爆炸,烷基铝的衍生物对空气和湿气也很敏感.

烷基汞为无色液体或低熔点固体. 与空气或水均不反应,但对光和热却很敏感. 分解时通常发生 Hg—C 键的均裂,随之而来的是自由基反应. 烷基汞剧毒,现认为水俣病即为甲基汞中毒引起的中枢神经疾病.

低碳烷基铅是非极性的有毒液体. 四甲基铅在 200 ℃左右分解,四乙基铅在 110 ℃左右分解,分解时都伴随着自由基的产生,如:

$$(CH_3)_4Pb \longrightarrow Pb + 4\,\cdot CH_3 \tag{6.17}$$

在共价型的金属烷基化合物中,Zn、Cd、Hg 的甲基化合物为线形分子[图 6.1(a)],M— C

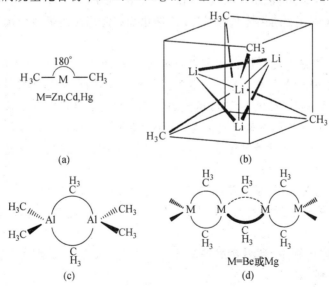

(a)　　　　　(b)

(c)　　　　　(d)

图 6.1　若干金属甲基化合物的结构

(a) $(CH_3)_2M$ (M=Zn,Cd,Hg)　(b) $(CH_3)_4Li_4$　(c) $Al_2(CH_3)_6$

(d) $[(CH_3)_2M]_n$ (M=Be,Mg)

键为正常的 2c—2e σ 键,它们在固、液、气态均不聚合.Li、Be、Mg、Al 等缺电子的甲基化合物则发生不同程度的聚合,存在着烷基桥和多中心键.烷基锂在非极性溶液中发生聚合时,聚合体的大小依赖于溶剂、有机基团的立体构型及反应温度等条件.在烃类溶剂中,RLi(R＝CH₃、C₂H₅、C₃H₇)为六聚体,而叔丁基锂则因体积较大,仅形成四聚体.在乙醚或胺中,烷基锂则以四聚体的形式存在.以甲基锂的四聚体为例,其中 4 个锂组成一正四面体骨架,四面体的每个面上各有一面桥甲基,形成多中心键.在四聚体中,锂、碳桥键的键合作用,大于 Li—Li 间的相互作用[图 6.1(b)].甲基铝为二聚体,其特征是 Al—C—Al 键角很小,仅为 74.7°[图 6.1(c)].甲基铍或镁则为多聚体[图 6.1(d)].在甲基铍、镁、铝中,均存在 3c—2e 的甲基桥键.

6.1.3　应用

金属烷基化合物是有机合成的重要试剂,其中烷基锂、烷基铝和格氏试剂是最常使用的负碳离子(carbanion)试剂.所谓负碳离子性,是指与电正性金属原子共价键合的有机基团上所带的电荷,使它成为强亲核剂或 Lewis 碱,在有机合成中作为亲核 R 基团源.例如,上述试剂中的 R 基团进攻酮中的羰碳原子,接着水解得叔醇;与醛反应,接着水解得仲醇;与 SO_2Cl_2 或 $SOCl_2$ 反应,可制备砜或亚砜等.

$$\begin{matrix} & & \xrightarrow{R_2CO,H_2O} & R_3COH \\ RLi & & \xrightarrow{RCHO,H_2O} & R_2CHOH \\ RMgX & & \xrightarrow{SO_2Cl_2} & R_2SO_2 \\ & & \xrightarrow{SOCl_2} & R_2SO \end{matrix} \tag{6.18}$$

负碳离子性强的基团,还能与弱的 Brønsted 酸,包括水和醇,发生质子转移反应.烷基铝与过量乙醇发生剧烈反应,生成烷氧基铝就是一例.反应式:

$$Al_2(CH_3)_6 + 6 C_2H_5OH \longrightarrow 2 Al(OC_2H_5)_3 + 6 CH_4 \tag{6.19}$$

烷基铝还是 Ziegler-Natta 催化体系的基础.该催化剂广泛用做乙烯或丙烯均相聚合的工业催化剂.

金属烷基化合物除了对有机合成和催化有重要的意义外,还有许多其他方面的应用.例如,四甲基铅和四乙基铅多年来一直被广泛用做汽油的抗爆剂,因为四烷基铅在发动机燃烧室中分解产生的烷基自由基(见式 6.17),和汽油燃烧产生的烷基自由基结合,能发生链终止.正是这种终止剂减少了汽油发生爆炸性燃烧的倾向.然而,铅的毒性相当高,易使废气转化器中的催化剂失活,并对环境造成严重污染.世界上已有许多国家和地区不再把有机铅用做汽油添加剂.

和铅同属一族的烷基锡,是聚氯乙烯和橡胶的稳定剂,用以抗氧化和过滤紫外线.烷基锡氧化物还可用做船体的防污涂料、杀菌剂和木材的防腐剂.但近来认为,有机锡可能伤害对人类有益的生物资源.

此外,在半导体研制中,利用金属烷基化合物的热解,已成功地制备了一系列 Ⅲ-Ⅴ 族和 Ⅱ-Ⅵ 族的半导体材料.如:

$$(CH_3)_3Ga + AsH_3 \xrightarrow{630\sim675\ ℃} GaAs + 3 CH_4 \tag{6.20}$$

$$(CH_3)_2Cd + H_2S \xrightarrow{475\ ℃} CdS + 2 CH_4 \tag{6.21}$$

利用金属烷基或芳基化合物的热解,通过气相沉积还可得到高附着性的金属膜.由热解三丁基铝或三异丙基苯铬制备金属铝膜或铬膜就是两例.

6.2 金属羰基化合物

6.2.1 概述

一氧化碳是最重要的 σ 给予体和 π 接受体.它和过渡金属形成的羰基化合物(metal carbonyls)及其衍生物,不仅数量多,而且它们的化学键、结构、谱学性质以及催化性能等都引起了人们极大的兴趣和关注.

根据金属羰基化合物中金属的原子数,羰基化合物有单核、双核和多核之分.后者又同时属于原子簇的范畴.因此,本节主要讨论单核和双核的羰基化合物,多核的则留在有关的章节中讨论.

在羰基化合物中,金属原子的形式氧化态变化范围很宽.除了有许多氧化态为零的中性化合物以外,还有众多氧化态为负值的羰基阴离子,甚至包括一些高度被还原的羰基阴离子,如 $[M(CO)_4]^{4-}$ ($M=Cr,Mo,W$)、$[M'(CO)_4]^{3-}$ ($M'=Mn,Re$) 和 $[M''(CO)_3]^{3-}$ ($M''=Co,Rh,$ Ir)等,其中金属原子的氧化态为 -3 或 -4,是过渡金属已知的最低氧化态[1].除中性化合物和阴离子外,过渡金属还能形成羰基阳离子.但总的来说,金属羰基化合物以金属原子的低氧化态为特征.据文献报道,近年来合成了一批二元金属羰基阳离子,其中金属原子的氧化态相对于其他金属羰基化合物而言较高,如 $[M(CO)_2]^+$ ($M=Ag,Au$)、$[Hg(CO)_2]^{2+}$、$[M'(CO)_4]^{2+}$ ($M'=Pd,Pt$)、$[Os(CO)_6]^{2+}$ 和 $[Ir(CO)_6]^{3+}$ 等.它们在化学键性质和谱学性质上往往有别于一般的金属羰基化合物[2,3].因此,有时将符合一般规律的称为"经典的"("classical")过渡金属羰基化合物,而把那些不符合一般规律的羰基阳离子,称为"非经典的"("nonclassical")过渡金属羰基化合物.

表 6.1 和 6.2 分别列举了某些单核和双核"经典的"二元羰基化合物及其性质.从表 6.1 可见,室温下,单核的羰基化合物,或为憎水液体,或为挥发性固体.它们都不同程度地溶于非极性溶剂.双核的二元羰基化合物中,除 M—CO 键外,还含 M—M 键.

表 6.1 某些单核二元羰基化合物及其性质

化合物	颜色及状态	熔点/℃	点 群	说 明
$V(CO)_6$	固体黑色,溶液橙黄	d.70	O_h	真空中升华;顺磁性;V—C=200.8 pm
$Cr(CO)_6$	无色晶体	d.130	O_h	易升华;Cr—C=191.3 pm
$Mo(CO)_6$	无色晶体	——	O_h	易升华;Mo—C=206 pm
$W(CO)_6$	无色晶体	——	O_h	易升华;W—C=206 pm
$Fe(CO)_5$	浅黄色液体	−20	D_{3h}	bp 103 ℃
$Ru(CO)_5$	无色液体	−22	D_{3h}	挥发性强
$Os(CO)_5$	无色液体	−15	D_{3h}	挥发性强;难以制取纯净的化合物
$Ni(CO)_4$	无色液体	−25	T_d	bp 43 ℃;易燃,剧毒;Ni—C=183.8 pm

表 6.2 某些双核二元羰基化合物及其性质

化合物	颜 色	熔点/℃	点 群	说 明
$Mn_2(CO)_{10}$	黄	154	D_{4d}	易升华;Mn—Mn = 293 pm
$Tc_2(CO)_{10}$	白	160	D_{4d}	
$Re_2(CO)_{10}$	白	177	D_{4d}	
$Fe_2(CO)_9$	金黄	d.	D_{3h}	Fe—Fe = 246 pm
$Os_2(CO)_9$	橙黄	64~67		
$Co_2(CO)_8$	橙红	d. 51	C_{2v}或 D_{3d}	D_{3d} Co—Co = 254 pm

从表 6.1 和 6.2 还可见,单核和双核"经典的"过渡金属羰基化合物一般符合十八电子规则.其中羰基为两电子给予体,而金属原子本身的价电子数,加上全部羰基提供的电子数,总和为 18.恰好满足过渡金属原子提供的 1 个 s,3 个 p 和 5 个 d 轨道,即 $(n-1)d$、ns 和 np 9 个价轨道最多可充填 18 个电子,以达到稀有气体稳定电子结构的要求.以单核的羰基化合物为例:

Ni(CO)$_4$		Cr(CO)$_6$	
Ni 价电子数	10	Cr 价电子数	6
4(CO)	$4\times2=8$	6(CO)	$6\times2=12$
	$18e^-$		$18e^-$

某些单核的分子片,如 $Mn(CO)_5$ 或 $Co(CO)_4$,由于金属原子的价电子数为奇数,因此,仅为十七电子体系.结果,两个同类的分子片,各提供一个价电子,形成 M—M 键,成为二聚体,即 $Mn_2(CO)_{10}$ 或 $Co_2(CO)_8$,同样满足十八电子规则:

Mn$_2$(CO)$_{10}$		Co$_2$(CO)$_8$	
Mn 价电子数	7	Co 价电子数	9
5(CO)	$5\times2=10$	4(CO)	$4\times2=8$
Mn—Mn	1	Co—Co	1
	$18e^-$		$18e^-$

因此,双核的 $Mn_2(CO)_{10}$ 或 $Co_2(CO)_8$ 是 Mn 或 Co 最简单的中性二元羰基化合物.简单的"经典"羰基化合物中,例外的情况较少,$V(CO)_6$ 是其中的一例,仅为十七电子体系,因此,它易被还原为十八电子的阴离子 $[V(CO)_6]^-$."非经典"的羰基阳离子则不然,它们往往不符合十八电子规则.例如,$[M(CO)_2]^+$(M=Ag,Au)为十四电子体系,$[M'(CO)_4]^{2+}$(M'=Pd,Pt)则为十六电子体系等.

二元金属羰基化合物中的配体,可部分地被其他的基团取代,形成相应的三元或多元衍生物.表 6.3 列出了其中极少部分的实例.除中性衍生物外,金属羰基阴离子或阳离子,同样可形成大量的衍生物.

表 6.3 所列的取代基,仅限于一些常见的小分子配体,事实上金属羰基化合物还可以跟一些复杂的配体形成衍生物.羰基化合物和富勒烯的衍生物就是其中的一类.例如,在一定温度下,将 $Na[Mn(CO)_5]$ 和 C_{60} 在 THF 溶液中回流 18h,分离后,可得到在空气中稳定的黑色晶体 $Na[Mn(CO)_4(\eta^2\text{-}C_{60})]$(图 6.2)[4].其中 C_{60} 好似烯烃配体,它以 2 个六元环交界处的 2 个 C 原子与 Mn 原子配位,故以符号"η^2"表示.

表6.3 若干单核的羰基衍生物

取 代 基	羰基衍生物
H	$Mn(CO)_5H, Fe(CO)_4H_2, Co(CO)_4H$
X^-	$Mn(CO)_5Cl$
RCN	$W(CO)_5(NCCH_3)$
RNC	$Mo(CO)_5(CNCH_3)$
py	$Mo(CO)_5(py), Mo(CO)_4(py)_2$
en	$Mo(CO)_4(en)$
PX_3	$Mo(CO)_5(PF_3), Mo(CO)_4(PCl_3)_2$
PPh_3	$Mo(CO)_4(PPh_3)_2$
PEt_3	$Mo(CO)_3(PEt_3)_3$
$YPh_3(Y=As,Sb,Bi)$	$Mo(CO)_5(YPh_3)$
$Y'Ph_2(Y'=S,Se)$	$Mo(CO)_5(Y'Ph_2)$
C_5H_5-	$(C_5H_5)M(CO)_3$ ($M=Cr,Mo,W$)
C_6H_6	$(C_6H_6)Cr(CO)_3$
C_7H_8	$(C_7H_8)Mo(CO)_3$

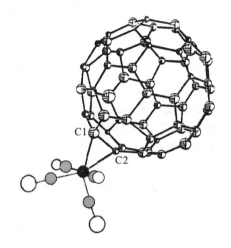

图6.2 $[Mn(CO)_4(\eta^2\text{-}C_{60})]^-$ 阴离子的结构

类似的衍生物还有许多,可以再举出几种较为简单的实例[5]:

$$M(CO)_4(\eta^2\text{-}C_{60}) \quad (M=Fe,Ru)$$

$$Os_3(CO)_{10}(PPh_3)(\eta^2\text{-}C_{60})$$

$$Mo(CO)_3(L)(\eta^2\text{-}C_{60}) \quad (L=Ph_2PCH_2CH_2PPh_2)$$

$$W(CO)_3(L')(\eta^2\text{-}C_{60}) \quad (L'=1,2\text{-}Ph_2PC_6H_4PPh_2)$$

由此可见,过渡金属羰基化合物及其衍生物,是有机金属化学中极其庞大的一类化合物.

6.2.2 制备

金属羰基化合物是一大类化合物,制备方法各异,本节只能针对某些类型的化合物,介绍几种典型的合成方法.

1. 二元金属羰基化合物

在金属中,惟有镍和铁能在较温和的条件下直接与一氧化碳气体反应,形成相应的羰基化合物.反应式：

$$Ni + 4\,CO \xrightarrow[100\,kPa]{25\,℃} Ni(CO)_4 \tag{6.22}$$

$$Fe + 5\,CO \xrightarrow[10\,MPa]{150\,℃} Fe(CO)_5 \tag{6.23}$$

其他的二元金属羰基化合物,大都间接地由相应金属的卤化物、氧化物或其他的盐还原而来.通常使用的还原剂有钠、烷基铝、一氧化碳本身或一氧化碳和氢气的混合气等.式 6.24～6.27 给出了若干实例.此外,$Fe_2(CO)_9$ 是在烷烃溶剂中,通过紫外线辐射 $Fe(CO)_5$ 的光化学反应制备的[①].

$$CrCl_3 + Al + 6\,CO \xrightarrow[140\,℃,\,30\,MPa]{AlCl_3,\,C_6H_6} Cr(CO)_6 + AlCl_3 \tag{6.24}$$

$$2\,CoCO_3 + 2\,H_2 + 8\,CO \xrightarrow[30\,MPa]{130\,℃} Co_2(CO)_8 + 2\,CO_2 + 2\,H_2O \tag{6.25}$$

$$OsO_4 + 9\,CO \longrightarrow Os(CO)_5 + 4\,CO_2 \tag{6.26}$$

$$VCl_3 + 4\,Na + 6\,CO \xrightarrow[160\,℃,\,20\,MPa]{diglyme} [Na(diglyme)_2][V(CO)_6] + 3\,NaCl$$
$$\tag{6.27}$$
$$\downarrow HCl\text{-}Et_2O$$
$$V(CO)_6$$

2. 金属羰基阴离子

金属羰基阴离子不仅是有机金属化学重要的中间产物,而且在数量上远远超过中性的羰基化合物.有些过渡金属,如铌和钽等,仅分离出它们的羰基阴离子,如 $[Nb(CO)_6]^-$ 和 $[Ta(CO)_6]^-$ 等;镍的中性羰基化合物为数极少,但羰基阴离子却有多种.金属羰基阴离子的数目还大大地超过阳离子.

金属羰基阴离子可通过以下途径制备：

(1) 金属羰基化合物和碱作用

用以制备金属羰基阴离子的碱,可以是碱金属氢氧化物的水溶液或醇溶液,氨或胺以及其他的 Lewis 碱.如：

$$Fe_2(CO)_9 + 4\,NaOH \longrightarrow Na_2[Fe_2(CO)_8] + Na_2CO_3 + 2\,H_2O \tag{6.28}$$

$$Fe(CO)_5 + Et_3N \xrightarrow[80\,℃]{H_2O} (Et_3NH)[Fe_3(CO)_{11}H] \tag{6.29}$$

(2) 用碱金属还原金属羰基化合物

$$Mn_2(CO)_{10} + 2\,Li \xrightarrow{THF} 2\,Li[Mn(CO)_5] \tag{6.30}$$

$$2\,M(CO)_6 + 2\,Na\text{-}Hg \xrightarrow[h\nu]{THF} Na_2[M_2(CO)_{10}] + 2\,CO \tag{6.31}$$

$$(M = Cr,\,Mo,\,W)$$

碱金属的液氨溶液、碱金属萘盐或钠的冠醚或穴合物的 THF 溶液等强还原剂,甚至可高度还原金属羰基化合物,产生金属氧化态很低的富电子体系.如：

$$Cr(CO)_4(TMEDA) + 4\,Na \xrightarrow[-33\,℃,\,6\sim8\,h]{NH_3(l)} \underset{\text{黄色}}{Na_4[Cr(CO)_4]}\downarrow + TMEDA \tag{6.32}$$

---

① 反应 6.27 中,diglyme 为 $O(CH_2CH_2OCH_3)_2$,下同.

(TMEDA＝四甲基亚乙基二胺)

$$Mn_2(CO)_{10} \xrightarrow[20\text{ ℃}]{\text{碱金属萘盐(过量),THF}} M_3[Mn(CO)_4] \qquad (6.33)$$

(M＝Na,K)

(3) 用阴离子取代金属羰基化合物中的羰基

$$Mo(CO)_6 + KI \xrightarrow{\text{diglyme}} [K(\text{diglyme})_3][Mo(CO)_5I] + CO \qquad (6.34)$$

$$Mo(CO)_6 + KC_5H_5 \longrightarrow K[(C_5H_5)Mo(CO)_3] + 3CO \qquad (6.35)$$

$$M(CO)_6 + R_4NX \longrightarrow (R_4N)[M(CO)_5X] + CO \qquad (6.36)$$

(M＝Cr,Mo,W; X＝Cl,Br,I)

3. 金属羰基阳离子

金属羰基阳离子可通过羰基卤化物和 Lewis 酸的作用来制备,也可通过金属羰基化合物的歧化反应,或金属—卤素配合物在阴离子存在下,直接跟一氧化碳反应等方法制备.如:

$$Mn(CO)_5Cl + AlCl_3 + CO \longrightarrow [Mn(CO)_6][AlCl_4] \qquad (6.37)$$

$$(C_3H_5)Fe(CO)_3Cl + AgBF_4 \longrightarrow [(C_3H_5)Fe(CO)_3][BF_4] + AgCl \qquad (6.38)$$

$$Co_2(CO)_8 + 2PPh_3 \longrightarrow [(Ph_3P)_2Co(CO)_3]^+[Co(CO)_4]^- + CO \qquad (6.39)$$

$$(Et_3P)_2PtCl_2 + ClO_4^- + CO \longrightarrow [(Et_3P)_2Pt(CO)Cl][ClO_4] + Cl^- \qquad (6.40)$$

"非经典"的羰基阳离子,则通过金属氟化物或其他的盐,在 CO 气氛中,在液态 SbF_5 存在下发生羰基化或溶剂分解作用制取.如:

$$2IrF_6 + 15CO + 12SbF_5 \xrightarrow[60\text{ ℃,12 h}]{SbF_5(l)} 2[Ir(CO)_6][Sb_2F_{11}]_3 + 3COF_2 \qquad (6.41)$$

$$Hg(SO_3F)_2 + 2CO + 8SbF_5 \xrightarrow[100\text{ ℃,1 h}]{SbF_5(l)} \underset{\text{白色固体}}{[Hg(CO)_2][Sb_2F_{11}]_2} + 2Sb_2F_9(SO_3F) \qquad (6.42)$$

$$\text{顺-}M(CO)_2(SO_3F)_2 + 2CO + 8SbF_5 \xrightarrow[25\sim60\text{ ℃}]{SbF_5(l)} [M(CO)_4][Sb_2F_{11}]_2 + 2Sb_2F_9(SO_3F) \qquad (6.43)$$

(M＝Pd,Pt)

6.2.3 结构和化学键

在金属羰基化合物中,一氧化碳分子可以和一个、两个或三个金属原子键合.在一般情况下,它仅通过碳原子和金属原子结合,少数情况下也可以同时通过氧原子配位.图 6.3 表示了几种一氧化碳和金属原子的配位方式,即端基、边桥基、半桥基、面桥基和侧基.以下就图 6.3 所表示的五种结合方式,分别加以介绍.

1. 端基

当一氧化碳分子和一个金属原子键合时,形成**端基**(terminal).端基可用"μ_1-CO"表示,也可以不加"μ_1".在端基中,结构单元 M—C—O 为线形或接近线形(参见图 6.7),而且 M—C 键距比金属烷烃间的 M—C 单键短得多.例如,在化合物 $(C_5H_5)Mo(CO)_3(C_2H_5)$ 中,Mo—CO 为 197 pm,而 Mo—C_2H_5 则为 238 pm.

一氧化碳和金属原子间的化学键,除有 M←CO 的

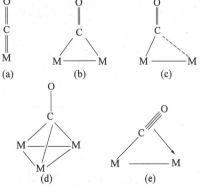

图 6.3 CO 和金属原子的几种配位方式
(a) 端基 (b) 边桥基 (c) 半桥基
(d) 面桥基 (e) 侧基

σ 配键以外,还有 M→CO 的 **反馈键**(back bonding). 根据分子轨道理论的计算,结合光电子能谱的实验数据,一氧化碳的分子轨道能级图如图 6.4 所示. 由于一氧化碳分子共有 10 个价电子,它的电子排布为:

$$KK(3\sigma)^2(4\sigma)^2(1\pi)^4(5\sigma)^2$$

由此可见,一氧化碳分子有空的反键 π^* 轨道. 它的结构可简单地表示为 $\mathbf{:C \equiv O:}$,其中黑点分别表示碳原子和氧原子上的孤对电子,而 C—O 间为 1 根 σ 键、2 根 π 键.

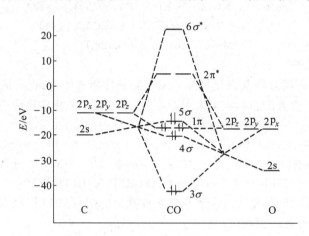

图 6.4　CO 的分子轨道能级和电子排布图

在端梢的羰基中,一氧化碳以碳原子的孤对电子和中心金属原子的空轨道形成 σ 配键[图 6.5(a)];此外,一氧化碳空的反键 π^* 轨道又可以和金属原子充满电子的、具有 π 对称性的 d 轨道重叠,形成 π 键. 这种 π 键由金属原子提供电子,称为 $d\pi \to p\pi$ 的反馈键[图 6.5(b)]. 因此,M—CO 之间的化学键为 σ—π 配键,而 CO 则是最重要的一类 π 酸配体.

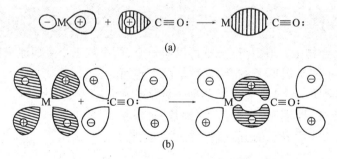

图 6.5　M—CO 间的 σ—π 配键示意图
(a) M←CO σ 配键　　(b) M→CO 反馈键

M—CO 间反馈键的存在,意味着一部分负电荷从中心金属原子转移到 CO 配体上. "经典的"羰基化合物中的金属原子处于低氧化态,如 $\overset{0}{Ni}(CO)_4$、$Na\overset{-1}{Co}(CO)_4$ 和 $CH_3\overset{+1}{Mn}(CO)_5$ 等. 因此,金属原子有较高的电子密度,有可能转移一部分到配体上. 结果加强了 M—C 之间的键合作用,削弱了 C—O 键的强度,略为降低了 C—O 键的键级,并使这些低价或零价的金属羰基化合物得以稳定.

M—CO 间的化学键,可用下式描述:

$$^-\text{M}\!-\!\text{C}\!\equiv\!\text{O}^+ \longleftrightarrow \text{M}\!=\!\text{C}\!=\!\text{O}$$

其中的"－"和"＋"表示形式电荷.上述描述表示 M—C 键级在 1～2 之间,C—O 键级在 2～3 之间.IR 的研究表明,在端梢的羰基中,C—O 键级一般在 2.4～2.8 的范围内.例如,Cr(CO)_6 和 Ni(CO)_4 的 C—O 键级分别为 2.65 和 2.75,当然,也有少数低到 2.2～2.3 的.

2. 边桥基

在双核或多核的金属羰基化合物中,当 CO 配体同时和两个金属原子结合时,形成**边桥基** (edge bridging)[6].边桥基通常用"μ_2-CO",或简单地用"μ-CO"表示.边桥基仍可作为两电子配体,因为碳原子上孤对电子的轨道能同时和形成 M—M 键的两个金属原子的空轨道重叠 [图 6.6(a)];而金属原子充满电子的轨道又能和 M_2CO 平面上 CO 配体空的反键 π^* 轨道相互作用,形成反馈键[图 6.6(b)].因此,净的效果是将 CO 的键级降低到 2,同时,μ_2-CO 中的碳原子通过两根 M—C 单键和两个金属原子键合[图 6.3(b)].

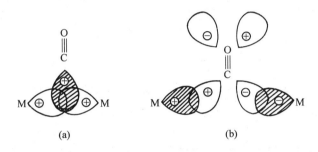

图 6.6　边桥基中的化学键

边桥基有对称和不对称之分.对称的边桥基,C—O 键轴和 M—M 键轴接近相互垂直,而且两根 M—C 键长无明显的差别,M—C—M 键角通常在 77～90°的范围内.不对称的边桥基,尽管 C—O 键轴仍接近垂直于 M—M 键轴,但两根 M—C 键长有明显的差别.它是对称的边桥基和端基的中间状态.

图 6.7(a)～(c)分别表示了几例具有对称边桥基的金属羰基化合物,$\text{Fe}_2\text{(CO)}_9$、顺-$\text{(C}_5\text{H}_5\text{)}_2\text{Fe}_2\text{(CO)}_4$ 和 $\text{Co}_2\text{(CO)}_8$ 的结构和相应的结构数据.$\text{Fe}_2\text{(CO)}_9$ 中的 3 个 μ_2-CO 基团是等同的,而且高度对称.顺-$\text{(C}_5\text{H}_5\text{)}_2\text{Fe}_2\text{(CO)}_4$ 中的 $\text{Fe}_2\text{(}\mu_2\text{-CO)}_2$ 部分不在同一平面内,2 个 $\text{Fe}_2\text{(}\mu_2\text{-CO)}$ 基团间的两面角为 164°.$\text{Co}_2\text{(CO)}_8$ 在固态时,含 2 个对称的 μ_2-CO,Co—Co 距离为 252 pm.

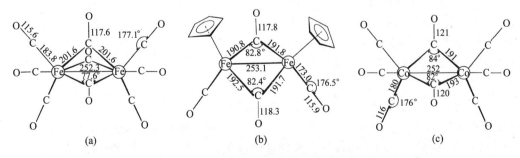

图 6.7　若干含对称边桥基的金属羰基化合物

(a) $\text{Fe}_2\text{(}\mu_2\text{-CO)}_3\text{(CO)}_6$　(b) 顺-$\text{(C}_5\text{H}_5\text{)}_2\text{Fe}_2\text{(}\mu_2\text{-CO)}_2\text{(CO)}_2$　(c) $\text{Co}_2\text{(}\mu_2\text{-CO)}_2\text{(CO)}_6$

图 6.8(a)和(b)分别表示了两例含不对称边桥基的金属羰基化合物,即

$$Fe_3(CO)_{12} \text{ 和 } (C_7H_8)Co_2(CO)_6$$

的结构和相应的结构数据.$Fe_3(CO)_{12}$中 2 个不对称的 μ_2-CO 横跨 Fe_3 三角形的同一条边,2 个 $Fe_2(\mu_2\text{-CO})$基团间的两面角为 139.6°.$(C_7H_8)Co_2(CO)_6$ 可看做是 $Co_2(CO)_8$ 同一钴原子上 2 个端梢的 CO 配体为降冰片二烯(norbornadiene)所取代的产物.$Co_2(\mu_2\text{-CO})_2$ 不在同一平面内,2 个 $Co_2(\mu_2\text{-CO})$基团间的两面角为 135.0°.由 $Co_2(CO)_8$ 到 $(C_7H_8)Co_2(CO)_6$,分子由对称到不对称,导致$(C_7H_8)Co_2(CO)_6$分子中的边桥基也不对称.

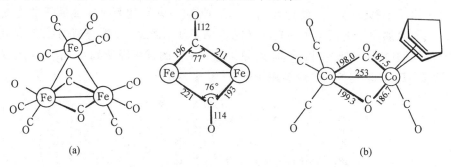

图 6.8　含不对称边桥基的金属羰基化合物

(a) $Fe_3(\mu_2\text{-CO})_2(CO)_{10}$　　(b) $(C_7H_8)Co_2(\mu_2\text{-CO})_2(CO)_4$

值得注意的是,在金属羰基化合物中,端基和边桥基并非一成不变,它们处在不断地互换或游动之中,这种现象已为核磁共振的实验所证实。有关内容将在下一节中述及.

3. 半桥基

半桥基[7](semibridging)可看成高度不对称的边桥基.半桥基和不对称边桥基之间虽无截然的分界线,但毫无疑问,半桥基中两根 M—C 键键长的差别更加明显,一般认为两者之差大于 25 pm.同时,C—O 键轴不在 M—M 键轴的垂直方向上,这意味着两个 M—C—O 键角差别较大.

半桥基形成的原因之一,是因为它处于内在的不对称的环境,而半桥基可以消除这种不对称分子中电荷分布的不平衡.此外,在少数分子中,半桥基的出现还和空间位阻有关.以图 6.9 所示的化合物为例:

$$C_4(CH_3)_2(OH)_2Fe_2(CO)_6$$

该分子中 2 个铁原子所处的化学环境不同,为了区别分别标以"Fe"和"Fe′",而整个分子的立体结构明显的不对称.目前认为,其中含一个半桥基(即图中圈出者),它有两处反常:

(i) Fe—C—O 键角仅为 168°,偏离线形较远,明显的呈现出弯曲状;

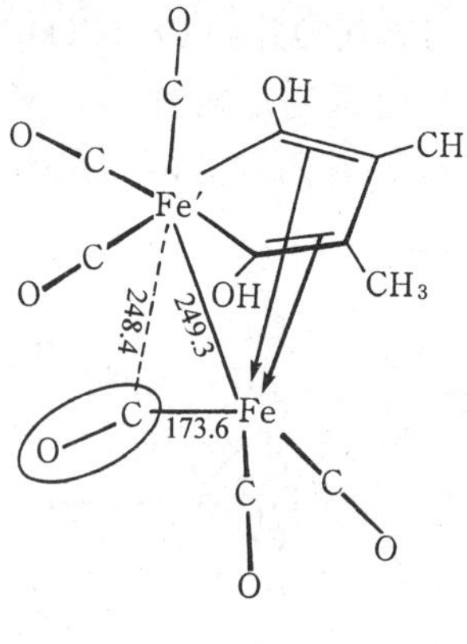

图 6.9　$C_4(CH_3)_2(OH)_2Fe_2(CO)_6$ 的结构

(ii) Fe—C 距离(173.6 pm)接近正常端基的数值,而 Fe′—C 距离(248.4 pm)又明显的比不存在化学键的作用短.

进一步考察 $C_4(CH_3)_2(OH)_2Fe_2(CO)_6$ 分子的电荷分布和半桥基的化学键性质发现:倘

若先不考虑 Fe—Fe′ 键,同时,把上述反常的羰基也看成是端基,则 Fe 原子的价电子数为 18,其中 8 个是 Fe 本身的价电子,6 个来自三个羰基,另外 4 个来自两个配位的双键;而 Fe′ 原子的价电子数仅为 16,除 Fe′ 本身的 8 个价电子以外,6 个来自三个羰基,还有 2 个来自两个以单键相连的碳原子. 结构的测定表明,$C_4(CH_3)_2(OH)_2Fe_2(CO)_6$ 分子中存在着 Fe—Fe′ 键,因此,可用配键,即 Fe→Fe′ 来描述,于是两个铁原子均满足十八电子规则. Fe→Fe′ 配键的形成导致电荷分布的极性,相应于 $\overset{+}{Fe}$→$\overset{-}{Fe}$′. 这种电荷分布的不平衡可为半桥式的羰基所调整,因为它可用 2 个空的反键 π* 轨道之一,从 Fe′ 原子那里接受电子密度,而和 Fe 原子仍保持 σ—π 配键的结合,如图 6.10 所示.

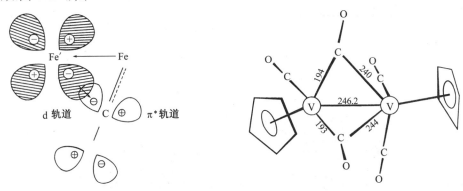

图 6.10　半桥基化学键图示　　　　　图 6.11　$(C_5H_5)_2V_2(CO)_5$ 的结构

$(C_5H_5)_2V_2(CO)_5$ 也存在半桥基. 和 $C_4(CH_3)_2(OH)_2Fe_2(CO)_6$ 类似,其中半桥式的羰基可消除分子内电荷的不平衡. 图 6.11 示意出 $(C_5H_5)_2V_2(CO)_5$ 的结构.

此外,羰基化合物 $Fe_2(CO)_7(bipy)$、$FeCo(CO)_8^-$ 和 $(C_5H_5)_2Mo_2(CO)_4(RC\equiv CR)$ 等中也含半桥基,此处不一一列举.

4. 面桥基

在多核的金属羰基化合物中,当 CO 配体和 3 个金属原子结合时,形成**面桥基**(face bridging). 面桥基通常用 "μ_3-CO" 表示. μ_3-CO 基团中碳原子上含孤对电子的轨道可以和符号相同的 3 个金属原子轨道的组合重叠[图 6.12(a)];同时,CO 配体上 2 个空的反键 π* 轨道又能从对称性匹配的金属原子轨道的组合中接受负电荷密度[图 6.12(b)和(c)].

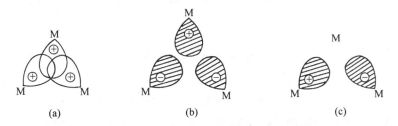

(a)　　　　　　　　(b)　　　　　　　　(c)

图 6.12　能和 μ_3-CO 孤对电子及 π* 轨道作用的金属原子轨道的组合

因此,M_3—CO 间的键可看做包含 3 对电子. 另一种描述方法是:μ_3-CO 通过 3 根 M—C 单键和形成三角形的金属原子相结合,从形式上看,C—O 键级降低到 1[图 6.3(d)].

图 6.13 表示了若干含面桥基的金属羰基化合物.在图 6.13(a)显示的 $(C_5H_5)_3Co_3(CO)_3$ 晶体结构中,Co_3 构成三角形的骨架,一个 CO 配体和三个钴原子结合,属面桥基;另外两个 μ_2-CO 为半桥基,它们各跨一条 Co—Co 边.

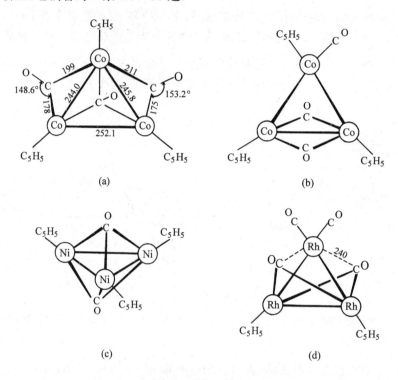

图 6.13　若干含面桥基的金属羰基化合物

(a) $(C_5H_5)_3Co_3(CO)_3$(晶体)　(b) $(C_5H_5)_3Co_3(CO)_3$(溶液)

(c) $(C_5H_5)_3Ni_3(CO)_2$　　　　　(d) $[(C_5H_5)_2Rh_3(CO)_4]^-$

X 射线结构分析表明,在 $(C_5H_5)_3Ni_3(CO)_2$ 分子中,3 个镍原子构成一等边三角形,边长 239 pm;2 个面桥基分别位于 Ni_3 平面的两侧[图 6.13(c)].

$[(C_5H_5)_2Rh_3(CO)_4]^-$ 阴离子的结构[图 6.13(d)]比较特殊,其中 Rh_3 形成三角形骨架,一条 Rh—Rh 边上有 2 个 μ_2-CO,另一 Rh 原子则和 2 个 μ_1-CO 结合.μ_2-CO 基团朝着第三个 Rh 原子的方向,致使 Rh···C 距离很短,仅为 240 pm,因此,这两个 μ_2-CO 也可看成是"半面桥基".

5. 侧基

含**侧基**(side-on bonding)的金属羰基化合物为数较少.一个典型的实例是双核的 $Mn_2(CO)_5(Ph_3PCH_2PPh_2)_2$,它的结构表示在图 6.14 中[8].

$Mn_2(CO)_5(Ph_2PCH_2PPh_2)_2$ 分子中的侧基,可认为是四电子给予体,它对每个 Mn 原子提供 2 个电子.Mn—Mn 间为单键,每个 Mn 原子还和 2 个端梢的 CO 配体结合.

总的来说,金属羰基化合物中的 CO 配体虽能以多种方式和金属原子相结合,但最常见的形式是端基,其次是边桥基.从元素来看,最易形成边桥基的是铁,其次是钴、铑和钌等.

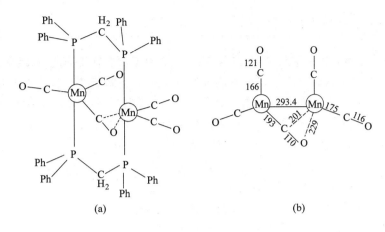

图 6.14 Mn$_2$(CO)$_5$(Ph$_2$PCH$_2$PPh$_2$)$_2$ 的结构

(a) 分子的全貌　(b) 分子中的 Mn$_2$(CO)$_5$ 部分

6.2.4 谱学性质

金属羰基化合物中,M—CO 化学键的特征是形成 σ—π 配键. 由于 π 反馈键的形成,加强了 M—C 间的化学键,削弱了 C—O 间的化学键,使 C—O 键长略有增长. 例如,自由的 CO 键长为 112.8 pm,而 Ni(CO)$_4$ 的 C—O 键为 115 pm. 键长的增加虽不十分明显,但在红外光谱 (IR) 中,CO 的伸缩振动频率 $\tilde{\nu}$(CO) 的变化却是明显的. 在自由的 CO 中,$\tilde{\nu}$(CO) 为 2143 cm^{-1}, 而在那些金属氧化态低的"经典"羰基化合物中,$\tilde{\nu}$(CO) 的数值总是降低的. 因此,通常用 $\tilde{\nu}$(CO) 值定性地比较 M—CO 键中反馈键的相对强弱,即 $\tilde{\nu}$(CO) 的数值越低,意味着 C—O 键的削弱越明显,也就是说反馈键越强. 下表中列举了两组等电子体的 $\tilde{\nu}$(CO) 值,以资比较:

金属羰基化合物	$\tilde{\nu}$(CO)/cm^{-1}	金属羰基化合物	$\tilde{\nu}$(CO)/cm^{-1}
Ni(CO)$_4$	2066		
Co(CO)$_4^-$	≈1890	Mn(CO)$_6^+$	≈2090
Fe(CO)$_4^{2-}$	≈1790	Cr(CO)$_6$	2018
Mn(CO)$_4^{3-}$	1670	V(CO)$_6^-$	≈1860
Cr(CO)$_4^{4-}$	1462		

比较以上两组等电子体的 $\tilde{\nu}$(CO) 可见:(i) 它们的数值均比自由 CO 的 2143 cm^{-1} 有不同程度的降低,表明均有不同程度的反馈键.(ii) 金属原子的氧化态越低,$\tilde{\nu}$(CO) 的数值越低,反馈键也就越强.

大量 IR 的实验结果,支持了"经典"羰基化合物中 M—CO 间反馈键的存在,而且金属原子的氧化态越低,反馈键越强. 这是合乎逻辑的,因为氧化态越低,意味着有可能从金属原子转移更多的负电荷到碳原子甚至氧原子上,形成更强的反馈键.

然而,后来发现的一类"非经典的"羰基阳离子,却不符合上述一般规律. 它们的 $\tilde{\nu}$(CO) 值不仅远高于其他的端基,甚至比 CO 的 2143 cm^{-1} 还高. 例如,下列几个羰基阳离子中,CO 的伸缩振动频率若以 IR 和 Raman 光谱的平均值 $\tilde{\nu}$(CO) 表示,则分别为:

	$Au(CO)_2^+$	$Hg(CO)_2^{2+}$	$Pt(CO)_4^{2+}$	$Ir(CO)_6^{3+}$
$\tilde{\nu}(CO)/cm^{-1}$	2235	2280	2261	2295

对于同一种元素,如 Ir,从 $Ir(CO)_3^{3-}$ 阴离子到 $Ir(CO)_6^{3+}$ 阳离子,Ir 的氧化态从-3增加到$+3$,相应的 $\tilde{\nu}(CO)$ 值则从 $1642\,cm^{-1}$ 升高到 $2295\,cm^{-1}$. 表明伴随着氧化态的升高,π 反馈键的成分降低,σ 给予性相对增加. 在这些"非经典的"羰基阳离子中,$\tilde{\nu}(CO)$ 的数值反而超过了 CO 分子本身. 因此,有人提出质疑:在这类羰基阳离子中,是否还存在 π 反馈键?抑或仅有 σ 键的成分? 当然,对于这类羰基阳离子化学键的性质,尚有待于深入研究,不能匆忙下结论,但至少它们的化学键性质和"经典的"羰基化合物有所差异.

金属羰基化合物的 $\tilde{\nu}(CO)$ 值,不仅可用于端基(μ_1-CO),以判断反馈键的相对强弱,还可作为晶体结构测定的一种辅助手段,判断或验证化合物是否存在桥基(μ_2-CO)或(μ_3-CO). 在 IR 中,(μ_1-CO)和(μ_2-CO)的 $\tilde{\nu}(CO)$ 值有明显的差别. 以 $Co_2(CO)_8$ 为例,图 6.15 给出了室温下 $Co_2(CO)_8$ 在正己烷溶液中的 IR 谱图. 由图可见,在 $2050\,cm^{-1}$ 附近和 $1858\,cm^{-1}$ 处,各有一组强吸收带. 显然,前者对应于(μ_1-CO),后者对应于(μ_2-CO). 因为边桥基中的 C 原子可以从 2 个 Co 原子那里接受负电荷,π 反馈键必然比端基的强,$\tilde{\nu}(CO)$ 的数值也更低. 结构的测定表明,$Co_2(CO)_8$ 含 2 个边桥基(图 6.7),分子式可书写为 $Co_2(\mu_1\text{-}CO)_6(\mu_2\text{-}CO)_2$. 此与 IR 的测定结果一致.

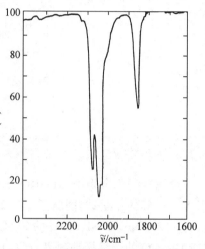

图 6.15　$Co_2(CO)_8$ 在正己烷溶液中的 IR 谱图

$Co_2(CO)_8$ 的 IR 结果具有普遍意义. 图 6.16 给出了 $Pt_3(\mu_1\text{-}CO)_3(\mu_2\text{-}CO)_3^{2-}$ 在 THF 溶液中的 IR 谱图及其结构,其中 $\tilde{\nu}(CO)$ $1945\,cm^{-1}$ 和 $1740\,cm^{-1}$ 分别对应于(μ_1-CO)和(μ_2-CO). 而仅含端基的 $Mn_2(CO)_{10}$ 和 $Os_3(CO)_{12}$ 等的 IR 谱图上,在 $1800\,cm^{-1}$ 附近就不出现吸收带.

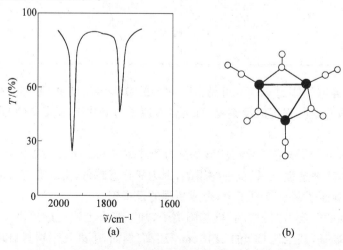

(a)　　　　　　　　　　(b)

图 6.16　$Pt_3(CO)_6^{2-}$ 在 THF 溶液中的 IR 谱图(a)及结构(b)

面桥基的 $\tilde{\nu}(CO)$ 数值更低. 例如,在 $(C_5H_5)_3Co_3(\mu_2\text{-}CO)_2(\mu_3\text{-}CO)$ 的固体 IR 谱图中,$1673\,cm^{-1}$ 的峰对应于 $(\mu_3\text{-}CO)$,$1800\,cm^{-1}$ 附近的吸收带对应于 $(\mu_2\text{-}CO)$.

不仅是红外光谱,X 射线光电子能谱(X-ray Photoelectron Spectroscopy,简称 XPS,因最初用于化学分析,习惯上又称 ESCA,即 Electron Spectroscopy for Chemical Analysis)也能提供有关反馈键相对强弱的信息. Jolly 等用 ESCA 测定了大量气态过渡金属羰基化合物各组分原子的内层电子结合能 E_B 的数值. 发现不仅是碳原子的 $E_B(C\ 1s)$ 比自由 CO 分子的低,氧原子的 $E_B(O\ 1s)$ 也比 CO 的低,而且更为敏感[9]. 例如,自由 CO 分子的 $E_B(O\ 1s)$ 为 $542.57\,eV$,而 $Fe(CO)_5$、$Cr(CO)_6$、$(C_4H_6)Fe(CO)_3$、$(C_6H_6)Cr(CO)_3$ 的依次为 540.00、539.66、539.29、$538.23\,eV$ 等,且各化合物 $E_B(O\ 1s)$ 的变化趋势和 IR 中 $\tilde{\nu}(CO)$ 的变化趋势基本一致. 表明 $O\ 1s$ 结合能的数值也可用以定性比较反馈键的相对强弱,即 $E_B(O\ 1s)$ 的数值越低,反馈键的倾向越大. $O\ 1s$ 内层电子结合能的降低,还表明金属原子的负电荷,不仅转移到羰基的碳原子上,还进一步转移到氧原子上.

此外,ESCA 还可提供有关边桥基的信息. 图 6.17 示出了 $Co_4(CO)_{12}$ 和 $(C_5H_5)_2Fe_2(CO)_4$ 的 $O\ 1s$ 结合能的 ESCA 谱图. 其中端基和边桥基的数值(见下表)分别为:

	端基 $E_B(O\ 1s)/eV$	边桥基 $E_B(O\ 1s)/eV$
$Co_4(CO)_{12}$	539.62	538.37
$(C_5H_5)_2Fe_2(CO)_4$	538.55	537.36

而且信号强度,即峰面积的大小和端基、边桥基的比率相匹配. 在上述两例中,前者的强度比接近 $3:1$,后者接近 $1:1$,与其分子结构 $Co_4(\mu_1\text{-}CO)_9(\mu_2\text{-}CO)_3$ 和 $(C_5H_5)_2Fe_2(\mu_1\text{-}CO)_2(\mu_2\text{-}CO)_2$ 一致.

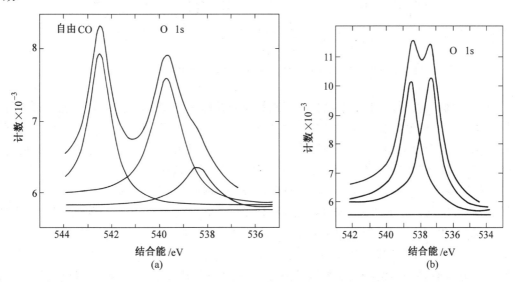

图 6.17 $Co_4(CO)_{12}(a)$ 和 $(C_5H_5)_2Fe_2(CO)_4(b)$ 的 $O\ 1s$ ESCA 谱图

前已提及,在金属羰基化合物中,端基和边桥基并不是一成不变的. 例如,在溶液里,许多分子的端基和边桥基不断地进行着分子内的重排或互换,而核磁共振谱(NMR)正是研究这种现象的有力手段.图 6.18 示出了$(C_5H_5)_2Fe_2(CO)_4$的变温^1H NMR 和^{13}C NMR 谱图[10].由图 6.18(a)可见,高于$-50\ ℃$,$C_5H_5^-$基团在^1H NMR 谱图上仅有一个信号;当温度降低到$-55\ ℃$,开始出现两个强度相当的峰,分别对应于顺式和反式的结构,随着温度的继续降低,分立的峰逐渐变得尖锐,且强度加强.^{13}C NMR 谱图[图 6.18(b)]有类似的变化.当温度降低到$-85\ ℃$时,羰基在^{13}C NMR 谱图上出现两个强度相当的信号,对应于端基和边桥基.若以二硫化碳(CS_2)作相对基准,端基的位置在低场 18.1 处,边桥基的位置在低场 82.3 处.随着温度的升高,如到$-73\ ℃$,在谱图上述两信号的平均位置上,即低场 50.2 处,开始出现另一个信号,且随着温度的进一步升高,端基和边桥基的信号逐渐减弱,中间的峰逐渐加强.到 28 ℃以上,则仅剩下低场 50.2 的峰.温度再继续升高,峰逐渐加强和尖锐.

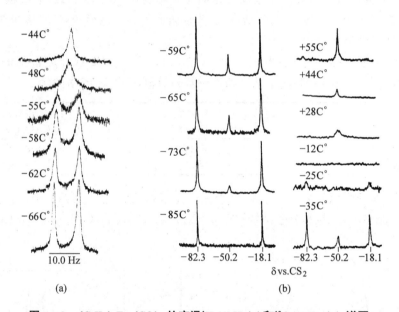

图 6.18　$(C_5H_5)_2Fe_2(CO)_4$的变温^1H NMR(a)和^{13}C NMR (b)谱图

上述实验结果表明,在低温下,顺式、反式的同分异构化,或端基、边桥基的转换,都进行得很慢,好似处在一种短暂的"冻结"状态.它们的速率均在 NMR 可能测定的时间范围内,因此,谱图上观测到两个分立的信号.随着温度的升高,顺、反异构化,以及端基、边桥基的转换速率都不断地加快,以致到一定程度,超出了 NMR 的时标,因此,谱图上仅观测到一个$C_5H_5^-$基团或一个羰基的峰.它的位置在顺式、反式,或端基、边桥基信号的平均值处.

端基和边桥基在分子内相互转换的途径,有多种不同的观点.其中的一种观点认为,在顺、反异构化的过程中,经历一无桥基的中间体.换句话说,$(C_5H_5)_2Fe_2(CO)_4$分子中的两个边桥基成双地打开或合拢.当这一对边桥基打开之后,上述分子中的$(C_5H_5)Fe(CO)_2$两半部分,便可沿 Fe—Fe 键轴转动,发生顺、反异构体的互变.而当一对端基再次合拢时,可能已经不再是原先的那对边桥基了.这种途径示意在图 6.19 中.

端基和边桥基的相互转换是一种相当普遍的现象.双核的金属羰基化合物,除上述实例外,$Co_2(CO)_8$和$(C_5H_5)_2Rh_2(CO)_3$等在溶液中均存在类似的转换.不仅如此,这种现象同样存在于多核的金属羰基化合物中,$Rh_4(CO)_{12}$就是其中的一例.

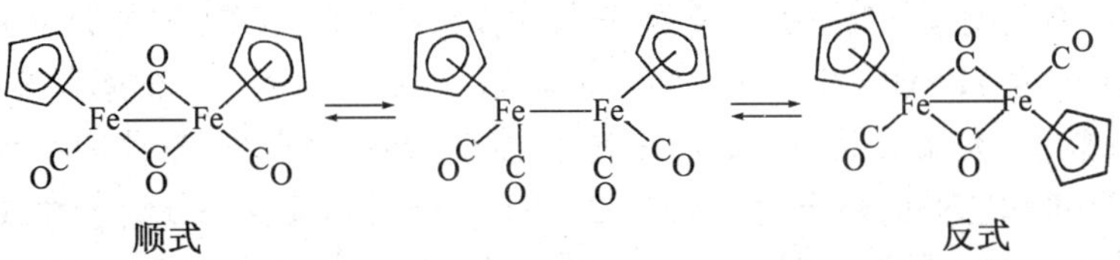

图 6.19 $(C_5H_5)_2Fe_2(CO)_4$ 顺、反异构体互变的途径

6.3 类金属羰基化合物

某些中性的小分子和离子,如 N_2、NO、CS、RNC 和 CN^- 等,也能像 CO 分子那样和过渡金属形成大量的配合物.这些配合物无论在性质上,还是在结构和化学键上,都和金属羰基化合物有某种程度的类似.因此,不妨把它们统称为**类金属羰基化合物**(metal carbonyl analogue).本节将介绍其中的几类.

6.3.1 双氮配合物

氮分子的金属配合物,通常称为**双氮配合物**(dinitrogen complex).1965 年,当 Allen 等意外地合成了第一个双氮配合物 $[Ru(N_2)(NH_3)_5]Cl_2$ 时,震惊了化学界,打破了长期以来认为氮分子不能作为 π 接受体,不能形成配合物的传统观念.从此,双氮配合物的合成一发不可收.然而,迄今为止,尚未制得像二元金属羰基化合物那样的二元双氮配合物,所有的双氮配合物,除配体 N_2 外,均含其他的配体.

双氮配合物可通过多种途径制备,以 $[Ru(N_2)(NH_3)_5]^{2+}$ 为例,就至少有以下几种制备方法:(i) 直接用氮气和钌的配合物 $[Ru(NH_3)_5(H_2O)]^{2+}$ 反应.(ii) 用水合肼 N_2H_4 还原 $RuCl_3$.当初 Allen 等正是用此法企图制备 $[Ru(NH_3)_6]^{2+}$ 时,意外地发现了第一个双氮配合物.(iii) 用叠氮化钠 NaN_3 和 $[Ru(NH_3)_5(H_2O)]^{2+}$ 反应.(iv) 在还原剂 Zn 的存在下,用 $RuCl_3$ 和 $NH_3(aq)$ 反应.

N_2 和 CO 是等电子体,因此,$M—N_2$ 间的化学键性质和 $M—CO$ 的类似,即在双氮配合物中,N_2 既是 σ 给予体又是 π 接受体,和 CO 同属 π 酸配体.按照分子轨道法的处理,$M—N_2$ 间的 σ—π 配键是 N_2 分子的成键 $3\sigma_g(2p)$ 及反键 $1\pi_g^*(2p)$ 分子轨道和金属原子对称性匹配的 d 轨道重叠的结果.

实验表明,在双氮配合物中,端基 N—N 键的距离一般在 110～112 pm 间,比 N≡N 距离(109.76 pm)略有增长;伸缩振动频率一般在 1900～2200 cm^{-1} 间,比 $\bar{\nu}(N_2)$ 的 2331 cm^{-1} 略有降低;X 射线光电子能谱的实验也表明,双氮配合物中 N 1s 结合能的数值,普遍比 N_2 分子的 409.93 eV 有所降低.以上实验结果,均表明 $M—N_2$ 间的 σ—π 配键,对 N_2 分子的 N≡N 叁键有所削弱[11].

$M—N_2$ 和 $M—CO$ 的化学键性质虽同属 σ—π 配键,但羰基化合物却比双氮配合物稳定,且前者 C—O 键的削弱程度高于后者 N—N 键的削弱程度.这正是由 N_2 和 CO 分子结构上的差别所引起的.CO 为弱极性分子,有一小的偶极矩[$\mu(CO)=0.1D$];而 N_2 却为非极性分子.根据理论计算,CO 用以和金属形成 σ—π 配键的 HOMO 5σ 和 LUMO $2\pi^*$(图 6.4)在很大程度上定域在 C 原子上,远离 C—O 间的化学键;而非极性的 N_2 分子却不同,相应的 HOMO $3\sigma_g$

和 LUMO $1\pi_g^*$ 却等同地分布在两个 N 原子上. 同时,CO 的 HOMO($-14.0\,eV$)不如 N_2 的
($-15.58\,eV$)稳定;且 HOMO 和 LUMO 的能量差($-6\,eV$)比 N_2 分子的小 $0.6\,eV$. 加上大多
数金属原子的 d 轨道,在能量上和 CO 的 HOMO 及 LUMO 更匹配. 这些内在因素增强了羰基
化合物的 σ—π 配键和它们的稳定性. 而 M—N_2 间的化学键,无论是 σ 给予性或 π 接受性都不
如 M—CO 间的化学键作用强,何况羰基化合物中 C—O 键的削弱主要由 π 反馈键所致.

　　Duarte 等进一步以 $Fe(N_2)_n$($n=1\sim5$)为理论模型,用密度函数法(density functional
method)处理了它们的化学键、电子结构以及分子振动[12]. 以 $Fe(N_2)_5$ 为例,处理结果表明,其
中 N—N 距离比自由的 N_2 略长,表明 π 反馈键确实削弱了 N—N 键. 但与 $Fe(CO)_5$ 类比,
Fe—C 距离比 Fe—N 的短,$Fe(CO)_5$ 的平均结合能比 $Fe(N_2)_5$ 的高. 而配合物中 N—N 键的
伸缩振动频率却比 C—O 的高;相反,Fe—N 键的伸缩振动频率却比 Fe—C 键的低. 这些结果
均表明 M—CO 键的作用比 M—N_2 键的强,而配合物中 N—N 键的削弱程度不如 C—O 键.

　　和羰基化合物类似,双氮配合物中的 N_2 配体也以多种不同的方式和金属原子键合. 最常
见的结合方式是端基. 第一个钌的双氮配合物$[Ru(N_2)(NH_3)_5]Cl_2$ 即含端梢的 N_2 配体,其中
Ru—N_2 键长 $210\,pm$;N—N 键长则由于晶体的无序性,不可能准确地测定,约为 $112\,pm$;
Ru—N—N 键角 $180°$,呈线形. 其他双氮配合物中的端基也基本上为线形. 除端基外,还有侧
基、端桥基和侧桥基等结合方式.

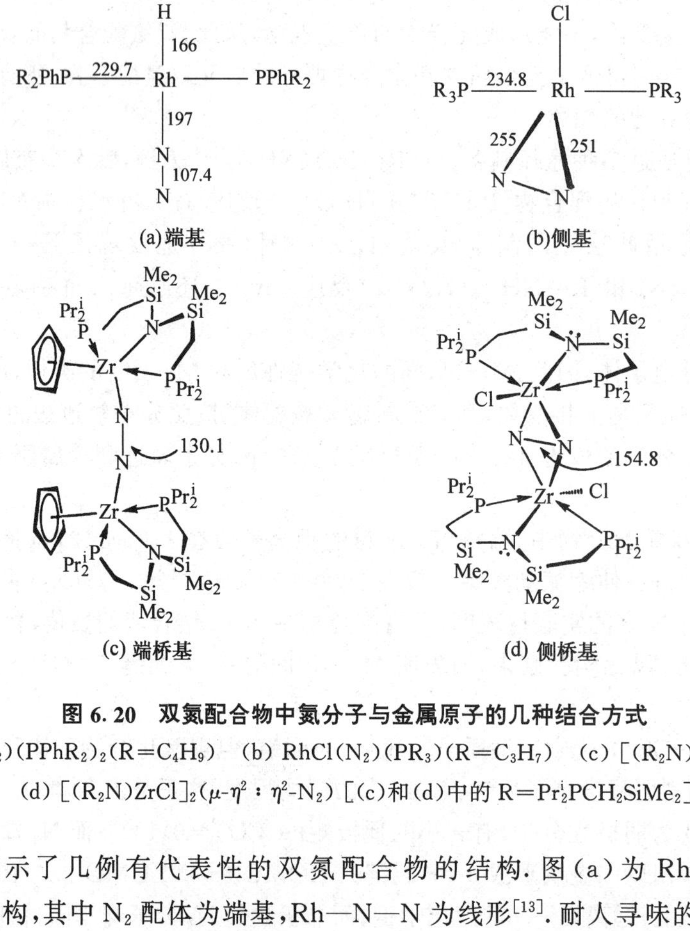

图 6.20　双氮配合物中氮分子与金属原子的几种结合方式

(a) $RhH(N_2)(PPhR_2)_2(R=C_4H_9)$　(b) $RhCl(N_2)(PR_3)(R=C_3H_7)$　(c) $[(R_2N)ZrCp]_2(\mu\text{-}N_2)$

(d) $[(R_2N)ZrCl]_2(\mu\text{-}\eta^2:\eta^2\text{-}N_2)$ $[(c)和(d)中的 R=Pr_2^iPCH_2SiMe_2]$

　　图 6.20 表示了几例有代表性的双氮配合物的结构. 图(a)为 $RhH(N_2)(PPhR_2)_2$
($R=C_4H_9$)的结构,其中 N_2 配体为端基,Rh—N—N 为线形[13]. 耐人寻味的是类似的化合物

RhCl$(N_2)(PR_3)$($R=C_3H_7$)却是侧基型的[图 6.20(b)][14]. 其中 Rh—N 距离分别为 255 和 251 pm,但由于晶体的无序性,测定的 N—N 距离反比 N_2 分子的短. 图 6.20(c)和(d)分别表示了两例双核锆的双氮配合物,$[(R_2N)ZrCp]_2(\mu$-$N_2)$($Cp=C_5H_5^-$)和$[(R_2N)ZrCl]_2(\mu$-$\eta^2:\eta^2$-$N_2)$($R=Pr_2^iPCH_2SiMe_2$)的结构[15]. 前者含端桥基 N_2 配体,后者含侧桥基 N_2 配体,式中符号"η^2"表示和 Zr 原子相联系的 N 原子数. 图 6.20(c)表示的端桥基中,Zr—N 距离分别为 203.4 和 208.2 pm,N—N 键长 130.1 pm. 图 6.20(d)表示的侧桥基中,Zr—N 距离 221.1 pm,N—N 键长 154.8 pm,不仅比其他侧桥基的长,而且比含 N—N 键的其他配体,如 N_2H_4 和 Ph_2N_2 等的都长. 此外,侧基桥为非平面构型,扭曲角 156.2°,致使 $Zr_2(\mu$-$\eta^2:\eta^2$-$N_2)$核心部分具有蝴蝶形而非平面型的结构.

6.3.2 亚硝酰配合物

一氧化氮分子的金属配合物,称**亚硝酰配合物**(nitrosyl complex). 二元亚硝酰配合物为数极少,仅有 $Cr(NO)_4$ 等个别实例,但三元或多元配合物却为数甚多.

一氧化氮的配位化学发展迅速,一个重要的因素是由于 NO 是大气主要的污染源之一,而防治污染所采用的催化剂大多是金属或金属氧化物. 为了弄清 NO 分子是如何和催化剂表面的金属中心作用的,促进了亚硝酰配位化学的发展. 此外,近年来还发现 NO 在生物体系的信息分子中扮演着重要的角色,使亚硝酰配合物更加受到关注.

一氧化氮分子仅在反键的 π^* 轨道上,比一氧化碳分子多一个电子. 若丢失反键轨道上的这个电子,则 NO^+ 和 CO 为等电子体. 因此,亚硝酰配合物和羰基配合物类似,也存在 M→NO 的反馈键($d\pi$→$p\pi$),可表示为:

$$^-M—\overset{+}{N}\equiv O^+ \longrightarrow M=\overset{+}{N}=O$$

由于 N 的电负性(3.0)比 C(2.6)的大,可以预期,NO 的 π 接受性比 CO 的强,即 M→NO 的反馈键比 M→CO 的强,是比 CO 更强的 π 酸配体. 在同时含 MCO 和 MNO 基团的配合物中,M—C 比 M—N 的键长几乎总是长 ≈ 7 pm,与 C 和 N 的原子半径差相匹配. 说明在类似的配位环境下,M—CO 和 M—NO 键的强度相当. 但从化学活性的角度来看,M—N 键更强,因为每当含 CO 和 NO 混合配体的配合物发生取代反应时,总是优先取代 CO 配体. $Co(CO)_3(NO)$和 PR_3、PX_3 或 RNC 等基团发生取代反应时,一律产生 $Co(CO)_2(NO)L$.

和金属羰基化合物类似,亚硝酰配合物的 N—O 键伸缩振动频率,也可用以定性比较反馈键的相对强弱,即 $\tilde{\nu}(NO)$的数值越低,反馈键越强.

一氧化氮分子和金属原子的结合方式,也和一氧化碳有许多类似之处. 前者也可以端基、边桥基或面桥基的形式出现在配合物中. 但两者的端基在结构上却有显著的差异:在羰基配合物中,端基 M—CO 均为线形或接近线形;而在亚硝酰配合物中,M—NO 却有线形和弯曲形两种不同的构型. 弯曲形的通常指那些 M—N—O 键角介于 120~140°之间的;线形的则包括那些键角略偏离 180°,即由 160~180°的基团;键角在 150°左右的为数较少. M—NO 端基取线形或弯曲形的决定因素尚不完全清楚,但已了解中心金属离子的电子构型会影响 M—N—O 的键角. 例如,在五配位的四方锥配合物中,d^6 构型通常为线形,而 d^8 构型则以弯曲形的居多. 此外,还与 NO 本身的电子结构有关.

线形和弯曲形的两种极端情况,可分别用 NO^+ 及 NO^- 表示:

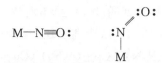

前者可视为叁电子给予体,后者可视为单电子给予体.NO 桥基也可视为叁电子给予体.

图 6.21 示出了两例亚硝酰配合物的结构,其中 M—NO 按不同的方式结合.图 6.21(a)表示了配合物[Ru(NO)$_2$Cl(PPh$_3$)$_2$](PF$_6$)中阳离子的结构,其中 Ru(Ⅱ)处于畸变四方锥的配位环境中,两个 NO 配体,一为线形,另一为弯曲形[16].线形 NO 占据锥底的位置,Ru—N—O 键角 178°;弯曲形 NO 则处于锥顶,Ru—N—O 键角 138°.

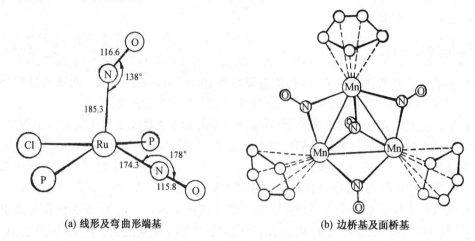

(a) 线形及弯曲形端基　　　　(b) 边桥基及面桥基

图 6.21　两例亚硝酰配合物的结构

(a) [Ru(NO)$_2$Cl(PPh$_3$)$_2$]$^+$(Ph 基未示出)　　(b) Cp$_3$Mn$_3$(μ-NO)$_3$(μ_3-NO)

类似的钌的四方锥配合物 Ru(NO)Cl(CO)(PPr$_3^i$)$_2$ 却仅含一弯曲形的端梢 NO 基团,Ru—N—O 键角类似,为 138.8°,同样位于锥顶[17].图 6.21(b)表示了 Cp$_3$Mn$_3$(NO)$_4$ 分子的结构[18].其中 4 个 NO 配体,有 3 个为边桥基,另一为面桥基,确切的分子式为:

Cp$_3$Mn$_3$(μ-NO)$_3$(μ_3-NO)

在它的等电子体:Cp$_3$FeMn$_2$(μ-CO)(μ-NO)$_2$(μ_3-NO) 和 Cp$_3$Fe$_3$(μ-CO)$_3$(μ_3-NO) 中,或同时含边桥和面桥 NO,或仅含面桥 NO 基团,而配合物[Cp′Fe(μ-NO)]$_2$(Cp′=C$_5$H$_5$Me)则仅含边桥 NO 基团[19].

6.3.3　氰基配合物

氰基(CN$^-$)配位化学是经典配位化学中最古老、最丰富的领域之一.早在 1704 年,德国化学家 Diesbach 就发现了混合价态的普鲁士蓝(Prussian blue,Fe$_4$[Fe(CN)$_6$]$_3$·xH$_2$O).经过3 个世纪的光景,合成和表征了大量的过渡金属**氰基配合物**(cyano complex).然而,时至今日,氰基配位化学仍不失为一个活跃的领域.究其原因,氰基配合物无论在谱学、光学、磁学性质上,还是在结构、化学键性质,抑或是生物化学性质上都有许多诱人之处.

氰基 CN$^-$ 和一氧化碳 CO 分子是等电子体,它们和金属形成的配合物有许多共同点.例如,氰基和羰基类似,形成大量的二元配合物,它们或为中性分子,或为阴离子,[M(CN)$_2$]$^-$

（M＝Ag，Au）、M′(CN)$_2$(M′＝Zn,Cd,Hg,Co,Ni)、[Pt(CN)$_4$]$^{2-}$以及[M″(CN)$_6$]$^{3-}$(M″＝Fe,Co,Cr 等)就是数例．氰基参与形成的三元或多元配合物，更是不计其数．

从配合物的化学键性质来看，M—CN 键和 M—CO 键类似，但在 M—CN 的σ—π配键中，却以σ给予性为主，π接受性比 CO、NO 或 RNC 等分子都弱．正因为 CN$^-$的σ给予性很强，它能稳定混合配体中的羰基，使其他的小分子更易被置换．这一性质引起了关注．因为在含 Fe 或 Fe—Ni 的两类主要的氢化酶中，在活性位置上同时存在 CO 和 CN$^-$配体．Contakes 等为模拟氢化酶的活性部位，用铁（Ⅱ）盐、氰化物及一氧化碳在一定条件下反应，合成了氰基配合物[Fe(CN)$_4$(CO)$_2$]$^{2-}$的顺、反异构体．结构分析表明，在顺、反异构体中，Fe—CO 的距离分别为 185 及 181 pm，明显的比二元羰基阳离子[Fe(CO)$_6$]$^{2+}$中的 191.1 pm 短．这表明该配合物中的羰基有更强的π反馈．相反，Fe—CN 距离则为 193～196 pm，与 Fe—CN 键以σ键为主一致[20]．

简单的二元氰基配合物在化学键和谱学性质上，和"非经典的"羰基阳离子有许多类似的地方．以振动光谱为例，线形的 Ag(CN)$_2^-$、Au(CN)$_2^-$、Hg(CN)$_2$ 和它们的等电子、等结构体 Ag(CO)$_2^+$、Au(CO)$_2^+$、Hg(CO)$_2^{2+}$ 类似，$\tilde{\nu}$(CN)值均高于 HCN 的 2096.7 cm^{-1}，分别为 2146、2164 和 2197.4 cm^{-1}．表明它们的化学键性质有某种内在的相似性，同时也表明 C—N 键很强，而 M—CN 键则相对较弱．

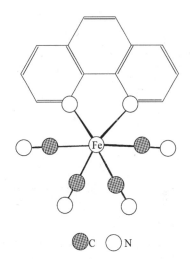

和羰基类似，氰基也以多种不同的方式和金属原子结合形成配合物．其中最普遍的形式是端基，其次是边桥基．无论在较简单的二元配合物还是在复杂的多元配合物中，端梢的 CN$^-$基本上为线形或接近线形，类似于端梢的 CO．以配合物(PPh$_4$)[Fe(phen)(CN)$_4$]·2H$_2$O(phen 为菲咯啉)中的单核阴离子[Fe(phen)(CN)$_4$]$^-$为例，其中 Fe（Ⅲ）和菲咯啉中的 2 个 N 原子及 4 个氰基中的 C 原子配位，形成畸变的八面体(图 6.22)．刚性的 phen 为平面基团，Fe 原子位于该平面内．晶体结构的测定表明，Fe—C—N 键角 175.6～179.3°，几乎为线形．Fe—CN 键距，190.6～195.5 pm，C—N 距离 114～115 pm，属正常范围[21]．在类似的阴

图 6.22 ［Fe(phen)(CN)$_4$]$^-$阴离子中的 CN$^-$端基

离子[Fe(bipy)(CN)$_4$]$^-$(bipy 为联吡啶)中，端梢的氰基也接近线形，Fe—C—N 键角在 172.6～177.2°的范围内[22]．

边桥基(μ-CN)的结合方式较为多样化．主要有：(ⅰ) 2 个金属原子都只和 CN$^-$中的 C 原子结合．(ⅱ) 2 个金属原子按"头对头"的方式，分别和 CN$^-$中的 C 或 N 原子结合．例如，在双核的 Mo$_2$(CN)$_6$(dppm)$_2$[dppm 为(二苯基膦)甲烷]分子中，核心部分 Mo$_2$(μ-CN)$_2$(CN)$_4$ 为平面构型，上、下各有一双齿的桥式 dppm 配体，配位原子均为 P．在 Mo$_2$(μ-CN)$_2$(CN)$_4$ 部分(图 6.23)的 2 个(μ-CN)中，其一为 2 个 Mo 原子均和 CN$^-$中的 C 原子结合；另一则同时又为侧基，后者因 Mo—N 间的π相互作用而稳定[23]．

[Cu$_2$(tren)$_2$(μ-CN)](ClO$_4$)$_3$ 中的氰桥基与上述双核钼配合物的不同，它以"头对头"的方式和 2 个 Cu 原子桥联．在双核铜配合物中，Cu 原子处于三角双锥的配位环境，其中图 6.24(a)所示的 tren[三(2-氨基乙基)胺]为四齿配体，而氰基则作为一个双齿配体在轴向和 2 个

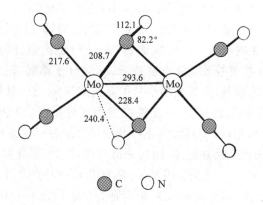

图 6.23　**Mo₂(CN)₆(dppm)₂ 分子中核心部分 Mo₂(μ-CN)₂(CN)₄ 的结构**

Cu 原子桥联,形成如图 6.24(b)所示的键合方式[24].

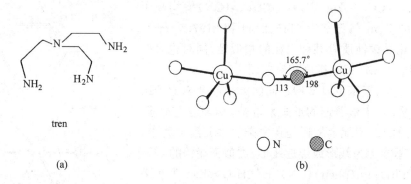

图 6.24　**[Cu₂(tren)₂(μ-CN)]³⁺离子中的四齿配体 tren(a)和(μ-CN)**
桥基的键合方式(tren 仅示出配位原子)(b)

在双核镍的配合物[Ni₂(μ-CN)(MeCN)L](ClO₄)₂(L 为双环吡唑)中,(μ-CN)的桥联方式虽和上述双核铜的类似,但弯曲程度却远远大于双核铜中的(μ-CN).其中 Ni(1)—C—N 键角为 162.1°,而 Ni(2)—N—C 键角仅为 111.2°(图 6.25)[25].

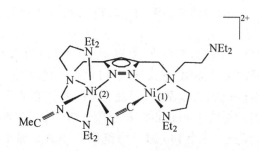

图 6.25　**[Ni₂(μ-CN)(MeCN)L]²⁻离子中的双齿(μ-CN)桥基示意图**

6.3.4　异氰配合物

异氰的电子结构和一氧化碳类似,可分别描述为:

$$R—N\equiv C: \text{ 和 } :O\equiv C:$$

因此,**异氰配合物**(isocyanide complex)和羰基配合物也有许多共同之处.

异氰能和过渡金属形成二元配合物,单核的 $Cr(CNPh)_6$、$[M(CNR)_6]^{2+}$（$M=Fe,Mn$）,双核的 $Co_2(CNR)_8$ 和多核的 $Pd_3(CNMe)_8^{2+}$、$Ni_4(CNCMe_3)_7$ 就是其中的几例.和 CO 类似,RNC 也能形成混合配体的三元或多元配合物.在异氰配合物中,RNC 同样可以端基或桥基的形式出现.$Co_2(\mu\text{-}CNR)_2(CNR)_6$ 和 $Ni_4(\mu\text{-}CNR)_3(CNR)_4$ 便同时含端基及边桥基.但总的来说,异氰的桥基不如羰基那样普遍.

异氰配合物虽和羰基配合物类似,但它们的差别也不容忽视.首先,CO 是一个弱极性分子[$\mu(CO)=0.334\times10^{-30}$ C·m$=0.1$D];而 RNC 却有明显的极性,例如,$\mu(CNPh)=11.475\times10^{-30}$ C·m$=3.44$D.在与金属形成的 σ—π 配键中,RNC 以 σ 给予性为主,π 接受性则较弱,且受 R 基团的影响.比较 CN^-、RNC 和 CO 三者的 π 接受性,依次增强的顺序为:

$$CN^- < RNC < CO$$

配体的 π 酸性也与上述顺序一致.与 RNC π 接受性较 CO 弱关联的是,异氰配合物中金属的氧化态相对稍高,低氧化态的稳定性不如羰基配合物.

此外,在红外光谱中,伸缩振动频率的变化规律和"经典的"羰基化合物也不尽相同.后者的 $\tilde{\nu}(CO)$ 均比自由 CO 分子有不同程度的降低,但异氰配合物却不尽然.例如,配体 RNC（$R=p\text{-}CH_3C_6H_4$）本身的 $\tilde{\nu}(CN)$ 为 2136 cm^{-1};$Ni(CNR)_4$ 的 $\tilde{\nu}(CN)$ 有所降低,为 2033 及 2065 cm^{-1};而 $[Ag(CNR)_4]^+$ 的 $\tilde{\nu}(CN)$ 却反而升高,较强的吸收峰出现在 2177 cm^{-1} 处,类似于"非经典"羰基化合物的变化.

和一氧化碳类似,能形成类金属羰基化合物的 π 酸配体,除本节述及的几类外,还有许多.例如,硫代羰基 CS,虽然在通常的条件下并不存在,只能由光解 CS_2 得到低浓度的气体,但它却能和金属形成 σ—π 配键,并且因配位而得以稳定.此外,三价磷和二价硫的某些化合物,如 PX_3（$X=F,Cl$）、PR_3 和 SR_2 等,都是常见的 π 酸配体.此处不再一一述及.

习　题

6.1　有机铝化合物常以烷基为桥形成二聚体,而 2,4,6-三甲苯基铝则以单体存在.说明原因,写出结构式.

6.2　以四乙基铅为例,说明主族元素的有机金属化合物的成键特征.

6.3　根据已有的化学知识分析:

(1) $Si(CH_3)_4$ 和 $Pb(CH_3)_4$ 热分解的难易

(2) $Li_4(CH_3)_4$、$B(CH_3)_3$、$Si(CH_3)_4$ 和 $Si(CH_3)Cl_3$ 的相对 Lewis 酸性

(3) $N(CH_3)_3$ 和 $As(CH_3)_3$ 的相对 Lewis 碱性

6.4　判断下列反应的方向,说明原因,并总结有机金属化合物的制备规律.

(1) $2\,Ga + 3\,Hg(CH_3)_2 \longrightarrow 3\,Hg + 2\,Ga(CH_3)_3$

(2) $Li_4(CH_3)_4 + SiCl_4 \longrightarrow 4\,LiCl + Si(CH_3)_4$

(3) $2\,AlF_3 + 2\,B(CH_3)_3 \longrightarrow Al_2(CH_3)_6 + 2\,BF_3$

(4) $3\,GeCl_4 + 2\,Al_2(CH_3)_6 \longrightarrow 3\,Ge(CH_3)_4 + 4\,AlCl_3$

6.5 写出 V、Cr、Fe、Ni 的单核羰基化合物的化学式.哪些符合十八电子规则？为什么 Mn、Tc、Re 和 Co、Rh、Ir 最简单的羰基化合物均为双核或多核的？

6.6 为什么对于 BF_3 等简单受体,CO 的给体性质不明显,而与过渡金属却能形成很强的化学键？分析 CO 和金属原子的成键.

6.7 讨论在 $V(CO)_6^-$、$Cr(CO)_6$、$Mn(CO)_6^+$ 中,CO 的伸缩振动频率的变化规律.

6.8 如何制备下列金属羰基化合物？分别给出它们的物理特性.

(1) 从铁粉制备 $Fe(CO)_5$;

(2) 从水合 $CoSO_4$ 制备 $Co_2(CO)_8$;

(3) 从水合 $CrCl_3$ 制备 $Cr(CO)_6$;

(4) 从水合 $MnCl_2$ 制备 $Mn_2(CO)_{10}$;

(5) 从 $Fe(CO)_5$ 制备 $Fe_3(CO)_{12}$.

6.9 用金属锂处理 $Co_2(CO)_8$ 的乙醚溶液,产生红色晶体 $LiCo_3(CO)_{10}$,并释放出 CO.产物的 IR 谱图中,在 2080～2000,1850 及 1600 cm^{-1} 处均有强吸收峰.推测 $Co_3(CO)_{10}^-$ 可能的结构.

(1) 用符号"μ-"表示其合理的化学式;

(2) 用图表示 $Co_3(CO)_{10}^-$ 的结构.

6.10 顺式及反式 $Mo(CO)_4[P(OPh)_3]_2$ 两种几何异构体在 CO 伸缩振动频率范围内的 IR 谱图如下:

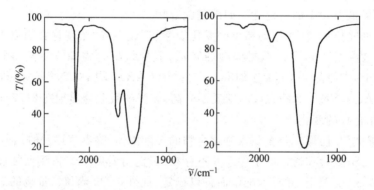

指出和上述谱图相对应的异构体各是哪一种？说明理由.

6.11 下图为 $[(C_5H_5)Mo(\mu_1-CO)_3]_2$ 在丙酮溶液中的变温 ^1H NMR 谱图:

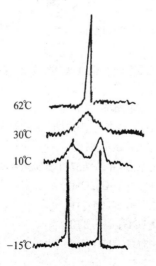

（1）试对谱图的变化做出合理的解释

（2）用图表示上述分子的结构

    6.12 比较 N_2、NO、CN^-、RNC 配体与过渡金属形成的化学键和 CO 与过渡金属形成的化学键间的异同.

    6.13 将下列化合物按 π 酸性减小的顺序排列：

$$CH_3CN \quad (C_2H_5)_2O \quad PCl_3 \quad As(C_6H_5)_3 \quad CH_3NC \quad (C_2H_5)_3N$$

参 考 文 献

金属羰基化合物

[1] J. E. Ellis. Adv. Organomet. Chem.，31，1(1990)

[2] M. Bodenbinder, G. Balzer-Jöllenbeck, H. Willner et al.. Inorg. Chem.，35，82(1996)

[3] C. Bach, H. Willner, C. Wang et al.. Angew. Chem. Int. Ed. Engl.，35，1974(1996)

[4] M. N. Bengough, D. M. Thompson and M. C. Baird. Organomet.，18，2950(1999)

[5] A. L. Balch and M. M. Olmstead. Chem. Rev.，98，2123(1998)

[6] R. Colton and M. J. McCormick, Coord. Chem. Rev.，31，1(1980)

[7] F. A. Cotton. Progr. Inorg. Chem.，21，1(1976)

[8] C. J. Commons and B. F. Hoskins. Aust. J. Chem.，28，1663(1975)

[9] W. L. Jolly. Topics in Current Chemistry，71，149(1977)

[10] F. A. Cotton. Inorg. Chem.，41，643(2002)

类金属羰基化合物

[11] 严宣申,项斯芬等.《无机化学丛书》第 4 卷(12. 氮),北京:科学出版社,1995

[12] H. A. Duarte, D. R. Salahub, T. Haslett and M. Moskovits. Inorg. Chem.，38，3895(1999)

[13] P. R. Hoffman, T. Yoshida, T. Okano et al.. Inorg Chem.，15，2462(1976)

[14] C. Busetto, A. D. Alfonso, F. Maspero et al.. J. Chem. Soc.，Dalton Trans.，1828(1977)

[15] J. D. Cohen, M. D. Fryzuk, T. M. Loehr et al.. Inorg. Chem.，37，112(1998)

[16] C. G. Pierpont and R. Eisenberg. Inorg. Chem.，11，1088(1972)

[17] A. V. Marchenko, A. N. Vedernikov, D. F. Dye et al.. Inorg. Chem.，41，4087(2002)

[18] R. C. Elder. Inorg. Chem.，13，1037(1974)

[19] T. W. Hayton, P. Legzdins and W. B. Sharp. Chem. Rev.，102，935(2002)

[20] S. M. Contakes, S. C. N. Hsu, T. B. Rauchfuss and S. R. Wilson. Inorg. Chem.，41，1670 (2002)

[21] R. Lescouëzec, F. Lloret, M. Julve et al.. Inorg. Chem.，40，2065(2001)

[22] R. Lescouëzec, F. Lloret, M. Julve et al.. Inorg. Chem.，41，818(2002)

[23] J. K. Bera, P. S. Szalay and K. R. Dunbar. Inorg. Chem.，41，3429(2002)

[24] A. Rodriguez-Fortea, P. Alemany, S. Alvarez et al.. Inorg. Chem.，40，5868(2001)

[25] F. Meyer, R. F. Winter and E. Kaifer. Inorg. Chem.，40，4597(2001)

参 考 书 目

[1] W. L. Jolly. "Modern Inorganic Chemistry", McGraw-Hill, New York, 1984

[2] Ch. Elschenbroich and A. Salzer. "Organometallics", VCH, German, 1989

[3] D. F. Shriver 等著,高忆慈等译. "无机化学"(第 2 版),北京:高等教育出版社,1997

第7章 有机金属化学(二)

在第6章"有机金属化学(一)"中,曾以金属烷基化合物为代表,介绍了M—C键中碳原子为σ给予体的有机金属化合物;又以金属羰基及类金属羰基化合物为代表,介绍了碳原子既为σ给予体又为π接受体的一大类有机金属化合物.本章将着重介绍碳原子为π给予体的另一类有机金属化合物.在此类化合物中,典型的配体或为直链的不饱和烃,如烯烃和炔烃;或为具有离域π键的环状体系,如各种环多烯.此外,本章还将述及含M═C双键和M≡C叁键的卡宾和卡拜化合物、等瓣相似模型以及超分子有机金属化合物.

7.1 金属—不饱和烃化合物

烯烃和炔烃等不饱和分子和过渡金属形成的配合物具有重要的实际意义.如在石油化工中,要实现烯烃的氢醛基化、同分异构化以及烯烃的聚合等一系列重要的化学反应,都离不开过渡金属及其化合物的催化作用.因此,弄清楚过渡金属和不饱和烃分子间的相互作用,就显得十分必要和迫切.为了得到有关的信息,一个有效的方法就是分离出比较稳定的中间产物,或合成一系列不饱和烃—过渡金属的配合物,测定它们的结构,研究它们的化学键性质和成键规律,从而指导对催化机理的研究,并有助于合理的选择催化剂.鉴于上述原因,不饱和烃配合物的研究受到了广泛的重视.

7.1.1 金属—烯烃配合物

在**金属—烯烃配合物**(metal-olefin complex)中,研究得较为透彻的是乙烯配合物.从结构化学的角度来看,乙烯—过渡金属配合物有三个基本的特征:(i)乙烯的两个碳原子到中心金属原子的距离基本相等.(ii)配位以后,原来呈平面型的乙烯分子变成非平面型,和碳原子相连的氢原子远离中心金属原子向后弯折.(iii)若把乙烯分子看做单齿配体,则典型的三配位、四配位以及五配位化合物的几何构型分别为三角形、平面四方形和三角双锥.在三角形的配合物中,C═C键大体上在三角形的平面内;在平面四方形的配合物中,C═C键和四方形平面接近垂直;在三角双锥的配合物中,C═C键大体上在水平方向的面上.图7.1表示了这三种典型的几何形状.

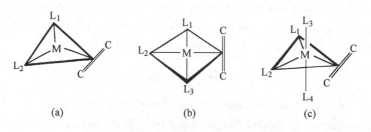

图7.1 乙烯—过渡金属配合物的几何构型

(a) 三配位三角形　(b) 四配位平面四方形　(c) 五配位三角双锥

可以举出若干乙烯配合物的实例来说明上述结构特征.其中 K[PtCl$_3$(C$_2$H$_4$)]·H$_2$O 在所有的乙烯配合物中最为著名.早在 1827 年,丹表的 William Zeise 在乙醇溶液中回流 PtCl$_4$ 和 PtCl$_2$ 的混合物,然后用 KCl 和 HCl 处理所得到的黑色固体,结果分离出一种柠檬黄色的晶体,并报告该晶体组成是 K[PtCl$_3$(C$_2$H$_4$)]·H$_2$O.Zeise 的观点在当时立即引起了一场激烈的争论,直到 13 年后才得到承认.K[PtCl$_3$(C$_2$H$_4$)]·H$_2$O 现时又称

图 7.2 [PtCl$_3$(C$_2$H$_4$)]$^-$ 阴离子的结构

为 Zeise 盐,一般通过乙烯和 K$_2$PtCl$_4$ 稀盐酸溶液的反应来制备.反应式:

$$K_2[PtCl_4]+C_2H_4 \longrightarrow K[PtCl_3(C_2H_4)]+KCl \tag{7.1}$$

Zeise 盐虽然很早就已发现,但它的结构直到 20 世纪中叶才最后确定,前后经历了一个多世纪的光景.X 射线衍射和中子衍射法的测定表明,Zeise 盐中的阴离子 [PtCl$_3$(C$_2$H$_4$)]$^-$ 具有平面四方形的几何形状,其中 d^8 电子组态的铂(Ⅱ)周围有 3 个氯原子和 1 个乙烯配体[1,2].图 7.2 表示了 [PtCl$_3$(C$_2$H$_4$)]$^-$ 阴离子的结构,表 7.1 列出了部分重要的结构数据.

表 7.1 [PtCl$_3$(C$_2$H$_4$)]$^-$ 阴离子的结构数据

键长及键角		X 射线衍射法	中子衍射法
键长/pm	C—C	137	137.5
	Pt—Cl(1)	232.7	234.0
	Pt—Cl(2)	231.4	230.2
	Pt—Cl(3)	229.6	230.3
	Pt—C	212.1, 213.4	212.8, 213.5
键角/(°)	Cl(1)—Pt—Cl(2)	90.1	90.05
	Cl(1)—Pt—Cl(3)	90.2	90.43
	Cl(2)—Pt—Cl(3)	177.5	177.65

在 [PtCl$_3$(C$_2$H$_4$)]$^-$ 阴离子中,PtCl$_3$ 结构部分接近一平面型基团,而 C═C 键和该平面呈 84°角.换句话说,C═C 键几乎和 PtCl$_3$ 的平面垂直.同时,乙烯配体中的氢原子对称地远离中心铂(Ⅱ)离子向后弯折,致使乙烯配体本身不再保持平面型.这种弯折的程度通常用角 α 来量度,角 α 为两个 H—C—H 平面的法线之间的夹角(见下图示).若乙烯配体仍保持平面型,

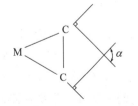

则角 α 为 0°;若发生弯折,则角 α 相应地增加.在 [PtCl$_3$(C$_2$H$_4$)]$^-$ 阴离子中,角 α 为 32.5°.另外,由表 7.1 的结构数据可见,两个 Pt—C 距离基本相等.

Zeise 盐中 Pt(Ⅱ)—C$_2$H$_4$ 之间的化学键通常用 Dewar-Chatt-Duncanson 模型作定性的解释.该模型的要点是:C$_2$H$_4$ 充满电子的 π 轨道和铂(Ⅱ)离子的 dsp^2 杂化轨道重叠,形成 σ 键;同时,铂(Ⅱ)离子充满电子的 dp 杂化轨道和 C$_2$H$_4$ 空的反键 π* 轨道重叠,形成 π 反馈键.因此,Pt(Ⅱ)—C$_2$H$_4$ 之间的化学键为 σ—π 配键(图 7.3).其他乙烯配合物中,M—C$_2$H$_4$ 间的化学键

也可用类似的方法描述.

Zeise 盐晶体中,C_2H_4 配体的 C—C 键长从自由 C_2H_4 分子的 133.7 pm 增加到 137 pm;C—C 键的伸缩振动频率则从自由 C_2H_4 分子的 1623 cm^{-1} 降低到 1526 cm^{-1}.表明 Zeise 盐的 C=C 双键有所削弱.这可从 C_2H_4 配体的 π 给予性和 π 接受性两者的协同效应中得到解释:(i) 由于配体的 π 给予性,降低了 C_2H_4 充满电子的 π 轨道的负电荷密度,导致 C—C 键的削弱.(ii) 配体的反键 π* 轨道又从金属离子那里接受反馈的负电荷密度,进一步削弱了 C—C 键的强度.在某些乙烯及其衍生物的配合物中,甚至观测到比 Zeise 盐更加明显的 C—C 键的增长.

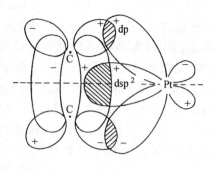

图 7.3 Pt(Ⅱ)-C_2H_4 间的 σ—π 配键

值得注意的是,对 $[PtCl_3(C_2H_4)]^-$ 阴离子成键因素的理论计算表明,Pt(Ⅱ)-C_2H_4 之间的化学键比 Dewar-Chatt-Duncanson 模型的描述复杂,而且在 Zeise 盐中,σ 键的成分比 π 反馈键重要得多.单晶偏振吸收光谱的实验结果,支持了上述观点[3].

K[$PtCl_3(C_2H_4)$]·H_2O 为平面四方形乙烯配合物的典型.其他四方形的乙烯配合物还有 $[(C_5H_5)_2(THF)Zr(C_2H_4)]$ 和 $[(C_5H_5)_2(py)Zr(C_2H_4)]$ 等.前者为橙色,后者为暗棕色晶体.它们对空气和潮气都极敏感,结构均已在低温下测得[4]. $Ni(PPh_3)_2(C_2H_4)$ 和 $Fe(CO)_4(C_2H_4)$ 可作为三角形和三角双锥乙烯配合物的实例.图 7.4 表示了它们的结构.

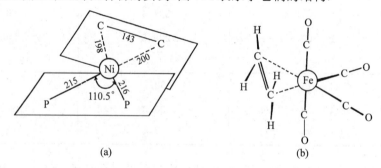

图 7.4 $Ni(PPh_3)_2(C_2H_4)$ 分子核心部分(a)和 $Fe(CO)_4(C_2H_4)$ 分子(b)的结构

其中 C_2H_4 配体的 C=C 键接近在三角形或水平方向的平面内.例如,在 $Ni(PPh_3)_2(C_2H_4)$ 中,P—Ni—P 和 C—Ni—C 的两面角为 5.0°,而在类似的配合物 $Pt(PPh_3)_2(C_2H_4)$ 中,相应的两面角仅为 1.6°.

乙烯不仅可以通过端基的方式和金属原子配位,还能以桥基的形式出现在配合物中.以

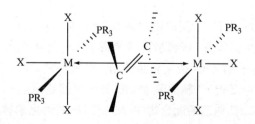

ZrX_4、PEt_3 和 C_2H_4 为原料制得的配合物 $[M_2X_6(PEt_3)_4]$(μ-H_2C=CH_2)(M = Zr, Hf; X=Cl, Br)为例:在它们的结构中,均含对称的乙烯桥.其中乙烯的平面垂直于 M—M 键轴,且 C=C 双键的中点和 M—M 键轴的中点吻合.整个分子可视为两个畸变的八面体,水平方向有 10

个原子——2 个 C、4 个 P 和 2 个 X 原子,轴向则为 4 个 X 原子[5].

在上述化合物中,C—C 距离颇长(>150 pm),表明 C—C 键级有明显的降低. 例如,单晶 X 射线衍射对红色晶体[$Zr_2Br_6(PEt_3)_4$](μ-C_2H_4)的结构测定表明:C—C 距离 156 pm,Zr—C 距离几乎相等,分别为 240 和 241 pm. 理论计算表明,上述含乙烯桥配合物的 HOMO 是由对称性匹配的金属 d_π 轨道和乙烯的 π^* 轨道重叠的结果.

含乙烯桥的配合物还有许多其他的实例. 例如,由($C_5H_5)_2ZrCl_2$ 和格氏试剂 EtMgCl(过量),在一定条件下反应制得的[($C_5H_5)_2Zr(Et)]_2$(μ-C_2H_4)(黄色晶体)[4]及类似的化合物 {[($C_5H_3)(SiMe_2)_2]Zr(Et)}_2$($\mu$-$C_2H_4$)(橙色晶体)[6]中,均含类似的乙烯桥配体.

乙烯桥除上述以 π 键结合外,还有其他的形式. 例如,图 7.5 表示出三核锇的配合物 (μ-H)$Os_3(CO)_9(PPh_3)$(μ-HC=CH_2)的结构.

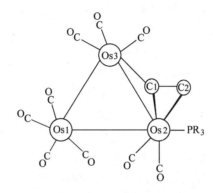

图 7.5 (μ-H)$Os_3(CO)_9(PPh_3)$(μ-HC=CH_2) 的一种同分异构体的结构示意图

(H 原子未示出)

它的 3 个 Os 原子构成三角形骨架,其中 Os(2)—Os(3)边上含一边桥乙烯基(μ-HC=CH_2). 边桥乙烯基中的 C(1)原子和 Os(3)以 σ 键结合,Os(3)—C(1)键距 212 pm;而乙烯基和 Os(2) 则以 π 键结合,Os(2)—C 距离分别为 225 及 232 pm. C—C 键距 142 pm,比正常的 C=C 双键长得多[7]. (μ-H)$Os_3(CO)_{10}$(μ-HC=CH_2) 和 (μ-Br)$Os_3(CO)_{10}$(μ-HC=CHPh) 等为类似的化合物.

除乙烯外,其他的烯烃或含 C=C 双键的不饱和分子也能和过渡金属形成配合物. 图 7.6 表示了几例.

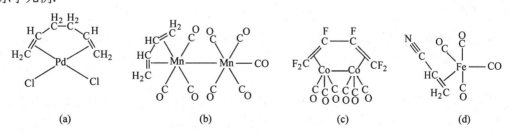

(a)   (b)   (c)   (d)

图 7.6 若干含 C=C 双键配体的有机金属化合物

(a) $PdCl_2(H_2C$=CH—CH_2—CH_2—CH=CH_2)   (b) $Mn(CO)_8(H_2C$=CH—CH=CH_2)

(c) $Co_2(CO)_6(F_2C$=CF—CF=CF_2)   (d) $Fe(CO)_4(H_2C$=CHCN)

7.1.2　金属—炔烃配合物

含 $C\equiv C$ 叁键的乙炔 $(HC\equiv CH)$ 及其衍生物 $(RC\equiv CR)$ 和过渡金属形成的配合物,可作为**金属—炔烃配合物**(metal-alkyne complex)的代表.乙炔配合物和乙烯配合物有许多类似之处.从化学键来看,可用类似的模型描述,只不过乙炔还有另一组与之垂直的 π 和 π^* 轨道.这一组 π 和 π^* 轨道也能够和对称性匹配的金属 d 轨道之间有一定的重叠,因而加强了乙炔—金属之间的相互作用.从结构来看,在炔烃配合物中, $R-C\equiv C-R$ 配体也发生扭曲,致使 $C\equiv C-R$ 偏离线形一定的角度.不过,一般说来 $C\equiv C$ 距离的增长比乙烯配体中 $C=C$ 距离的增长少.

以 $[PtMe(PMe_2Ph)_2(MeC\equiv CMe)][PF_6]$ 为例,它的结构表示在图 7.7 中[8].若把 $MeC\equiv CMe$ 看做单齿配体,则铂(Ⅱ)的内界配位层接近平面四方形,而 $C\equiv C$ 键几乎与该平面垂直(86.5°).在配合物中,两个 Pt—C(炔烃中 $C\equiv C$ 的碳原子)距离相等,分别为 228 pm 和 227 pm. $C\equiv C$ 键长 122 pm,和 $MeC\equiv CMe$ 分子中的 121 pm 没有明显的差别.此外, $C\equiv C-Me$ 偏离线形约 12°.

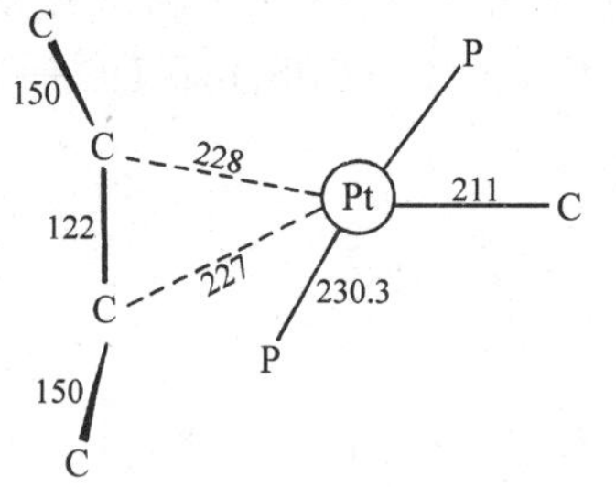

图 7.7 $[PtMe(PMe_2Ph)_2(MeC\equiv CMe)]^+$ 离子中心部分的结构

图 7.8 表示了 $Ni(Me_3CNC)_2(PhC\equiv CPh)$ 的结构[9].在其晶体中,存在着两种结构类似的分子,图中仅表示出其中一种分子的结构数据.若把 $PhC\equiv CPh$ 看做是单齿配体,则镍(0)原子为三角形配位,内界配位层基本上呈现平面型,Ni—C(1)—C(2)和 Ni—C(3)—C(4)的两面角为 2.4°. $PhC\equiv CPh$ 配体的 $C\equiv C$ 键长 129.1 pm,比固态自由 $PhC\equiv CPh$ 分子的 119 pm 长,且配体中的苯基环远离中心镍原子向后弯折,相对于 $C\equiv C$ 键轴,约弯折 31°.

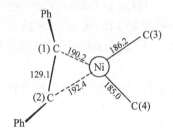

图 7.8　$Ni(Me_3CNC)_2(PhC\equiv CPh)$ 分子中心部分的结构

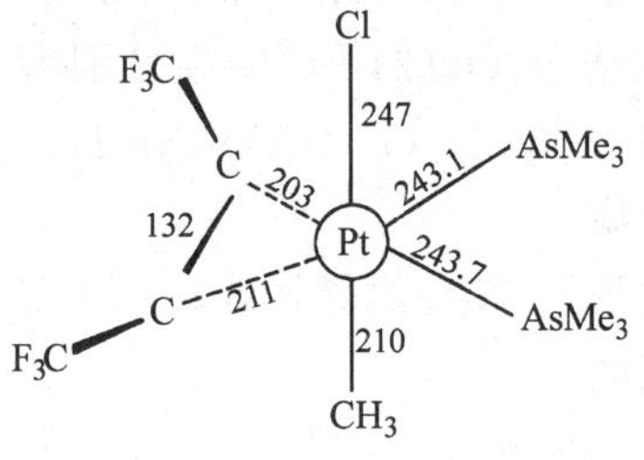

图 7.9　$PtClMe(AsMe_3)_2(F_3C-C\equiv C-CF_3)$ 分子的结构

图 7.9 表示了 $PtClMe(AsMe_3)_2(F_3C-C\equiv C-CF_3)$ 的结构[10].其中铂(Ⅱ)为三角双锥配位, $C\equiv C$ 键占据水平方向的位置, $C\equiv C$ 距离 132 pm,比自由 $F_3C-C\equiv C-CF_3$ 分子的 122 pm 长,同时,CF_3 基团向后弯折.

除 Ni 和 Pt 外,其他过渡金属也能和乙炔及其衍生物形成一系列配合物.以下是几例 Ti、Zr 和 Ru 的金属—炔烃配合物[11]:

$$(C_5H_5)_2Ti\,(RC\equiv CR) \qquad (R=Ph,SiMe_3)$$
$$(C_5Me_5)_2Ti\,(RC\equiv CR) \qquad (R=烷基,Ph,SiMe_3)$$
$$(C_5Me_5)_2Zr\,(RC\equiv CR) \qquad (R=Ph)$$
$$(C_5H_5)_2Zr\,(RC\equiv CR)L \qquad (R=SiMe_3;L=THF,py)$$
$$Ru(CO)_4\,(RC\equiv CR) \qquad (R=CF_3)$$

在双核或多核的金属—炔烃配合物中,乙炔也能以桥基的形式出现,类似于乙烯.例如,$Os(CO)_5$和乙炔在低温下,通过光解反应,产生单核的配合物 $Os(CO)_4(HC\equiv CH)$(白色,蜡状固体).产物进一步和 $Os(CO)_5$ 的一定条件下反应,产生双核的 $Os_2(CO)_8(\mu\text{-}HC\equiv CH)$(无色至浅黄色固体).后者含乙炔桥,且为 NMR 和 IR 所证实[12].但在[1]H 和[13]C NMR 谱图中,乙炔桥的化学位移均在乙烯的范围内.因此,乙炔桥中的 C—C 键可用双键表示.反应式和结构如下:

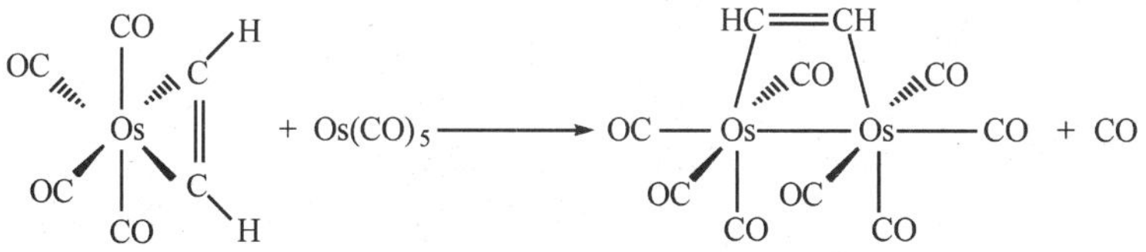

$$(7.2)$$

炔烃不仅能与金属形成配合物,它的许多重要反应,特别是和金属羰基化合物的反应,能使炔烃成环,产生许多新的有机配体与金属配位.例如:

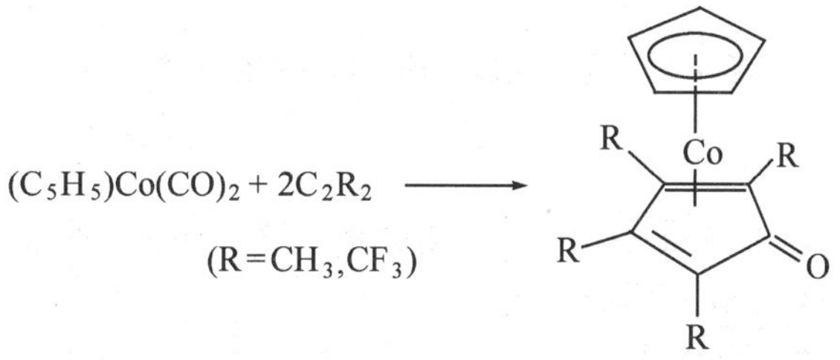

$$(C_5H_5)Co(CO)_2 + 2C_2R_2 \longrightarrow \qquad (7.3)$$
$$(R=CH_3,CF_3)$$

$$Fe(CO)_5 + 2C_2(CH_3)_2 \xrightarrow{h\nu} \qquad (7.4)$$

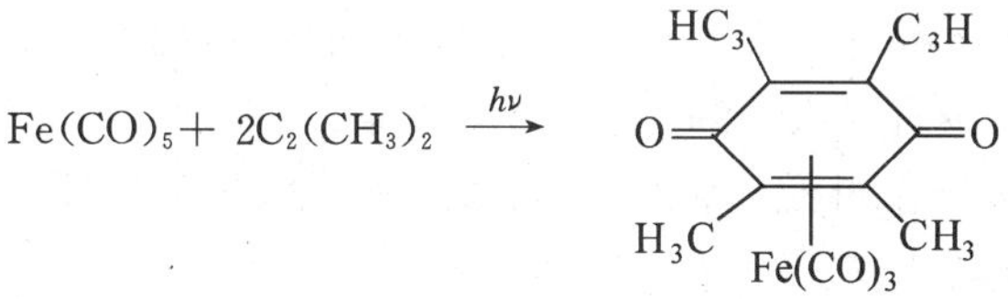

7.2 金属—环多烯化合物

正如烯烃和炔烃等不饱和分子充满电子的 π 轨道能和金属的 d 轨道作用一样,环多烯含电子的离域 π 轨道也能和金属的 d 轨道作用,形成相应的**金属—环多烯化合物**.众所周知的二茂铁$(C_5H_5)_2Fe$ 就属于这类化合物,其中六电子体系的环戊二烯基和金属铁(Ⅱ)原子形成化学键.其他具有 2π、6π 和 10π 电子体系的环多烯(图 7.10)也能形成类似的化合物.

金属—环多烯化合物为数甚多,图 7.11 表示了若干实例.图中所表示的化合物,均含两个相互平行的环多烯环,它们或是相同的或是不相同的环多烯.这类化合物俗称夹心化合物

179

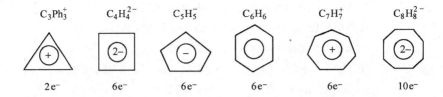

$C_3Ph_3^+$　　$C_4H_4^{2-}$　　$C_5H_5^-$　　C_6H_6　　$C_7H_7^+$　　$C_8H_8^{2-}$

2e⁻　　　6e⁻　　　6e⁻　　　6e⁻　　　6e⁻　　　10e⁻

图 7.10　具有 2π、6π 和 10π 电子体系的环多烯

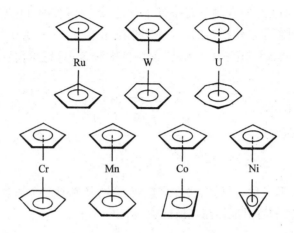

图 7.11　若干金属—环多烯夹心化合物

(sandwich compound).

在金属—环多烯化合物中,数目最多、最重要的是金属—环戊二烯化合物,因此,本节将以环戊二烯配合物为代表来介绍这一类化合物.

7.2.1　环戊二烯配合物的制备

合成环戊二烯化合物(cyclopentadienyl compound)的基本出发点是环戊二烯作为弱酸($pK_a \approx 20$)和强碱作用能产生含环戊二烯离子 $C_5H_5^-$ 的盐. 主要的制备方法有:

(i) 最常用的方法是首先在四氢呋喃溶液里,通过钠或氢化钠和环戊二烯作用生成钠盐,然后,再和金属卤化物或羰基化物反应.如:

$$2C_5H_6 + 2Na \xrightarrow{THF} 2C_5H_5Na + H_2 \tag{7.5}$$
$$(主要反应)$$

$$2C_5H_5Na + FeCl_2 \longrightarrow (C_5H_5)_2Fe + 2NaCl \tag{7.6}$$

$$C_5H_5Na + W(CO)_6 \longrightarrow Na[(C_5H_5)W(CO)_3] + 3CO \tag{7.7}$$

(ii) 利用强有机碱,最好是过量的二乙基胺,和反应产生的盐酸作用.如:

$$2C_5H_6 + CoCl_2 + 2Et_2NH \xrightarrow{THF} (C_5H_5)_2Co + 2Et_2NH_2Cl \tag{7.8}$$

(iii) 在有些情况下,直接通过环戊二烯或双环戊二烯和金属或金属羰基化合物反应,也能得到环戊二烯化合物.如:

$$2C_5H_6(g) + Mg \xrightarrow{\triangle} (C_5H_5)_2Mg + H_2 \tag{7.9}$$

$$C_{10}H_{12} + 2\,Fe(CO)_5 \longrightarrow [(C_5H_5)Fe(CO)_2]_2 + 6\,CO + H_2 \tag{7.10}$$

7.2.2 环戊二烯配合物的立体结构

金属—环戊二烯化合物有离子型也有共价型的结构. ⅠA 族较重的金属盐具有离子型的结构,如

$$C_5H_5M \quad (M=K,Rb,Cs)$$

较轻的金属盐在 THF 溶液中存在着离子对,在固态,金属阳离子和环戊二烯阴离子间存在少量的共价成分,如

$$C_5H_5M' \quad (M'=Li,Na)$$

ⅡA 族的 $(C_5H_5)_2Sr$ 和 $(C_5H_5)_2Ba$ 也具有离子型结构,$(C_5H_5)_2Mg$ 具有一定的共价成分,而 $(C_5H_5)_2Be$ 和 $(C_5H_5)_2Ca$ 则为共价型结构.对于第一系列过渡金属的环戊二烯化合物,只有 $(C_5H_5)_2Mn$ 的物理和化学性质基本上和离子型结构一致,其他则大都为共价型结构.

对于共价型环戊二烯配合物,通常用词头"hapto"(希腊语,意即"拴紧".符号 η 或 h,此处用 η^n 来表示和金属原子相联系的碳原子数,或称齿合度).例如,η^1(monohapto)表示金属原子仅和 1 个碳原子相连,因此,具有 σ 型化学键 [图 7.12(a)];η^5(pentahapto)表示金属原子和具有离域 π 键的五元碳环的 5 个碳原子均相联系,齿合度为 5,因此,具有 π 型化学键[图 7.12(b)],余类推.

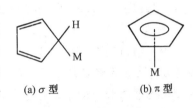

(a) σ 型   (b) π 型

图 7.12 $\eta^1\text{-}C_5H_5^-$ (a)和 $\eta^5\text{-}C_5H_5^-$ (b)

按照上述命名规则,二茂铁可用 $(\eta^5\text{-}C_5H_5)_2Fe$ 表示,二苯铬可用 $(\eta^6\text{-}C_6H_6)_2Cr$ 表示等等.此外,环戊二烯离子也常用缩写符号 Cp(Cyclopentadienyl)表示,这样二茂铁也常写做 Cp_2Fe.

环戊二烯配合物有许多有趣的结构,比较典型的有下面几种.

1. $(C_5H_5)_2M$ 型化合物

大多数 $(C_5H_5)_2M$ 型化合物具有 2 个平行的环戊二烯环.在理想的情况下,这两个平行的五元碳环或者具有覆盖的(eclipsed)结构,或者具有交错的(staggered)结构,即其中的一个环相对转动了 36°.前者属 D_{5h} 点群,后者属 D_{5d} 点群,即

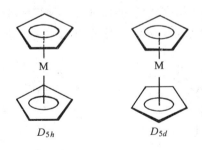

D_{5h} D_{5d}

以过渡元素为例,第一系列从钒到镍相应的**金属茂**(metallocene)均已制得.在它们的结构中,虽然都存在两个相互平行的 Cp 环,不过情况却相当复杂.例如,根据电子衍射对二茂铁气态分子结构的测定,它在气相的平衡构型是覆盖式而不是交错式构型.同时,C—H 键朝着金属原子的方向和五元碳环的平面间有 3.7°的弯折(图7.13).实验结果还表明,在 $(C_5H_5)_2Fe$ 分子内,Cp 环的转动势垒很低,估计为 $(3.8\pm1.3)\,kJ\cdot mol^{-1}$,远远低于它的升华热

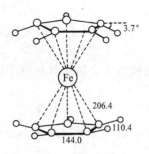

图 7.13　二茂铁气相的分子结构

$68.16\,kJ\cdot mol^{-1}$. 因此,在气相仍有相当一部分分子是或接近是交错式的结构[13]. 除 $(C_5H_5)_2Fe$ 之外,气相电子衍射实验的测定表明,$(C_5H_5)_2V$、$(C_5H_5)_2Cr$、$(C_5H_5)_2Co$ 和 $(C_5H_5)_2Ni$ 等在气态都具有类似的覆盖构型,同时,也不排除交错构型分子的存在.

关于 $(C_5H_5)_2Fe$ 的晶体结构,早期通过 X 射线衍射的研究建立了夹心的结构,同时指出两个 Cp 环应该是交错的,因为铁原子位于对称中心.C—C 和 Fe—C 距离也通过三维 X 射线分析确定了,它们分别是 140.3 和 204.5 pm. 但是,以后的一系列实验表明,在室温下,$(C_5H_5)_2Fe$ 的晶体结构实际上是不规则的,特别是热容的数据,揭示了在 164 K 存在一个相转变点,它和 Cp 环开始发生不规则的转动联系在一起.相转变点以下的晶体结构是规整的,X 射线测定表明,两个 Cp 环从覆盖的位置相对转动了约 9°. 换句话说,它既不是覆盖的,也不是交错的,但比较接近覆盖的构型.在低温,$(C_5H_5)_2Fe$ 分子实际上具有 D_5 对称性.

中子衍射和 X 射线衍射对二茂铁晶体结构的进一步研究,证实在室温下 Cp 环确实是不规则的[14,15]. 因此,单个 $(C_5H_5)_2Fe$ 分子必为交错构型的假设就不复存在了,何况铁原子处于对称中心也可能是不同方向分子叠合的结果,因而认为在室温下二茂铁分子属于交错构型的结论需要加以修正.此外,中子衍射的研究还表明,在二茂铁的晶体结构中,C—H 键也朝着铁原子倾斜一定的角度,例如在 173 K,(C_5CH) 角为 1.6°.

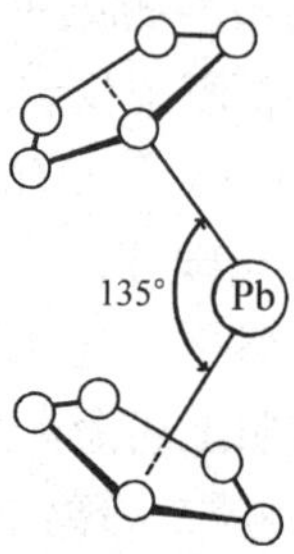

$(C_5H_5)_2M$ 型化合物虽然在大多数情况下两个 Cp 环是相互平行的,但气相电子衍射测定的结果表明,在 $(C_5H_5)_2Pb$ 中,两个 Cp 环却是不平行的(图 7.14). $(C_5H_5)_2Sn$ 和 $(C_5H_5)_2Ge$ 的晶体结构也类似[16].

图 7.14　$(\eta^5\text{-}C_5H_5)_2Pb$ 的分子结构

在 $(C_5H_5)_2M$ 型化合物的结构中,比较特殊的是 $(C_5H_5)_2Be$[17]. 它在气相是不对称的夹心结构,即铍原子和 2 个平行又互相交错的 $\eta^5\text{-}C_5H_5^-$ 环不等距,分别为 147.2 和 190.3 pm[图 7.15(a)]. 在固相($-120\,℃$),2 个 Cp 环发生"滑动",其中之一仍保持 $\eta^5\text{-}C_5H_5^-$,而另一则转变

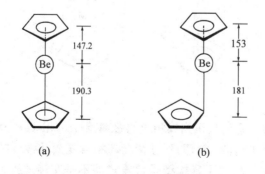

(a) (b)

图 7.15　$(C_5H_5)_2Be$ 的结构

(a) $(\eta^5\text{-}C_5H_5)_2Be(g)$　(b) $(\eta^5\text{-}C_5H_5)(\eta^1\text{-}C_5H_5)Be(s)$

成 η^1-$C_5H_5^-$. 同时,铍原子和 Cp 环之间的距离也不相等,分别为 153 和 181 pm[图 7.15(b)]. 室温下,仍保持这种"滑动"的结构,只不过 Cp 环的方位介于交错和覆盖两种极端的构型之间.

2. $(C_5H_5)_4M$ 型化合物

钛、锆和铪等过渡金属能形成 $(C_5H_5)_4M$ 型的化合物. 其中钛和铪的化合物结构类似,它们均含 2 个 η^5-$C_5H_5^-$ 和 2 个 η^1-$C_5H_5^-$ 环,可表示为 $(\eta^5$-$C_5H_5)_2(\eta^1$-$C_5H_5)_2M(M=Ti,Hf)$. 锆盐不同,它含 3 个 η^5-$C_5H_5^-$ 和 1 个 η^1-$C_5H_5^-$ 环,因而可用 $(\eta^5$-$C_5H_5)_3(\eta^1$-$C_5H_5)Zr$ 来表示. 图 7.16 表示了 $(C_5H_5)_4Hf$ 的结构,其中 η^1 环有两种可能的位置,图中分别用粗线和细线加以区分.

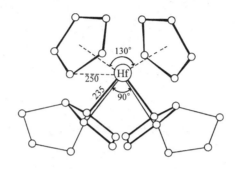

图 7.16 $(\eta^5$-$C_5H_5)_2(\eta^1$-$C_5H_5)_2Hf$ 的结构

3. $(C_5H_5)_xML_y$ 型化合物

大量的环戊二烯配合物具有混合配体。除含一个或两个茂环外,少数较大的中心金属离子,如锕系元素的 Th 和 U 等,甚至可形成含 3 个茂环的配合物. $(C_5Me_5)_3ThH$ 和 $(C_5Me_5)_3UX(X=F,Cl)$ 就是其中的几例[18]. 茂环还可与 C_{60} 等较大的配体形成混合型配合物,如 $(\eta^5$-$C_5Me_5)_2Ru_2C_{60}(\mu$-$Cl)_2$ 和 $(\eta^5$-$C_5H_5)Co(C_{64}H_4)$ 等[19]. 图 7.17 选择了其中的几例作为代表.

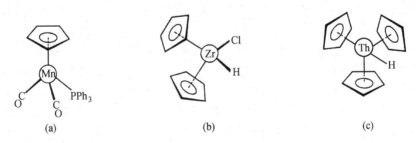

(a)　　　　　　　　　(b)　　　　　　　　　(c)

图 7.17　若干含混合配体的环戊二烯配合物

(a) $(\eta^5$-$C_5H_5)Mn(CO)_2(PPh_3)$　　　(b) $(\eta^5$-$C_5H_5)_2ZrClH$　　　(c) $(\eta^5$-$C_5Me_5)_3ThH$

4. 聚合物

环戊二烯化合物还可以聚合体的形式存在于晶体中. 例如,$[(C_5H_5)(C_5H_4)NbH]_2$ 以二聚体的形式存在[图 7.18(a)]. C_5H_5In 在晶体中构成无限长链[图 7.18(b)]. 在气相中以单分子存在的 $(C_5H_5)_2Pb$,在晶体中却以聚合体的形式出现[图 7.18(c)]等等. 在这些聚合体中,环戊二烯基常以桥基的形式存在,记做 $\mu\text{-}(\eta^5 : \eta^5\text{-}C_5H_5)$ 或 $\mu\text{-}(\eta^1 : \eta^5\text{-}C_5H_4)$ 等.

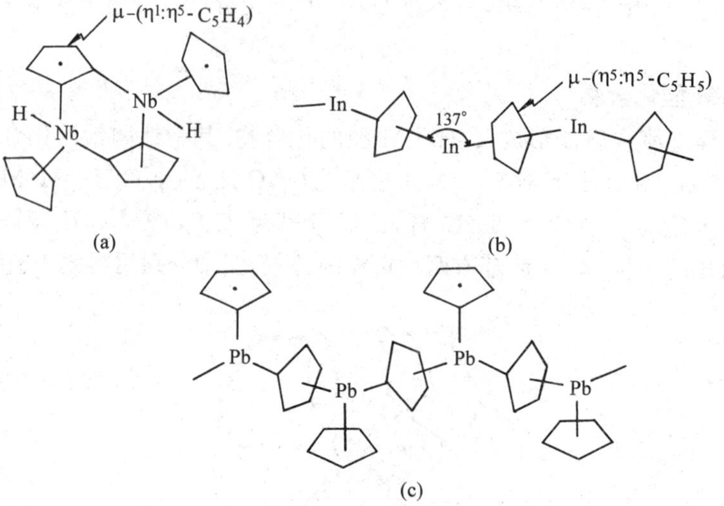

图 7.18　若干环戊二烯配合物的聚合体

(a) $[(C_5H_5)(C_5H_4)NbH]_2$　　(b) $(C_5H_5In)_n$　　(c) $[(C_5H_5)_2Pb]_n$

环戊二烯配合物除以上提到的几种结构类型以外,还有很多其他的形式.例如,整个二茂铁基可作为一个基团参与形成化合物等,不一一列举.

7.2.3　环戊二烯配合物的电子结构和化学键

对于夹心化合物化学键的讨论,基本上不受 Cp 环的转动方位是交错型(D_{5d})还是覆盖型(D_{5h})的支配,也不受该问题是否彻底弄清楚的限制.因为实验已经证明,气相二茂铁分子内 Cp 环的转动势垒很低,仅为 $3.8\ kJ\cdot mol^{-1}$ 左右;在晶体内,根据 NMR 的数据,在相转变点温度以下,估计在 $7.5\sim9.6\ kJ\cdot mol^{-1}$ 的范围内,高于转变点,数值还要低些.因此,在气相,虽然平衡构型是覆盖的,但并不排除交错构型分子的存在;在晶体中,Cp 环是不规则的,任何方位都可能出现.

金属茂($C_5H_5)_2M$ 的化学键可用定性分子轨道能级图(图 7.19)加以阐明[20].其中每个 Cp 环都被看做是正五角形,具有 5 个 π 分子轨道,它们构成一强成键、一组二重简并的弱成键以及另一组二重简并的反键分子轨道,分别具有 a、e_1 和 e_2 的对称性.2 个 Cp 环共有 10 个 π 轨道.若假设($\eta^5\text{-}C_5H_5)_2M$ 为 D_{5d} 对称性,则分子具有对称中心,也就是说,有中心对称(g)和反对称(u)之分.在能级图中,10 个 Cp 环的 π 轨道表示在左边,右边是第一系列过渡元素的 9 个价轨道(3d,4s,4p),中间是 Cp 环的 π 轨道和金属价轨道相互作用形成的 19 个分子轨道,其中包括 9 个成键和非键的分子轨道,以及 10 个反键分子轨道.图中虚线的框里所表示的是前线轨道.能量较高的反键轨道在图中未全部示出.由图 7.19 可见,M—Cp 间的强成键作用来自 e_{1g} 成键分子轨道.它们是由 e_1 型的金属 d 轨道(d_{xz} 和 d_{yz})和 e_1 型的 Cp π 轨道重叠而来.

橙色的 $(C_5H_5)_2Fe$ 固体是同类化合物中最稳定的一个,它不受空气或潮气的影响,加热到 500 ℃或在浓盐酸溶液中煮沸也不分解.$(C_5H_5)_2Fe$ 的这种稳定性归因于它恰好具有理想的价电子数——18.其中每个 $C_5H_5^-$ 环提供 6 个电子,共 12 个,加上铁(Ⅱ)本身的 6 个 d 电子,刚

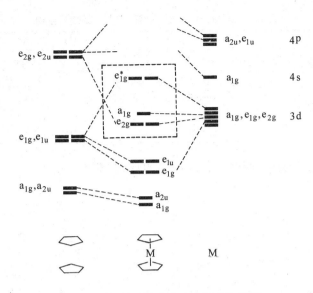

图 7.19　金属茂的定性分子轨道能级图

好满足十八电子构型.按照$(C_5H_5)_2M$的定性能级图(图 7.19),这 18 个电子恰巧充满 9 个成键和非键的分子轨道,而 10 个反键的分子轨道全空,于是形成一封闭的电子结构.由于充填的轨道或者是 a,或者是成对的 e_1 和 e_2,因此,它们是主轴对称的,可以预计不存在高的内在的转动势垒.如上所述,实验观测到的转动势垒确实很低.

类似的化合物$(C_5H_5)_2Co$为十九电子体系,$(C_5H_5)_2Ni$为二十电子体系,必然有一个或者两个电子进入能量较高的反键分子轨道.它们的化学性质也反映了这种电子结构上的特征.例如,紫黑色的$(C_5H_5)_2Co$固体很容易氧化成黄色的$[(C_5H_5)_2Co]^+$离子,后者和$(C_5H_5)_2Fe$等电子,而且在空气中稳定[21].

$(C_5H_5)_2V$正好相反,为十五电子体系;$(C_5H_5)_2Cr$为十六电子体系,它们都是缺电子体系.在这种情况下,HOMO a_{1g} 和 e_{2g} 轨道(图 7.19)只是部分充满.由于这两组轨道的能量比较接近,对于某些金属,甚至可能出现颠倒的现象,二茂铬即为一例.^1H、^2H 及 ^{13}C 固态 MAS-NMR 的测定结果均表明 Cp_2Cr 为顺磁性分子,具有两个未成对的电子[22],验证了上述观点.从另一个角度来看,为了尽可能满足十八电子构型,它们容易进一步结合其他的配体,因为后者能提供电子。当发生这种配位作用时,Cp 环向后倾斜,不再保持平行,如同图 7.17(b)所示.

金属—环戊二烯化合物具有丰富的有机化学反应性,典型的反应有付氏(Friedel-Crafts)酰基化反应,丁基锂金属化及磺化反应等,此处不拟详述.

7.3　金属—卡宾和卡拜化合物

在有机金属化合物中,金属和烷基(alkyl)形成的化合物含 M—C 单键,而和卡宾(carbene)或卡拜(carbyne)形成的化合物,则含 M=C 双键或 M≡C 叁键.表 7.2 比较了这三类化合物的 M—C 键.

表 7.2　含 M—C、M=C 和 M≡C 键的配合物

配　体	通　式	实　例
烷基	—CR₃	H₃C—Zn—CH₃
卡宾	=CR₂	(CO)₅Cr=C(OCH₃)(Ph)
卡拜	≡CR	Br(CO)₄Cr≡CPh

在个别特殊的化合物中,同时含 M—C 间的单键、双键和叁键.下列钨的化合物即为一例:

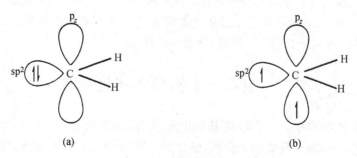

W—C	225.8 pm
W=C	194.2 pm
W≡C	178.5 pm

在这三类有机金属化合物中,6.1 节曾对金属—烷基化合物作过介绍.本节将讨论后两类,即金属—卡宾和金属—卡拜化合物[23~25].

7.3.1　金属—卡宾配合物

自由状态的卡宾:CR₂,碳原子的形式氧化态为+2,周围只有 6 个价电子,因而异常活泼,寿命很短.它们是许多有机反应的中间体,仅分离出少数几例.但卡宾能因和其他有机基团结合,形成有机化合物;或和金属结合,形成配合物而稳定,尽管卡宾并不能直接和金属反应.

金属—卡宾配合物(metal-carbene complex)可用通式 $L_nM=CR_2$ 表示,它们在形式上含 M=C 双键.最简单的 CR₂ 基团为亚甲基(methylene)CH₂.它除了有两根 C—H 键以外,还有一个 sp^2 杂化轨道和一个 p 轨道;6 个价电子中的 4 个,包含在两根 C—H 键中,因而碳原子上尚有 2 个未参与成键的价电子.它们或配对地占据 sp^2 杂化轨道,或自旋平行地分占 sp^2 和 p 轨道(图 7.20).前者为单重态,后者为三重态.三重态有 2 个未成对的电子,可视为游离基,极不稳定.

图 7.20　自由卡宾的两种电子结构

(a) 单重态　(b) 三重态

1. Fischer 型和 Schrock 型卡宾配合物

金属—卡宾配合物 $L_nM=CR_2$ 有两种不同的键合方式,通常称为 Fischer 型和 Schrock 型卡宾配合物.

Fischer 型的特征是:金属的氧化态低,含 π-接受体配体 L,卡宾碳原子含 π-给予体取代基 R. 这一类卡宾碳带 $\delta+$ 电荷,因而具有亲电性. Schrock 型的特征是:金属的氧化态高,无 π-接受体配体 L,无 π-给予体 R 基团. 在这种情况下,卡宾碳带 $\delta-$ 电荷,因而具有亲核性. Schrock 型配合物又称**亚烷基配合物**(alkylidene complex). 表 7.3 比较了这两类卡宾配合物的差异.

表 7.3　Fischer 型和 Schrock 型卡宾配合物的比较

	Fischer 型	Schrock 型
典型金属	d 区中至后过渡金属 如 Cr(0)、W(0)、Fe(0)	d 区前过渡金属 如 Ti(IV)、Ta(V)
典型的其他配体 L	强 π-接受体 如 CO	强 σ-或 π-给予体 如烷基、Cp、Cl
卡宾取代基 R	至少含一电负性大的杂原子 O 或 N	H、烷基或芳基
电子计数	$18e^-$	$10\sim18e^-$
典型的化学行为	卡宾 C 易受亲核进攻	卡宾 C 易受亲电进攻

以下两例化合物,分别为第一例 Fischer 型和第一例 Schrock 型卡宾配合物. 它们体现了上述各特征.

$$(CO)_5W \overset{\delta-}{=} \overset{\delta+}{C} \overset{OMe}{\underset{R}{}}$$

Fischer 型

$$Cp_2(Me)Ta \overset{\delta+}{=} \overset{\delta-}{C} \overset{H}{\underset{H}{}}$$

Schrock 型

配合物中卡宾碳原子上的电荷,受过渡金属 d_π 轨道能量的控制. 周期表上 d 区的后过渡金属,d_π 轨道较稳定[图 7.21(a)],而 π-接受体配体 L 的存在,又使它进一步稳定. d 区的前过

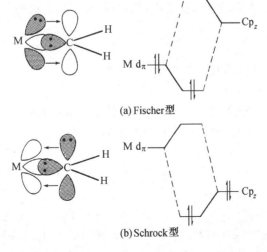

(a) Fischer 型

(b) Schrock 型

图 7.21　两类卡宾配合物中 $d_\pi(M)$ 和 $p_\pi(C)$ 轨道的相对稳定性和成键状况

渡金属,d_{π} 轨道则不如前者稳定[图 7.21(b)]. 在形成 M—CR_2 σ 键时,若考虑单重态的自由卡宾,即两个电子成对地占据 sp^2 杂化轨道,而 p_z 轨道为空轨道[图 7.20(a)]. 则卡宾的孤对电子,无论在 Fischer 型,还是在 Schrock 型中,都按通常 σ-给予体的方式和金属原子键合. 但两者 π 键的结合方式却不尽相同. Fischer 型可视为由 d_{π}(M)到 p_{π}(C)的反馈键[图 7.21(a)],类似于 π 酸配体 CO 的情况. 但和 CO 相比,CR_2 是较强的 σ-给予体和较弱的 π-接受体. 综合效应是 M—CR_2 键较 M—CO 键弱. 在 Fischer 型配合物中,金属的形式氧化态未变. 电子对在相当大的程度上,仍属于金属原子. 显然,这是因为 d_{π}(M)较 p_{π}(C)轨道能量低得多的缘故. 同时,电负性大的取代基 R,又可参与形成三中心 π 键体系,使缺电子的卡宾碳进一步稳定. 在 Schrock 型中,由于 d_{π}(M)轨道的能量高于 p_{π}(C)轨道,可以认为,原来属于金属原子的两个电子,转移到了更为稳定的 p_{π}(C)轨道上,形成 CR_2^{2-} 阴离子,满足八隅律. 而被金属稳定的阴离子,则好似 σ-和 π-给予体,成为四电子给予体[图 7.21(b)],并使金属的形式氧化态提升了 +2.

2. 合成和反应

Fischer 和 Schrock 型卡宾配合物,由于成键状况的不同,反映在合成和反应性能上也有许多差异. Fischer 型卡宾配合物主要通过对羰基配体进行亲核进攻制备. 1964 年 Fischer 和 Maasböl 通过下列途径,首次合成了卡宾配合物:用烷基锂或苯基锂对羰基配体进行亲核进攻,接着再进行甲基化. 反应式:

$$W(CO)_6 \xrightarrow{LiR} (CO)_5W=C \Big\langle \begin{matrix} O^-Li^+ \\ R \end{matrix} \xrightarrow{Me_2O^+BF_4^-} (CO)_5W=C \Big\langle \begin{matrix} OMe \\ R \end{matrix} \tag{7.11}$$

(R=Me,Ph)

此法具有普遍意义,因为 LiR 中的 R 可为烷基、芳基或甲硅烷基等多种不同的基团,烷基化试剂也可各不相同. 用此法已合成出一批 Mo、W、Mn、Fe、Rh 和 Ni 等不同金属的 Fischer 型卡宾配合物.

若用氨基化物对羰基配体进行亲核进攻,然后再烷基化,则可制备含 N 的 Fischer 型卡宾配合物. 如:

$$Cr(CO)_6 \xrightarrow[\text{(2) } Et_3O^+BF_4^-]{\text{(1) } LiNEt_2} (CO)_5Cr=C \Big\langle \begin{matrix} OEt \\ NEt_2 \end{matrix} \tag{7.12}$$

Schrock 型卡宾配合物主要通过烷基脱质子制备. Schrock 及其合作者们用此法制备了 Nb、Ta 等的卡宾配合物,其中关键的一步是用碱脱质子. 例如:

$$Cp_2TaMe_3 \xrightarrow{Ph_3C^+BF_4^-} [Cp_2TaMe_2]^+BF_4^- \xrightarrow{NaOMe} Cp_2(Me)Ta=C \Big\langle \begin{matrix} H \\ H \end{matrix} \tag{7.13}$$

浅绿色结晶

产物中 Ta(Ⅴ)—CH_3 单键的键长为 224.6 pm,而 Ta=CH_2 双键的键长为 202.6 pm,两者有明显的差别. 结构分析还表明 CH_2 基位于分子的镜面内. 类似地,X 射线晶体结构的测定,同样证实了 Fischer 型卡宾配合物中 M=CR_2 双键的性质. 例如,在下列化合物中:

$$(CO)_5Cr=C \begin{matrix} OMe \\ Ph \end{matrix}$$

Cr＝CR$_2$ 距离为 204 pm,而 Cr—C 单键则在 220 pm 左右.

除上述主要的制备方法外,Fischer 型卡宾配合物还可通过乙炔的衍生物在乙醇溶液中和酸反应制备.Schrock 型卡宾配合物还可通过金属配合物和重氮甲烷 CH$_2$N$_2$ 的反应等其他方法制备.

两种类型的卡宾配合物,在化学反应性上同样存在着差异.Fischer 型卡宾碳具有亲电性,易受亲核进攻;相反,Schrock 型卡宾碳具有亲核性,易受亲电进攻.以下是几例典型的反应:

Fischer 型卡宾配合物:

$$(CO)_5Cr=C \begin{matrix} OMe \\ Ph \end{matrix} \quad :NH_2R \longrightarrow (CO)_5Cr-C \begin{matrix} OMe \\ | \\ Ph \end{matrix} -NH_2R \longrightarrow (CO)_5Cr=C \begin{matrix} NHR \\ Ph \end{matrix} + MeOH \quad (7.14)$$

有机锂化合物对 Fischer 型卡宾配合物的亲核进攻,还可使之转变为 Schrock 型卡宾配合物:

$$(CO)_5W=C \begin{matrix} OMe \\ Ph \end{matrix} \xrightarrow[-78\,℃]{LiPh} (CO)_5W-C \begin{matrix} OMe \\ | \\ Ph \end{matrix} -Ph \xrightarrow[-78\,℃]{HCl} (CO)_5W=C \begin{matrix} Ph \\ Ph \end{matrix} + MeOH \quad (7.15)$$

Schrock 型卡宾配合物:

$$Cp_2(Me)Ta=CH_2 \xrightarrow{AlMe_3} Cp_2(Me)Ta^+(CH_2-Al^-Me_3) \quad (7.16)$$

$$Cl(NO)(PPh_3)_2Os=CH_2 \xrightarrow[HCl]{AlMe_3} Cl_2(NO)(PPh_3)_2Os-CH_3 \quad (7.17)$$

反应 7.16 的产物为 Schrock 型卡宾配合物和 Lewis 酸 AlMe$_3$ 形成的加合物.反应 7.17 中,HCl 最终使 Schrock 型卡宾配合物质子化,从而转化为烷基配合物.

值得注意的是,两类卡宾配合物之间,实际上并不存在截然的分界线.例如,(CO)$_2$(PPh$_3$)$_2$Ru＝CF$_2$ 与亲电剂反应,而类似的化合物 Cl$_2$(CO)(PPh$_3$)$_2$Ru＝CF$_2$ 却与亲核剂反应.又如,[Cp(NO)(PPh$_3$)Re＝CH$_2$]$^+$ 既与亲电剂又与亲核剂反应等.

过渡金属—卡宾配合物除在卡宾碳原子部位的亲电或亲核反应外,和其他配合物类似,也可发生配体取代反应和氧化还原等一系列反应.

某些稳定的金属—卡宾配合物具有良好的催化性能,是有机合成中常用的催化剂.例如,钯的卡宾配合物,对热、氧气和潮气都很稳定,特别适宜于活化氯代芳烃,是 Heck 反应的催化剂.Rh(Ⅰ)和 Ru(Ⅱ)的卡宾配合物是烯烃加氢和烯烃、炔烃的氢化硅烷化反应的有效催化剂.钨的卡宾配合物能催化二苯基乙炔的聚合反应等.不仅是金属—卡宾配合物,其他许多有机金属化合物都是有效的催化剂,有些甚至是工业用催化剂.有关内容将在本书其他章节中述及,本处不再详述.

总之,金属—卡宾是一大类配合物.不仅过渡金属,甚至锂等碱金属以及碱土金属等主族金属都能形成卡宾配合物.

7.3.2　金属—卡拜配合物

金属—**卡拜配合物**(metal-carbyne complex)可用通式 $L_nM \equiv CR$ 表示,已知的 R 有 H、烷基、芳基、$SiMe_3$、NEt_2、PMe_2、SPh 和 Cl 等.它们在形式上含 $M \equiv C$ 叁键.

1. Fischer 型和 Schrock 型卡拜配合物

和卡宾配合物类似,卡拜配合物也有 Fischer 和 Schrock 两种类型.在 **Fischer 型**卡拜配合物中,金属的形式氧化态低,有 π-接受体配体 L,如 CO;而在 **Schrock 型**中,金属的形式氧化态高,有电子给予体配体.和卡宾配合物不同的是,Fischer 型卡宾碳通常和杂原子 O 或 N 相连,Schrock 型卡宾碳则和 H 或 C 原子相连.但这一条对卡拜配合物并不重要.Schrock 型卡拜配合物又称**次烷基配合物**(alkylidyne complex).

卡拜配合物中的 $M \equiv CR$ 叁键可描述为一根 σ 键和两根 π 键,但在两种不同类型的卡拜配合物中,成键的方式有所不同.卡拜配体在 C 原子的 sp 杂化轨道上有一对孤对电子,另一个电子则位于两个简并的 p 轨道上.和卡宾配合物类似,在形成 Fischer 型卡拜配合物时,C 原子是 σ-给予体和 π-接受体;而在 Sckrock 型中,卡拜配体可视为 CR^{3-} 阴离子,因此,它既是 σ-给予体又是 π-给予体.

典型的卡拜配合物,也是第一例 Fischer 型和 Schrock 型卡拜配合物为:

Fischer 型　　　$X(CO)_4M \equiv CR$　　　(M=Cr,Mo,W;X=Cl,Br,I;R=Me,Et,Ph)

Schrock 型　　　$(Me)_3W \equiv CMe$

而 $Cl(CO)(PPh_3)_2Os \equiv CPh$ 则介于两者之间.

2. 合成和反应

Fischer 型卡拜配合物通常由卡宾配合物和 Lewis 酸反应制备.例如:

$$(7.18)$$

上述反应的第一步是亲电置换卡宾碳原子上的甲氧基,产生卡拜配位阳离子.然后,中间体失去一个羰基,产生中性的卡拜配合物,其中氯离子和卡拜配体处于反位.

产物经 X 射线晶体结构测定,Cr—C 距离 168 pm,明显地短于起始卡宾配合物的 204 pm,证实了 $Cr \equiv C$ 叁键的性质.$Cr \equiv C—C$ 键角略小于 180°,表明略偏离线形.

Schrock 型卡拜配合物通常由卡宾配合物脱质子而来.例如:

$$(7.19)$$

和卡宾配合物类似,卡拜配合物有一系列的亲电或亲核反应.但分子轨道法的计算表明,无论是 Fischer 型还是 Schrock 型的中性卡拜配合物,叁键的极性方向均可表示为 $\overset{\delta+}{M} \equiv \overset{\delta-}{C}$.因此,可以预示,亲核剂总向金属原子进攻,而亲电剂总向卡拜碳原子进攻.

反应 7.20 表示了亲核膦配体向金属原子的亲核进攻:

$$\text{反 -Br(CO)}_4\text{M}\equiv\text{C}-\text{Ph}+\text{PPh}_3 \longrightarrow \text{经 -Br(CO)}_3(\text{PPh}_3)\text{M}\equiv\text{C}-\text{Ph}+\text{CO} \qquad (7.20)$$
$$(\text{M}=\text{Cr},\text{W})$$

反应 7.21 则表示了 HCl 中的亲电质子 H$^+$ 向卡拜碳原子的亲电进攻,并发生配体 Cl$^-$ 的加成反应.结果由卡拜配合物转变为卡宾配合物.

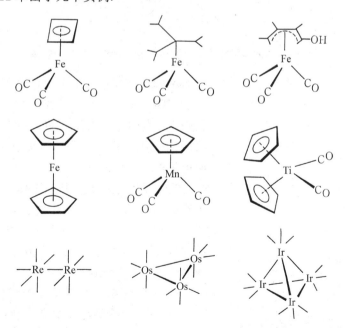

$$\left(\text{L=PPh}_3,\text{R}=\!\!-\!\!\bigcirc\!\!-\!\!\text{CH}\right)$$

其他 Lewis 酸等亲电剂也可发生卡拜碳原子的亲电反应.

7.4 等瓣相似模型

有机金属化学的崛起,好似在无机和有机化学间架起了一座桥,大大缩短了它们之间的距离.1981 年 Nobel 化学奖获得者 Roald Hoffmann 曾以"在无机和有机化学间筑桥"为题,发表了他的 Nobel 奖讲演[26],中心议题是"等瓣相似"模型.

7.4.1 分子片

正像 CH$_3$、CH$_2$、CH 基团及 C 原子是构成碳氢化合物的基元,链、环及其衍生物是建造现代有机化学的基石一样,过渡金属—配位体**分子片**(fragment)ML$_n$ 是组成有机金属化合物的结构单元.图 7.22 举出了几个实例.

图 7.22 若干有机金属化合物

由上图可看出,$M(CO)_5$、$M(CO)_4$、$M(CO)_3$、$M—C_5H_5$ 以及 $M—(H_2C\!=\!CH_2)$、$M—(HC\!\equiv\!CH)$
等分子片都是有机金属化合物有代表性的、常见的组分.

要由分子片建造有机金属化合物,必须知道它们的电子结构,但并不需要了解详细的电子
结构,只需了解分子片的前线轨道,即最高充填轨道(HOMO)和最低空轨道(LUMO).从中找
出无机和有机部分前线轨道的相似性.

Hoffmann 及其合作者们,用完全定性的方法,通过推广的 Hückel 分子轨道法(EHMO)
的计算,积累了大量有关 ML_n 分子片前线轨道的资料.例如,八面体配合物中的分子片 ML_n
可表示为:

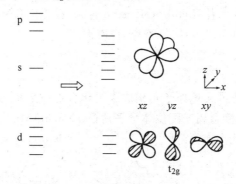

它们和四面体中的 CH_3、CH_2、CH 分子片十分相似.

过渡金属的价轨道是 $(n-1)d$、ns、np.要构成八面体配合物,必须首先准备 6 个等同的八
面体向杂化轨道,这可由全部 s、p 和 2 个 d 轨道即 d^2sp^3 杂化轨道来完成,于是留下 d_{xy}、d_{xz} 和
d_{yz} 这 3 个未杂化的 d 轨道,即一组 t_{2g} 轨道(图 7.23).

图 7.23　八面体配合物中金属原子的杂化与未杂化价轨道

为形成八面体配合物,需引进 6 个配体.此处仅考虑偶电子的 Lewis 碱配体,如
CO、PH_3、CH_3^-、en、$CH_2\!=\!CH—CH\!=\!CH_2$、$C_5H_5^-$ 等
其中,en 和 $CH_2\!=\!CH—CH\!=\!CH_2$ 是双齿的四电子
给予体,$C_5H_5^-$ 从电子数看相当于三齿配体,或 3 个
两电子 Lewis 碱.

当 6 个两电子配体从八面体方向朝金属原子靠
拢时,6 个金属原子的杂化轨道和 6 个配体的群轨
道形成 12 个分子轨道,包括 6 个成键和 6 个反键轨
道.配体的 6 对电子进入 6 个成键轨道,金属原子本
身的价电子则进入 t_{2g} 轨道(图 7.24).

倘若只有 5 个而不是 6 个配体向金属原子接
近,那么有 5 个金属原子的杂化轨道与之强烈作用,
结果,离开前线轨道的区域,形成 5 个成键和 5 个反

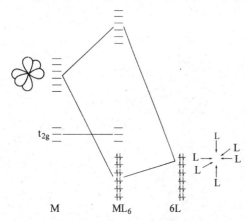

图 7.24　八面体配合物的电子结构

键的分子轨道(图 7.25),而指向无配体进攻方向的那一个杂化轨道则基本不变.在这种情况下,ML_5 分子片的前线轨道包括一组 t_{2g} 轨道和一个杂化轨道,在图 7.25 中,用虚线方框表示.

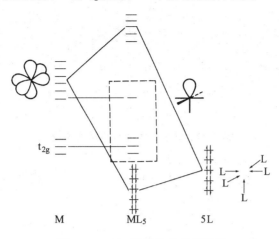

图 7.25　ML_5 分子片的前线轨道

类似地,ML_4 或 ML_3 分子片分别有 2 个或 3 个金属原子的杂化轨道基本保持不变.ML_n($n=5,4,3$)的前线轨道表示在图 7.26 中.它们包括一组能量较低的 t_{2g} 轨道和 1~3 个能量稍高的杂化轨道,后者指向八面体缺顶的方向.

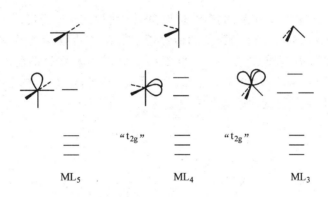

图 7.26　ML_n($n=5,4,3$)的前线轨道

剩下的问题是确定有多少电子进入前线轨道.前已述及,建立分子片前线轨道的目的是为了建造有机金属化合物的分子轨道,因此,需要进一步了解分子片前线轨道和有机部分前线轨道之间有何相似性.

7.4.2　等瓣相似模型

若考虑 d^7 组态的分子片 $Mn(CO)_5$,Mn 的 7 个价电子除填入一组 t_{2g} 轨道以外,还有一个电子进入指向无配体方向的杂化轨道.显然,这和 CH_3 基的情况类似(图 7.27).

倘若 d^7—ML_5 和 CH_3 的前线轨道类似,那么这两分子片应表现出某些共同之处.确实,CH_3 基可以二聚形成乙烷 H_3C—CH_3,$Mn(CO)_5$ 也可以二聚形成 $(OC)_5Mn$—$Mn(CO)_5$.不仅如此,这两部分有机和无机分子片还可以共聚形成 $(CH_3)Mn(CO)_5$(图 7.28).尽管这些化合

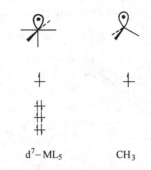

d⁷-ML₅　　　　CH₃

图 7.27　d^7-ML$_5$ 和 CH$_3$ 的前线轨道

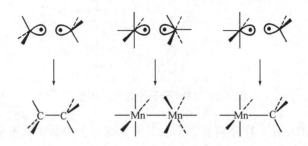

图 7.28　d^7-ML$_5$ 及 CH$_3$ 分子片的几种二聚体

物在实验室里并不是这样制备出来的,但从理论模型上可以这样来建造.

从另一角度来看,d^7-ML$_5$ 和 CH$_3$ 的相似性还表现在:它们的单电子占领轨道和其他配体,如氢原子轨道的重叠有类似之处. 图 7.29 表示了 MnH$_5^{5-}$ 及 CH$_3$ 的前线轨道 a$_1$ 和 H 1s 轨道在距 Mn 或 C 原子 R 处的重叠积分. 由图 7.29 可见,虽然 H—CH$_3$ 的重叠在任何距离上都比 H—MnL$_5$ 的小,但它们的变化趋势非常相似.

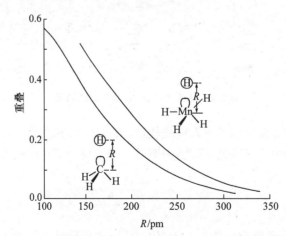

图 7.29　MnH$_5^{5-}$ 和 CH$_3$ 的前线轨道 a$_1$ 和 H 1s 轨道在距 Mn 或 C 原子 R 处的重叠积分

d^7-ML$_5$ 和 CH$_3$ 分子片既非等结构又非等电子体,然而,它们具有类似的前线轨道. Hoffmann 把这两种分子片形象地称为"等(叶)瓣"(isolobal). 等瓣的含义是指分子片前线轨道的数目、对称性、能量、形状以及所含的电子数均相似.当然,仅仅是相似,而不是等同.等瓣用双箭头,下加半瓣轨道的符号,即"$\overleftrightarrow{\underset{\bigcirc}{}}$"来表示.如

$$Mn(CO)_5 \overleftrightarrow{\underset{\bigcirc}{}} CH_3$$

类似地,d^8-ML_4分子片如$Fe(CO)_4$和亚甲基CH_2是等瓣,即

$$Fe(CO)_4 \overleftrightarrow{\underset{\bigcirc}{}} CH_2$$

正如图7.30所表示的那样,这两个分子片都有两个电子充填在a_1和b_2轨道里.虽然它们的a_1和b_2轨道的次序正好颠倒,但这无妨,因为当它们和其他配体成键时,a_1和b_2都是典型的强成键轨道.

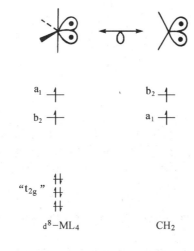

图7.30　d^8-ML_4和CH_2的前线轨道

$Fe(CO)_4$和CH_2也可以二聚或共聚,形成下述几种构型:

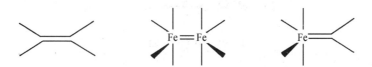

值得注意的是,由等瓣相似建造的化合物并不一定稳定,上述$(OC)_4Fe=Fe(CO)_4$就是一不稳定的化合物,迄今只在低温下观测到.这是等瓣相似模型的一个局限性.

$Fe(CO)_4$、$Ru(CO)_4$、$Os(CO)_4$和CH_2还可通过不同的组合方式形成三聚体(图7.31),它们的有机或无机的三元环均已发现.需要强调的是,图中所表示的$[M(CO)_4]_3$只是$M=Os$,因为已知在$Fe_3(CO)_{12}$分子中含2个$(\mu_2\text{-}CO)$.这是等瓣相似模型的又一局限性.

d^9-ML_3分子片$Co(CO)_3$、$Ir(CO)_3$和次甲基CH或CR等瓣(图7.32).它们的有机、无机或混合四聚体均存在(图7.33).

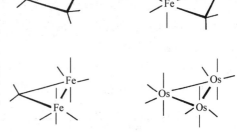

图7.31　d^8-ML_4和CH_2分子片的几种三聚体

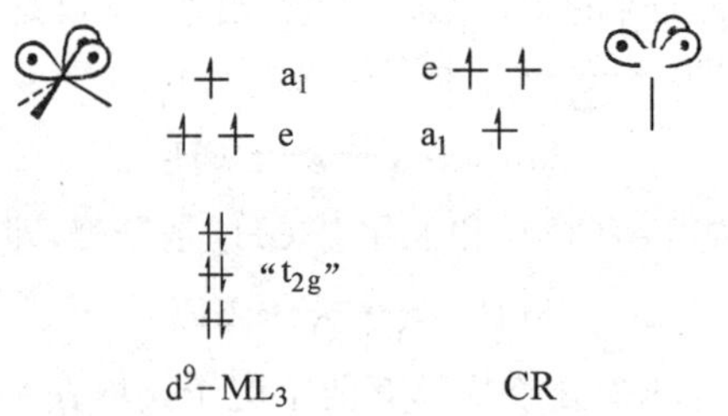

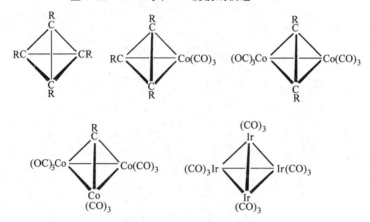

图 7.32　d^9-ML_3 和 CR 的前线轨道

图 7.33　d^9-ML_3 及 CR 分子片的几种四聚体

至此,等瓣相似模型的要点业已明确,它们的关系可归纳如下:

$$d^7-ML_5 \longleftrightarrow CH_3$$

$$d^8-ML_4 \longleftrightarrow CH_2$$

$$d^9-ML_3 \longleftrightarrow CH$$

7.4.3　等瓣相似模型的意义

等瓣相似模型是通过定性分子轨道法的计算,得出的一种理论模型.它的出现,立即引起了化学界的注意.在很短的时间内,就用实验事实证明了它在预示新的有机金属化合物的合成以及预示复杂化合物的分子结构等方面,都有重要的理论指导意义[27].

1. 预示新化合物的合成

如前所述,CH_2 和 $Fe(CO)_4$ 是等瓣相似的分子片. 再进一步,和 $Rh(CO)(\eta^5\text{-}C_5H_5)$ 或 $Rh(CO)(\eta^5\text{-}C_5Me_5)$ 等也为等瓣相似. 即

$$CH_2 \xleftrightarrow{(0)} Fe(CO)_4 \xleftrightarrow{(I)} Rh(CO)(\eta^5\text{-}C_5H_5) \xleftrightarrow{(I)} Rh(CO)(\eta^5\text{-}C_5Me_5)$$

从理论模型上,可以把乙烯($H_2C = CH_2$)看做是 CH_2 的二聚体;环丙烷$(CH_2)_3$ 看做是 CH_2 的三聚体.既然 CH_2 分子片可以二聚或三聚,那么等瓣相似的其他分子片,理应可以二聚、三聚或与 CH_2 分子片共聚.按照上述思路,果真在实验室合成出了双核的$[Rh(CO)(\eta^5\text{-}C_5Me_5)]_2$

和三元环的$(H_2C)[Rh(CO)(\eta^5\text{-}C_5H_5)]_2$等新化合物. 当然,等瓣相似模型并不能预示羰基的存在形式. 根据结构的测定,前者含边桥羰基,后者含端梢羰基.

又如,CH_2和十六电子体系的$d^8\text{-}ML_4$(L表示$2e^-$配体)分子片是等瓣相似,进一步和$d^{10}\text{-}ML_3$或$d^6\text{-}ML_5$等十六电子体系的分子片也是等瓣相似. 于是便有如下的等瓣相似链:

$$CH_2 \longleftrightarrow Rh(CO)(\eta^5\text{-}C_5H_5) \longleftrightarrow Cu(\eta^5\text{-}C_5Me_5) \longleftrightarrow Cr(CO)_5$$
$$d^8\text{-}ML_4 \qquad\qquad d^{10}\text{-}ML_3 \qquad\qquad d^6\text{-}ML_5$$

因此,根据$(CH_2)_3$和$H_2C{=\!=}PPh_3$等化合物的实际存在,合成出了$(\eta^5\text{-}C_5Me_5)Cu\text{-}PPh_3$和$(CO)_5Cr[CpRh(CO)]_2$等化合物. 图7.34表示了两例上述按照等瓣相似模型合成出的新化合物.

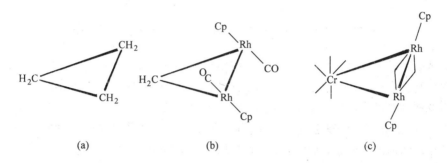

图 7.34 $(CH_2)_3$(a)、$(H_2C)[CpRh(CO)]_2$(b) $(CO)_5Cr[CpRh(CO)]_2$(c)的结构示意图

类似地,将某些含金属原子的分子片,和CH_3或CH等分子片类比,按照等瓣相似模型又合成出一批新的有机金属化合物,包括一些复杂的或不寻常的化合物.

2. 预示化合物的分子结构

以化合物$HRe_3(CO)_{12}Sn(CH_3)_2$的分子结构为例. 若不考虑氢原子的确切位置,仅考虑$Re_3(CO)_{12}Sn(CH_3)_2^-$部分的结构. 按照等瓣相似模型,从$CH_2$和$Fe(CO)_4$分子片的等瓣相似出发,通过下列等瓣相似链:

$$SnR_2 \longleftrightarrow CR_2 \longleftrightarrow CH_2 \longleftrightarrow Fe(CO)_4 \longleftrightarrow Re(CO)_4^-$$

不难发现,它和已知化合物$Re_2(CO)_8(CR_2)_2$及$Re_4(CO)_{16}^{2-}$的分子结构应类似. 结构的测定证实了上述推测(图7.35).

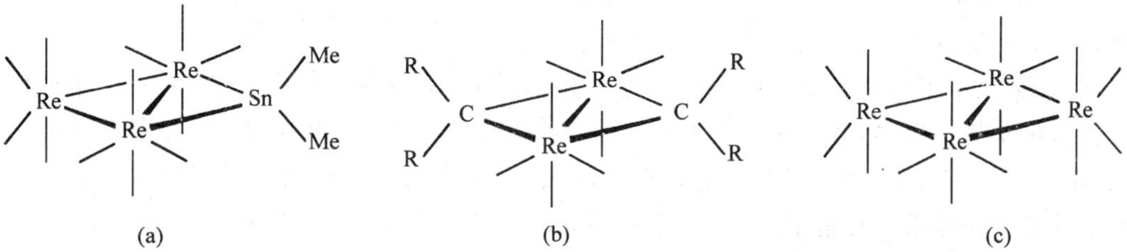

图 7.35 $Re_3(CO)_{12}Sn(CH_3)_2^-$(a)、$Re_2(CO)_8(CR_2)_2$(b)和$Re_4(CO)_{16}^{2-}$(c)的结构

又如,$Os_5(CO)_{19}$的结构很复杂[图7.36(a)],但按照下列等瓣相似关系:

$$CH_2 \longleftrightarrow Os(CO)_4$$

197

它的结构应和 $Os(CO)_3(H_2C \!=\! CH_2)_2$［图 7.36(b)］的非常相似. 后者是 $Os(CO)_5$ 的衍生物,其中水平方向上的两个 CO 被乙烯($CH_2)_2$ 取代,因而也可被类似于 CH_2 分子片的二聚体,即 $Os(CO)_4$ 分子片的二聚体所取代,形成 $Os_5(CO)_{10}$.

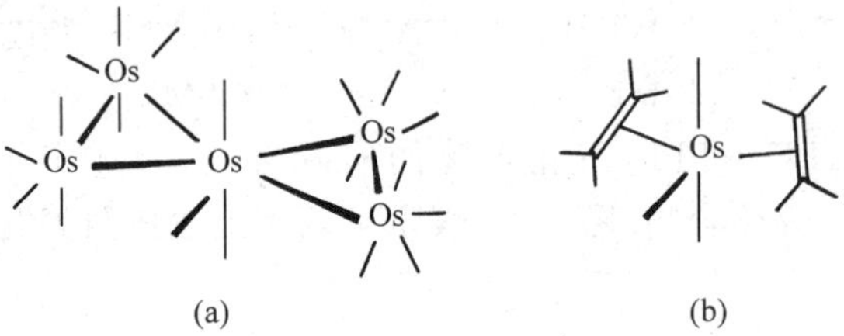

图 7.36　$Os_5(CO)_{19}$ (a)和 $Os(CO)_3$ $(H_2C \!=\! CH_2)_2$ (b)的结构

以上两个例子给我们的启示是:运用等瓣相似模型,通过和已知的,或许是比较简单的有机分子进行类比,可预示某些复杂的无机或有机金属分子的结构;反之,也可从已知的无机分子的结构来推测有机或有机金属分子的结构.

总之,等瓣相似是一种理论模型,它试图通过近似分子轨道法的计算,揭示无机和有机两部分分子片之间的内在联系,从而在无机和有机化学间筑桥.

7.5　超分子有机金属化合物

第 6 章和本章的前几节述及了各类有机金属化合物分子内 M—C 化学键的性质,有机金属化合物还可通过分子间的各种相互作用和识别,自组装成**超分子有机金属化合物**(supramolecular organometallic compound),或形成**主体—客体超分子体系**[28,29].

7.5.1　有机金属化合物的超分子自组装

1. 配位键的识别和自组装

配位键(dative bond)系指电子对给体-受体或 Lewis 酸-碱的相互作用. 配位键和共价键的区别在于:共价键的电子对由两个成键原子各提供一个,而配位键的电子对则来自其中的一个原子. 配位键是配位化学的基础,有分子内也有分子间的配位键. 本节所关注的是后一种,它能使单个的有机金属分子通过识别组装成超分子.

图 7.37 表示了几例有机金属分子通过和氮、氧、硫等原子间的配位键作用,自组装形成的超分子有机金属化合物,作为这一类型的代表. 由图 7.37 可见,有机锌或有机铝等分子通过分子间 M←A(A＝N,O,S 等)配位键的识别,可组装成环状(a)、稠环状(b)、簇状［(c)和(d)］或更复杂的超分子体系(e). 其中(a)为二聚体［$MeZnNPh_2$］$_2$;(b)中含 7 个四配位的铝原子,化学式为 K［$Me_{16}Al_7O_6$］· C_6H_6;(c)为五聚体［$MeZnSBu^t$］$_5$;(d)为双类立方烷结构,含 1 个六配位和 6 个四配位的锌原子;(e)为四聚体,含 2 个六配位和 2 个四配位的锌原子.

2. 次级键的识别和自组装

次级键(secondary bond)系指原子间的距离比共价单键的长,但比范德华作用力的短;在晶体中则指原子间的距离比共价半径之和长,但比范德华半径之和短. 这意味着次级键的作用

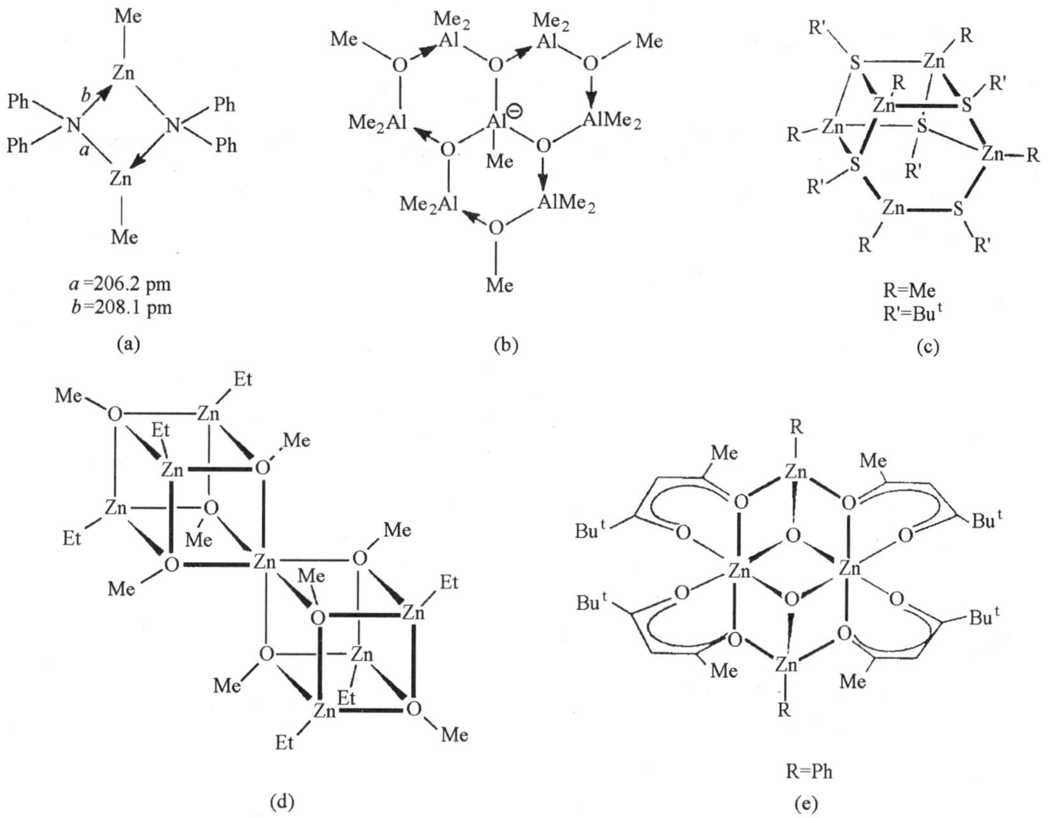

图 7.37 通过配位键自组装的超分子有机金属化合物

力较共价键或配位键的弱,它的强度和氢键相当.

次级键通常存在于较重的主族元素化合物中,可发生在分子内也可发生在分子间,有时两者共存于超分子结构中. 图 7.38 示出了几例通过次级键的自识别和自组装形成的超分子有机金属化合物.

由图 7.38 可见,次级键可发生在同种原子间(a),也可发生在不同的原子间[(b)~(d)]. 图中(a)表示了固态双核有机锑的超分子结构[(Me$_2$Sb)$_2$]$_n$,它是由同种金属原子 Sb⋯Sb 间的次级键自组装成的长链,分子内的 Sb—Sb 共价键为 286.2 pm,分子间的 Sb⋯Sb 次级键为 364.5 pm,Sb—Sb⋯Sb 键角 179.2°,接近线形. 图7.38(b)的二聚体中,Hg—Cl 共价键长 230.9 pm,Hg⋯Cl 次级键长 336.2 pm. 图 7.38(c)表示了由 CpSnCl 分子自组装形成的双链带状超分子,分子内的 Sn—Cl 共价键长 267.9 pm,分子间的 Sn⋯Cl 次级键长为 324.2 和 326.2 pm. 图中(d)表示的[Me$_2$Sn(NCS)$_2$]$_n$ 超分子中,Sn—NCS 间为共价键,自组装发生在 Sn⋯S 间的次级键相互作用,结果由无限长的链构筑成二维的层状结构.

3. 氢键的识别和自组装

典型的**氢键**(hydrogen bond)为 X—H⋯Y 型不对称的线形体系,其中 X 和 Y 为电负性大的同种或不同种原子. X—H 为正常的共价键,而 H⋯Y 为较弱的相互作用,H 和 Y 的距离大于共价键但却短于范德华距离. 含 OH、COOH 和 CONH$_2$ 等功能团的有机金属化合物易通过

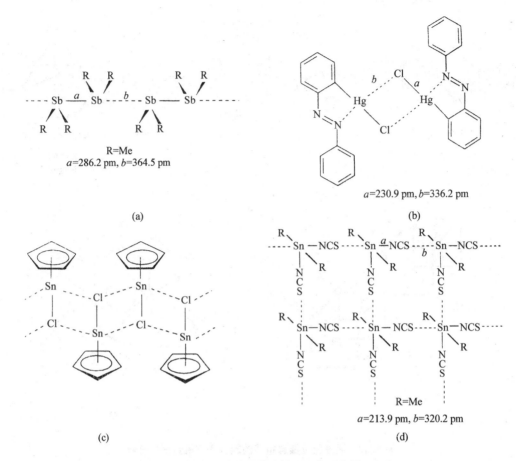

图 7.38　通过次级键自组装的超分子有机金属化合物

分子间的氢键自组装成超分子结构. 近年来又认识到 $\overset{\delta+}{C}—\overset{\delta-}{H}\cdots O$ 体系中弱的氢键在金属羰基化合物的超分子自识别中起重要的作用. 图 7.39 表示了几例通过氢键的识别和自组装形成的超分子有机金属化合物.

　　图 7.39(a) 为 $(C_5H_4COOH)_2Fe$ 通过羧基间氢键 $O—H\cdots O$ 的相互作用形成的二聚体. 该化合物在晶态时有单斜和三斜两种晶系, 上述分立的二聚体存在于三斜晶系中. 图 7.39(b) 为 $CpMo(CO)_2(\eta^3\text{-}C_7H_{10}OH)$ 通过羟基间氢键的相互作用自组装成的超分子四聚体. 图 7.39(c) 表示的由 $(\mu\text{-}CH_2)[CpMn(CO)_2]_2$ 自组装形成的超分子体系中, 存在着 $C—H\cdots O$ 型氢键的相互作用. 这类弱氢键往往由有机金属化合物中的羰基氧原子参与形成, 且为弯曲形, $C—H\cdots O$ 键角一般在 $140°$左右. 图中表示的为晶体中沿 c 轴的堆砌方式, 其中双核锰的有机金属分子间有两种形式的 $C—H\cdots O$ 氢键相互作用, 即 $HCH\cdots O$ 和 $C—H(Cp)\cdots O$.

4. π 键相互作用的识别和自组装

　　7.2.2 节述及的各种环戊二烯配合物的聚合体(见图 7.18)实质上就是由 π 键的识别和自组装形成的超分子体系. 本节再进一步以碱金属的环戊二烯化合物为例, 阐明这种 π 键的相互作用(π-bonding interaction)和自组装.

　　碱金属的环戊二烯化合物在有机金属化学中是重要的合成试剂. 尽管化合物 CpM(M＝

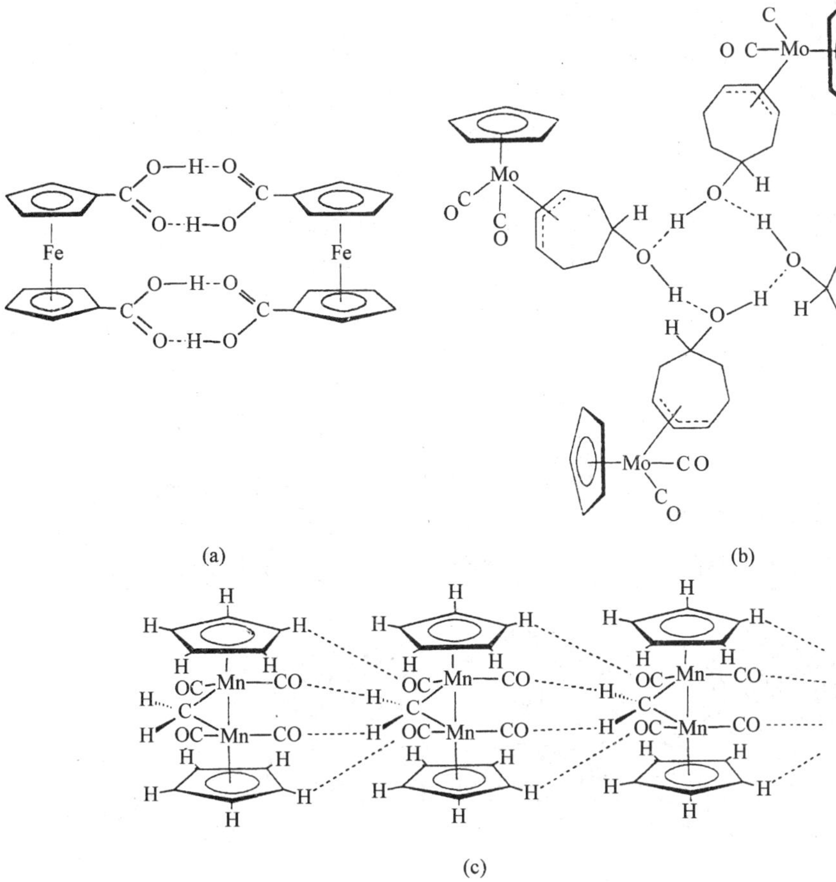

(a)

(b)

(c)

图 7.39　通过氢键自组装的超分子有机金属化合物

Li,Na,K,Rb,Cs)很早就被发现,但它们的晶体结构直到最近才用高分辨同步加速 X 射线粉末衍射法进行了测定.以 CpNa 为例,测定结果表明,在它的晶体结构中含聚合的多层结构,其中钠原子和 2 个 Cp 环线形配位[图 7.40(a)和(c)].CpLi 的晶体结构和 CpNa 的类似,但在 CpK 的晶体结构中则含锯齿形的链,K—K—K 角 138.0°[图 7.40(b)].上述(CpM)$_n$ 的超分子聚合体均为分子间 Cp 环 π 键相互作用的结果.

　　除环戊二烯外,其他的环多烯、不饱和烃等形成的有机金属化合物也存在类似的 π 键相互作用的识别和自组装.图 7.41 示出了两例.

　　图 7.41(a)所示的[Be(C≡CMe)$_2$(NMe$_3$)]$_2$ 二聚体中,短的 Be—C 距离表明通过 Be 和 C≡C 叁键中 π 键相互作用的自组装.图 7.41(b)表示了 Li$_2$Ph$_2$ 的晶体结构,其中基本的结构单元为 Li$_2$Ph$_2$ 二聚体,含 Li$_2$C$_2$ 四元环,苯基则位于 Li$_2$C$_2$ 单元的垂直方向上.自组装发生在苯环的 π 电子和相邻 Li$_2$Ph$_2$ 结构单元中 Li 原子间的作用上.结果,沿晶轴 b 形成无限的锯齿状梯形聚合结构.

5. 离子间相互作用的识别和自组装

　　阴、阳离子间的相互作用(ionic interaction)是一种**静电作用**.在有机金属化合物中,依靠离子间相互作用自组装成超分子的主要是那些 M—C 键基本上为离子型的碱金属或碱土金

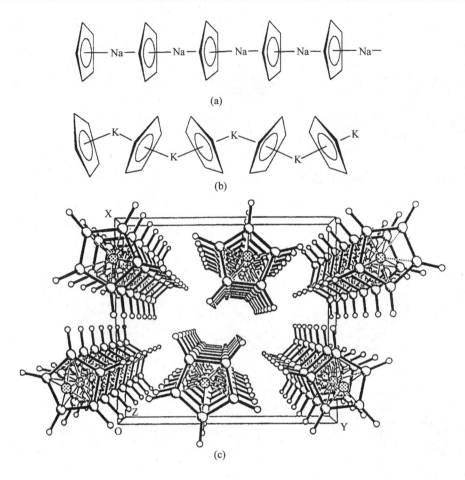

图 7.40　CpM 的晶体结构

（a）CpNa 晶体中的线形链　（b）CpK 晶体中的锯齿形链　（c）CpNa 的晶体结构

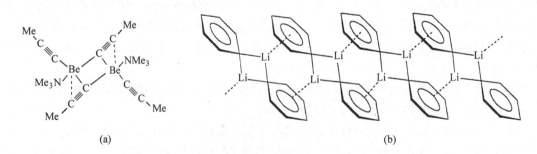

图 7.41　通过 π 键自组装的超分子有机金属化合物

属化合物.它们可通过离子间相互作用的识别和自组装,形成大小不一的环、簇、链或其他更为复杂的一维、二维或三维超分子.图 7.42 举出一些较为简单的实例,以阐明离子间相互作用的自组装.

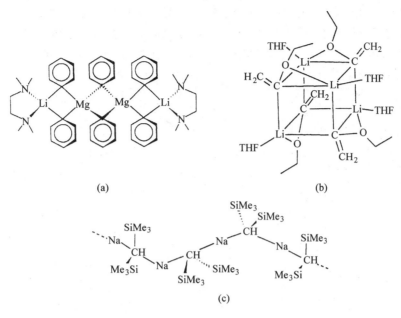

图 7.42 通过离子间相互作用自组装的超分子有机金属化合物

图 7.42(a)表示了[Li(tmeda)[①]]$_2$[Ph$_2$MgPh$_2$MgPh$_2$]在晶体中存在的二聚体结构.该二聚体的中间部分为二聚[Ph$_2$MgPh$_2$MgPh$_2$]$^{2-}$阴离子,2 个 Li(tmeda)$^+$阳离子则通过 2 个苯基与之桥联.图 7.42(b)表示了乙氧基乙烯锂:

$$\begin{array}{c} H \quad\quad\quad OEt \\ \backslash \quad\quad / \\ C = C \\ / \quad\quad \backslash \\ H \quad\quad\quad Li \end{array}$$

在溶液里自组装形成的簇状畸变立方体(Li$_4$C$_4$)四聚体 [LiC(OEt)=CH$_2$]$_4$.在晶态该四聚体又按一定的方式,通过离子间的相互作用自组装成链状的超分子结构.图 7.42(c)表示了Na[CH(SiMe$_3$)$_2$]在晶体中由阴、阳离子间相互作用自组装成⟨Na[μ-CH(SiMe$_3$)$_2$]⟩$_n$的超分子链状结构.

7.5.2 有机金属化合物的主体—客体超分子体系

有机金属化合物不仅可通过各种分子间的作用力自组装形成超分子化合物,还可作为主体(受体)或客体(底物)参与形成超分子体系.

1. 有机金属化合物作为主体

有机汞的大环化合物早已被发现,但在它们的环隙里能结合阴离子客体形成超分子化合物,只是最近才得到证实.这类分子的识别过程类似于冠醚,不同的是结合位点为金属原子所占据,起 Lewis 酸的作用,因而能结合卤离子或其他 Lewis 碱阴离子.例如,(邻-C$_6$F$_4$Hg)$_3$ 三聚体为平面构型的环状化合物[图 7.43(a)],它能在二氯甲烷溶液中结合卤离子(Cl$^-$,Br$^-$,I$^-$),形成稳定的配合物,且已被分离出来.结构测定表明,在它和 Br$^-$离子客体形成的超分子

---

① tmeda 为四甲基亚乙基二胺(tetramethylethylenediamine).

中,Br⁻离子和 6 个 Hg 原子配位,夹在两个汞的三元大环分子间.[HgC(CF₃)₂]₅[图 7.43(b)]也能形成类似的超分子体系.除有机汞外,有机锡等也能形成类似于冠醚或穴醚的大环化合物,识别 F⁻、Cl⁻、Br⁻等客体阴离子,组装成主客体超分子体系.图 7.43(c)和(d)即为两例.

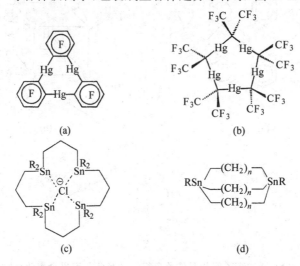

图 7.43　有机汞和有机锡的环状化合物主体

　　许多含金属茂的冠醚或穴醚已被合成出来.图 7.44 表示了几例含二茂铁的冠醚,其中(a)～(c)二茂铁基直接参与了冠醚的大环,而(d)则以侧基的形式出现.

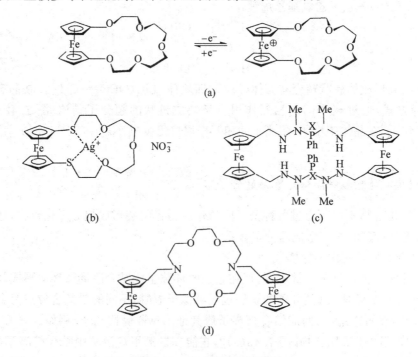

图 7.44　含二茂铁基的冠醚

　　图 7.44(a)表示的化合物能进行可逆的单电子氧化还原反应,它对碱金属阳离子识别能

力的顺序依次为：$Rb^+>K^+>Cs^+>Na^+$，因而可选择性的输运 Na^+ 离子穿越膜．图 7.44(b)表示的硫杂—氧杂冠醚是 Ag^+ 离子的有效络合剂，并可选择性的识别 Hg^{2+} 和 Cu^{2+} 离子而非碱金属离子．图 7.44(c)表示的含氮及二茂铁基的类冠醚，在二氯甲烷溶液中能通过氢键的相互作用，在 HSO_4^-、Cl^-、$H_2PO_4^-$ 等阴离子中选择性的识别 $H_2PO_4^-$ 阴离子．其中 NH 基团参与增加了对阴离子的结合能力．由此可见，此类物种不仅可成为阳离子受体，也可成为阴离子受体，表现出多种不同的功能．

　　二茂铁不仅可参与冠醚的大环，还可参与穴醚的大环，图 7.45 表示了其中的一例．在图中所示的主体—客体超分子体系中，Ag^+ 离子除了和穴醚大环中 N、O 原子间的相互作用外，还有和二茂铁基间的相互作用．

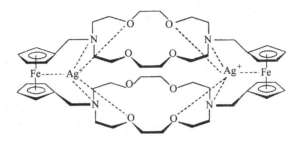

图 7.45　含二茂铁基穴醚的主体—客体配合物

　　除二茂铁外，二茂钴、二茂钌等其他的金属茂或环戊二烯配合物等也能形成类似的受体化合物．

2. 有机金属化合物作为客体

　　冠醚和穴醚等有机受体可结合有机金属底物．线形的二乙基镁镶嵌在 18-冠-6 的孔穴内，形成主客体超分子体系就是一例[图 7.46(a)]．其中金属镁原子和周围的 6 个氧原子在同一平面上，$Mg\cdots O$ 距离平均为 277.9 pm．$[EtMg(2,2,1\text{-crypt})]_2^+[Mg_2Et_6]^{2-}$ 中的阳离子示意于图 7.46(b)，其中金属原子和 3 个氧原子及 2 个氮原子相连，$Mg\cdots O$ 平均距离为 213.1 pm，$Mg\cdots N$ 平均距离 248.0 pm，乙基位于顶点．

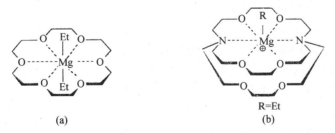

(a)　　　　　　　　　　　　(b)

图 7.46　冠醚或穴醚—有机金属超分子体系

　　环糊精(cyclodextrin，CD)为环状的低聚糖，含 6、7 或 8 个 α-D-吡喃葡萄糖基团，分别以 α-、β-和 γ-CD 表示．在它们的空腔里可容纳有机、无机或有机金属的客体．金属羰基化合物、金属茂、金属环戊二烯或苯基化合物等均可作为客体和环糊精主体组装成主客体超分子体系．例如，二茂铁和 α-CD 形成 1：2 的主客体化合物，和 β-及 γ-CD 形成 1：1 的主客体化合物，它们可占据垂直的或水平的位置，以匹配空腔的大小(图 7.47)．二茂铁还可作为客体组装到杯芳烃中(见 2.5 节).

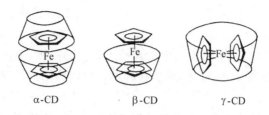

α-CD　　　　　β-CD　　　　　γ-CD

图 7.47　Cp_2Fe—CD 主客体超分子有机金属化合物

有机金属分子不仅可作为客体和有机主体组装成主客体化合物,还可和无机主体组装成类似的化合物.分子筛作为催化剂载体即为一类重要的无机主体化合物.许多有机金属化合物,特别是金属羰基化合物和分子筛形成的主客体超分子颇引人瞩目.不同的分子筛含不同尺寸和形状的通道或孔穴,可选择性的组装不同的客体.它们可通过氢键、静电作用或偶极子-偶极子间的相互作用结合形成超分子体系.例如,200℃时 $Cr(CO)_6$ 客体在分子筛主体中分解,产物对烯烃的聚合反应和氢化反应有催化活性.光氧化分子筛内的 $Mo(CO)_6$ 客体,产生 $Mo(IV)$ 和 $Mo(VI)$ 氧化物;类似地,光氧化分子筛内的 $W(CO)_6$ 客体,用以制备非整比的 WO_{3-x} 等,就是几则应用实例.

习　题

7.1　计算下列化合物的价电子数,指出哪些符合十八电子规则.

(1) $CpTa(CO)_4$

(2) $Cp_2Ru_2(CO)_4$

(3) $[PtCl_3(C_2H_4)]^-$

(4) $[CpFe(CO)_2(C_2H_4)]^+$

(5) $Pt(PPh_3)_2(C_2Ph_2)$

(6) $(\eta^4\text{-}C_7H_8)Fe(CO)_3$　　(C_7H_8 为降冰片烯)

(7) $(CO)_5W=CMe(OMe)$

(8) $Cp_2(Me)Ta=CH_2$

7.2　绘出下列化合物的结构式,计算其价电子数.

(1) $(\eta^3\text{-}C_7H_7)(\eta^5\text{-}C_5H_5)Fe(CO)$

(2) $(\eta^1\text{-}C_5H_5)(\eta^5\text{-}C_5H_5)Be$

(3) $(\eta^1\text{-}C_5H_5)_2(\eta^5\text{-}C_5H_5)_2Ti$

(4) $(\eta^3\text{-}C_3H_5)(\eta^5\text{-}C_5H_5)Mo(CO)_2$

(5) $(CO)_5Mo—CH(OH)$

(6) $(PMe_3)(CO)_3ClCr—CMe$

7.3　一中性分子,含一铁原子,两个环戊二烯基及几个 CO 配体.写出最可能的结构式.

7.4　绘出 $(\eta^4\text{-}C_6H_6)(\eta^6\text{-}C_6H_6)Ru$ 的结构式.说明为何苯环在该化合物中具有不同的齿合度.若将 Ru 换成 Os,并保持一个苯为 η^6 的齿合度,绘出可能的结构式.

7.5　完成下列反应式:

(1) $FeCl_2+(\eta^1\text{-}C_5H_5)MgBr \longrightarrow$

(2) $Mo(CO)_6 \xrightarrow[\text{(2) } Et_3O^+BF_4^-]{\text{(1) } Li(SiPh_3)}$

(3) $[Cp(CO)_2Mn\equiv\qquad CPh]^{++} + Cl^- \longrightarrow$

7.6 指出下列化合物中 M—C 化学键的性质.

(1) $Fe(CO)_4(C_2H_4)$ (2) $(\eta^6\text{-}C_6H_6)_2Cr$ (3) $(\eta^1\text{-}C_5H_5)(\eta^5\text{-}C_5H_5)_3Zr$

(4) $Ni(Me_3CNC)_2(C_2Ph_2)$ (5) $(CO)_5CrC(OMe)(Ph)$ (6) $Cl(CO)_4WCEt$

7.7 说明 π 配体和 π 酸配体的成键特征和不同. 指出下列配体中, 哪些是 π 配体, 哪些是 π 酸配体.

CO, $C_5H_5^-$, N_2, CN^-, PR_3, C_6H_6, C_2H_4, C_4H_6,   bipy,   phen

7.8 比较金属—烷基、金属—卡宾和金属—卡拜三类有机金属化合物中的 M—C 键, 并阐明它们的化学键性质.

7.9 指出与下列分子片属等瓣相似的最简单的有机分子片.

(1) $(\eta^5\text{-}C_5H_5)Fe(CO)_2$ (2) $(\eta^5\text{-}C_5H_5)Fe(CO)$ (3) $(\eta^5\text{-}C_5H_5)Co(CO)$

(4) $(\eta^5\text{-}C_5H_5)Ni$ (5) $Sn(C_2H_5)_2$ (6) $[Co(CO)_4]^+$

7.10 指出下图表示的 4 种超分子有机金属化合物分子间的作用力各属于哪一种.

(1) $[EtSn(\mu\text{-}OH)Cl_2]_2$ (2) $[\eta^5\text{-}(C_5Me_5)SnCl]_2$

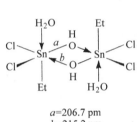

$a=206.7\ pm$
$b=215.2\ pm$

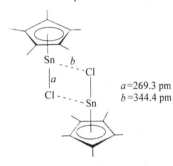

$a=269.3\ pm$
$b=344.4\ pm$

(3) $[(\eta^6\text{-}p\text{-}Bu^tC_6H_4COOH)Cr(CO)_3]_2$ (4) $\{[\eta^5\text{-}C_5(CH_2Ph)_5]Tl\}_n$

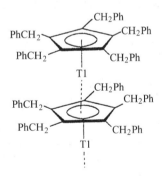

参 考 文 献

金属—不饱和烃化合物

[1] J. A. J. Jarvis, B. T. Kilbourn and P. G. Owston. Acta Cryst., B26, 876(1970); B27, 366(1971)

[2] R. A. Love, T. F. Koetzle, G. J. B. Williams and L. C. Andrews. Inorg. Chem., 14, 2653(1975)

[3]　T. H. Chang and J. I. Zink. J. Am. Chem. Soc. ，106，287(1984)

[4]　R. Fischer, D. Walther, P. Gebhardt and H. Görls. Organometallics，19，2532(2000)

[5]　F. A. Cotton and P. A. Kibala. Inorg. Chem. ，29，3192(1990)

[6]　F. J. Fernández, P. Gómez-Sal，A. Manzanero et al.. Organometallics，16，1553(1997)

[7]　M. Koike，D. H. Hamilton, S. R. Wilson and J. R. Shapley. Organometallics，15，4930(1996)

[8]　B. W. Davies and N. C. Payne. Can. J. Chem. ，51，3477(1973)

[9]　R. S. Dickson and J. A. Ibers. J. Organomet. Chem. ，36，191(1972).

[10]　B. W. Davies，R. J. Puddephatt and N. C. Payne. Can. J. Chem. ，50,2276(1972)

[11]　J. Hiller, U. Thewalt，M. Polášek et al.. Organometallics，15，3752(1996)

[12]　G. -Y. Kiel, Z. Zhang, J. Takats and R. B. Jordan. Organometallics，19,2766(2000)

金属—环多烯化合物

[13]　A. Haaland. Acc. Chem. Res. ，12，415(1979)

[14]　F. Takusagawa and T. F. Kaetzle. Acta Cryst. ，B35，1074(1979)

[15]　P. Seiler and J. D. Dunitz. Acta Cryst. ，B35，1068(1979)

[16]　M. Grenz，E. Hahn，W. du Mont and J. Pickardt. Angew. Chem. ，Int. Ed. Engl. ，23，61(1984)

[17]　N. S. Chiu and L. Schläfer. J. Am. Chem. Soc. ，100，2604(1978)

[18]　W. J. Evans，G. W. Nyce and J. W. Ziller. Organometallics，20，5489(2001)

[19]　A. L. Balch and M. M. Olmstead. Chem. Rev. ，98，2123(1998)

[20]　J. W. Lauher and R. Hoffmann. J. Am. Chem. Soc. ，98，1729(1976)

[21]　J. E. Sheats and G. Hlatky. J. Chem. Edu. ，60，1015(1983)

[22]　J. Blümel，M. Herker，W. Hiller and F. H. Köhler. Organometallics，15，3474(1996)

金属—卡宾和卡拜化合物

[23]　G. O. Spessard and G. L. Miessler. "Organometallic Chemistry"，Prentic Hall，New Jersey，2000

[24]　R. H. Crabtree. "The Organometallic Chemistry of the Transition Metals"，Wiley，New York，
　　　1988

[25]　D. Bourissou, O. Guerret, F. P. Gabbai and G. Bertrand. Chem. Rev. ，100，39(2000)

等瓣相似模型

[26]　R. Hoffmann. Angew. Chem. ，Int. Ed. Engl. ，21，711(1982)

[27]　F. G. A. Stone. Angew. Chem. ，Int. Ed. Engl. ，23，89(1984)

超分子有机金属化合物

[28]　I. Haiduc, F. T. Edelmann. "Supramolecular Organometallic Chemistry"，Wiley-VCH，Wein-
　　　heim，1999

[29]　周公度. 大学化学,17(5),1(2002)

第 8 章　有机金属化合物的配位催化反应

在重要的无机化学反应中,除了第 4 章中讨论的配位化合物的取代反应和电子转移反应外,有机金属化合物催化反应过程中也包含一系列化学反应组合,是无机化学反应的重要部分.催化循环中的起始物、产物、中间体和催化剂本身控制整个催化过程.

在石油、煤炭及天然气等原料转变为化学产品的过程中,大多与过渡金属的催化反应有关.例如,由氮气和氢气合成氨的 Haber 反应是以铁-氧化铁做催化剂;由氨氧化制备硝酸用铂或铂-铑做催化剂;烯烃聚合的 Ziegler-Natta 反应用 $TiCl_4$ 和 $Al(C_2H_5)_3$ 做催化剂.催化体系通常分为多相催化体系(heterogeneous systems)和均相催化体系(homogeneous catalytic systems).

多相催化是用分子筛、氧化铝、氧化硅等作为载体,过渡金属和添加剂等分散在载体上,广泛用于石油炼制和有机合成.在多相催化体系中,当某一混合气体通过固体催化剂发生反应后,固体催化剂能被复原,不发生净改变.多相催化的特点是大多数催化剂和载体能承受高温,产物与原料易分离,但反应的选择性较差,催化剂利用率低.

均相催化多在溶液中进行,催化剂大多为有机金属化合物或过渡金属配合物,催化剂本身和反应物分子间在催化过程中进行一系列复杂的反应.例如催化剂配体的加成或解离;分子的重排;化学键的断裂;以及配体本身的反应等.均相催化反应中通常涉及多步反应,很难保证最终产物的单一性.因此如何改变催化剂分子的空间构型,实现反应的高选择性具有重要的意义.均相催化的不足之处是以有机金属化合物为主的催化体系在高温分解,特别是原料、产物和催化剂难以分离.均相催化中最重要的是由烯烃制备醛和酮的加氢甲酰化(hydroformylation)反应;烯烃聚合制备高聚物的 Zigler-Natta 反应;由乙烯氧化制备乙醛的 Wacker 反应,以及由甲醇制备乙酸的 Monsanto 反应等.均相催化反应可用谱学方法对反应过程进行跟踪和研究,因此反应机理比多相催化清楚.

在讨论特定的催化反应之前,首先必须熟悉与催化过程相关**化学计量反应**(chemical stoichiometric reaction),以及它们与催化作用的关系.这里的化学计量反应,是指催化过程中反应物和催化剂之间按照化学计量进行的一系列基本反应,它们与催化过程有直接的关系.而催化过程则是一个循环,从反应物起到生成物止,不论催化剂是否参加反应,但最终都要回到起始状态,完成反应.因此,计量反应是催化反应的基础.

本章重点讨论均相催化循环中与催化剂相关的基本反应,以及若干有重要应用意义的催化循环.

8.1　有机金属化合物的化学计量反应

涉及有机金属化合物的化学计量反应主要有:(i)配体的解离和取代反应,(ii)氧化加成反应,(iii)还原消除反应,(iv)插入和迁移反应,(v)对配体的亲核反应.

催化剂本身的中心金属原子配位不饱和(coordinative unsaturation)是催化反应的基础.

如果反应物 A 和 B 在配合物的中心金属原子上发生反应,则金属原子的配位点上必须有空位,即具有配位不饱和性,这与多相催化反应类似. 在均相催化反应中,原来配位不饱和的化合物,如 d^8 电子结构的平面四方体系,在溶液中以溶剂化物的形式存在,反应过程中配位的溶剂分子(S 表示)将被反应物 A 和 B 的分子取代,可用通式表示为:

$$\begin{array}{c} \begin{array}{c} S \\ L_1 \!\!-\!\! \overset{|}{\underset{|}{Mn}} \!\!-\!\! L_2 \\ L_3 \qquad\qquad L_4 \\ S \end{array} + A + B \longrightarrow \begin{array}{c} A \\ L_1 \!\!-\!\! \overset{|}{\underset{|}{Mn}} \!\!-\!\! L_2 \\ L_3 \qquad\qquad L_4 \\ B \end{array} + 2\,S \end{array} \tag{8.1}$$

在五配位和六配位的金属配合物中,必须有可利用的配位点,催化过程中的反应物才能作为配体与金属催化剂反应,可以通过热解离或光化学解离去掉一个或多个配体来实现这一反应. 例如在 $RhH(CO)(PPh_3)_3$ 中,两个膦配体很容易被解离出来,因此,Rh 的配合物在 $25\,^\circ\!C$ 可作为催化剂使用,而类似的铱配合物 $IrH(CO)(PPh_3)_3$ 的膦配体很难解离,因此室温下不能作为催化剂.

$$RhH(CO)(PPh_3)_3 \underset{+PPh_3}{\overset{-PPh_3}{\rightleftharpoons}} RhH(CO)(PPh_3)_2 \underset{+PPh_3}{\overset{-PPh_3}{\rightleftharpoons}} RhH(CO)(PPh_3) \tag{8.2}$$

由此可见,配合物是否具有活性,即配体是否容易被取代,对于催化反应是必不可少的.

以下将分别讨论几种主要的计量反应.

8.1.1 配体的解离和取代

催化反应中 CO 的解离是该类反应中最常见的. 金属羰基化合物中的 CO 能在受热或光照下解离,使得余下部分的分子发生重排或者被其他基团取代:

$$\tag{8.3}$$

$$Fe(CO)_5 + P(CH_3)_3 \overset{\triangle}{\longrightarrow} Fe(CO)_4P(CH_3)_3 + CO \tag{8.4}$$

大部分 CO 被其他配体 L 取代的反应速率与 L 的浓度无关,对金属配合物为一级反应,属于离解机理. 以 $Ni(CO)_4$ 的反应为例,从十八电子的稳定化合物 $Ni(CO)_4$ 中,失去一个 CO,相对增加一个配体 L 到活性中间产物 $Ni(CO)_3$ 上的反应速率慢得多,因此 CO 的离解是决速步.

$$Ni(CO)_4 \longrightarrow Ni(CO)_3 + CO \text{(慢)} \qquad 失 CO 由 18\,e^- 变为 16\,e^- 中间产物 \tag{8.5}$$

$$Ni(CO)_3 + L \longrightarrow Ni(CO)_3L \text{(快)} \qquad L 加成到 16\,e^- 中间产物上 \tag{8.6}$$

因此 $Ni(CO)_4$ 的 CO 被 L 取代反应速率方程应该为:

$$r = k_1[Ni(CO)_4] \tag{8.7}$$

有些取代反应的动力学过程比较复杂,例如下述反应(L 为膦配体):

$$Mo(CO)_6 + L \overset{\triangle}{\longrightarrow} Mo(CO)_5L + CO \tag{8.8}$$

速率方程为:

$$r = k_1[Mo(CO)_6] + k_2[Mo(CO)_6][L] \tag{8.9}$$

该方程中的两项表明在形成 $Mo(CO)_5L$ 时同时存在两个平行的反应. 方程中第一项是 $Mo(CO)_6$ 的 CO 离解慢过程，符合离解机理，为一级反应；第二项是 $[Mo(CO)_6]$ 和 L 结合过程，先形成一个双分子的过渡态，再失去一个CO，符合缔合机理，为二级反应. 因为两个反应路径并存，因此总的速率为两项之和.

除 CO 的解离外，许多其他配体也能发生解离. 解离反应的速率随金属-配体之间的强度降低，并随配体空间的拥挤程度增加而加快. 为了描述空间效应，Tolman 引入锥角(cone angle) θ 的概念，对于膦、亚磷酸酯等磷化合物配体，P—M 间的距离为 228 pm，以金属原子为顶点，配体的最外层原子的范德华半径内围绕的角，称为 Tolman 锥角(图 8.1). Tolman 锥角越大，配体的空间位阻越大(表 8.1).

P
θ
228 pm
M

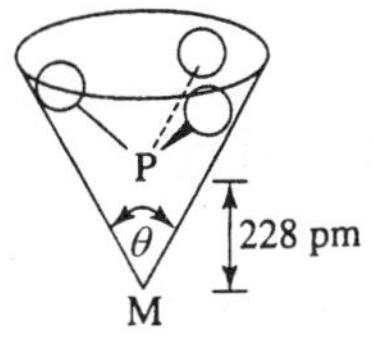

图 8.1 磷化合物配体的 Tolman 锥角

表 8.1 若干磷化合物配体的 Tolman 锥角 θ[1]

配体	Tolman 锥角 θ/(°)	配体	Tolman 锥角 θ/(°)
PH_3	87	$P(C_2H_5)_3$	137
PF_3	104	$P(CH_3)(C_6H_5)_2$	136
$P(OCH_3)_3$	107	$P(C_6H_5)_3$	145
$P(OC_2H_5)_3$	109	$P(c\text{-}C_6H_{11})_3$	170
$P(CH_3)_3$	118	$P(t\text{-}C_4H_9)_3$	182
PCl_3	124	$P(C_6F_5)_3$	184
PBr_3	131	$P(o\text{-}C_6H_4CH_3)_3$	194

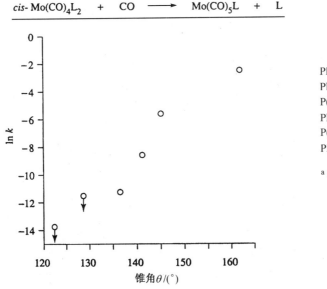

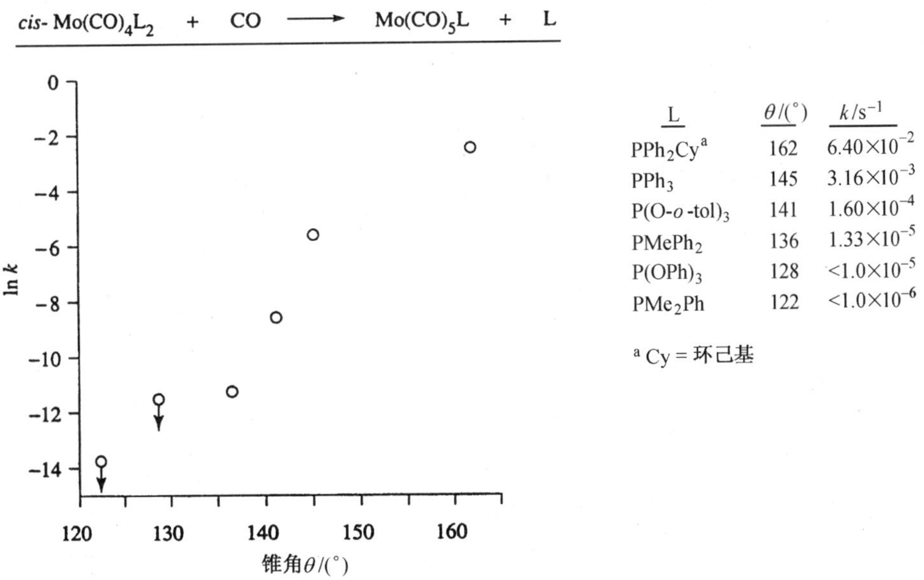

cis-Mo(CO)4L2 + CO ⟶ Mo(CO)5L + L
0
-2
-4
-6
-8
-10
-12
-14
ln k
120
130
140
150
160
锥角θ/(°)
L
θ/(°)
k/s⁻¹
PPh2Cya 162 6.40×10⁻²
PPh3 145 3.16×10⁻³
P(O-o-tol)3 141 1.60×10⁻⁴
PMePh2 136 1.33×10⁻⁵
P(OPh)3 128 <1.0×10⁻⁵
PMe2Ph 122 <1.0×10⁻⁶
a Cy = 环己基

图 8.2 不同锥角的磷化合物配体的锥角 θ 和解离常数 k 的关系图

可以预料,体积大或者说锥角大的配体存在,导致金属原子周围的空间拥挤,使解离反应的速率增大.例如羰基对膦配体 L 的取代反应:

$$cis\text{-}Mo(CO)_4L_2 + CO \longrightarrow Mo(CO)_5L + L \tag{8.10}$$

不同锥角的膦配体和解离常数 k 的关系示于图 8.2[2].从该图可看出,锥角越大,膦或亚磷酸酯解离速率越快.

8.1.2 氧化加成和还原消除反应

许多有机金属化合物的反应都伴随金属配位数和形式氧化态的变化.如果金属的形式氧化态不因配体得失而改变,则配体增加反应是**加成**(addition)**反应**,配体减少的反应是**解离**(dissociation)**反应**;如果配体的增加或减少使金属的形式氧化态改变,则金属氧化态升高的反应为**氧化加成反应**(oxidative addition),金属氧化态降低的反应为**还原消除反应**(reductive elimination).它们之间的关系可由表 8.2 表示.

表 8.2　若干重要计量反应类型的比较

反应类型	金属配位数的变化	金属形式氧化态的变化
加成	增加	不变
解离	减少	不变
氧化加成	增加	增加
还原消除反应	减少	减少

1. 加成反应

由表 8.1 可知,氧化加成反应和非氧化加成反应的区别在于配合物金属原子的形式氧化态是否改变.配位不饱和的化合物,无论是否过渡金属,都可与中性分子或阴离子的亲核试剂反应,例如下面的加成反应:

$$PF_5 + F^- \rightleftharpoons PF_6^- \tag{8.11}$$

$$TiCl_4 + 2POCl_3 \rightleftharpoons TiCl_4(POCl_3)_2 \tag{8.12}$$

甚至当金属带形式负电荷时,配位不饱和化合物也很易和亲核试剂加成,例如:

$$\text{反-}IrCl(CO)(PPh_3)_2 + CO \rightleftharpoons IrCl(CO)_2(PPh_3)_2 \tag{8.13}$$

$$[PdCl_4]^{2-} + Cl^- \rightleftharpoons [PdCl_5]^{3-} \tag{8.14}$$

上述的反应也是在催化过程中经常发生的,配体的加成并没有引起金属氧化态的增加,因此它们不属于氧化加成反应,而是非氧化加成.

2. 氧化加成反应

在某些特殊情况下,加成反应同时伴随着氧化反应,或者说氧化态升高.要判断氧化态的变化,必须确定配体的形式氧化态.配位基团的氧化态通常指自由配体的电荷,例如中性配体 CO、PPh_3 等为 0,Cl^-、CN^- 等卤素或拟卤素离子为 -1,氢原子和有机基团作为负一价的阴离子:

H^-	CH_3^-	$C_6H_5^-$	$C_5H_5^-$	Cl^-	CN^-	CO	PR_3
氢根	甲基	苯基	茂基	氯根	氰根	羰基	膦

氧化加成反应可用下式表示：

$$L_nM + XY \longrightarrow L_n(X)(Y)M \tag{8.15}$$

在富电子的配合物中,金属原子的电子密度很大,易被质子或其他亲电试剂进攻.例如,$(\eta^5\text{-}C_5H_5)_2HRe$ 质子化反应为：

$$(\eta^5\text{-}C_5H_5)_2HRe + H^+ \Longrightarrow (\eta^5\text{-}C_5H_5)_2H_2Re^+ \tag{8.16}$$
$$\text{Re(Ⅲ)} \qquad\qquad \text{Re(Ⅴ)}$$

反应的 pK_b 值与 NH_3 相当.许多羰基、膦和亚磷酸盐配合物也能发生类似的质子化反应：

$$Fe(CO)_5 + H^+ \Longrightarrow FeH(CO)_5^+ \tag{8.17}$$
$$\text{Fe(0)} \qquad\qquad \text{Fe(Ⅱ)}$$

其他质子化反应还有：

$$Ni[P(OEt)_3]_4 + H^+ \Longrightarrow NiH[P(OEt)_3]_4^+ \tag{8.18}$$
$$Ru(CO)_3(PPh_3)_2 + H^+ \Longrightarrow RuH(CO)_3(PPh_3)_2^+ \tag{8.19}$$
$$Os_3(CO)_{12} + H^+ \Longrightarrow HOs_3(CO)_{12}^+ \tag{8.20}$$

类似地,H^+ 也可加到羰基盐阴离子的富电子金属中心上：

$$Mn(CO)_5^- + H^+ \Longrightarrow MnH(CO)_5 \tag{8.21}$$

质子化反应中金属的形式氧化态增加 2,XY 基团的形式氧化态由于 X—Y 键的断裂而减小.氧化加成的过程必须具备：(i) 金属原子上有非键电子；(ii) 在反应配合物 L_nM 上有 2 个空置配位点,以便与 X 和 Y 形成 2 根化学键；(iii) 金属有 2 个间隔为 2 的稳定氧化态.

许多非金属化合物的反应也是氧化加成,例如与卤素的加成反应：

$$(CH_3)_2S + I_2 \Longrightarrow (CH_3)_2SI_2 \tag{8.22}$$
$$PF_3 + F_2 \Longrightarrow PF_5 \tag{8.23}$$
$$SnCl_2 + Cl_2 \Longrightarrow SnCl_4 \tag{8.24}$$

在这些反应中,可认为是零价的卤素氧化了中心原子,卤素负离子做配体.对于过渡金属,最典型的氧化加成反应主要在具有 d^8 和 d^{10} 电子组态的金属配合物中发生,特别是 Fe^0, Ru^0, Os^0; Rh^1, Ir^1; Ni^0, Pd^0, Pt^0 以及 $Pd^{Ⅱ}$ 和 $Pt^{Ⅱ}$.研究较充分的是反-$IrCl(CO)(PPh_3)_2$,它与 HCl 的氧化加成反应为：

$$\text{反-}Ir^{Ⅰ}Cl(CO)(PPh_3)_2 + HCl \Longrightarrow Ir^{Ⅲ}HCl_2(CO)_2(PPh_3)_2 \tag{8.25}$$

H_2、HCl、Cl_2 等分子与金属配合物发生氧化加成反应时,与金属原子生成了 2 根新化学键,X—Y 键断裂.当具有多重键的分子与金属发生氧化加成时,则无须断裂 X—Y 键,而是与金属形成三元环,例如：

从反应(8.27)可看出,如果氧化加成可能使配位数超过其最稳定配位数(Pt 的稳定配位数为 4),则在这一过程中会排除 2 个 PPh$_3$ 配体,以保持四配位结构. 表 8.3 给出了与配合物发生氧化加成的分子类型.

该类配合物氧化加成反应的平衡可用下面的通式表示:

$$L_mM^n + XY \rightleftharpoons L_mM^{n+2}XY \tag{8.28}$$

平衡倾向正反应方向还是逆反应方向,主要取决于:(i)金属和配体的性质;(ii)XY、M—X 和 M—Y 化学键的性质;以及(iii)反应介质等.

d^8 组态的平面四方配合物的氧化加成反应具有特殊的化学意义,例如 $trans$-Ir(CO)Cl(PEt$_3$)$_2$ 的反应(图 8.3). 每个反应中 Ir 的形式氧化态由(1)增加到(3),配位数由 4 增加到 6. 新的配体可能为顺式或反式,这取决于加成反应的机理和路径. 当 XY 加成时 X—Y 键不发生断裂,两个新的化学键 M—X 和 M—Y 只可能处于顺式;当 X—Y 键断裂后,X 和 Y 各自独立地加成到金属原子上时,则可能得到 M—X 和 M—Y 处于顺式或反式的一系列异构体.

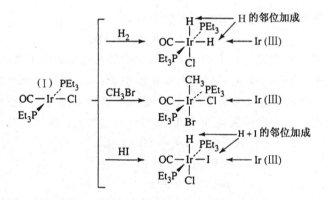

图 8.3　Ir(PEt$_3$)$_2$(CO)Cl 的氧化加成反应实例

表 8.3　与配合物发生氧化加成的分子

X—Y 断裂,分别加成	保持 X—Y 连接
H$_2$,Cl$_2$,I$_2$,Br$_2$,(SCN)$_2$	O$_2$
HX (X=Cl, Br, I, CN, RCO$_2$, ClO$_4$)	SO$_2$
H$_2$S, SH	F$_2$C—CF$_2$
RX	RC≡CR$'$
RCOX(R=CH$_3$, C$_6$H$_5$, CF$_3$ 等)	RNCS
RSO$_2$X	RNCO
R$_3$SnX	RN=C=NR$'$
R$_3$SiX	RCON$_3$
Cl$_3$SiH	R$_2$C=C=O
Ph$_3$PAuCl	CS$_2$
HgCl$_2$, HgCH$_3$X (X=Cl, Br, I)	(CF$_3$)$_2$CO, (CF$_3$)$_2$CS, CF$_3$CN
C$_6$H$_6$	

最终产物是在该反应条件下热力学稳定的某一个异构体或混合物,配体、溶剂、温度、压力等因素均对产物起决定性作用.

3. 氧化加成反应的机理

研究表明,氧化加成反应主要有以下反应路径:

(1) 离子反应机理

主要在极性介质中进行.在极性介质中,HCl 或 HBr 解离,平面四方配合物质子化,产生五配位的中间体:

$$ML_4 + H^+(溶剂化) \longrightarrow ML_4H^+ \tag{8.29}$$

X^- 配位后伴随分子内的异构化,得到最终的产物:

$$MHL_4^+ + X^-(溶剂化) \longrightarrow MHXL_4 \tag{8.30}$$

(2) S_N2 反应

类似有机化学中的 S_N2 反应,过渡金属配合物进攻卤代烃:

$$L_nM : \curvearrowright CR^1R^2R^3X \longrightarrow L_nM^{\delta+} \cdots C \cdots X^{\delta-}$$

$$L_nMX(CR^1R^2R^3) \longleftarrow [L_nM-CR^1R^2R^3]^+ + X^- \tag{8.31}$$

(3) 自由基反应

加成反应被过氧化物等自由基引发.

(4) 一步协同过程

在非极性条件下,特别是参与加成的分子是非极性或弱极性时,金属的非键 d 轨道与反应物 X—Y 中的反键轨道对称性匹配,反应产生顺式新化学键:

$$\tag{8.32}$$

在氧化加成反应中观察到:当固态反-$IrCl(CO)(PPh_3)_2$ 与 HCl(g) 反应时,产物中进入的 H 和 Cl 处于顺式物质;当溶剂中的反-$IrCl(CO)(PPh_3)_2$ 与 HCl 或 HBr 反应时,在非极性溶剂(诸如苯)中得到顺式,而在 DMF 等极性溶剂中得到顺式和反式的混合物.这说明在极性溶剂中的氧化加成反应是离子机理,在非极性溶剂中则为协同机理.

4. 还原消除反应

还原消除反应是氧化加成反应的逆反应.例如:

$$(\eta^5\text{-}C_5H_5)_2TaH + H_2 \rightleftharpoons (\eta^5\text{-}C_5H_5)_2TaH_3 \tag{8.33}$$
$$\text{Ta(III)} \qquad\qquad\qquad \text{Ta(V)}$$

正反应是 H_2 对钽化合物的氧化加成反应,伴随配位数增加,钽的氧化态由+3增加到+5;逆反应为还原消除,配位数和氧化态同时减少.消除反应通常消去两个配体,氧化态降低 2.例如:

$$Me_2SI_2 \longrightarrow Me_2S + I_2 \tag{8.34}$$

$$cis\text{-}[PtHMe(PPh_3)_2] \longrightarrow [Pt(PPh_3)_2] + CH_4 \tag{8.35}$$

$$[C_5H_5IrRH(PMe_3)] \longrightarrow [C_5H_5Ir\,(PMe_3)]+RH \tag{8.36}$$

从上述反应可知,还原消除反应通常伴随小分子的消除,例如:H—H,X—X,R—H,R—R′,R—X 等（R,R′=烷基或芳基,X＝卤素）,被消除的分子可能是在催化过程中预期的产物.

还原消除通常跟随氧化加成发生在催化循环过程中,氧化加成与还原消除组合可从下面的简单例子看出:

$$(8.37)$$

在有些情况下,两个配合物之间发生反应,氧化加成与还原消除同时成对出现,例如[3]:

$$[Pt(CN)_4]^{2-}+[AuCl_4]^- \longrightarrow \textit{trans-}[Pt(CN)_4Cl_2]^{2-}+[AuCl_2]^- \tag{8.38}$$

$$\textit{trans-}[PtCl_4(PEt_3)_2]+\textit{trans-}[IrCl(CO)(PEt_3)_2] \longrightarrow \textit{trans-}[PtCl_2(PEt_3)_2]+[IrCl_3(CO)(PEt_3)_2]$$

$$(8.39)$$

(8.38)式中四配位 Pt(Ⅱ)的 [Pt(CN)$_4$]$^{2-}$ 发生氧化加成,生成六配位 Pt(Ⅳ)的 $\textit{trans-}$[Pt(CN)$_4$Cl$_2$]$^{2-}$,[AuCl$_4$]$^-$还原消除生成[AuCl$_2$]$^-$,(8.39)式情况类似.

还原消除反应的速率通常很大,因此研究其动力学机理比较困难,特别是在均相催化循环中,决速步的氧化加成一般跟随快速的还原消除.

8.1.3　插入反应和迁移反应

插入反应(insertion reaction)和**迁移反应**(migration reaction)都是对配体的修饰反应.插入反应是指任何原子或基团插入到配合物中的金属—配体的化学键中.可用通式表示为:

$$L_nM—X+YZ \longrightarrow L_nM—(YZ)—X \tag{8.40}$$

(8.41)式和(8.42)式分别为 CO 和 SO$_2$ 插入到 Mn 和甲基之间,它们均为所插入的分子中的同一个原子与被插入的两个原子键合,该插入反应又称**1,1 插入反应**.

$$(8.41)$$

$$(8.42)$$

有的插入分子由相邻的两个原子分别与被插入的两个原子键合,如(8.43)式中的 Co 和 H 分别和不同的 C 原子结合,因此,该类插入反应又称**1,2 插入反应**.

$$(8.43)$$

其他发生插入反应的分子还有 CO_2、CS_2、O_2 等：

$$R_3SnNR_2 + CO_2 \longrightarrow R_3SnOC(O)NR_2 \tag{8.44}$$

$$Ti(NR_2)_4 + 4CS_2 \longrightarrow Ti(CS_2NR_2)_4 \tag{8.45}$$

$$[(NH_3)_5RhH]^{2+} + O_2 \longrightarrow [(NH_3)_5RhO_2H]^{2+} \tag{8.46}$$

对于过渡金属化合物的插入,研究较多的是 CO 和 SO_2 插入到 M—C 键中.也有 CO_2 插入到 M—H 与 M—O 键中的情况.

很多插入反应并非由反应基团简单地直接插入,实际的反应历程复杂得多.对(8.47)式的插入反应,用 ^{14}C 标记的 ^{14}CO 与 $(CO)_5MnCH_3$ 反应进行研究,结果表明,插入到 M—CH_3 中成为酰基的 CO 并非是外来的 ^{14}CO,而是由 CH_3 迁移到原来已经和金属配位的 CO 上,生成乙酰基,进入的 ^{14}CO 加成到空出的配位点上,与生成的酰基成顺式位置：

$$\tag{8.47}$$

因此,表观上 CO 的插入反应实际伴随甲基的迁移反应.另外,非 CO 的其他配体可促进烷基转变为酰基,例如,过量的 $P(C_6H_5)_3$ 加入到反应中促使 CO 发生插入反应,生成酰基：

$$\tag{8.48}$$

插入反应的动力学研究表明,第一步反应包含 Mn 的含烷基的六配位起始物与含酰基的五配位中间体之间的平衡：

$$(CO)_5MnCH_3 \rightleftharpoons (CO)_4MnCOCH_3 \tag{8.49}$$

CO、$P(C_6H_5)_3$ 等进入基团再加到五配位的中间体上,重新变为六配位：

$$(CO)_4MnCOCH_3 + L \rightleftharpoons (CO)_4MnLCOCH_3 \tag{8.50}$$

CO 的插入反应实际上是烷基迁移到配位的邻位 CO 上,可能形成一个三中心的过渡态：

$$\tag{8.51}$$

五配位的中间体可发生分子内重排,因此最终产物可能包含几个异构体.

在一些情况下,可能发生**多重插入反应**(multiple insertion),例如：

$$W(CH_3)_6 + 9CO \longrightarrow W(CO)_6 + 3(CH_3)_2CO \tag{8.52}$$

CO 插入反应中首先是基团转移,给出乙酰基,随着甲基转移生成丙酮.

(8.53)是另一个插入反应的重要例子,后面将讨论具体反应.

$$M—H + CH_2{=}CH_2 \rightleftharpoons M—CH_2CH_3 \tag{8.53}$$

8.1.4 配位体的修饰反应

上述的 CO 插入反应和烷基的迁移反应均为典型的配体直接参与的反应,因其在催化循环中的特殊重要性,因此安排在 8.1.3 节中专门讨论,其他涉及配体本身的反应在本节讨论.

1. 对配位体的亲核进攻

这是一个很普遍的反应类型,涉及到 OH^-、RO^-、RCO_2^-、N_3^-、RN_3 等亲核试剂与配体的反应,最易被亲核进攻的配体包括 CO、NO、RCN、RNC 以及烯烃等. 对配体的直接亲核进攻有时不是很明显,因为亲核试剂首先与金属中心配位,然后经过分子内转移,实现对配体的亲核反应.

亲核试剂 OH^- 对 $[Fe(CN)_5NO]^{2+}$ 的配位 NO 能发生直接反应:

$$[Fe(CN)_5NO]^{2-}+OH^- \xrightarrow{\text{慢}} \left[Fe(CN)_5N\begin{smallmatrix}O\\ \\OH\end{smallmatrix} \right]^{3-} \xrightarrow{OH^-,\text{快}} [Fe(CN)_5NO_2]^{4-} + H_2O \quad (8.54)$$

OH^- 对 $Fe(CO)_5$ 中配位的 CO 也能发生直接进攻的反应:

$$Fe(CO)_5+OH^- \longrightarrow \left[(CO)_4Fe{-}C\begin{smallmatrix}O\\ \\OH\end{smallmatrix} \right]^- \xrightarrow{OH^-} (CO)_4FeH^- + HCO_3^- \quad (8.55)$$

RO^- 离子对 CO 的亲核进攻得到 $M{-}C(O)OR$ 基团:

$$[Ir(CO)_3(PPh_3)_2]^+ \underset{H^+}{\overset{MeO^-}{\rightleftharpoons}} Ir(CO)_2(COMe)(PPh_3)_2 \quad (8.56)$$

这一反应用于由烯烃、一氧化碳、水或醇为原料催化合成羧酸和酯.

烯烃或二烯基配合物也能被亲核试剂醇进攻:

$$\quad (8.57)$$

异腈配合物与乙醇亲核反应则生成"卡宾"配合物:

$$(Et_3P)Cl_2PtCNPH + EtOH \longrightarrow (Et_3P)Cl_2Pt{=\!\!=}C\begin{smallmatrix}OEt\\ \\NHPh\end{smallmatrix} \quad (8.58)$$

2. 氢负离子 H^- 对配体的亲核反应

某些金属有机化合物中的 $\eta^5\text{-}C_5H_5$ 环被 H^- 还原,生成 $\eta^4\text{-}C_5H_6$ 的环戊二烯配体:

$$\quad (8.59)$$

用氢化物还原苯环($\eta^6\text{-}C_6H_6$)的配体时,则生成 $\eta^5\text{-}C_6H_7$ 的环己二烯基配体:

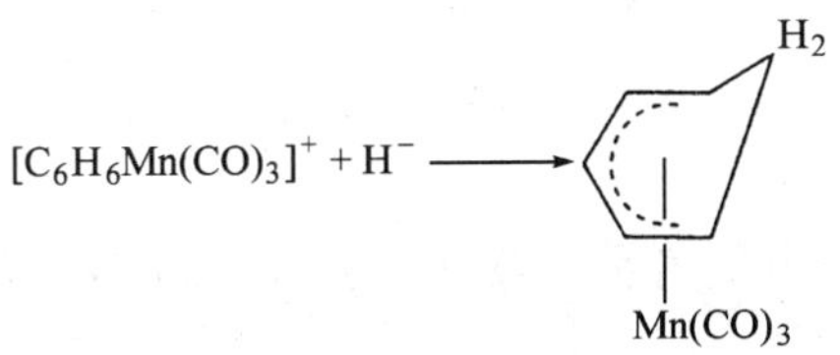

$$[C_6H_6Mn(CO)_3]^+ + H^- \longrightarrow \quad\quad\quad\quad \tag{8.60}$$

H$^-$ 的转移也发生在某些烷基配合物中,其中的烷基失去 H$^-$ 而转变为烯,生成烯烃配合物. 用四氟硼酸三苯甲烷可从配合物烷基上夺走 H$^-$,使烷基的 σ-成键变为烯烃的 π-成键:

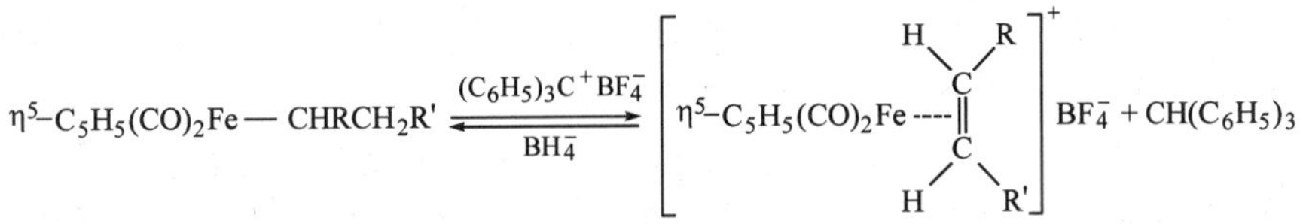

$$\eta^5\text{-}C_5H_5(CO)_2Fe\text{——}CHRCH_2R' \underset{BH_4^-}{\overset{(C_6H_5)_3C^+BF_4^-}{\rightleftharpoons}} \left[\eta^5\text{-}C_5H_5(CO)_2Fe\text{-----}\begin{array}{c}\end{array}\right]BF_4^- + CH(C_6H_5)_3 \tag{8.61}$$

有些特殊的转移反应还涉及分子内氢原子的转移. 特别是三芳基膦作配体时,氢原子首先从芳基配体转移到金属原子上,生成氢基配位的中间体,再从金属原子上消去两个配体,这样的反应也称为**环金属化反应**(cyclometalation),例如 Ir(PPh$_3$)$_3$Cl 分子内的 H 原子转移反应,从中消去一分子 HCl,生成环金属化合物:

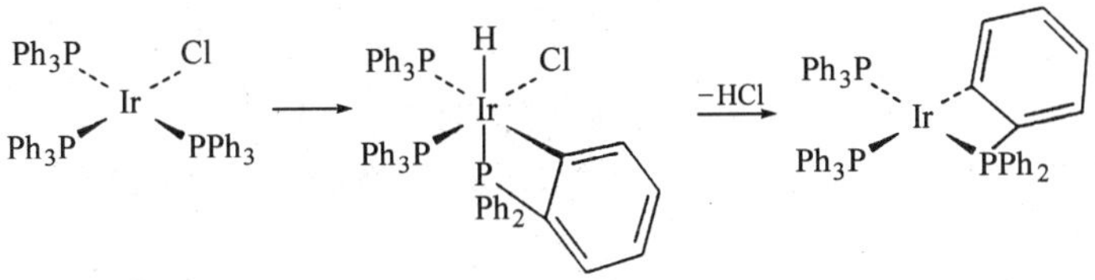

$$\tag{8.62}$$

3. 与配位分子氧的反应

在一些反应中,分子氧在保持 O—O 键的情况下,加成到某些金属配合物上. O—O 键距的长短与 O$_2$ 配位的可逆性相关联. 在极端情况下,O$_2$ 发生完全氧化加成反应,生成 O$_2^{2-}$,配位的 O—O 的键长与单键相近;较温和的氧化加成形成可逆的加成物,与氧合血红蛋白类似,O—O 键长较短.

配位的双氧比游离氧气分子的反应活性大,原因是与金属加成后 O—O 键减弱,同时伴随着与金属的弱加成作用,因此配位 O$_2$ 更容易被进攻. 进攻配位氧的机理尚未十分清楚,在很多情况下可能与自由基有关. 对于某些膦配合物,反应过程中产生过氧中间体,并可能被分离出来. 例如,铂的双氧配合物与 CO$_2$ 反应,生成过氧碳酸配合物的反应:

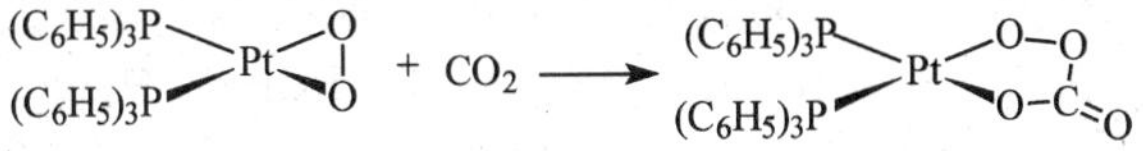

$$\tag{8.63}$$

另一个反应是 IrCl(CO)(O$_2$)(PPh$_3$)$_2$ 氧化 SO$_2$ 生成硫酸根配合物,用 ^{18}O 为示踪原子(此处用 O* 表示)进行了研究,反应过程为:

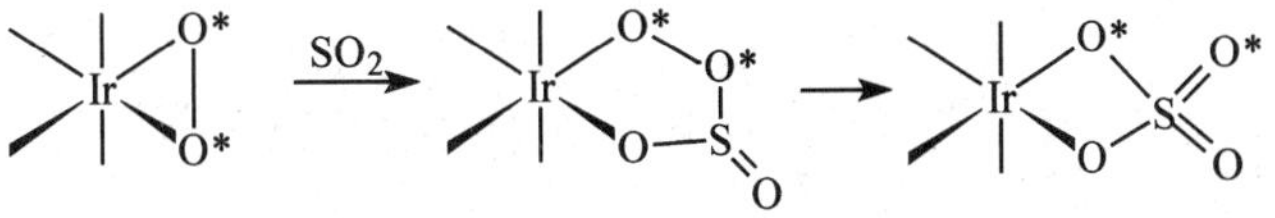

$$\tag{8.64}$$

8.2　催化反应

在上节讨论催化过程中涉及的各种计量反应基础上,本节综合上述各类反应,讨论若干有应用价值的催化循环.

均相催化一般则在溶液中进行,每个反应过程中涉及很多相关的化学反应以及不同的金属配合物,起始时加入到反应混合物中的物质,很快进入到一系列的反应中,并达到平衡.因此,"催化剂"这一概念在均相催化中意义不是很明确,取而代之的是强调在一个**催化循环**(catalytic cycle)过程中,涉及各个反应步骤的"中间体".

催化循环涉及的化学反应类型与计量反应中描述的相同,例如氧化态和配位数的改变等.不同的是在催化体系中,循环终止时,金属配合物又回到起始状态.由反应物 A 经过一个或者两个催化循环得到产物 C 的催化过程示意图于 8.4 中.

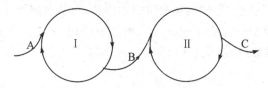

图 8.4　均相催化循环过程示意图
Ⅰ和Ⅱ表示催化循环,A、B、C 分别表示反应起始物、中间体和最终产物

以有机金属化合物为催化剂的反应大多有重要的应用价值,涉及到如何把廉价的煤、石油、天然气和水转变为化工产品,如醛、羧酸、高聚物等.下面给出重要催化反应或催化循环的实例.

8.2.1　异构化作用

许多过渡金属配合物,特别是第 8 族到第 10 族的金属配合物,能促进烯烃中双键迁移,即发生**异构化**(isomerization)反应,产物通常是热力学最稳定的异构体混合物.例如,1-烯烃异构化后给出顺式-和反式-的 2-烯烃混合物,许多可做催化剂的过渡金属氢配合物都有此特性.异构化过程中,配位 H 原子从金属转移到配位的烯烃上,生成金属—烷基配合物.

催化循环的第一步是烯烃与金属氢化物配位,发生加成反应:
$$L_mMH + RCH=CH_2 \rightleftharpoons L_mMH(RCH=CH_2) \tag{8.65}$$
随之 M 上的 H 转移到烷基的 C 原子上,形成烷基配体:

$$\tag{8.66}$$

逆反应是烷基的分解,或者称为 β 消除,从烷基的 β 碳原子上转移一个氢原子到金属上,再消去一分子烯烃.该反应历程已得到确认,反应很容易可逆进行,并将争夺氢原子.

当用四氟乙烯作反应物时,反应式为:

220

$$RhH(CO)(PPh_3)_3 + C_2F_4 \longrightarrow Rh(CF_2CF_2H)(CO)(PPh_3)_2 + PPh_3 \tag{8.67}$$

产物是稳定的烷基化合物,这说明了金属上原来配位的 H 结合到烃基配体的 β 碳原子上,这要求形成反应式(8.66)中表示的四中心环状过渡态,才能完成 H 的到 β 碳原子上的转移.

当乙烯以外的其他烯烃与金属氢化物发生加成反应时,金属上的氢原子与双键的加成有两种可能性,即遵循马氏(Mar,Markovnikov)规则,或反马氏(aMar,anti-Markovnikov)规则:

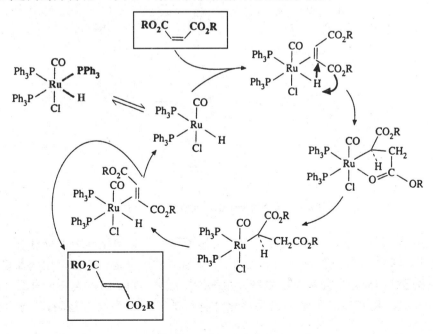

在(8.68)的反马氏加成中,氢原子从金属转移到链烃的 β 碳原子上,生成一级的烷基衍生物(A),逆反应则要从(A)发生 β 消除.因为只有一个碳原子位于金属的 β 位,因此 β 消除得到起始的烯烃,不可能产生异构体.而在(8.69)的马氏加成中,生成二级烷基衍生物(B),有两个 β 碳原子.若发生 β 消除时,可消除 CH_3 上的氢原子,得到原来的烯;也可消除次甲基 CH_2R 上的 H,生成 2-烯烃,其结果是原来的烯烃通过马氏加成和 β 氢消除发生了异构化.

烯烃双键迁移的异构化可以通过金属氢化物和烯烃的加成实现,生成的 2-烯烃可以是顺式、反式,或者它们的混合物.例如,钌催化剂 $RuHCl(CO)(PPh_3)_3$ 可以实现二烷基马来酸酯顺式和反式之间的异构化[4].图 8.5 给出该催化循环过程的示意图.

图 8.5　二烷基马来酸酯的顺、反异构化催化循环的示意图

8.2.2　氢化反应

分子氢在室温下能与很多化合物发生**氢化反应**(hydrogenation),据此设计出还原烯烃、炔烃等不饱和烃的有效催化剂. 用 $RhCl(PPh_3)_3$ 等过渡金属配合物作催化剂,在苯或者苯-乙醇混合溶剂中实现氢化反应的催化循环,是氢化反应最成功的一个实例. 氢化的速率取决于还原位置基团的性质,因此,氢化反应也具有选择性. 例如,在下面的氢化反应中:

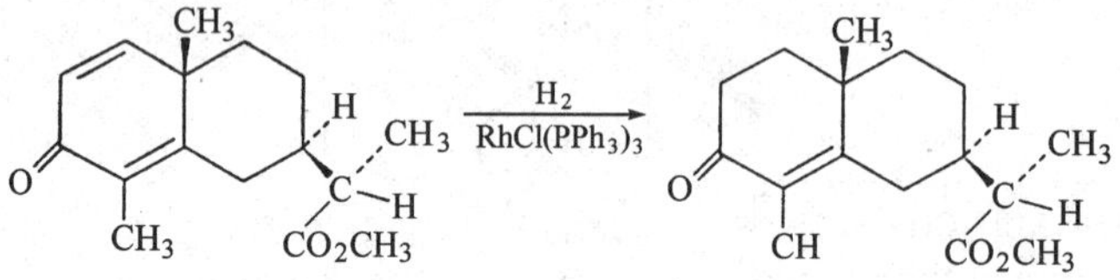

$$(8.70)$$

反应物的两个 C=C 双键中,实际只有一个被还原. 在均相催化中,H 原子可以选择性地加成到某一个双键上.

用 $RhCl(PPh_3)_3$ 作为氢化催化剂的反应机理包括一个催化循环过程[5],如图 8.6 所示. 循环从左上角顺时针方向进行:催化剂和氢发生氧化加成生成二氢化物 A;从 A 解离一分子的膦配体,配合物变为五配位,并产生空置配位点;再发生加成反应生成烯烃配合物 B;乙烯配体插入到 M—H 中,生成烷基配合物 C,还原消除烷烃,重新结合一个膦配体,变为起始的催化剂,完成氢化反应的催化循环.

类似的催化氢化体系不仅适于 C=C 烯烃的催化过程,同样也适于 C≡C 、=C=O 、—N=N— 以及 —CN=N— 的催化氢化. 另外还有催化氢化体系用 $RhCl_3(py)_3$ 作催化剂,在 $NaBH_4$ 的 DMF 溶液中发生反应.

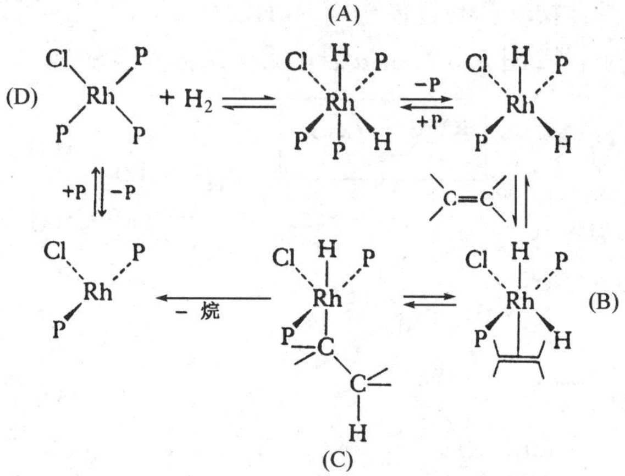

图 8.6　烯烃的催化氢化机理(P 表示 PPh_3)

催化氢化反应最重要的进步,是用光活性的膦配体对不饱和化合物进行对映体**选择性氢化反应**,反应物必须是前手性(prochiral)分子. 一个重要的应用是合成治疗帕金森综合症的手性药物 L-多巴(L-dopa,二羟基苯丙氨酸). 用手性膦配体(DiPAMP)与 Rh 的配合物为催化剂,$R'CH=C(NHR_2)CO_2H$ 类型的前手性化合物可被还原成手性氨基酸,其光学纯度大于 95%(图 8.7)[6].

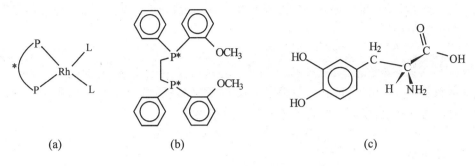

图 8.7 合成 L-多巴的手性膦配体催化剂和产物

(a) Rh 的手性膦配体催化剂结构示意图　(b) 手性膦配体 DiPAMP 结构　(c) L-多巴结构

8.2.3 烯烃的其他催化加成

有两类烯烃的加成反应具有重要的工业应用,即**氢硅化**(hydrosilylation)和**氢氰化**(hydrocyanation)反应.

1. 烯烃的氢硅化

烯烃的氢硅化与氢化相似,不同之处在于硅烷的 H 和 SiR_3 与烯烃的双键发生加成,生成新的硅烷,例如:

$$RCH{=}CH_2 + HSiR_3 \longrightarrow RCH_2CH_2SiR_3 \tag{8.71}$$

实际生成过程用六氯铂酸以及钴、铑、钯、镍的膦配合物作为催化剂,硅烷很容易加成到反-$IrCl(CO)(PPh_3)_2$ 上:

$$反\text{-}IrCl(CO)(PPh_3)_2 + HSiR_3 \longrightarrow IrHCl(CO)(PPh_3)_2SiR_3 \tag{8.72}$$

氢硅化反应的第一步是 Si—H 基团对金属中心的氧化加成,生成配位饱和(六配位)的化合物,金属中心不能再提供配位点,反应到此终止.但在实际的催化体系中,催化剂分子可能存在可供配位的空位,因为下一步是 M—H 基团与烯烃的双键的加成,生成烷基,接着发生新的烷基与 SiR_3 的还原消除,生成氢硅化的产物硅烷,并恢复原来的催化剂.

2. 烯烃的氢氰化

亚磷酸镍配合物作催化剂,可实现烯烃的 HCN 加成反应.这一过程同时用 Lewis 酸作共催化剂,得到高产率的己二腈(adiponitrile),即合成尼龙的前驱物.该反应之所以能进行,是由于 HCN 虽然是弱酸,但也能对亚磷酸配合物(NiL_4)发生配体取代反应,式中的 L 表示亚磷酸酯 $P(OR)_3$:

$$NiL_4 + HCN \longrightarrow NiH(CN)L_2 + 2L \tag{8.73}$$

下一步的催化循环中包括烯烃的加成:

$$NiH(CN)L_2 + RCH{=}CH_2 \longrightarrow R(CH{=}CH_2)NiH(CN)L_2 \tag{8.74}$$

烯烃配体插入到 Ni—H 键中,形成烷基配体:

$$RCH{=}CH_2NiH(CN)L_2 \longrightarrow RCH_2CH_2{-}Ni(CN)L_2 \tag{8.75}$$

再还原消除一分子腈:

$$RCH_2CH_2Ni(CN)L_2 \longrightarrow RCH_2CH_2CN + NiL_2 \tag{8.76}$$

最后,氧化加成另一分子 HCN 到 NiL_2,又得到原始的活性催化物种 $NiH(CN)L_2$:

$$NiL_2 + HCN \longrightarrow NiH(CN)L_2 \tag{8.77}$$

这一反应过程说明,催化循环通常经过氧化加成、加成、插入、还原消除等步骤,与氢硅化反应有类似的反应顺序.

8.2.4 加氢甲酰化

加氢甲酰化(hydroformylation)**反应**[7]是加 H_2 和 CO(严格说是加 H 和甲酰基 HCO)加到 1-烯烃的端基双键上,生成比原烯烃多一个 C 原子的醛:

$$RCH=CH_2 + H_2 + CO \longrightarrow RCH_2CH_2CHO \qquad (8.78)$$

得到的产物醛可被进一步还原为醇:

$$RCH_2CH_2CHO + H_2 \longrightarrow RCH_2CH_2CHOH \qquad (8.79)$$

较早应用的加氢甲酰化催化剂是 $Co_2(CO)_8$,与氢气加成后生成 $HCo(CO)_4$,失去一个羰基,得到 $HCo(CO)_3$. 催化循环(图 8.8)中包含烯烃的配位、插入和氧化加成等步骤[8]. 在 15 ℃ 和 2×10^7 Pa(200 atm)以上得到产量很高的 $C_7 \sim C_9$ 的醇,得到的产物是直链和支链物质的量比为 3:1 的混合物. 如何得到更多的直链产物,需要进一步研究. 但羰基钴催化剂也同时具有把烯烃还原为烷烃的反应,没有实用意义的. 用铑催化剂代替钴催化剂可避免该类副反应的发生.

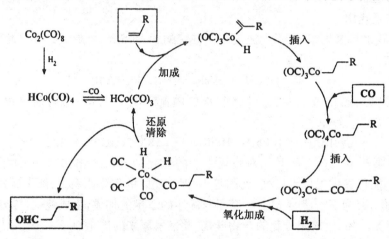

图 8.8 $Co_2(CO)_8$ 为催化剂的加氢甲酰化催化循环

现已经获得了用 $RhH(CO)(PPh_3)_3$ 做催化剂的加氢甲酰化催化循环过程的详细信息[9],铑催化剂甚至在 25 ℃ 和 100 kPa(1 atm)下都具有催化活性,而且,催化反应的产物只有醛,这为研究此类反应提供了方便. 当高浓度的 PPh_3 存在时,能得到高产率的直链醛,几乎不生成烷烃副产物. 该催化反应循环示于图 8.9,起始步是烯烃加成到化合物 $RhH(CO)_2(PPh_3)_2$(A)上,形成六配位的烯烃配合物;接着发生插入反应,烯插到 Rh—H 键中生成烷基配合物(B);CO 发生**转移插入**(migratory insertion)**反应**,进入 Rh—C 键中,得到酰基配位的衍生物(C);H_2 的氧化加成给出二氢基酰基配合物(D),这是惟一使 Rh 的氧化态改变的一步,也很可能是催化循环的决速步;最后一步是醛的还原消除反应,得到加氢甲酰化的产物醛和发生还原消除反应后的催化剂(E),(E)与 CO 加成又重新形成(A).

高浓度的 PPh_3 对于生成高产率的直链醛很重要,这可能是因为 PPh_3 能阻止 Rh 配合物的膦配体解离后形成单膦配合物,迫使烯烃进攻二膦配合物(例如 A),而二膦配合物有利于烯烃的反马氏加成,因此可得到直链的醛.

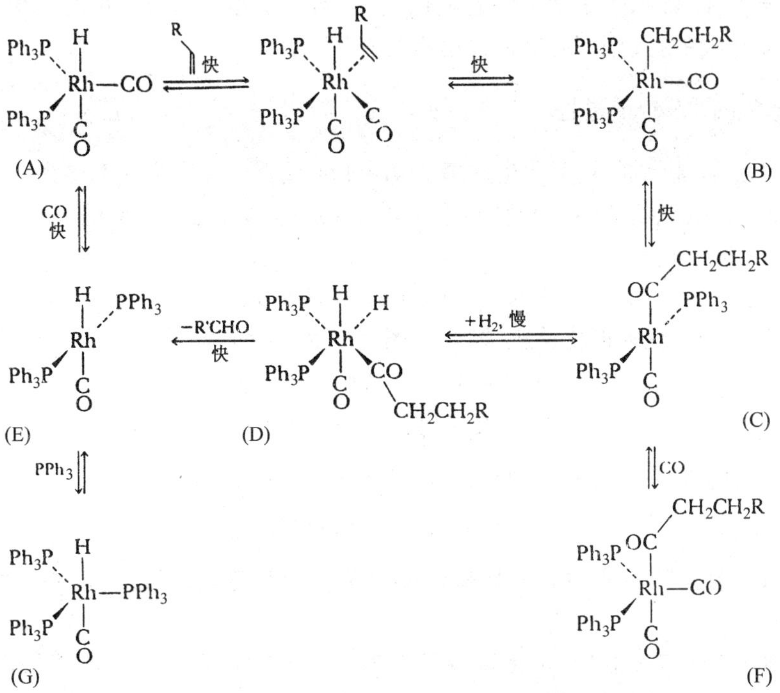

图 8.9 HRh(CO)₂(PPh₃)₂ 对烯烃加氢甲酰化的催化循环

（图中的平衡包括非循环过程的 F 和 G）

8.2.5 Ziegler-Natta 聚合反应

在三乙基铝 $Al(C_2H_5)_3$ 存在和 $100\,kPa(1\,atm)$ 下,烃溶剂中的 $TiCl_4$ 可使乙烯发生聚合反应.类似乙烯的 Ziegler-Natta 聚合可推广到苯乙烯、丁二烯以及环戊二烯（或者 1,4-己二烯）的共聚合,得到合成橡胶.氯化氧钒也可代替氯化钛作为聚合反应更有效的催化剂.

Ziegler-Natta 体系是多相催化体系,其中的活性物质是纤维状的 $TiCl_3$,是由 $TiCl_4$ 用 $Al(C_2H_5)_3$ 原位还原获得,也可用预先制备好的 $TiCl_3$ 作催化剂.在聚合过程中,许多不同的烷基都可参与反应,因此,烷基铝除了还原 $TiCl_4$ 生成 $TiCl_3$ 外,另一个作用是在 $TiCl_3$ 的表面用烷基取代氯,使聚合反应容易发生. Ziegler-Natta 的催化过程由图 8.10 给出:

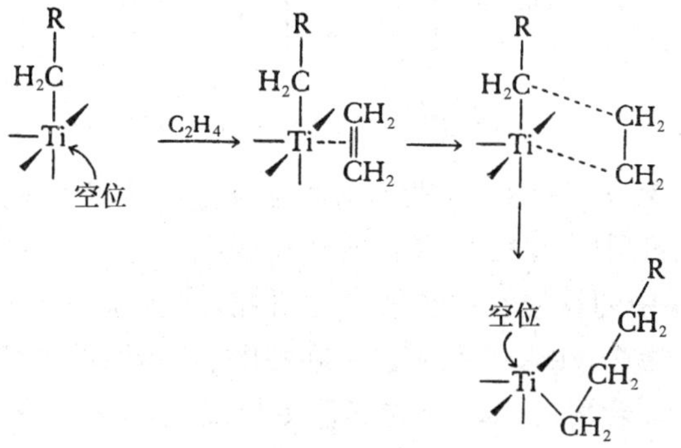

图 8.10 TiCl₃ 催化的 Ziegler-Natta 乙烯聚合反应过程

起始步是由乙烯加到 Ti 原子表面的空置配位点上,然后烷基转移到配位的乙烯上,另一分子乙烯又配位到新生成的空位上,使聚合过程不断进行下去.

8.2.6　烯烃氧化的 Wacker 过程

烯烃以氯化钯做催化剂,被氧化生成醛的 Wacker 过程已经在工业上得到应用[10].早已得知,$[(C_2H_4)PdCl_2]_2$ 等钯的乙烯配合物在水溶液中很快分解,生成乙烯的氧化产物乙醛和金属钯,总化学计量反应是:

$$C_2H_4 + PdCl_2 + H_2O \longrightarrow CH_3CHO + Pd + 2HCl \tag{8.80}$$

若把该计量反应转变为催化反应,则要求把上一反应与下面两个反应关联起来:

$$Pd + 2CuCl_2 \longrightarrow PdCl_2 + 2CuCl \tag{8.81}$$

$$2CuCl + 2HCl + \frac{1}{2}O_2 \longrightarrow 2CuCl_2 + H_2O \tag{8.82}$$

上述三个反应式加合起来,则得到所要求的乙烯氧化反应的方程式:

$$C_2H_4 + \frac{1}{2}O_2 \longrightarrow CH_3CHO \tag{8.83}$$

乙烯在 Pd^{II}-Cu^{II} 氯化物溶液中的催化氧化反应基本上是定量进行,只需要低浓度的 Pd 即可.

在反应过程中,当溶液中 Cl^- 的浓度大于 $0.2\,mol\cdot L^{-1}$ 时,Pd^{II} 主要以 $[PdCl_4]^{2-}$ 配位离子的形式存在,因此可发生下面的反应:

$$[PdCl_4]^{2-} + C_2H_4 \longrightarrow [PdCl_3(C_2H_4)]^- + Cl^- \qquad 快 \tag{8.84}$$

$$[PdCl_3(C_2H_4)]^- + H_2O \longrightarrow [PdCl_2(H_2O)(C_2H_4)] + Cl^- \tag{8.85}$$

(8.85)式的产物被水亲核进攻,生成烷基—羟基配体,其结构为:

最后,由下面两个反应生成产物乙醛:

$$CH_3CHO + H^+ \longleftarrow CH_3CHOH^+ + Pd + 2Cl^- \tag{8.86}$$

金属钯被 $CuCl_2$ 重新氧化[见(8.81)式],有可能通过氯桥发生内球电子转移反应.烯烃氧化生成醛的 Wacker 过程可用图 8.11 的催化循环表示.

钯配合物在其他体系中的反应性已经被广泛研究,许多催化过程涉及烯烃、芳香烃、一氧化碳以及炔烃等的氧化.很多 Wacker 反应也可在醋酸、乙烯醋酸酯、醇等非水介质中进行,也有的在醇和乙烯醚中进行.若用乙烯以外的其他烯烃反应,可得到酮,例如,丙烯氧化生成丙酮.

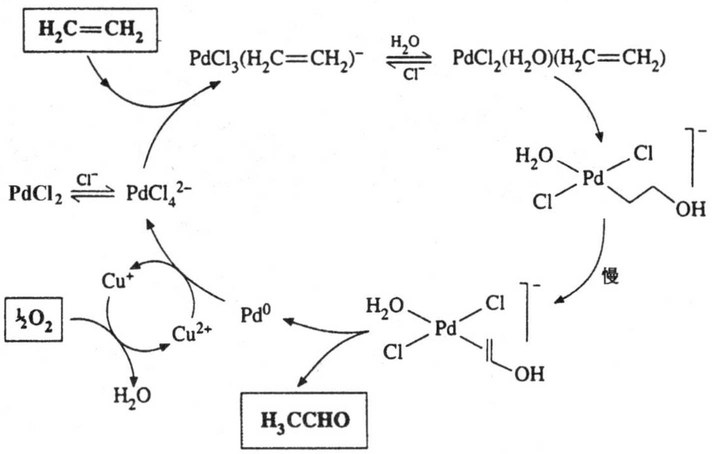

图 8.11 Wacker 过程的催化循环

8.2.7 羰基化反应[11]

最重要的均相催化的**羰基化反应**(carbonylation)是甲醇羰基化制备乙酸:

$$CH_3OH+CO \longrightarrow CH_3CO_2H \tag{8.87}$$

其中以铑化合物为催化剂的 Monsanto 乙酸合成过程,年产乙酸上百万吨.该方法合成乙酸的主要反应物是甲醇和 CO,总反应为:

$$CH_3OH+CO \xrightarrow[I^-]{RhI_2(CO)_2^-} CH_3\overset{\displaystyle O}{\overset{\displaystyle \|}{C}}-OH \tag{8.88}$$

最早用碘化钴作催化剂在高温高压下进行. 20 世纪 60 年代后,用铑催化剂可在较温和的条件下合成.整个催化循环过程中包含氧化加成,还原消除和插入反应(或甲基迁移)等步骤.反应的关键步骤是碘甲烷氧化加成到催化剂的 Rh(I)原子上,CO 插入到 Rh—CH$_3$ 中,产生一个酰基化的中间体.还原消除产生乙酰碘 CH$_3$COI,水解得乙酸和碘化氢:

$$CH_3COI+H_2O \longrightarrow CH_3COOH+HI \tag{8.89}$$

HI 和甲醇反应,重新得到起始反应物碘甲烷:

$$CH_3OH+HI \longrightarrow CH_3I+H_2O \tag{8.90}$$

整个催化循环反应如图 8.12 所示.

Monsanto 反应的动力学和光谱学证据是:

(i) 对铑催化剂为一级反应.

(ii) 对于碘甲烷为一级反应.

(iii) 反应与 CO 的压力无关(当压力大于 3×10^5 Pa 时),因此反应的速率方程为:

$$r=k[\text{Rh 催化剂}][CH_3] \tag{8.91}$$

(iv) 红外光谱证实了中间产物 cis-$[Rh(CO)_2I_2]^-$ 的存在.

催化剂反应的研究面临的挑战主要是:新的化学转换,反应机理和反应步骤,发现新的催化剂等[12].

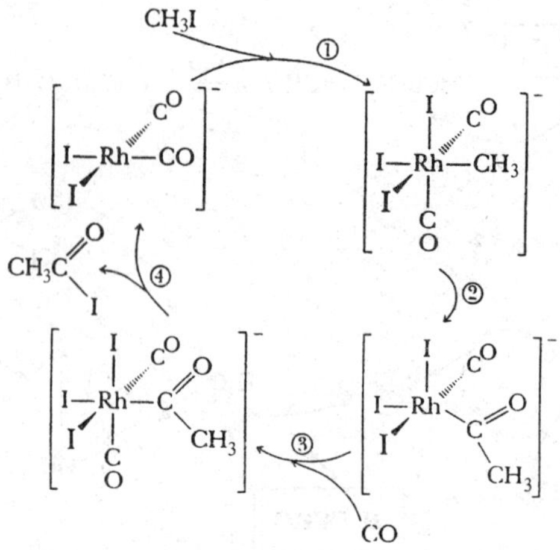

图 8.12　从甲醇合成乙酸的催化循环

① CH_3I 的氧化加成；② CO 的迁移插入；③ CO 的加成；④ 甲酰碘的还原消除，水解甲酰碘得乙酸

　　该领域目前研究的热点还有：在氧化反应中如何使用环境友好的"绿色"氧化剂，诸如氧气、空气等如何代替人工合成的氧化剂；如何使用"绿色"溶剂；如何实现对某些基团的选择性氧化；双氮分子的功能化反应，如何把氮气转化为化合物；固体和气体燃料向液体燃料的转化；智能高聚物和寡聚物以及精细化学合成等等．另外，用有机反应的非对称催化（asymmetric catalysis），制备手性化合物中的某一对映体，是现代合成化学和药物化学的核心．研究如何控制产物立体选择性的催化反应有了很大进步．用手性基团做配体的金属催化剂，使化合物的手性合成有了很大进展[13～15]

习　　题

8.1　什么叫做氧化加成反应？这样的反应必须符合哪些条件？

8.2　$IrCl(CO)(PR_3)_2$ 和 H_2、CH_3I、C_6H_5NCS、CF_3CN、$(CF_3)_2CO$、O_2 加成反应的产物各是什么？

8.3　下列反式配合物中，预测与 CO 的反应速率最快和最慢的化合物，说明原因：

(1) $Cr(CO)_4(PPh_3)_2$

(2) $Cr(CO)_4(PPh_3)(PBu_3)$　（Bu 为正丁基）

(3) $Cr(CO)_4(PPh_3)[P(OMe)_3]$

(4) $Cr(CO)_4(PPh_3)[P(OPh)_3]$

8.4　预测下列反应中包含过渡金属化合物的产物：

(1) $[Mn(CO)_5]^- + CH_2=CH-CH_2Cl \longrightarrow$ 起始产物 $\longrightarrow$ 最终产物

(2) $trans\text{-}Ir(CO)Cl(PPh_3)_2 + CH_3I \longrightarrow$

(3) $Ir(PPh_3)_3Cl \xrightarrow{\triangle}$

(4) $(\eta^5\text{-}C_5H_5)Fe(CO)_2(CH_3) + PPh_3 \longrightarrow$

(5) $(\eta^5\text{-}C_5H_5)Mo(CO)_3[C(=O)CH_3] \xrightarrow{\triangle}$

(6) $H_3C\text{-}Mn(CO)_5 + SO_2 \longrightarrow$　　　（无气体放出）

8.5　完成下列反应方程式，并绘出金属的主要产物的结构示意图：

(1) $Ru(CO)_3(PPh_3)_2 + HBF_4 \longrightarrow$

  (2) $CH_3Mn(CO)_5 + PPh_3 \longrightarrow$

  (3) $CH_3Mn(CO)_5 + CO \longrightarrow$

  (4) $Pt(PPh_3)_4 + (CF_3)_2CO \longrightarrow$

8.6 给出 Ziegler-Natta 聚合反应的主要历程.

8.7 写出以 CO 和 H_2 为原料合成乙酸的全部反应,并绘出由甲醇制备乙酸的催化循环反应过程.

8.8 绘出用 $RhH(CO)_2(PPh_3)_2$ 作催化剂,把 $CH_3CH=CH_2$ 加氢甲酰化生成 $CH_3CH_2CH_2CHO$ 的催化循环反应.

参 考 文 献

有机金属化合物的化学计量反应

[1] C. A. Tolman. J. Am. Chem. Soc. ,92, 2953(1970); Chem. Rev. , 77, 313 (1977)

[2] D. J. Darensbourg and A. H. Graves. Inorg. Chem. , 18,1257 (1979)

[3] L. Drougge and et al.. Inorg. Chem. , 26, 1073(1987)

催化反应

[4] K. Hiraki, et al.. J. Chem. Soc. , Dalton Trans. , 1679(1990)

[5] D. Milstein. J. Am. Chem. Soc. , 104,5227(1982)

[6] W. S. Knowles. Acc. Chem. Res. ,16,106 (1983)

[7] F. Ungvary. Coord. Chem. Rev. , 160, 29 (1997)

[8] R. F. Heck and D. S. Breslow. J. Am. Chem. Soc. 83,4023(1961); L. Versluis, T. Ziegler and L. Fan. Inorg. Chem. , 29, 4523 (1990)

[9] J. K. MacDougall, M. C. Simpson, M. J. Green, et al.. J. Chem. Soc. , Dalton Trans. , 1161 (1996)

[10] S. F. Davidson, et al.. J. Chem. Soc. , Dalton Trans. , 1223 (1984)

[11] R. van Asselt, et al.. J. Am. Chem. Soc. , 116, 799 (1994)

[12] Hilary Arnold Godwin et al.. The Frontiers of Inorganic Chemistry 2002, A report based on the workshop sponsored by the National Science Foundation, Colorado, Sept. 8~10(2001)

[13] J. Balsells, et al.. J. Am. Chem. Soc. , 122, 1802~1803(2000)

[14] J. Becker, et al.. J. Am. Chem. Soc. , 123, 9478~9479(2001)

[15] Kolchi Mikami & Satoru Matsukawa. Nature, 385(13), 613(1997)

参 考 书 目

[1] F. A. Cotton, G. Wilkinson and P. L. Gaus. Basic Inorganic Chemistry, 3rd ed. , John Wiley & Sons, Inc. , New York (2001)

[2] Martin L. Tobe and John Burgess. Inorganic Reaction Mechanisms, Longman, New York (1999)

[3] Gary L. Meissler and Donald A. Tarr. Inorganic Chemistry, Upper Saddle River, New Jersey (1999)

[4] D. F. Shriver, P. W. Atkins. Inorganic Chemistry, Oxford University Press, 3rd ed. , Oxford (1999)

[5] F. A. Cotton, G. Wilkinson C. A. Murillo and M. Bocchmann. Advanced Inorganic Chemistry, 6th ed. , John Wiley & Sons, Inc. , New York (1999)

第 9 章　金属原子簇和金属—金属键

第 5 章讨论的非金属原子簇中,存在着非金属原子间的化学键.实际上,不仅是非金属,金属原子间也能相互键合,形成以多面体骨架为特征的**金属原子簇**(metal cluster).在金属原子簇中,最基本的共同点是含金属—金属(M—M)键.可见,它超越了经典 Werner 型配合物的范畴,因为后者仅考虑金属—配体(M—L)间的化学键.这类簇合物是从 20 世纪 60 年代初才开始作为一个单独的领域来进行研究的.目前,不仅合成出了大量不同类型的金属原子簇,而且提出了多种结构规则,探索了金属簇合物的应用,尤其是催化方面的应用,使之成为一个非常活跃的研究领域.

金属原子间不仅能形成金属—金属单键,还能形成多重键,包括二重键(双键)、三重键和四重键.自从 1964 年发现了第一例含金属—金属四重键的化合物 $K_2Re_2Cl_8 \cdot 2H_2O$ 以来,新的含金属—金属多重键的化合物不断脱颖而出,成为无机化学领域的又一奇葩.

9.1　金属原子簇的主要类型

金属—羰基和金属—卤素原子簇是最主要的两类金属簇合物,此外,还有许多其他的类型.本节仅介绍其中较为常见的几类.

9.1.1　金属—羰基原子簇

1. 金属—羰基原子簇的结构

金属—羰基能形成大量的二元簇合物.不仅如此,一部分羰基还可被其他配体,如烯烃、炔烃、芳香基等碳氢基团,以及大量含氮、磷、砷、氧和硫等非碳配位原子的基团所取代.因此,**金属—羰基簇合物**(metal carbonyl cluster),特别是过渡金属—羰基簇合物及其衍生物,是数量最大、发展最快,又是最重要的一类金属簇合物.表 9.1 列举了若干第Ⅷ族元素较为简单的羰基簇合物,作为这一类型的代表.

表 9.1　若干第Ⅷ族元素的羰基簇合物[1,2]

Fe	Co	Ni
$[Fe_3(CO)_{11}]^-$	$Co_3(CO)_9CR$	$Ni_3(CO)_2(C_5H_5)_3$
$Fe_3(CO)_{12}$	(R=H,Cl,Me,Ph 等)	$[Ni_5(CO)_{12}]^{2-}$
$[Fe_4(CO)_{13}]^{2-}$	$Co_4(CO)_{12}$	$[Ni_6(CO)_{12}]^{2-}$
$[Fe_4(CO)_{13}H]^-$	$Co_6(CO)_{16}$	$[Ni_8(CO)_{12}]^{2-}$
$Fe_5(CO)_{15}C$	$[Co_6(CO)_{15}C]^{2-}$	$[Ni_8(CO)_{14}H_2]^{2-}$
$[Fe_6(CO)_{16}C]^{2-}$	$[Co_6(CO)_{15}H]^-$	$[Ni_9(CO)_{18}]^{2-}$
	$[Co_8(CO)_{18}C]^{2-}$	$[Ni_{11}(CO)_{20}H_2]^{2-}$
	$[Co_{13}(CO)_{24}C_2H]^{4-}$	$[Ni_{12}(CO)_{21}H_2]^{2-}$

续表

Ru	Rh	
$Ru_3(CO)_{12}$	$Rh_3(CO)_3(C_5H_5)_3$	$[Rh_9(CO)_{21}P]^{2-}$
$Ru_4(CO)_{12}H_4$	$Rh_4(CO)_{12}$	$[Rh_{12}(CO)_{30}]^{2-}$
$Ru_4(CO)_{13}H_2$	$Rh_6(CO)_{16}$	$[Rh_{12}(CO)_{24}C_2]^{2-}$
$Ru_5(CO)_{15}C$	$[Rh_6(CO)_{14}]^{4-}$	$[Rh_{13}(CO)_{24}H_3]^{2-}$
$Ru_6(CO)_{18}H_2$	$[Rh_6(CO)_{15}I]^{-}$	$[Rh_{14}(CO)_{25}]^{4-}$
$Ru_6(CO)_{17}C$	$[Rh_6(CO)_{15}C]^{2-}$	$[Rh_{15}(CO)_{27}]^{3-}$
	$[Rh_7(CO)_{16}]^{3-}$	$[Rh_{15}(CO)_{28}C_2]^{-}$
	$[Rh_7(CO)_{16}I]^{2-}$	$[Rh_{17}(CO)_{32}S_2]^{3-}$
	$Rh_8(CO)_{19}C$	$[Rh_{22}(CO)_{37}]^{4-}$

Os	Ir	Pt
$Os_3(CO)_{12}$	$Ir_4(CO)_{12}$	$[Pt_3(CO)_6]^{2-}$
$Os_5(CO)_{16}$	$Ir_6(CO)_{16}$	$[Pt_6(CO)_{12}]^{2-}$
$Os_6(CO)_{18}$	$[Ir_6(CO)_{15}]^{2-}$	$[Pt_9(CO)_{18}]^{2-}$
$Os_6(CO)_{18}H_2$	$[Ir_8(CO)_{22}]^{2-}$	$[Pt_{12}(CO)_{24}]^{2-}$
$Os_7(CO)_{21}$		$[Pt_{15}(CO)_{30}]^{2-}$
$Os_8(CO)_{23}$		$[Pt_{18}(CO)_{36}]^{2-}$
$Os_8(CO)_{21}C$		$[Pt_{19}(CO)_{22}]^{4-}$
$[Os_{10}(CO)_{24}H_4]^{2-}$		$[Pt_{26}(CO)_{32}]^{2-}$
$[Os_{10}(CO)_{24}C]^{2-}$		$[Pt_{38}(CO)_{44}H_2]^{2-}$

由表 9.1 可见,同一种金属往往可以形成一系列大小不等的羰基簇合物.在这些簇合物的结构中,均包含由金属原子直接键合而组成的多面体骨架.例如,表 9.1 中最低的三核原子簇均具有三角形的骨架;四核原子簇则有几种不同的骨架结构,其中最多的为四面体,如 $Ir_4(CO)_{12}$ 等,其他还有蝴蝶形,如 $[Fe_4(CO)_{13}H]^{-}$ 和菱形,如 $[Re_4(CO)_{16}]^{2-}$ 阴离子(图 9.1).随着核数的增加,可能的几何构型种类还会增加.到六核,最常见的几何构型为八面体.此外,还有双帽四面体,如 $Os_6(CO)_{18}$、单帽四方锥,如 $Os_6(CO)_{18}H_2$ 和三角棱柱体,如 $[Rh_6(CO)_{15}C]^{2-}$ 等多种几何构型.在高核的原子簇中,也会出现两个或几个原子簇骨架相连的情况,类似于高核的硼烷.对于同一种元素而言,由于能形成众多大小不一的羰基簇合物,因此,骨架的几何构型也各异.图 9.2 举出了若干铑—羰基原子簇的结构作为实例.

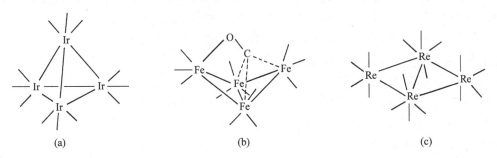

(a) (b) (c)

图 9.1 几种四核金属—羰基原子簇的骨架构型
(a) 四面体的 $Ir_4(CO)_{12}(T_d)$ (b) 蝴蝶形的 $[Fe_4(CO)_{13}H]^{-}(C_{2v})$ (C) 菱形的 $[Re_4(CO)_{16}]^{2-}(D_{2h})$

由图 9.2 可见,在铑的羰基簇合物中,n 个铑原子(或离子)组成不同几何形状的多面体骨架,羰基则以端基、边桥基或面桥基的形式和铑原子相联系.例如,在 $Rh_6(CO)_{16}$ [图 9.2(b)]

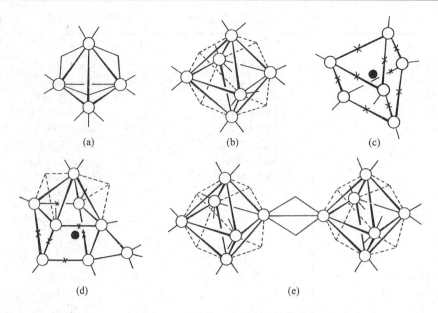

图 9.2　若干铑—羰基原子簇的结构

(a) $Rh_4(CO)_{12}(C_{3v})$　(b) $Rh_6(CO)_{16}(T_d)$　(c) $[Rh_6(CO)_{15}C]^{2-}(D_{3h})$　(d) $[Rh_8(CO)_{19}C]$

(e) $[Rh_{12}(CO)_{30}]^{2-}(C_{2h})$　（带有"×"的化学键表示有 μ-CO）

的晶体结构中, Rh_6 组成八面体的骨架, 其中每个铑原子和 4 个其他的铑原子键合, Rh—Rh 平均距离为277.6 pm. 八面体骨架的 4 个面上各有一面桥基, 它们互相错开. 此外, 每个顶点的铑原子上还有 2 个端梢的羰基. 合计共 16 个羰基.

$[Rh_6(CO)_{15}C]^{2-}$ 原子簇阴离子[图 9.2(c)]的多面体骨架虽然也由 Rh_6 组成, 但几何形状却不相同, 为三角棱柱体, 其中每个铑原子仅和 3 个其他的铑原子键合. Rh—Rh 距离分成两组, 三角形底边的 Rh—Rh 距离为277.6 pm（平均值）; 棱边的 Rh—Rh 距离较长, 为 281.7 pm（平均值）. $[Rh_6(CO)_{15}C]^{2-}$ 离子中的 15 个羰基, 有 9 个为对称的边桥基, 每边一个; 另有 6 个端梢的羰基, 分别和 6 个铑原子键合. 碳原子则位于多面体的中心.

$Rh_8(CO)_{19}C$ 的多面体骨架比较特殊[图 9.2(d)], 它的结构可作如下的描述: 6 个铑原子组成棱柱体的基本结构单元, 还有 2 个铑原子, 其一加顶于棱柱体的侧面, 另一则处于边桥的位置, 形成不对称的几何形状. 这种不对称的结构在原子簇中较少见. $Rh_8(CO)_{19}C$ 中的 19 个羰基, 既有端基又有边桥基和面桥基.

12 个顶点的高核$[Rh_{12}(CO)_{30}]^{2-}$簇阴离子[图 9.2(e)], 则如上所述, 含 2 个八面体骨架多面体. 它们通过其中 2 个顶点的 Rh—Rh 键, 以及 2 个边桥羰基(μ-CO)相连. 每个八面体的 4 个面上各有一面桥基, 除 2 个八面体间相连的铑原子外, 其余的 10 个铑原子还各有 2 个端梢的羰基. 这样总共有 30 个羰基.

表 9.1、图 9.1 和图 9.2 所表示的均为同核金属—羰基原子簇, 此外, 许多金属原子还能形成异核羰基簇合物. $[Ru_3Rh(CO)_{13}]^-$、$[Ru_2Rh_2(CO)_{12}]^{2-}$、$[RuRh_3(CO)_{12}]^-$、$[RuRh_4(CO)_{15}]^{2-}$ 和$[RuRh_5(CO)_{16}]^-$阴离子, 就是几例钌和铑的异核羰基簇合物, 其中钌和铑原子共同组成多面体骨架[3].

以上虽仅列举了某些第Ⅷ族的金属—羰基原子簇, 但却具有普遍性, 即在金属—羰基簇合物中,均包含金属原子或掺入某些杂原子组成的多面体骨架.羰基则主要以端基、边桥基或面桥基三种形式和金属原子簇联系在一起.

2. 金属—羰基原子簇的合成

金属羰基簇合物的合成,有三条基本的途径,即氧化还原、氧化还原缩合和热缩合.

(1) 氧化还原

锇的三核羰基簇合物 $Os_3(CO)_{12}$,是制备其他锇的二元羰基簇合物及其衍生物的重要中间产物.它可在一定温度和压力的条件下,通过一氧化碳还原四氧化锇的甲醇溶液来制备.该反应同时发生诸多过程,如:

$$
OsO_4 \xrightarrow[\substack{175^\circ C \\ CH_3OH}]{CO, 7.5\,MPa}
\begin{cases}
\longrightarrow Os_3(CO)_{12}(s) \\[4pt]
\longrightarrow \underset{\text{无色}}{\text{油状物}} \xrightarrow[-CO]{\text{放置}} Os_3(CO)_{12}(s) \\[4pt]
\longrightarrow \underset{\text{红色}}{\text{甲醇溶液}} \longrightarrow \underset{\text{红色}}{\text{固体}} \xrightarrow{\text{苯}} \underset{\text{黄色}}{\text{溶液}}
\begin{cases}
\longrightarrow \underset{(\text{橙色},\,\approx 1.6\%)}{HOs_3(CO)_{10}OH} \\[3pt]
\longrightarrow \underset{(\text{橙黄色},\,\approx 0.2\%)}{HOs_3(CO)_{10}(OMe)} \\[3pt]
\longrightarrow \underset{(\text{黄色},\,\approx 5\%)}{Os_3(CO)_{10}(OMe)_2}
\end{cases} \\[10pt]
\quad\quad\quad\quad\quad\quad \xrightarrow[175^\circ C]{CO,\,27\,MPa} Os_3(CO)_{12}(s)
\end{cases}
\tag{9.1}
$$

反应 9.1 产生的 $Os_3(CO)_{12}$,产率可高达 85%.粗产品在 130℃经真空升华提纯后,可得亮黄色的 $Os_3(CO)_{12}$ 固体.反应的同时还产生少量的 $HOs_3(CO)_{10}(OH)$、$HOs_3(CO)_{10}(OMe)$ 以及 $Os_3(CO)_{10}(OMe)_2$.

能够通过氧化还原反应来制备的羰基原子簇还有很多,如

$$6[RhCl_6]^{3-}+23\,OH^-+26\,CO+CHCl_3 \xrightarrow[CH_3OH]{25^\circ C,\,CO\,100\,kPa} [Rh_6(CO)_{15}C]^{2-}+11\,CO_2$$
$$+39\,Cl^-+12\,H_2O \tag{9.2}$$

$$2\,Rh_2(CO)_4Cl_2+4\,Cu+4\,CO \xrightarrow[\text{正己烷}]{\text{室温},\,CO\,20\,MPa} Rh_4(CO)_{12}+4\,CuCl \tag{9.3}$$

$$2[Ni_6(CO)_{12}]^{2-}+2\,H^+ \xrightarrow[H_2O]{pH\approx 4} [Ni_{12}(CO)_{21}H_2]^{2-}+3\,CO \tag{9.4}$$

(2) 氧化还原缩合

通过氧化还原缩合反应,可以一步接一步地使原子簇逐渐变大,而且产量可以控制到接近定量的程度.由 Rh_4 到 Rh_7 就是一个实例(式 9.5~式 9.7).

$$Rh_4(CO)_{12}+[Rh(CO)_4]^- \xrightarrow[THF]{25^\circ C,\,CO\,100\,kPa} [Rh_5(CO)_{15}]^-+CO \tag{9.5}$$

$$[Rh_5(CO)_{15}]^-+[Rh(CO)_4]^- \underset{\substack{-70^\circ C,\,CO\,100\,kPa \\ THF}}{\overset{\substack{THF \\ 25^\circ C,\,CO\,100\,kPa}}{\rightleftharpoons}} [Rh_6(CO)_{15}]^{2-}+4\,CO \tag{9.6}$$

$$[Rh_6(CO)_{15}]^{2-}+[Rh(CO)_4]^- \underset{\substack{-70^\circ C,\,CO\,100\,kPa \\ CH_3OH}}{\overset{\substack{CH_3OH \\ 25^\circ C,\,CO\,100\,kPa}}{\rightleftharpoons}} [Rh_7(CO)_{16}]^{3-}+3\,CO \tag{9.7}$$

上述氧化还原缩合反应释放出 CO,同时形成新的 M—M 键.反应 9.6 和 9.7 的逆反应只有在 -70℃的低温下才能发生,表明氧化还原缩合是一个吸热过程.这可从 M—CO 和 M—M

233

键能的平均值中得到一粗略的概念：M—CO 的键能 $\approx 146 \sim 188\ kJ \cdot mol^{-1}$，M—M 的键能 $\approx 84 \sim 126\ kJ \cdot mol^{-1}$. 因此，氧化还原缩合更适用于第五、六周期的过渡元素，因为同族元素由上到下 M—CO 和 M—M 键能的差值减小.

除了铑以外，氧化还原缩合的其他例子还有很多，如

$$[Fe_3(CO)_{11}]^{2-} + Fe(CO)_5 \xrightarrow[\text{THF}]{25\ ℃} [Fe_4(CO)_{13}]^{2-} + 3\,CO \tag{9.8}$$

$$[Pt_6(CO)_{12}]^{2-} + [Pt_{12}(CO)_{24}]^{2-} \xrightarrow[\text{THF}]{25\ ℃} 2[Pt_9(CO)_{18}]^{2-} \tag{9.9}$$

（3）热缩合

热缩合和氧化还原缩合不同，反应产物很难控制，产量又往往很低. 以 $Os_3(CO)_{12}$ 的热缩合为例. 将 $Os_3(CO)_{12}$ 置于一封闭的管中，在 210 ℃下加热 12 h 后，产生一深棕色的固体. 用乙酸乙酯萃取后，通过薄层色谱分离，得到一系列在空气中稳定的化合物. 其中除少量未热解的 $Os_3(CO)_{12}$ 以外，含 $Os_5 \sim Os_8$ 的羰基簇合物（式 9.10）.

$$
Os_3(CO)_{12} \text{（黄色）} \xrightarrow[12\ h]{210\ ℃}
\begin{cases}
Os_5(CO)_{16}\ \text{（粉红色）} 7\% \\
Os_6(CO)_{18}\ \text{（深棕色）} 80\% \\
Os_7(CO)_{21}\ \text{（橙色）} 10\% \\
Os_8(CO)_{23}\ \text{（橙黄色）} 2\%
\end{cases}
\tag{9.10}
$$

若在不同的温度条件下进行热缩合，反应产物又有所不同（见式 9.11）.

$$
Os_3(CO)_{12} \xrightarrow{250\ ℃}
\begin{cases}
Os_5(CO)_{15}C\ \text{（黄色）} 5\% \\
Os_6(CO)_{18}\ \ \ \ \ \ 60\% \\
Os_7(CO)_{21}\ \ \ \ \ \ 20\% \\
Os_8(CO)_{23}\ \ \ \ \ \ 5\% \\
Os_8(CO)_{21}C\ \text{（深紫色）} 8\%
\end{cases}
\tag{9.11}
$$

热缩合的研究结果表明，随着温度的升高，原子簇增大，在极端的情况下形成金属锇. 在催化研究中对此颇感兴趣，因为很大的金属羰基簇合物可以看成是金属表面吸附了 CO. 因此，金属多核羰基化合物的反应性能，有可能和锇表面吸附了一氧化碳分子联系起来，从而对多相催化的研究提供一个模型.

除上述三种基本的合成路线外，金属—羰基簇合物的合成还有许多其他的途径，如光化学缩合等，不一一述及.

3. 金属—羰基原子簇的反应

从原则上讲，几乎所有单核配合物的反应，如配体取代反应、氧化还原反应、简单加成反应以及氧化加成反应等，都适用于多核金属原子簇化合物. 然而，需要强调的是，金属原子簇的反应又有它本身的特殊性和复杂性. 这一方面是因为多核原子簇必须作为一个整体来考虑，它们的反应很少仅在单个的金属中心上发生. 同时，不能忽视电子效应和立体效应从原子簇的一部分到另一部分的迅速传递. 何况有些配体，如面桥基等，只存在于原子簇中，它们需要通过和几个金属原子键合才得以稳定. 倘若原子簇骨架遭到破坏，则面桥基也就不复存在.

另一方面，原子簇在进行配位层反应的同时，常常伴随着骨架多面体的变化，包括几何形状或骨架原子数的变化，因而使反应复杂化，有时甚至无法预测反应的结果将会如何. 例如，式 9.12 所表示的反应，就是在配体取代反应发生的同时，骨架多面体的几何形状也随之发生

了改变,即由原来的四面体转变成蝴蝶形.

$$Co_4(CO)_{12}+RC\equiv CR \longrightarrow Co_4(CO)_{10}(RC\equiv CR)+2CO \qquad (9.12)$$
$$\text{四面体} \qquad\qquad\qquad \text{蝴蝶形}$$

式 9.13～式 9.15 所表示的反应,则是在配体取代反应发生的同时,发生了降解.换句话说,多面体骨架受到影响,由原来较大的原子簇,转变成较小的原子簇,甚至单核的配合物.

$$[Pt_9(CO)_{18}]^{2-}+9\,PPh_3 \xrightarrow[\text{THF}]{25\,℃} [Pt_6(CO)_{12}]^{2-}+3\,Pt(CO)(PPh_3)_3+3\,CO \qquad (9.13)$$

$$Rh_6(CO)_{16}+12\,PPh_3 \xrightarrow[\text{C}_6\text{H}_6]{25\,℃} 3[Rh(CO)_2(PPh_3)_2]_2+4\,CO \qquad (9.14)$$

$$4[Rh_{12}(CO)_{30}]^{2-}+12\,Cl^- \longrightarrow 7[Rh_6(CO)_{15}]^{2-}+6[Rh(CO)_2Cl_2]^-+3\,CO \qquad (9.15)$$

不仅是配体取代反应,氧化还原反应或其他的反应也有类似的现象发生.例如,在氧化还原反应进行的同时,也时常伴随着骨架多面体的降解,反应 9.16 和 9.17 就是两例.

$$10[Co_6(CO)_{15}]^{2-}+22\,Na \longrightarrow 9[Co_6(CO)_{14}]^{4-}+6[Co(CO)_4]^-+22\,Na^+ \qquad (9.16)$$

$$2[Pt_9(CO)_{18}]^{2-}+2\,Li \longrightarrow 3[Pt_6(CO)_{12}]^{2-}+2\,Li^+ \qquad (9.17)$$

此外,除了和单核配合物共同的反应类型以外,多核金属原子簇还有它本身特殊的反应,如骨架转换反应.这也是一类难以预示的反应.式 9.18～式 9.20 就是其中的几例.

$$[Fe_4(CO)_{13}]^{2-}+H^+ \xrightleftharpoons[25\,℃,\text{DMSO}]{25\,℃,\text{THF}} [Fe_4(CO)_{13}H]^- \qquad (9.18)$$
$$\text{四面体} \qquad\qquad\qquad \text{蝴蝶形}$$

$$Os_6(CO)_{18}H_2 \xrightleftharpoons[\text{CH}_2\text{Cl}_2]{\text{THF}} [Os_6(CO)_{18}H]^-+H^+ \qquad (9.19)$$
$$\text{单帽四方锥} \qquad\qquad \text{八面体}$$

$$[Rh_6(CO)_{13}C]^{2-}+2\,CO \xrightleftharpoons[60\,℃,\text{N}_2]{25\,℃,100\,\text{kPa}} [Rh_6(CO)_{15}C]^{2-} \qquad (9.20)$$
$$\text{八面体} \qquad\qquad\qquad\qquad \text{三角棱柱体}$$

总之,金属原子簇的反应是一类变化多端的反应,此处不加详述.

9.1.2　金属—卤素原子簇

金属—卤素簇合物(metal halide cluster)虽然在数量上远不及金属—羰基簇合物那样多,但它却对金属原子簇化学的最初发展起过积极的作用,因为这是较早发现的一类金属原子簇.早在 1907 年已报道合成了"$TaCl_2 \cdot 2\,H_2O$",过了若干年才认识到它的组成实际上是 $Ta_6Cl_{14} \cdot 7\,H_2O$,而它的结构,直到 1950 年才首次测定.

金属—卤素簇合物大多为二元簇合物.三核的以 $Re_3Cl_{12}^{3-}$ 为代表,六核的主要有 $M_6X_{12}^{n+}$ 和 $M_6X_8^{4+}$ 两种典型的原子簇结构单元,铌和钽以前者为主,钼和钨以后者为主.除同核的以外,还有异核的金属—卤素原子簇[4].表 9.2 列出了若干实例.

表 9.2　若干金属—卤素原子簇化合物

M₃	M_6	
	$M_6X_{12}^{n+}$	$M_6X_8^{4+}$
Re_3Cl_9	Zr_6I_{12}	$Cs_2[(Mo_6Cl_8)Br_6]$
$Re_3Cl_3Br_6$	$(Nb_6Cl_{12})Cl_2 \cdot 7\,H_2O$	$(Mo_6Br_8)Br_4(H_2O)_2$
$Re_3Cl_3Br_7(H_2O)_2$	$K_4[(Nb_6Cl_{12})Cl_6]$	$Cs_2[(W_6Cl_8)Br_6]$
$Cs_3[Re_3Cl_{12}]$	$(Me_4N)_2[(Nb_6Cl_{12})Cl_6]$	$[(W_6Br_8)Br_4]Br_4$

续表

M₃	M₆	
	$M_6X_{12}^{n+}$	$M_6X_8^{4+}$
$[Re_3Cl_{11}]^{2-}$	$(pyH)_2[(Nb_6Br_{12})Cl_6]$	
$[Re_3Br_{11}]^{2-}$	$(Ta_6Cl_{12})Cl_2\cdot 7H_2O$	
	$(Ta_6Br_{12})Br_2\cdot 7H_2O$	
	$(Ta_6I_{12})I_2$	
	$H_2[(Ta_6Cl_{12})Cl_6]\cdot 6H_2O$	
	$(Mo_6Cl_{12})Cl_2$	
	$(Et_4N)_3[(Ta_5MoCl_{12})Cl_6]$	
	$(Et_4N)_2[(Ta_4Mo_2Cl_{12})Cl_6]$	

图 9.3 表示了 $Re_3Cl_{12}^{3-}$ 阴离子的结构. 其中 Re_3 构成三角形骨架，Re—Re 距离 247.7 pm（平均值）. Re_3 三角形的每条边上有一边桥基（μ-Cl），此外，每个铼原子还和 3 个端梢的氯原子键合. 从另外一个角度，也可以认为 3 个（μ-Cl）构成一等边三角形，每边的中心有一铼原子，因而 Re_3 也构成一等边三角形.

在 $M_6X_{12}^{n+}$ 和 $M_6X_8^{4+}$ 两种类型的结构中，以 $Nb_6Cl_{12}^{2+}$ [图 9.4（a）] 和 $Mo_6Cl_8^{4+}$ 离子 [图 9.4（b）] 最为典型. 在 $Nb_6Cl_{12}^{2+}$ 离子中，6 个铌原子处在正八面体的顶点，Nb—Nb 距离 285 pm；12 个氯原子处在各边的垂直平分线上，最短的 Nb—Cl 距离约 241 pm. $Mo_6Cl_8^{4+}$ 离子的结构是从所谓的 $MoCl_2$ 中建立起来的. 结构分析的结果表明，在 $Mo_6Cl_8^{4+}$ 离子中，6 个钼原子处在八面体的顶点，Mo—Mo 距离 264 pm；8 个面上各有一面桥基（μ_3-Cl）. 从另一角度，也可以认为 8 个氯原子位于立方体的 8 个顶点，6 个钼原子位于立方体的面心.

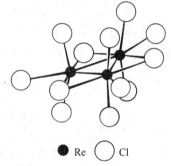

图 9.3 $[Re_3Cl_{12}]^{3-}$ 阴离子的结构

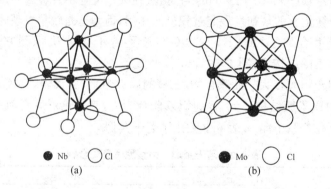

图 9.4 $Nb_6Cl_{12}^{2+}$（a）和 $Mo_6Cl_8^{4+}$（b）阳离子的结构

在以上两种典型的六核金属—卤素原子簇的结构中，M_6 部分的几何形状均为正八面体. 但在类似的化合物 $[Ta_6Cl_{12}]Cl_2\cdot 7H_2O$ 中，$Ta_6Cl_{12}^{2+}$ 离子却为拉长了的八面体，即四角双锥. 轴向的 2 个钽氧化态为 +3，水平方向上的 4 个钽氧化态为 +2. 还需指出的是：虽然在 $Nb_6Cl_{12}^{2+}$ 离子中仅含边桥氯，在 $Mo_6Cl_8^{4+}$ 离子中仅含面桥氯，但在其他具有类似原子簇结构单元的化合物中，也有含端梢氯的. 例如，在化合物 $(Me_4N)_2[Nb_6Cl_{18}]$ 的阴离子 $[Nb_6Cl_{18}]^{2-}$ 中，Nb_6Cl_{12} 构成类似于图 9.4 的八面体原子簇,不同的是每个 Nb 原子还有一端梢的 Cl 原子.它的结构式可表示为:$[Nb_6(\mu_2\text{-}Cl)_{12}(\mu_1\text{-}Cl)_6]^{2-}$. 类似的,$[Ta_6Cl_{18}]^{2-}$ 和 $[M_6Cl_8Br_6]^{2-}$(M=Mo,W)阴离子中,也含有端梢的卤原子,它们的结构式可分别表示为:$[Ta_6(\mu_2\text{-}Cl)_{12}(\mu_1\text{-}Cl)_6]^{2-}$ 和 $[M_6(\mu_3\text{-}Cl)_8(\mu_1\text{-}Br)_6]^{2-}$.

上述 $[M_6X_8(\mu_1\text{-}Y)_6]^{n-}$(M=Mo,W)和 $[M'_6X_{12}(\mu_1\text{-}Y)_6]^{n-}$(M'=Nb,Ta)型化合物中,6 个端梢的卤离子较活泼,它们可被一系列其他的配体,如 NCS^-、NCO^-、OSO_2CF_3、OMe 和 O=PPh_3 等取代,形成一系列金属—卤素二元原子簇的衍生物[5].

不难看出,金属—卤素和金属—羰基原子簇化合物有许多共同之处,它们除了都具有原子簇最基本的特点以外,和一氧化碳配体类似,卤素原子也可以端基、边桥基或面桥基的形式和金属原子组成的多面体骨架联系在一起.当然,它们在化学键性质上的差异也是不容忽视的.

9.1.3 金属—硫原子簇

在 **金属—硫原子簇**(metal sulfur cluster)中,存在着一类 **硫代金属原子簇**(thio-metal cluster),其中硫原子取代了部分金属原子的位置,并与金属原子共同组成原子簇的多面体骨架.

在硫代金属原子簇中,核心部分具有 M_4S_4 形式的原子簇,受到了特殊的重视.原因是生物固氮的核心——固氮酶的组分钼铁蛋白中,含铁钼辅因子和 P 原子簇对,它们为 Fe-S 原子簇.尤其是 1993 年用 X 射线衍射法测定了它们的结构[6],证实铁钼辅因子含 MFe_3S_3(M=Fe 或 Mo)不完整类立方烷的二聚体;P 原子簇对则含 Fe_4S_4 原子簇的二聚体;此外,还有一单个的 Fe_4S_4 原子簇和固氮酶的另一组分铁蛋白结合在一起.

不仅在固氮酶中,在其他许多铁硫蛋白中,铁硫原子簇也是活性中心,它们的主要生理功能是传递电子.因此,铁硫原子簇,尤其是 Fe_4S_4 原子簇引起了极大的关注.人们把铁硫原子簇作为非血红素铁蛋白活性中心的模型化合物来进行研究和剖析.

在 M_4S_4 原子簇中,金属原子占据着四面体的 4 个顶点,此外,4 个面上各加一硫原子的顶,构成 M_4S_4 的骨架.从另一角度来看,也可认为 4 个金属原子和 4 个硫原子相间地占据着立方体的 8 个顶点,构成畸变立方体的原子簇骨架.这种几何形状类似于碳氢立方烷 C_8H_8,因此,M_4S_4 原子簇通称 **类立方烷原子簇**(cubane-like cluster).

以 $Fe_4S_4(NO)_4$ 簇合物为例[7],它可在甲苯溶液中将 $Hg[Fe(CO)_3(NO)]_2$ 与硫回流得到,$Hg[Fe(CO)_3(NO)]_2$ 则可由 $Fe(CO)_5$、KNO_2 和 $Hg(CN)_2$ 反应而来.$Fe_4S_4(NO)_4$ 是一种黑色晶体,在空气中相当稳定.晶体结构的测定结果表明,Fe_4 构成四面体,硫原子占据着面桥基的位置.从另一角度来看,Fe_4S_4 形成一个畸变立方体的骨架,其中 Fe—Fe 平均距离 265.1 pm,12 根 Fe—S 键长的变化范围很小,仅从 220.8~222.4 pm,平均 221.7 pm(图 9.5).

由于在铁硫蛋白中,铁硫原子簇的主要生理功能是传递电子,因此,在研究铁硫原子簇的性质时,往往对它们的氧化还原性给予特殊的关注.实验表明,中性的 $Fe_4S_4(NO)_4$

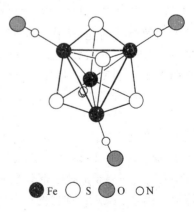

●Fe ○S ◖O ○N

图 9.5 $Fe_4S_4(NO)_4$ 的结构

可被还原到 $[Fe_4S_4(NO)_4]^-$ 阴离子. 该阴离子相应的盐,如 $[(\eta^5\text{-}C_5H_5)Co][Fe_4S_4(NO)_4]$ 和 $[AsPh_4][Fe_4S_4(NO)_4]$ 等,均已制得.

在类立方烷 $[Fe_4S_4(NO)_4]^n$ ($n=0,-1$) 中,铁原子之间通过化学键相连,在其他已知的 Fe_4S_4 原子簇中情况也大致如此. 然而,现在了解还有另外一种类立方烷原子簇,其中金属原子间并无化学键的作用. $(\eta^5\text{-}C_5H_5)_4Co_4S_4$ 就是一例[8]. 由图 9.6 所表示的分子结构可见,在该分子中,钴、硫原子相间地占据着畸变立方体的 8 个顶点,它们共同构成了原子簇的多面体骨架. 和 Fe_4S_4 原子簇不同,在 $(\eta^5\text{-}C_5H_5)_4Co_4S_4$ 分子中,并不存在任何净的 Co⋯Co 相互作用,它们之间的平均距离达 329.5 pm,而且变化范围较大,由 323.6～334.3 pm. 12 个 Co—S 距离的变化则不明显($\leqslant 0.8$ pm),平均 223.0 pm.

除上述几种金属类立方烷簇合物以外,已知的 M_4S_4 原子簇还有许多. 表 9.3 列出了若干实例.

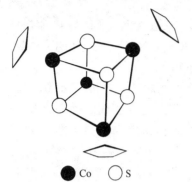

图 9.6 $(\eta^5\text{-}C_5H_5)_4Co_4S_4$ 分子的结构
(另一个 $C_5H_5^-$ 基未示出)

● Co ○ S

表 9.3 若干 M_4S_4 类立方烷原子簇化合物

化合物	M_4S_4 对称性	化合物	M_4S_4 对称性
$(C_5H_5)_4Cr_4S_4$		$[(C_5H_5)_4Fe_4S_4]^{2+}$	D_{2d}
$(C_5Me_5)_2Mo_4S_4(CO)_6$		$[Fe_4S_4(SPh)_4]^{2-}$	D_{2d}
$(C_5H_5)_4Mo_4S_4$		$[Fe_4S_4(SCH_2CH_2OH)]^{2-}$	
$Mo_4S_4(S_2CNEt_2)_6$	D_2	$[Fe_4S_4(SCH_2Ph)_4]^{2-}$	D_{2d}
$[Re_4S_4(CN)_4]^{4-}$	$\approx T_d$	$[Fe_4S_4(S_2CNEt_2)_4]^{2-}$	
$Fe_4S_4(NO)_4$	T_d	$(C_5H_5)_4Co_4S_4$	T_d
$[Fe_4S_4(NO)_4]^-$	D_{2d}	$[(C_5H_5)_4Co_4S_4]^+$	D_{2d}
$(C_5H_5)_4Fe_4S_4$	D_{2d}	$(C_5Me_5)_2Mo_2Fe_2S_4(CO)_4$	
$[(C_5H_5)_4Fe_4S_4]^+$	D_2	$(C_5Me_5)_2Mo_2Fe_2S_4(NO)_2$	
		$(Me_2NH_2)_6[W_4S_4(NCS)_{12}]$	

需要指出的是,硫代金属原子簇不仅局限于 M_4S_4 一种形式,还有许多其他的形式,如 M_2S_2、M_3S_4、M_3S_6、M_4S_3、M_4S_6 和 M_6S_6 等. 出于同样的原因,其他形式的硫代金属原子簇也相当引人注目. 此处不拟详述,仅举出若干实例:

$$[Et_4N]_2[Fe_2S_2(SPh)_4], (C_5Me_5)_2Mo_2FeS_4(CO)_2, [Et_4N]_3[Mo_2FeS_6(SCH_2CH_2S)_2],$$
$$[AsPh_4][Fe_4S_3(NO)_7], [Et_4N]_2[Fe_6S_6I_6]$$

图 9.7 表示了 $(C_5Me_5)_2Mo_2FeS_4(CO)_2$ 和 $[Fe_6S_6I_6]^{2-}$ 的结构[9,10]. 由图 9.7(a)可见,该分子的核心部分是 Mo_2FeS_2,具有畸变三角双锥的几何构型,硫原子处于锥顶. 由图 9.7(b)可见,$[Fe_6S_6I_6]^{2-}$ 阴离子的核心部分是 Fe_6S_6,它含两个椅形的 Fe_3S_3 环,通过 Fe—S 键结合在一起,铁原子则处于接近四面体的环境中.

除硫代金属原子簇以外,金属—硫簇合物还有一些其他的类型,其中通式为 $M_6S_8^{n+}$ 的是典型的一类. 它们的结构类似于 $M_6X_8^{4+}$[图 9.4(b)],即 M_6 构成八面体骨架,每个面上有一面

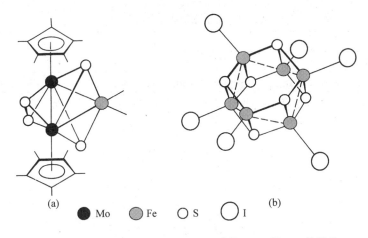

● Mo ◓ Fe ○ S ◯ I

图 9.7 (C₅Me₅)₂Mo₂FeS₄(CO)₂(a)和[Fe₆S₆I₆]²⁻(b)的结构

图 9.7 $(C_5Me_5)_2Mo_2FeS_4(CO)_2$(a)和$[Fe_6S_6I_6]^{2-}$(b)的结构

桥硫. 以$[Bu_4N]_2[Re_6(\mu_3\text{-}S)_8Cl_4L_2]$(L＝吡啶 py,氰基吡啶 cpy,吡嗪 pz,联吡啶 bipy 和甲基吡啶 mpy 等)为例,其中核心部分为$[Re_6(\mu_3\text{-}S)_8]^{2+}$.

$[Bu_4N]_2[$反$\text{-}Re_6(\mu_3\text{-}S)_8Cl_4(pz)_2]$的单晶 X 射线结构分析表明,6 个 Re 原子位于 Re_6 八面体的顶点,Re—Re 距离 259.06～260.08 pm,Re—S 距离239.5～241.8 pm(图 9.8)[11].

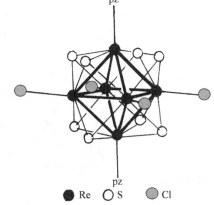

● Re ○ S ◓ Cl

图 9.8 [反-Re₆(μ₃-S)₈Cl₄(pz)₂]²⁻ 阴离子的结构

图 9.8 $[$反$\text{-}Re_6(\mu_3\text{-}S)_8Cl_4(pz)_2]^{2-}$ 阴离子的结构

对这类簇合物的兴趣,源自它们具有某些特殊的电化学和光学性质.电化学性质的研究表明,上述 N-杂环配体 L,稳定了$[Re_6(\mu_3\text{-}S)_8]^{2+}$核的基态.换句话说,N-杂环配体使$[Re_6(\mu_3\text{-}S)_8]^{2+}$变得更难被氧化.光学性质的研究则表明,所有含 N-杂环配体的簇合物,均能在室温下,在乙腈溶液中发光,且光发射的激发态很大程度上位于 $Re_6S_8^{2+}$ 核.

除$[Bu_4N]_2[Re_6(\mu_3\text{-}S)_8Cl_4L_2]$外,类似的化合物还有$[Bu_4N]_3[Re_6(\mu_3\text{-}S)_8Cl_6]$和$[Ru_6(\mu_3\text{-}S)_8](PPh_3)_6$[12]等.

此外,金属和某些含硫配体也能形成原子簇化合物,如 $Cu_4[SC(NH_2)_2]_{10}(SiF_6)_2(H_2O)$、$Cu_8[S_2CC(CN)_2]_6^{4-}$ 以及 $Pd_3(SC_2H_5)_3(S_2CSC_2H_5)_3$ 等.严格地讲,金属—硫的二元原子簇并不存在.

9.1.4 无配体金属原子簇

有一类金属原子簇和上述几类原子簇有一显著的不同之处,即它们不含任何配体.这类原子簇通称**无配体原子簇**(non-ligand metal cluster)或**裸原子簇**(naked cluster)[13,14].它们与非金属裸原子簇有许多共同之处.能够形成这类原子簇的元素,大都是周期表上过渡元素后的 p 区主族金属元素,特别是那些较重的元素,如铊和铋.它们既能形成簇阴离子,又能形成簇阳离子,且以前者为主.

表 9.4 列举了若干实例.

表 9.4　若干无配体金属原子簇

	ⅢA	ⅣA	ⅤA
第四周期	Ga_3^{2-},Ga_6^{8-},Ga_{11}^{7-}	Ge_4^{2-},Ge_9^{2-},Ge_9^{4-},Ge_{13}^{3-}	
第五周期	In_3^{2-},In_4^{8-},In_5^{9-},In_{11}^{7-}	Sn_5^{2-},Sn_9^{3-},Sn_9^{4-},Sn_{12}^{2-}	Sb_4^{2-},Sb_5^{3-},Sb_7^{3-}
第六周期	Tl_3^{7-},Tl_4^{8-},Tl_5^{7-} Tl_6^{6-},Tl_7^{7-},Tl_9^{9-},Tl_{11}^{7-},Tl_{13}^{10-},Tl_{13}^{11-}	Pb_4^{-},　Pb_4^{4-},　Pb_5^{2-},　Pb_7^{4-},Pb_9^{4-}	Bi_3^{2-},Bi_3^{7-},Bi_4^{2-},Bi_5^{3-},Bi_3^{+},Bi_4^{+},Bi_5^{3+},Bi_8^{2+},Bi_9^{5+}

　　表 9.4 所列举的无配体金属原子簇中,同样存在分立的多面体骨架,且大多由三角面构成.类似于硼烷,也可分为闭式、开式和网式的结构.图 9.9 表示了几例簇阴离子的结构.

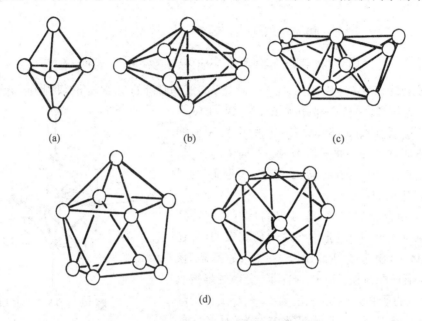

(a)　　　　　　　(b)　　　　　　　(c)

(d)

图 9.9　若干无配体金属原子簇阴离子的结构
(a) Ge_5^{2-}　(b) Tl_7^{7-}　(c) Tl_9^{9-}　(d) Pb_9^{4-} 的两种结构型式

　　表 9.4 和图 9.9 所列举的无配体金属原子簇阴离子,大多存在于碱金属、碱土金属或碱金属—穴合物(cryptand)的盐中.图 9.9(b)所表示的 Tl_7^{7-} 阴离子便存在于钾盐 $K_{10}Tl_7$ 中[15].它是在 400℃,直接熔融化学计量的相应金属得到.产物为灰色,在空气中即刻分解.Tl_7 簇为轴向压缩的五角双锥,根据分子轨道法的处理,对应于 Tl_7^{7-} 而非 Tl_7^{10-},剩余的 3 个电子则离域在整个分子中.其他存在于碱金属、碱土金属盐中的簇阴离子还有许多,如 $CaNa_{10}Sn_{12}$ 中的 Sn_{12}^{12-}[16];K_4Pb_9 中的 Pb_9^{4-}(图 9.9 d)[17];K_2Ga_3 中的 Ga_3^{2-} 和 M_2In_3(M=Rb,Cs)中的 In_3^{2-}[18] 等.它们大多由一定温度下加热化学计量的相应金属得到.

　　图 9.9(a)所表示的闭式-Ge_5^{2-} 是存在于碱金属—穴合物盐中的一个实例,相应的盐为 $(2,2,2\text{-crypt-K}^+)_2Ge_5^{2-}\cdot THF$[19].它是在 2,2,2-crypt 存在下,用乙二胺(en)萃取 $KGe_{1.67}$ 合金粉末;然后加入 THF,将橙色的单晶由乙二胺溶液中分离得到.Ge_5^{2-} 阴离子呈三角双锥形,Ge—Ge 距离 246.6~269.8 pm.在该盐的结构中,$(2,2,2\text{-crypt-K}^+)$ 阳离子层被 Ge_5^{2-} 阴离子和 THF 层隔开.其他类似结构的盐中,主要的还有 $(2,2,2\text{-crypt-K}^+)_6Ge_9^{2-}Ge_9^{4-}\cdot 2.5en$、$(2,2,2\text{-crypt-K}^+)_3(PPh_3)Ge_9^{3-}$ 和 $(2,2,2\text{-crypt-K}^+)_2M_5^{2-}$(M=Sn,Pb)等,不一一列举.

无配体金属原子簇阳离子,以铋为代表.它们一般由金属铋还原三氯化铋和其他氯化物的熔融盐体系得到.以 Bi_9^{5+} 为例,它可通过下列反应制备[20]:

$$8\,Bi + 2\,BiCl_3 + 3\,HfCl_4 \xrightarrow{450℃} Bi_{10}(HfCl_6)_3 \tag{9.21}$$

产物 $Bi_{10}(HfCl_6)_3$ 的结构中,含 Bi_9^{5+}、Bi^+ 阳离子和 $HfCl_6^{2-}$ 阴离子.若按结构,该化合物应表示为:$Bi_9^{5+}Bi^+(HfCl_6^{2-})_3$.$Bi_9^{5+}$ 阳离子的几何构型为三帽三角棱柱体,类似于 Pb_9^{4-} 的一种结构型式[图 9.9(d)].

本节所涉及的各类金属原子簇均为核数较低的,实际上,从 20 世纪 80 年代以来,已合成出了众多高核的金属原子簇,包括一些很大的簇合物,下面给出的就是其中的几例,而且均已经结构测定和波谱表征:$Au_{55}(PPh_3)_{12}Cl_6$[21]、$Na_6\{Mo_{120}O_{366}(H_2O)_{48}H_{12}[Pr(H_2O)_5]_6\}$[22]、$Pt_{309}(Phen^*)_{36}O_{30\pm10}$、$Pd_{561}(Phen)_{36}O_{195\pm5}$(Phen 为菲咯啉、Phen* 为菲咯啉衍生物)[23] 和 Sn_{162}^{32-}[16].

综上所述,金属元素,尤其是过渡金属元素形成大量的原子簇化合物,而且第五、六周期较重的金属元素形成原子簇的倾向比第四周期同族元素的更大.在各种不同类型的金属原子簇化合物中,又以过渡金属的羰基簇合物及其衍生物的数量最为庞大,最为重要.

9.2 金属原子簇的结构规则

9.2.1 一般介绍

金属原子簇是一大类化合物,它们不仅含金属—金属键,而且具有特征的多面体骨架结构,从而吸引了国内外许多学者去探索金属原子簇的结构规律,或与非金属原子簇进行类比,以找出其中的内在联系.有关金属原子簇的结构规则已提出多种,包括经验的、半经验的,或纯粹的理论计算,其中大多数着眼于原子簇骨架的电子数与几何构型间的内在联系.此处扼要地举出几种.

Wade 和 Mingos 发展了硼烷的结构规则,把它推广运用到金属原子簇中,称之为**多面体骨架电子对理论**(Polyhedral Skeletal Electron Pair Theory,简称 PSEPT)[24].Lauher 提出了**过渡金属原子簇成键能力规则**(The Bonding Capabilities of Transition Metal Clusters)[25].核心是用半经验的分子轨道法计算出簇价分子轨道数,从而阐明原子簇的成键能力,并预示簇合物骨架的几何构型.Teo 在 Euler 规则和十八电子规则的基础上,提出了**拓扑电子计数理论**(Topological Electron-Counting Theory)[26].按照原子簇骨架多面体的顶、面、棱数间的关系,加上若干修正因子,计算原子簇的价电子数.

我国的唐敖庆提出了(9N−L)规则,基中"N"为原子簇骨架的顶点数,"L"为骨架的棱数[27].徐光宪提出了(nxcπ)规则,即用 4 个数来描述原子簇的结构类型[28].此外,卢嘉锡还把 Wade 规则推广运用到类立方烷金属原子簇中[29].

总之,有关金属原子簇的结构规则已提出多种,但由于原子簇本身的复杂性,上述任何一种结构规则都有不少例外.因此,金属原子簇的结构规律仍在不断地探索和完善之中.本节仅介绍其中的一种结构规则,即多面体骨架电子对理论.

9.2.2 多面体骨架电子对理论

多面体骨架电子对理论,即 PSEPT,试图从多面体骨架的几何形状和电子数之间的关系上来阐明金属原子簇的结构规律. PSEPT 不是把金属—金属键看成是 2c—2e 键,而是从骨架键总的电子数来推断骨架的几何形状. 由于 PSEPT 是从硼烷的结构规则衍生而来,故又称 **Wade 规则**,或 **Wade-Mingos 规则**.

如前所述,硼烷和碳硼烷的原子簇骨架主要由 BH 结构单元或 BH 和 CH 结构单元共同组成. 每个 BH 单元提供 2 个价电子,每个 CH 单元提供 3 个价电子用以形成原子簇骨架. 然而,无论是 BH 或 CH 单元均为骨架键贡献 3 个价轨道.

在金属硼烷或金属碳硼烷中,金属和羰基或有机配体组成的结构单元,如 $Fe(CO)_3$、$CpFe$、$CpCo$ 等分子片取代了部分 BH 或 CH 单元的位置,它们的骨架多面体由金属原子、硼原子和碳原子等共同组成. 因此,PSEPT 认为,和 BH、CH 单元一样,这些含金属原子的分子片也提供 3 个对称性适宜的价层原子轨道参与原子簇骨架键的形成. 当然,这 3 个价轨道可具有 d 轨道的成分.

由于过渡金属共有 9 个价轨道,其中 3 个用于形成原子簇骨架,还剩下 6 个价轨道. 倘若这 6 个价轨道全部充满电子,则每个含过渡金属原子的分子片所提供给原子簇骨架的电子数,可由 $(v+x-12)$ 的简单关系来确定. 其中:v 为过渡金属的价电子数;x 为分子片中配体提供的价电子数;12 则表示剩下的 6 个价轨道所容纳的配体及金属原子本身的价电子数. 表 9.5 列出了某些常见过渡金属分子片所提供给原子簇骨架的电子数,即它们的 $(v+x-12)$ 值.

表 9.5 过渡金属原子簇分子片的 $(v+x-12)$ 值

v	过渡金属 M	典型的原子簇分子片			
		$M(CO)_2(x=4)$	$MCp(x=5)$	$M(CO)_3(x=6)$	$M(CO)_4(x=8)$
6	Cr,Mo,W		-1	0	2
7	Mn,Tc,Re	-1	0	1	3
8	Fe,Ru,Os	0	1	2	4
9	Co,Rh,Ir	1	2	3	
10	Ni,Pd,Pt	2	3		

PSEPT 还可进一步推广运用到仅含金属骨架原子的化合物,即金属原子簇中,以 $Rh_6(CO)_{16}$[图 9.2(b)] 为例,它具有八面体骨架,共有 86 个价电子 $(6×9+16×2=86e^-)$. 在它的分子结构里,含 6 个 $Rh(CO)_2$ 分子片及 4 个面桥基,可用 $[Rh(CO)_2]_6(\mu_3\text{-}CO)_4$ 来表示. 按照 $(v+x-12)$ 规则,每个 $Rh(CO)_2$ 分子片供献给骨架多面体的电子数为 $9+4-12=1$,加上 4 个面桥基所提供的电子,骨架电子的总数为:

$$6\,Rh(CO)_2 \qquad 6×1=6e^-$$
$$4(\mu_3\text{-}CO) \qquad \underline{4×2=8e^-}$$
$$14e^-$$

可见,86 电子体系的 $Rh_6(CO)_{16}$ 用以形成原子簇骨架的电子数为 14,即 7 对电子. 这种情况类似于闭式的 $B_6H_6^{2-}$ 和 $C_2B_4H_6$,按照 Wade 规则,它们的骨架键电子对数为 $n+1=7$. 除 $Rh_6(CO)_{16}$ 外,其他许多具有八面体骨架的六核金属原子簇也具有 7 对骨架键电子. 可以再举出两例:

$$6\,Ru(CO)_3 \quad 6(8+6-12)=12\,e^-$$
$$2\,H \qquad\qquad 2\times1 \;=\; 2\,e^-$$
$$\overline{\qquad\qquad\qquad\qquad 14\,e^-}$$

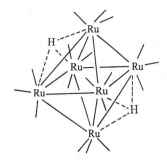

图 9.10 $Ru_6(CO)_{18}H_2$ 的结构

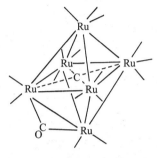

图 9.11 $Ru_6(CO)_{17}C$ 的结构

$$4\,Ru(CO)_3 \quad 4(8+6-12)=8\,e^-$$
$$2\,Ru(CO)_2 \quad 2(8+4-12)=0$$
$$C \qquad\qquad\qquad\qquad 4\,e^-$$
$$\mu_2\text{-}CO \qquad\qquad\qquad 2\,e^-$$
$$\overline{\qquad\qquad\qquad\qquad 14\,e^-}$$

　　不仅含八面体骨架的过渡金属原子簇的骨架键电子对数符合 Wade 规则,由它衍生而来的帽型闭式、开式或网式结构的骨架键电子对数也符合 Wade 规则,它们都具有 7 对骨架键电子对.图 9.12～图 9.14 举出了几个各类结构的典型例子,表 9.6 汇总了更多的实例.

$$7\,Os(CO)_3 \quad 7(8+6-12)=14\,e^-$$

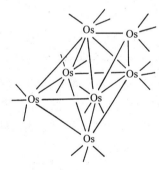

图 9.12 $Os_7(CO)_{21}$ 的结构
（单帽八面体）

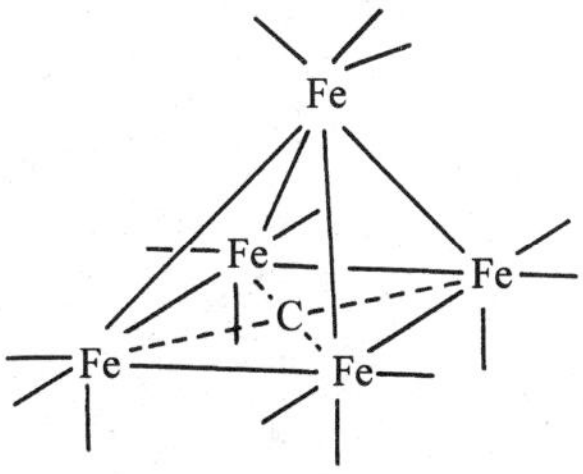

$$5\,Fe(CO)_3 \quad 5(8+6-12)=10\,e^-$$
$$C \qquad\qquad\qquad\qquad 4\,e^-$$
$$\overline{\qquad\qquad\qquad\qquad 14\,e^-}$$

图 9.13 $Fe_5(CO)_{15}C$ 的结构
（四方锥）

243

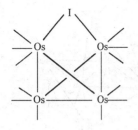

$$4\,Os(CO)_3 \quad 4(8+6-12)=8\,e^-$$
$$3(\mu_2\text{-}H) \quad 3\times1 \qquad =3\,e^-$$
$$I \qquad\qquad\qquad\quad 3\,e^-$$
$$\overline{\qquad\qquad\qquad\qquad 14\,e^-}$$

图 9.14 Os$_4$(CO)$_{12}$H$_3$I 的结构
（蝴蝶形,H 未示出）

表 9.6 若干含 7 对骨架键电子对的原子簇化合物

骨架原子数	原子簇类型	几何形状	实例
7	帽型闭式	单帽八面体	$[Rh_7(CO)_{16}]^{3-}$,$[Rh_7(CO)_{16}I]^{2-}$,$Os_7(CO)_{21}$
6	闭式	八面体	$[Fe_6(CO)_{16}C]^{2-}$,$[Co_6(CO)_{14}]^{4-}$, $[Co_4Ni_2(CO)_{14}]^{2-}$,$[Ni_6(CO)_{12}]^{2-}$, $Ru_6(CO)_{18}H_2$,$Ru_6(CO)_{17}C$,$Ru_4(CO)_{12}(CPh)_2$, $Rh_6(CO)_{16}$,$[Os_6(CO)_{18}]^{2-}$ $[Os_6(CO)_{18}H]^-$, $[Os_{10}(CO)_{24}C]^{2-}$;$B_6H_6^{2-}$,CB_5H_7,$C_2B_4H_6$
	帽型开式	单帽四方锥	$Os_6(CO)_{18}H_2$,$Os_6(CO)_{16}(CMe)_2$
5	开式	四方锥	$Fe_3(CO)_9S_2$,$M_5(CO)_{15}C$ (M=Fe,Ru,Os) $(\eta^4\text{-}C_4H_4)Fe(CO)_3$,$Os_3(CO)_{10}(CPh)_2$; $(CO)_3FeB_4H_8$,$CpCoB_4H_8$;B_5H_9,$C_2B_3H_7$
4	网式	蝴蝶形	$[Fe_4(CO)_{13}H]^-$,$Co_4(CO)_{10}(CEt)_2$,$Os_4(CO)_{12}H_3I$; B_4H_{10}

　　类似地,具有三角双锥骨架的五核金属簇合物,含 6 对骨架键电子对.由这种闭式基础多面体骨架衍生而来的帽型闭式、开式或网式结构也都包含 6 对骨架键电子对.

　　图 9.15～图 9.17 表示了上述几种结构类型的实例,表 9.7 汇总了更多的例子.

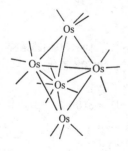

$$4\,Os(CO)_3 \quad 4(8+6-12)=8\,e^-$$
$$Os(CO)_4 \quad (8+8-12)=4\,e^-$$
$$\overline{\qquad\qquad\qquad\qquad 12\,e^-}$$

图 9.15 Os$_5$(CO)$_{16}$的结构
（三角双锥）

$3 Co(CO)_2 \quad 3(9+4-12)=3 e^-$

$Co(CO)_3 \quad (9+6-12)=3 e^-$

$3(\mu_2\text{-CO}) \quad 3 \times 2 = 6 e^-$

$\overline{\qquad\qquad 12 e^-}$

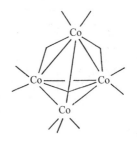

图 9.16　$Co_4(CO)_{12}$ 的结构
（四面体）

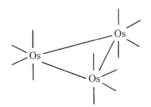

$3 Os(CO)_4 \quad 3(8+8-12)=12 e^-$

图 9.17　$Os_3(CO)_{12}$ 的结构
（三角形）

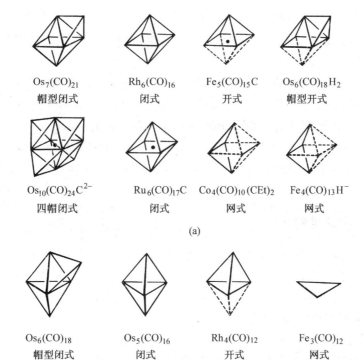

$Os_7(CO)_{21}$
帽型闭式

$Rh_6(CO)_{16}$
闭式

$Fe_5(CO)_{15}C$
开式

$Os_6(CO)_{18}H_2$
帽型开式

$Os_{10}(CO)_{24}C^{2-}$
四帽闭式

$Ru_6(CO)_{17}C$
闭式

$Co_4(CO)_{10}(CEt)_2$
网式

$Fe_4(CO)_{13}H^-$
网式

(a)

$Os_6(CO)_{18}$
帽型闭式

$Os_5(CO)_{16}$
闭式

$Rh_4(CO)_{12}$
开式

$Fe_3(CO)_{12}$
网式

(b)

图 9.18　若干和硼烷对应的金属羰基原子簇

（a）具有 7 对骨架键电子的体系　（b）具有 6 对骨架键电子的体系

表 9.7　若干含 6 对骨架键电子对的原子簇化合物

骨　架 原子数	原子簇 类　型	几 何 形 状	实　　　　　　例
6	帽型闭式	单帽三角双锥	$Os_6(CO)_{18}$
5	闭　式	三角双锥	$Fe_3(CO)_9(CPh)_2$,$Os_5(CO)_{16}$,$[Os_5(CO)_{15}H]^-$; Sn_5^{2-},Pb_5^{2-},Bi_5^{3+};$C_2B_3H_5$
4	开　式	四面体	$(CpW)_2(CO)_4(CR)_2$,$[Re_4(CO)_{12}H_6]^{2-}$,$Co_3(CO)_9CR$, $Co_2(CO)_6(CR)_2$,$M_4(CO)_{12}$,$[M_4(CO)_{10}H_2]^{2-}$ $(M=Co,Rh,Ir)$,$M_4'(CO)_{12}H_4$,$(CpM)_2M_2'(CO)_8$ $(M'=Fe,Ru,Os)$;$(CO)_6Fe_2B_2H_6$
3	网　式	三角形	$M_3'(CO)_{12}(M'=Fe,Ru,Os)$ 及其他三核原子簇;$B_3H_8^-$

综上所述,按照 PSEPT 或 Wade 规则,大凡以八面体为基础多面体骨架的金属原子簇化合物,具有 7 对骨架键电子对;以三角双锥为基础多面体骨架的,则具有 6 对骨架键电子对. 典型的金属簇合物和相应的几何构型汇集在图 9.18 中.

9.3　金属—金属多重键

本章前两节所涉及的金属原子簇中,虽含金属—金属键,但绝大多数为单键. 除这类簇合物以外,过渡金属还能形成另一类含金属—金属多重键的化合物,包括二重键、三重键,甚至四重键的化合物.

金属—金属多重键化学是 20 世纪 60 年代中期以后逐步形成和发展起来的. 第一例含金属—金属四重键的化合物 $K_2Re_2Cl_8 \cdot 2H_2O$ 以及第一例含金属—金属三重键的化合物 $Re_2Cl_5(CH_3SCH_2CH_2SCH_3)_2$ 都是由 Cotton 的研究小组发现的.

有关金属—金属多重键的化学,Cotton 和 Walton 在他们的专著"金属原子间的多重键"一书中作了历史的回顾和系统的阐述[30]. 本节将以金属—金属四重键为主,梗概地介绍这一类化合物.

9.3.1　金属—金属四重键

在金属—金属多重键化合物中,四重键化合物是研究得较早和较全面的一类. 在短短的几十年中,不仅合成出了众多不同类型的四重键化合物,进行了结构测定和波谱研究,还对它们的化学键性质和特征进行了剖析和实验验证.

1. 金属—金属四重键的定性图像

金属—金属四重键(metal-metal quadruple bond)除 σ 和 π 键外,必定还含 δ 键. 事实上,所有的金属—金属四重键都发生在过渡金属原子之间. 不言而喻,金属原子间的四重键必定由 d 轨道或 d 轨道与 f、g 等轨道参与成键. 若仅考虑 d 轨道之间的重叠,则可得一定性或半定量的图像.

当两金属原子互相靠拢,d 轨道的对称性决定了它们之间的重叠只可能采取以下五种方式(图 9.19). 即两个金属原子 d_{z^2} 轨道的重叠,形成一 σ 成键和一 σ^* 反键轨道;两个 d_{xz} 或 d_{yz} 轨道两两重叠,形成一组二重简并,且为正交的 π 成键和 π* 反键轨道;两个 d_{xy} 或 $d_{x^2-y^2}$ 轨道的两两重叠,则形成一组二重简并的 δ 成键和 δ* 反键轨道.

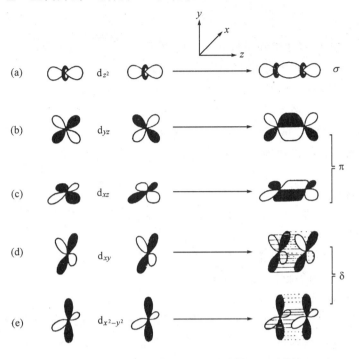

图 9.19 两个金属原子间的五种非零 d-d 重叠

按照 Hückel 的基本观点,分子轨道的能量与其重叠积分呈比例,至少对同类型的轨道是如此.同时,注意到 d 轨道之间的重叠按以下顺序依次增加,即

$$\delta \ll \pi < \sigma$$

则轨道的能量应按下列顺序依次升高:

$$\sigma < \pi \ll \delta < \delta^* \ll \pi^* < \sigma^*$$

对于双核(M_2)体系,若有 8 个配体分别沿两金属原子各自的 x、$-x$;y、$-y$ 方向朝它们靠拢,如[Re$_2$Cl$_8$]$^{2-}$ 阴离子的情况,结果导致对称性由圆柱对称($D_{\infty h}$)降低到四方棱柱对称(D_{4h}).这虽不影响 π 成键以及 π* 反键轨道的简并性,但却能使二重简并的 δ 成键以及 δ* 反键轨道发生分裂.若选择图 9.19 所示的坐标系,则 $d_{x^2-y^2}$ 轨道和 d_{xy} 轨道能量将发生分裂,因为前者指向配体的方向,而后者指向配体之间.事实上,$d_{x^2-y^2}$ 轨道势必参与金属—配体(M—L)σ 键的形成.换句话说,每个金属原子用一组 s、p_x、p_y 和 $d_{x^2-y^2}$ 轨道,即 dsp^2 杂化轨道形成 4 根 M—L σ 键.结果,M_2 中原来一组二重简并的 δ 成键轨道之一能量降低,变成 ML σ 成键轨道.与此同时,一个 δ* 反键轨道能量升高,变成 ML σ* 反键轨道.因此,在金属—金属四重键中,可以不考虑 $d_{x^2-y^2}$ 轨道,只剩下一个 δ 成键和一个 δ* 反键轨道.可见,由于金属和配体间 M—L σ 键的形成,必然导致轨道能级分布的变化.这种修正和 M_2 d 轨道的定性能级图一并表示在图 9.20 中.

对于两个 d^4 电子组态的金属离子,如铼(Ⅲ)和钼(Ⅱ)等,共有 8 个价电子可以两两配对地充填在图 9.20 所示的成键轨道上.它们的基态电子构型可用 $\sigma^2\pi^4\delta^2$ 来表示,即有 4 对成键

轨道上的电子,而反键轨道上无电子.按照分子轨道理论的惯例,可以确定它们的键级为 4:

$$键级 = \frac{n_b - n_a}{2} = \frac{8-0}{2} = 4$$

式中的 n_b 和 n_a 分别代表成键和反键轨道上的电子数.需要强调的是,上式所表示的键级仅仅是以成键轨道上净的电子对数为出发点,并不代表键强的直接量度.因为 σ、π 或 δ 组分对总的键强的贡献有很大的差别,但又无可否认,两金属原子间存在 4 对成键电子是造成这类化合物 M—M 距离很短的根本原因.

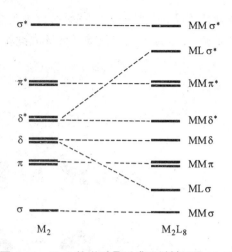

图 9.20　M_2 d 轨道重叠形成四重键以及 M—L 键时,能级修正后的定性分子轨道能级图

2. 典型的金属—金属四重键化合物

已知 d^4 电子组态的铬(II)、钼(II)、钨(II)、锝(III)和铼(III)等过渡金属离子,都能形成金属—金属四重键化合物.典型的四重键化合物主要有三类:(i) 含端梢的单齿配体;(ii) 含桥式的双齿配体;(iii) 含环状体系的配体.现分别加以介绍.

(1) 含端梢的单齿配体

任何单齿配体,只要不是强的 π 接受体,都能和 M_2 四重键的结构单元键合.这些配体包括 X^-($X=F,Cl,Br,I$)、SCN^-、CH_3^- 和 py 等.具有强 π 接受性的配体,像 CO、NO 和 RNC 等均未曾在金属—金属四重键化合物中出现过.企图合成这类化合物的任何尝试,终因 M—M 键的断裂,得到单核的产物而宣告失败.究其原因,或许是因为有强 π 接受性配体存在的情况下,形成 M—M π 键和 δ 键所必需的 d 电子反馈到配体的 π^* 轨道中去,降低了 M—M 键稳定性的缘故.

这一类四重键化合物最重要的实例是 $K_2Re_2Cl_8 \cdot 2H_2O$,因为它是首先被注释为含金属—金属四重键的化合物.$K_2Re_2Cl_8 \cdot 2H_2O$ 是墨绿色的晶体,它可在一定温度下,用次磷酸 H_3PO_2 在盐酸溶液中还原高铼酸钾 $KReO_4$,或在高压下用氢气还原 $KReO_4$ 来制备.

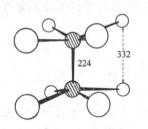

图 9.21　$K_2Re_2Cl_8 \cdot 2H_2O$ 中 $[Re_2Cl_8]^{2-}$ 阴离子的结构

X 射线晶体结构的测定肯定了在 $K_2Re_2Cl_8 \cdot 2H_2O$ 中存在着 $[Re_2Cl_8]^{2-}$ 离子,它具有中心对称性,属于 D_{4h} 点群.这就要求其中的 $ReCl_4$ 两半部分具有覆盖的,而不是交错的构型(图 9.21).在 $[Re_2Cl_8]^{2-}$ 阴离子中,Re—Re 距离为 224 pm,所有的 Re—Cl 键长都在 (229 ± 3)pm,所有的 Cl—Re—Cl 键角都在 $(87\pm2)°$,而所有的 Re—Re—Cl 键角都在 $(103.7\pm2.1)°$ 的范围内.

$[Re_2Cl_8]^{2-}$ 离子在结构上存在两个异常显著的特点.首先,$[Re_2Cl_8]^{2-}$ 离子具有 D_{4h} 而不是 D_{4d} 对称性,这种覆盖的构型是金属—金属四重键化合物极其重要的结构特征.虽然在 Re≡Re 四重键的各组分,即 σ、π 和 δ 键中,以 δ 键为最弱,但它对于形成覆盖的构型具有特殊重要的意义.因为 δ 键的强度或存在与否依赖于两部分 $ReCl_4$ 分子片间的相对角度.图 9.22 表示了这种关系.

图 9.22(a)所表示的是覆盖构型.在这种情况下,两个 d_{xy} 轨道间的 δ 重叠达到最大,尽管

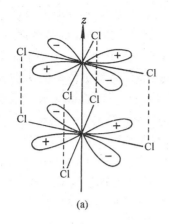 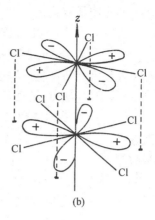

(a)   (b)

图 9.22　重叠和转动角度的关系

(a) 覆盖构型重叠最大　(b) 交错构型重叠为零

未成键配体间的排斥也最强. 图 9.22(b)所表示的是交错构型,即下半部分相对转动了 45°. 此时,尽管配体间的排斥达到最弱,但两个 d_{zy} 轨道间净的 δ 重叠却为零,也就是说,不存在 δ 键. 由此可见,$[Re_2Cl_8]^{2-}$ 离子这种覆盖构型的本身就支持了 δ 键的存在;反之,δ 键的存在又解释了这种覆盖的构型. 但某些四重键化合物,由于空间位阻的关系,两半部分分子片相对转动了一定的角度,成为部分交错的构型. 根据理论计算,当扭曲角度不大时,对 δ 键的强度影响不大.

其次,在 $[Re_2Cl_8]^{2-}$ 离子中,Cl^- 离子均以端梢的形式和 Re(Ⅲ)键合,其中并不存在氯桥(μ-Cl),但 Re—Re 距离却出乎意料地短,表明 Re≡Re 四重键是一种很强的化学键,它有 8 个价电子把 2 个铼原子紧紧地拉在一起. 倘若将 $[Re_2Cl_8]^{2-}$ 离子中的 Re—Re 距离,即 224 pm 和金属铼中的 275 pm 以及 Re_3Cl_9 中的 248 pm 比较一下,问题就更清楚了. 此外,$[Re_2Cl_8]^{2-}$ 离子中 Re≡Re 键能的估计值为 481～544 kJ·mol^{-1},表明它确实是一种很强的化学键. 同核原子间的键能只有 C≡C(820 kJ·mol^{-1})和 N≡N(946 kJ·mol^{-1})超过它,P≡P(523 kJ·mol^{-1})和它在同一范围.

除 $K_2Re_2Cl_8·2H_2O$ 外,其他含 $[Re_2Cl_8]^{2-}$ 阴离子的化合物还有许多,如 $Rb_2Re_2Cl_8·2H_2O$、$Cs_2Re_2Cl_8·H_2O$、$(NH_4)_2Re_2Cl_8$、$(pyH)_2Re_2Cl_8$、$(Bu_4N)_2Re_2Cl_8$ 和 $(Me_2NH_2)_2Re_2Cl_8$ 等.

除 Cl^- 离子外,含其他卤离子的 $[Re_2X_8]^{2-}$(X=F,Br,I)阴离子也陆续被合成出来,如 $(Bu_4N)_2Re_2F_8·4H_2O$、$Cs_2Re_2Br_8$ 和 $(Bu_4N)_2Re_2I_8$ 等. d^4 电子组态其他过渡金属离子形成的此类四重键化合物还有许多,例如 Tc(Ⅲ)的 $(Bu_4N)_2Tc_2Cl_8$;Mo(Ⅱ)的 $K_4Mo_2Cl_8·2H_2O$、$(pyH)_2[Mo_2I_6(H_2O)_2]$ 和 $(NH_4)_4[Mo_2(NCS)_8]·4H_2O$;以及 W(Ⅱ)的 $Li_4[W_2(CH_3)_6Cl_2]·4THF$ 等. 它们都含双核的 M—M 四重键,主要的形式为 M_2L_8 和 $M_2L_6L'_2$,且 M—M 距离很短,和 $[Re_2Cl_8]^{2-}$ 离子中的 Re—Re 距离不相上下.

(2) 含桥式的双齿配体

有一类配体,它们在经典配位化学中的位置虽不突出,但在金属—金属多重键体系中,却扮演着重要的角色. 这类配体的一般形式可表示为:

它们的特点包括：(i) 配体是双齿的；(ii) 配位原子 X 和 Y 含孤对电子的轨道几乎呈平行；(iii) X 和 Y 的距离在 200～250 pm 的范围内.这些特征,尤其是(ii),使得这类配体不适宜于和同一中心金属离子螯合,但它们却易以桥基的形式和 M_2 多重键体系的两个金属原子配位,从而促使多重键化合物的形成和提高金属—金属键的稳定性.在这类双齿配体中,最主要的是羧基和类羧基阴离子,羧基中的氧原子也可被一个或两个 S 原子或 RN 基团所取代.

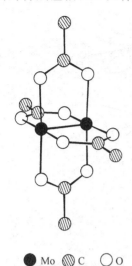

● Mo　◍ C　○ O

图 9.23　$Mo_2(O_2CCH_3)_4$ 的结构
(H 未示出)

在含桥式双齿配体的 M—M 四重键化合物中,典型的实例是 $Mo_2(O_2CCH_3)_4$.结构测定的结果,无疑表明其中含钼—钼四重键(图 9.23).由图 9.23 可见,醋酸根阴离子 CH_3COO^- 中的 2 个氧原子分别和 2 个钼(Ⅱ)配位,构成双齿桥基.和 $[Re_2Cl_8]^{2-}$ 离子类似,两部分 MoO_4 分子片之间呈覆盖的构型,而且 Mo—Mo 距离(209.3 pm)也比纯金属中的 Mo—Mo 距离(273 pm)短.由此可见,从表面上看,$Mo_2(O_2CCH_3)_4$ 和 $[Re_2Cl_8]^{2-}$ 的结构似乎不相同,但它们都具备了金属—金属四重键最本质的特征.

$Mo_2(O_2CCH_3)_4$ 分子又通过邻近氧原子在 Mo—Mo 键轴方向上的弱配位构成了无限长链的结构.分子间的 Mo···O 距离为 264.5 pm,而分子内的 Mo—O 距离为 212 pm.

$Mo_2(O_2CCH_3)_4$ 是钼(Ⅱ)极其重要的一个四重键化合物,它可通过六羰基钼和醋酸的反应来制备.反应式:

$$2Mo(CO)_6 + 4CH_3COOH \xrightarrow{\triangle} \underset{\text{黄色晶体}}{Mo_2(O_2CCH_3)_4} + 12CO + 2H_2 \tag{9.22}$$

用 $Mo_2(O_2CCH_3)_4$ 作原料,又可制得一系列其他钼(Ⅱ)的四重键化合物.例如:

$$Mo_2(O_2CCH_3)_4 \xrightarrow[\text{浓盐酸,氯化钾}]{0℃} \underset{\text{红色晶体}}{K_4Mo_2Cl_8 \cdot 2H_2O} \tag{9.23}$$

用类似的方法,在不同的反应条件下还能合成其他一些盐,如 $(enH_2)_2Mo_2Cl_8 \cdot 2H_2O$、$(NH_4)_4Mo_2Br_8$ 等.

除 $Mo_2(O_2CCH_3)_4$ 外,其他 $Mo_2(O_2CR)_4$(R=H,CF_3,CMe_3,C_6H_5 等)型化合物的结构也已测定.测定结果表明 $Mo_2(O_2CCH_3)_4$ 的结构具有代表性,上述的 $Mo_2(O_2CR)_4$ 均具有类似的结构,它们同样通过在 Mo—Mo 键轴方向上,和相邻分子氧原子之间的弱配位形成无限长链.对 Mo(Ⅱ)来说,$Mo_2(O_2CR)_4L_2$ 型的四重键化合物为数较少.

铬(Ⅱ)也能形成 $Cr_2(O_2CR)_4$ 和 $Cr_2(O_2CR)_4L_2$ 型的四重键化合物,但和钼(Ⅱ)有一显著的区别,即 $Cr_2(O_2CR)_4$ 分子强烈地倾向于在 Cr—Cr 键轴方向上结合配体 L,形成 $Cr_2(O_2CR)_4L_2$ 型的分子;相反,无轴向配体的化合物却少见.

$Cr_2(O_2CCH_3)_4(H_2O)_2$ 是 $Cr_2(O_2CR)_4L_2$ 型化合物中最重要的一例.早在 1844 年该化合物就已发现,而且一直被认为是异常的化合物.因为单核铬(Ⅱ)的化合物一般呈蓝色或紫色,具有强烈的顺磁性;$Cr(O_2CCH_3)_2 \cdot H_2O$ 却呈深红色,具有极弱的顺磁性.它的结构虽然在 20 世纪50～60 年代几经测定,但正确的结构直到 70 年代初期才被确定下来(图 9.24).所以从发现到认识 $Cr_2(O_2CCH_3)_4(H_2O)_2$,总共经历了约 120 年的光景.

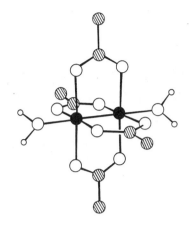

● Cr ▨ C ○ O ○ H

**图 9.24 Cr$_2$(O$_2$CCH$_3$)$_4$(H$_2$O)$_2$
的结构**

$Cr_2(O_2CCH_3)_4(H_2O)_2$ 可由醋酸钠和二氯化铬的稀溶液反应制得：

$$2Cr^{2+}(aq) + 4CH_3COO^- + 2H_2O \longrightarrow Cr_2(O_2CCH_3)_4(H_2O)_2$$
深红色晶体

(9.24)

产物在真空中加热便转变成棕色、非晶态的无水物,但若在有机溶剂中重结晶,又可得到 $Cr_2(O_2CCH_3)_4(HO_2CCH_3)_2$ 和 $Cr_2(O_2CCH_3)_4(C_5H_{11}N)_2$ 等一系列 $Cr_2(O_2CR)_4L_2$ 型化合物. 这表明 $Cr_2(O_2CCH_3)_4$ 倾向于在轴向结合配体形成 $Cr_2(O_2CCH_3)_4L_2$. 这类四重键化合物的Cr—Cr键长对不同的配体 L 比较敏感,它们的变化范围在 220~250 pm 间.

含羧基配体的金属—金属四重键化合物当然不限于钼(Ⅱ)和铬(Ⅱ),其他过渡元素,包括铼、锝和钨也能形成类似的化合物.

除羧基外,还可以举出许多其他的桥式双齿配体,它们均可分别和 M$_2$ 单元形成四重键化合物. 例如：$S_2CCH_3^-$、$O_2COC(CH_3)_3^-$、$PhNC(CH_3)O^-$、$CH_3NC(Ph)NCH_3^-$、$PhNNNPh^-$ 等. 不仅有机配体,一些无机配体,如 CO_3^{2-}、SO_4^{2-} 等,也能在金属—金属四重键化合物中充当桥式双齿配体的角色. 例如：$M_4[Cr_2(CO_3)_4(H_2O)_2]$ (M=Li,Na,K,Rb,Cs,NH$_4$) 及 $Mg_2[Cr_2(CO_3)_4(H_2O)_2]$ 已分离出来. 它们的结构和 $Cr_2(O_2CR)_4(H_2O)_2$ 类似,只不过Cr—Cr距离较短,如在 $(NH_4)_4[Cr_2(CO_3)_4(H_2O)_2](H_2O)_{1\sim2}$ 中为 221.4 pm. $K_4[Mo_2(SO_4)_4]\cdot 2H_2O$ 的结构也已测定 (图 9.25). 该化合物具有层状结构,Mo—Mo 距离为 211.0 pm. 含 SO_4^{2-} 配体的四重键化合物还有 $Na_2[Re_2(SO_4)_4(H_2O)_2]\cdot 6H_2O$ 和 $Na_2[Re_2(SO_4)_4]\cdot 8H_2O$ 等.

（3）含芳香环体系的配体

Cr_2 还能和一系列含芳香环体系的配体,如 2,6-二甲氧基苯基(DMP)阴离子、3-甲基-6-甲氧基苯基(MMP)阴离子和 6-甲基-2-氨基吡啶(map)阴离子等形成四重键化合物. 如 $Cr_2(DMP)_4$,可由 $Cr_2(O_2CCH_3)_4$ 和 DMP 的锂盐,在一定条件下反应制得. 反应式：

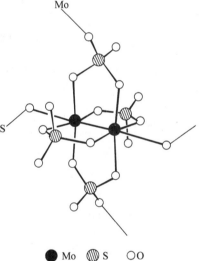

● Mo ▨ S ○○

**图 9.25 K$_4$[Mo$_2$(SO$_4$)$_4$]·2H$_2$O
中[Mo$_2$(SO$_4$)$_4$]$^{4-}$阴离子的结构**

$$Cr_2(O_2CCH_3)_4 + 4Li\left[\begin{array}{c} H_3CO \qquad OCH_3 \end{array}\right] \longrightarrow \left(\begin{array}{c} H_3CO \qquad OCH_3 \\ Cr \equiv Cr \end{array}\right)_4 + 4CH_3COOLi$$

DMP $Cr_2(DMP)_4$
橙红色固体

(9.25)

其他的实例还有,如：

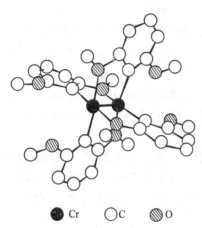

$$Cr_2(MMP)_4 \qquad Cr_2(map)_4$$

大多数这类化合物中的 Cr—Cr 距离比羧基化合物的短得多. 例如, $Cr_2(DMP)_4$(图 9.26) 的 Cr—Cr 距离仅为 184.7 pm, $Cr_2(MMP)_4$ 为 182.8 pm, $Cr_2(map)_4$ 为 187.0 pm. 即使考虑到铬是第一系列的过渡元素, 它本身的半径比较小的因素, 上述 Cr—Cr 距离仍是十分短的, 因此, 有"超短键"(supershort bond)之称. 所谓"超短键", 人为的定义是 M—M 距离小于190 pm. 当然, 在这类化合物中也有些 Cr—Cr 距离超过 190 pm. 其中的原因尚不清楚.

目前了解, 所有具有 Cr—Cr 超短键的分子都无轴向配体, 分子间也不缔合成长链. 它们之所以既无轴向配体又不相互缔合, 在多数情况下很可能是由于空间位阻的关系, 使它们不可能利用 Cr—Cr 键轴方向上的配位位置.

除 Cr 外, Mo、W、Tc、Re、Ru、Os 和 Rh 等也能形成类似的四重键化合物[31].

图 9.26　$Cr_2(DMP)_4$ 的分子结构

在上述各类金属—金属四重键化合物中, 最令人感兴趣的莫过于 δ 轨道的相互作用, 尤其是同时考虑 δ 和 δ* 时. 例如, 四重键基态的电子构型为 $\sigma^2\pi^4\delta^2$, 最低激发态的电子构型为 $\sigma^2\pi^4\delta\delta^*$(图9.20). 因此, 最低的电子跃迁能相应于从 δ 成键到 δ* 反键轨道的跃迁, 即 δ→δ*. 由于 δ 成键轨道是弱成键轨道, 而 δ* 反键轨道是弱反键轨道, 它们之间的能量差很小. 因此, 四重键化合物最特征的谱学性质是吸收带都在可见光区, 导致四重键化合物的有色性. 例如, 著名的四重键化合物 $K_2Re_2Cl_8$ 为墨绿色, $Mo_2(O_2CCH_3)_4$ 为黄色, 而 $Cr_2(DMP)_4$ 为橙红色等等. 值得注意的是, 它们的跃迁能更多地取决于电子间相互作用的排斥能, 而非 δ 和 δ* 轨道间的能级差. 以 Mo_2^{4+} 为例, 它的跃迁能在 18 000 cm^{-1} 左右. 粗略估计, 电子间的排斥能 $\approx$12 000 cm^{-1}, 而轨道间的能级差仅为 $\approx$6000 cm^{-1}.

9.3.2　金属—金属三重键

如前所述, 金属—金属四重键基态的电子构型为 $\sigma^2\pi^4\delta^2$. 从四重键的定性能级图(图 9.20)出发, 很容易扩大到对其他键级多重键的定性描述. 图 9.27 表示了由四重键到三重键的两种途径: (i) 设法移掉 δ 轨道上的 2 个电子, 留下 $\sigma^2\pi^4$ 的电子构型; (ii) 设法在 δ* 轨道上增添 2 个电子, 得到 $\sigma^2\pi^4\delta^2\delta^{*2}$ 的电子构型. 这两种电子构型多重键的键级均为 3.

上述途径(i)是撤消 δ 组分, 途径(ii)是抵消 δ 组分. 预期这两条途径均可通过实验, 即通过氧化还原

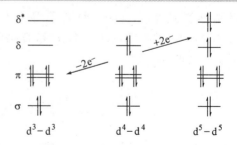

图 9.27　由金属—金属四重键到三重键的两种途径

反应来实现.因为δ轨道在能量上颇高,它是弱成键轨道;而δ*轨道在能量上又不太高,它只是弱反键轨道.目前,这两种形式的金属—金属三重键化合物都已经得到.

倘若失去或得到2个电子,使四重键转变成三重键可行,那么,失去或得到1个电子,就能得到$\sigma^2\pi^4\delta$或$\sigma^2\pi^4\delta^2\delta^*$的电子构型.这两种电子构型的键级均为3.5.如今,这两种形式的化合物也已得到.

以下就这四种键级为3及3.5的金属—金属多重键化合物分别加以介绍.

1. $\sigma^2\pi^4$ 构型的化合物

金属—金属三重键(metal-metal triple bond)化合物,虽可通过氧化四重键化合物来制备,但现时直接从金属卤化物来合成已占了压倒优势.例如,$W_2(hpp)_4Cl_2$(hpp为一种并嘧啶阴离子)便由WCl_4和$Li(hpp)$在一定条件下反应制得:

$$WCl_4 \xrightarrow[\text{THF, NaEt}_3\text{BH}]{\text{Li(hpp)}} W_2(hpp)_4Cl_2 \tag{9.26}$$

产物为棕色晶体,具有反磁性.它的结构已经测定,其中W—W距离225.0 pm,为$\sigma^2\pi^4$电子构型的W_2^{6+}三重键化合物[32].

三氯化钼和$LiNMe_2$在有机溶剂中反应可制得$Mo_2(NMe_2)_6$,经升华提纯便可得到黄色晶体.X射线晶体结构分析表明:$Mo_2(NMe_2)_6$分子具有交错的构型,晶体中含两种独立的分子,Mo—Mo距离分别为221.1和221.7 pm,但它们的结构实际上是相同的.图9.28从两个不同的角度表示了$Mo_2(NMe_2)_6$分子的结构.图9.28(a)强调了交错的、类乙烷的几何形状;图9.28(b)强调了两种不同类型的甲基,其一离Mo≡Mo键较近,另一较远.

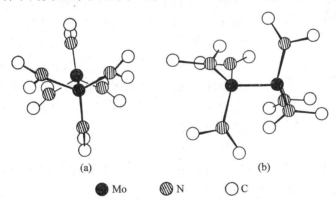

(a)   (b)

● Mo   ◐ N   ○ C

图9.28 $Mo_2(NMe_2)_6$分子的结构

以$M_2(NR_2)_6$为原料,又可合成一系列其他的三重键化合物.如:

$$Mo_2(NMe_2)_6 + 6 Bu^tOH \longrightarrow \underset{\text{橙色晶体}}{Mo_2(OBu^t)_6} + 6 HNMe_2 \tag{9.27}$$

$$Mo_2(NMe_2)_6 + 2 Me_3SiCl \longrightarrow \underset{\text{黄色}}{Mo_2(NMe_2)_4Cl_2} + 2 Me_3SiNMe_2 \tag{9.28}$$

$$Mo_2(NMe_2)_4Cl_2 + 2 MeLi \longrightarrow \underset{\text{黄色晶体}}{Mo_2(NMe_2)_4Me_2} + 2 LiCl \tag{9.29}$$

通过卤素的互换反应,还可得到其他的$M_2(NR_2)_4X_2$型化合物(X=Br,I).如

$$W_2(NEt_2)_4Cl_2 + 2 LiBr \longrightarrow W_2(NEt_2)_4Br_2 + 2 LiCl \tag{9.30}$$

$$W_2(NEt_2)_4Cl_2 + HgI_2 \longrightarrow W_2(NEt_2)_4I_2 + HgCl_2 \tag{9.31}$$

这些化合物有的已经测定了结构. 例如已知反磁性的 $Mo_2(OCH_2CMe_3)_6$ 分子具有交错的构型, Mo_2O_6 骨架属 D_{3d} 点群, Mo—Mo 距离 222.2 pm, 和 $Mo_2(NMe_2)_6$ 的不相上下. 类似地, 反磁性的 $Mo_2(NMe_2)_4Cl_2$ 分子也具有交错的类乙烷构型.

总之, 钼和钨的 $\sigma^2\pi^4$ 型三重键化合物有两个基本的共同点, 即交错构型和反磁性, 此与它们基态的电子构型一致. 对比三重键和四重键化合物中 M—M 间的距离, 不难看出, 三重键化合物中的 M—M 距离虽有所增长, 但增长并不多. 此为以下两种因素综合的效果: (i) δ 键相对是弱的, 失去 δ 电子, 仅略为削弱 M—M 键; (ii) 金属原子正电荷的增加, 导致整个一组 d 轨道收缩, 从而减少了 σ 和 π 轨道间的重叠. 换言之, 增加了较正的金属原子间的库仑斥力[33].

除钼和钨外, 其他金属, 如铼, 也能形成此类化合物. 第一个被表征为三重键的化合物 $Re_2Cl_5(MeSCH_2CH_2SMe)_2$, 即为 $\sigma^2\pi^4$ 电子构型.

2. $\sigma^2\pi^4\delta^2\delta^{*2}$ 构型的化合物

基态电子构型为 $\sigma^2\pi^4\delta^2\delta^{*2}$ 的金属—金属多重键, 净的键级也是 3, 但这是由于在 δ^* 反键轨道上充填了 2 个电子, 恰好抵消了 δ 成键轨道上 2 个电子的缘故. 为了和键级为 3 的 $\sigma^2\pi^4$ 构型加以区别, 姑且用 "3*" 来表示 $\sigma^2\pi^4\delta^2\delta^{*2}$ 构型的键级.

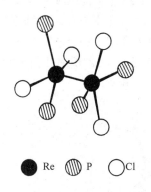

具有 $\sigma^2\pi^4\delta^2\delta^{*2}$ 构型的结构单元有双核的 Re_2^{4+}、Mo_2^{2+}、Ru_2^{6+} 和 Os_2^{6+}, 其中以 Re_2^{4+} 的化合物为数最多.

Re_2^{4+} 的化合物可由还原四重键的 Re_2^{6+} 而来, 例如很多 $Re_2X_4(PR_3)_4$ 型(X=Cl, Br, I)的叔膦化合物就可直接由 PR_3 或 $PPhR_2$(R=Me, Et 等)还原 $(Bu_4N)_2Re_2X_8$ 而来. 在这类化合物中, $Re_2Cl_4(PEt_3)_4$ 的结构已经测定(图 9.29).

在 $Re_2Cl_4(PEt_3)_4$ 分子中, 由铼—铼键相连的两半部分为反式 $ReCl_2(PEt_3)_2$, 因此, 骨架结构具有 D_{2d} 对称性. 其中铼—铼间虽无净的 δ 键, 但仍保持了覆盖的构型. 目前认为, 这是由于空间效应所致. 因为 PEt_3 基团颇大, 这种覆盖的构型使得 PEt_3 基团刚好错开, 使整个分子趋于稳定. 此外, 在 $Re_2Cl_4(PEt_3)_4$ 分子中, Re—Re 距离为 223.2 pm,

图 9.29 $Re_2Cl_4(PEt_3)_4$ 分子的结构
(Et 基团未示出)

和四重键化合物 $Re_2Cl_6(PEt_3)_2$ 中的 222.2 pm 以及 $Re_2Cl_8^{2-}$ 中的 222.2 pm 无明显的差别.

Re_2^{4+} 富电子的三重键化合物还有 $Re_2(C_3H_5)_4$、$Re_2Cl_4(\mu\text{-PP})_2$[①]、$Re_2Cl_4(\mu\text{-dppm})(PR_3)_2$(R=Me, Et)和 $Re_2Cl_4(\mu\text{-PP})(CNBu)_n$(n=1, 2)等许多类型[34]. 其中有些化合物的结构已测定. 以 $Re_2Cl_4(\mu\text{-dppm})(PMe_3)_2$ 为例, 晶体中含两种略为不同的分子, Re—Re 距离分别为 223.8 和 224.2 pm. 分子结构示意如下[35].

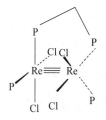

(P=PMe₃ 或 PEt₃, $\widehat{PP}$=dppm 或 dcpm)

---

① $PP = Ph_2PCH_2PPh_2$ dppm、$Ph_2PC(=CH_2)PPh_2$ dppe 和 $Cy_2PCH_2PCy_2$ dcpm 等桥式双齿膦配体.

其他过渡元素 $\sigma^2\pi^4\delta^2\delta^{*2}$ 电子构型的化合物较为零散,实例有:

$$Mo_2^{2+}: Mo_2(F_2PNMePF_2)_4Cl_2$$
$$Os_2^{6+}: Os_2(hpp)_4Cl_2$$
$$Ru_2^{6+}: Ru_2L_2(BF_4)_2 \quad (L^{2-}=[C_{22}H_{22}N_4]^{2-})$$

3. $\sigma^2\pi^4\delta$ 构型的化合物

在硫酸溶液中用空气氧化四重键化合物 $K_4[Mo_2(SO_4)_4]\cdot 2H_2O$,可得到 $K_3[Mo_2(SO_4)_4]$ $\cdot 3.5H_2O$. 它也可在硫酸溶液中用紫外辐射(254 nm)来产生. 反应式:

$$[Mo_2(SO_4)_4]^{4-}+H^+ \xrightarrow{254\,nm} [Mo_2(SO_4)_4]^{3-}+\frac{1}{2}H_2 \tag{9.32}$$

$K_3[Mo_2(SO_4)_4]\cdot 3.5H_2O$ 的结构和 $K_4[Mo_2(SO_4)_4]\cdot 2H_2O$(图 9.25)的类似,只不过在轴向结合了水分子. $Mo—OH_2$ 距离 255.0 pm,$Mo—Mo$ 距离 216.4 pm,比 $[Mo_2(SO_4)_4]^{4-}$ 的 211.1 pm 稍长,这和从 $\sigma^2\pi^4\delta^2$ 氧化到 $\sigma^2\pi^4\delta$ 失去一半的 δ 键相符. 同时,氧化到 $K_3[Mo_2(SO_4)_4]\cdot 3.5H_2O$ 以后,具有顺磁性(1.69 B.M.),这也和 $\sigma^2\pi^4\delta$ 的电子构型一致.

$[Mo_2(SO_4)_4]^{3-}$ 离子还存在于化合物 $K_4[Mo_2(SO_4)_4]Cl\cdot 4H_2O$ 中. 它可在 $K_4Mo_2Cl_8$ 的稀硫酸和稀盐酸溶液中用过氧化氢氧化,然后再加入氯化钾来制备. $K_4[Mo_2(SO_4)_4]Cl\cdot 4H_2O$ 的结构与 $K_3[Mo_2(SO_4)_4]\cdot 3.5H_2O$ 的类似,$Mo—Mo$ 距离基本相同(216.7 pm),差别在于通过轴向氯原子连成无限长链,即 $\cdots Mo—Mo\cdots Cl\cdots Mo—Mo\cdots Cl\cdots$(图 9.30). $K_4[Mo_2(SO_4)_4]Cl\cdot 4H_2O$ 也具有顺磁性 (1.65 B.M.),相当于含一个未成对电子. 电子顺磁共振谱还表明,其他含一个未成对电子的 $[Mo_2(O_2CR)_4]^+$ 等也具有 $\sigma^2\pi^4\delta$ 的电子构型.

4. $\sigma^2\pi^4\delta^2\delta^*$ 构型的化合物

以 $(NH_4)_2TcCl_6$ 为原料,可制得黑色晶体 $(NH_4)_3Tc_2Cl_8\cdot 2H_2O$,经结构分析证明其中含 $[Tc_2Cl_8]^{3-}$ 阴离子. 它和具有 $\sigma^2\pi^4\delta^2$ 构型的 $[Tc_2Cl_8]^{2-}$ 阴离子一样具有覆盖的结构. 其中短的 $Tc—Tc$ 距离(213 pm)表明锝-锝键很强,而 $(NH_4)_3Tc_2Cl_8\cdot 2H_2O$ 的顺磁性(1.78 B.M.)和具有 $\sigma^2\pi^4\delta^2\delta^*$ 的电子构型一致,电子顺磁共振谱的实验结果也证实它具有一未成对的电子. 除铵盐外,化合物 $K_3Tc_2Cl_8\cdot 2H_2O$、$Cs_3Tc_2Cl_8\cdot 2H_2O$ 和 $(pyH)_3Tc_2Cl_8\cdot 2H_2O$ 等也都具有 $\sigma^2\pi^4\delta^2\delta^*$ 的电子构型.

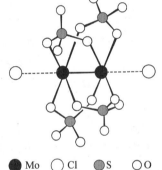

● Mo ○ Cl ● S ○○ O

图 9.30 $Cl\cdots[Mo_2(SO_4)_4]^{3-}\cdots Cl$ 的结构

9.3.3 金属—金属二重键

金属—金属二重键(metal-metal double bond),即双键的化合物较为零散. 例如,铼的双核二重键化合物有 $Re_2Cl_4(\mu\text{-}PP)_2(CO)_2$(PP=dppm 或 dppe)和 $Re_2Cl_3(NCS)(\mu\text{-}dppe)(CO)_2$(红棕色,$Re—Re$ 距离为 257.5 pm)等,其中均含能形成反馈键的配体(式 9.33)[36]. 其他,如 V、Nb、Ta、Mo、W、Fe、Co、Ru 和 Os 等许多过渡金属也能形成金属—金属二重键的化合物. 表 9.8 列举了一些实例作为代表.

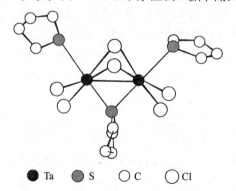

$$\text{Re}_2\text{Cl}_4(\mu\text{-dppe})_2(\text{CO})_2 \qquad\qquad \text{Re}_2\text{Cl}_3(\text{NCS})(\mu\text{-dppe})_2(\text{CO})_2$$

(9.33)

表 9.8　若干含金属—金属二重键的化合物

化合物	M—M 距离/pm	化合物	M—M 距离/pm
$(\eta^5\text{-}C_5H_5)_2V_2(CO)_5$	246	$Ta_2Cl_6(PMe_3)_4$	272.1
$Cs_3Nb_2Cl_9$	270	$Mo_2(OCHMe)_8$	252.3
$Cs_3Nb_2Br_9$	277	$W_2S_2(S_2CNEt_2)_4$	253.0
$Cs_3Nb_2I_9$	296	$Ru_2[C_{22}H_{22}N_4]_2$	237.9
$Nb_2Br_6(SC_4H_8)_3$	272.8	$(\eta^5\text{-}C_5H_5)_2Fe_2(NO)_2$	232.6
$Ta_2Cl_6(SC_4H_8)_3$	268.1	$Os_2(CO)_{10}H_2$	268.0

　　值得注意的是,金属—金属二重键的电子结构不尽相同. 例如表 9.8 中的 $[Nb_2X_9]^{3-}$ (X＝Cl,Br,I),此离子具有顺磁性,相当于含 2 个未成对的电子;而 $M_2X_6(SC_4H_8)_3$ (M＝Nb,Ta;X＝Cl,Br),则具有反磁性. 这种差异来自不同的对称性. $[Nb_2X_9]^{3-}$ 离子具有 D_{3h} 对称性,它的电子结构为:

$$[\sigma(a_1')]^2[\pi(e')]^2$$

即 2 个电子分占 2 个二重简并的 π 轨道,因而有 2 个未成对电子.

　　从 $[Nb_2X_9]^{3-}$ 到 $M_2X_6(SC_4H_8)_3$ (图 9.31),对称性由 D_{3h} 降低到 C_{2v},引起 $\pi(e')$ 轨道能级

● Ta　● S　○ C　○ Cl

图 9.31　$Ta_2^{II}Cl_6(SC_4H_8)_3$ 的结构

的分裂,造成电子的自旋配对,相应的电子结构为:

$$[\sigma(a_1)]^2[\pi(b_1)]^2[\pi(a_1)]^0$$

因而呈现出反磁性. 其他, 如 $Mo_2(OCHMe)_8$ 的电子构型为 $\pi^2\delta^2$. $Ru_2^{II}[C_{22}H_{22}N_4]_2$ 具有顺磁性 (2.88 B.M.), 相应于含 2 个未成对的电子, 它的电子构型为:

$$\sigma^2\pi^4\delta^2\delta^{*2}\pi^{*2}$$

综上所述, 能形成 M—M 多重键的元素, 全部为过渡元素, 而且主要集中在元素周期表上 ⅥB 的 Cr、Mo、W 和 ⅦB 的 Tc、Re. 耐人寻味的是, 元素铼本身直到很晚(1925 年)才被发现, 但第一个发现的 M—M 四重键、三重键甚至二重键化合物, 却全部为铼所囊括. 其他过渡元素, 如 ⅤB 的 V、Nb、Ta 和 Ⅷ的 Fe、Ru、Os 等, 虽也能形成多重键化合物, 但却比较零散.

在金属—金属多重键化合物中, 对四重键化合物研究得较早, 也较系统, 但近年来合成了为数众多的 M—M 三重键化合物. Cotton 在文献[31]中, 对近期 M—M 多重键化学的发展作了综述, 此处不详述. 本章仅在表 9.9 中列举了某些典型的双核多重键化合物的特征, 以资比较.

表 9.9　不同键级金属—金属多重键化合物的比较

键　级	化　合　物	颜　色	电　子　构　型	M—M 距离/pm	磁　性
2	$Cs_3Nb_2Cl_9$		$\sigma^2\pi^2$	270	顺
3	$Mo_2(NMe_2)_6$	黄	$\sigma^2\pi^4$	221.4(平均)	反
3.5	$K_3[Mo_2(SO_4)_4]$	蓝	$\sigma^2\pi^4\delta$	216.4	顺
4	$K_2Re_2Cl_8$	墨绿	$\sigma^2\pi^4\delta^2$	224	反
3.5*	$(NH_4)_2Tc_2Cl_6$	黑	$\sigma^2\pi^4\delta^2\delta^*$	213	顺
3*	$Re_2(C_3H_5)_4$	橙	$\sigma^2\pi^4\delta^2\delta^{*2}$	222.5(平均)	反
2*	$Ru_2[C_{22}H_{22}N_4]_2$	绿	$\sigma^2\pi^4\delta^2\delta^{*2}\pi^{*2}$	237.9	顺

习　题

9.1　绘出下列分子的结构:

(1) $(CpNi)_3(\mu_3\text{-}CO)_2$

(2) $(CpCo)_4(\mu_3\text{-}H)_4$

(3) $Co_4(CO)_9(\mu\text{-}CO)_3$

(4) $Ir_4(CO)_{12}$

9.2　解释下列 $[Pt_6(CO)_{12}]^{2-}$ 离子的 IR 谱图:

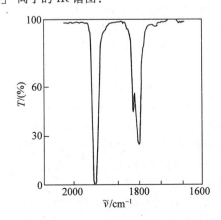

9.3 试用 Wade 规则计算下列各原子簇的骨架电子数,预示相应的骨架结构.

(1) $CpFe_3Rh(CO)_{11}$

(2) $[Re_4(CO)_{12}H_6]^{2-}$

(3) $Ru_5(CO)_{15}C$

(4) $Os_5(CO)_{16}$

(5) $Os_6(CO)_{18}$

(6) $[Os_6(CO)_{18}H]^-$

9.4 计算 Sn_5^{2-}、Sn_9^{4-} 和 Ge_9^{2-} 原子簇的骨架电子对数,判断它们的结构类型.

9.5 如何根据化合物的电子组态和磁性判断金属—金属多重键的类型和键级?

9.6 说明 $Re_2Cl_8^{2-}$ 离子中,为何两部分 $ReCl_4$ 结构单元为重叠构象?

9.7 分别指出 $Rh_2(O_2CR)_4L_2$ 和 $Cr_2(O_2CR)_4L_2$ 中,金属—金属键的键级(L 为中性配体).

9.8 指出下列化合物中,哪些存在金属—金属四重键.

(1) $K_2Re_2Cl_8$

(2) $(NH_4)_3Tc_2Cl_8$

(3) $Re_2Cl_4(PEt_3)_4$

(4) $Mo_2Cl_4(PEt_3)_4$

9.9 指出下列化合物中金属—金属键的电子结构、键级和化合物的磁性.

(1) $K_4[Mo_2(SO_4)_4]Cl$

(2) $K_4[Mo_2(SO_4)_4]$

(3) $Cr_2(O_2CCH_3)_4 \cdot (H_2O)_2$

(4) $Cu(O_2CCH_3)_2 \cdot (H_2O)$的二聚体

(5) $Mo_2(O_2CCH_3)_4$

9.10 指出与下列含金属—金属键化合物的电子构型对应的 M—M 键的键级和磁性.

(1) $\sigma^2\pi^4\delta^2$　　　(2) $\sigma^2\pi^4\delta^2\delta^*$　　　(3) $\sigma^2\pi^4$　　　(4) $\sigma^2\pi^2$

参 考 文 献

金属原子簇的主要类型

[1]　P. Chini, G. Longoni and V. G. Albano. Adv. Organomet. Chem. ,14,285 (1976)

[2]　P. Chini. J. Organomet. Chem. , 200,37 (1980)

[3]　A. Fumagalli, M. Bianchi, M. C. Malatesta et al.. Inorg. Chem. , 37,1324 (1998)

[4]　J. L. Meyer and R. E. McCarley. Inorg. Chem. , 17,1867 (1978)

[5]　C. S. Weinert, C. L. Stern and D. F. Shriver. Inorg. Chem. , 39,240 (2000)

[6]　M. K. Chan, J. Kim and D. C. Rees. Science, 260,792 (1993)

[7]　C. T. W. Chu, F. Y. K. Lo and L. F. Dahl. J. Am. Chem. Soc. , 104,3409 (1982)

[8]　G. L. Simon and L. F. Dahl. J. Am. Chem. Soc., 95,2164 (1973)

[9]　H. Brunner, N. Janietz, J. Wachter et al.. Angew. Chem. Int. Ed. Engl. , 24, 133 (1985)

[10]　W. Saak, G. Henkel and S. Pohl. Angew. Chem. Int. Ed. Engl. , 23,150 (1984)

[11]　T. Yoshimura, K. Umakoshi, Y. Sasaki et al.. Inorg. Chem. , 39,1765 (2000)

[12]　A. L. Eckermann, M. Wunder, D. Fenske et al.. Inorg. Chem. , 41,2004 (2002)

[13]　J. D. Corbett. Chem. Rev. , 85,383 (1985)

[14]　J. D. Corbett. Inorg. Chem. , 39,5178 (2000)

[15]　S. Kaskel and J. D. Corbett. Inorg. Chem. , 39,778 (2000)

[16] S. Bobev and S. C. Sevov. Inorg. Chem. , 40,5361 (2001)

[17] V. Queneau and S. C. Sevov. Inorg. Chem. , 37,1358 (1998)

[18] R. W. Henning and J. D. Corbett. Inorg. Chem. , 38,3883 (1999)

[19] J. Campbell and G. J. Schrobilgen. Inorg. Chem. , 36,4078 (1997)

[20] R. M. Friedman and J. D. Corbett. Inorg. Chem. , 12,1134 (1973)

[21] G. Schmid，R. Pfeil，R. Boese et al.. Chem. Ber. , 114,3634 (1981)

[22] A. Müller，C. Beugholt，H. Bögge and M. Schmidtmann. Inorg. Chem. , 39,3112 (2000)

[23] F. M. Mulder，T. A. Stegink，R. C. Thiel et al.. Nature，367,716 (1994)

金属原子簇的结构规则

[24] K. Wade. Boron Chemistry-4 (Fourth International Meeting on Boron Chemistry，R. W. Parry，G. Kodama Editors),23 (1980)

[25] J. W. Lauher. J. Am. Chem. Soc. , 100,5305(1978);101,2604 (1979)

[26] B. K. Teo. Inorg. Chem. , 23,1251,1257(1984);24,115,1627 (1985)

[27] 唐敖庆.李前树.科学通报,25 (1983)

[28] 徐光宪.高等学校化学学报,3(专刊),104 (1982)

[29] 卢嘉锡.福建物质结构所通讯,1,1 (1979)

金属—金属多重键

[30] F. A. Cotton and R. A. Walton. "Multiple Bonds between Metal Atoms"，Wiley，New York，1982

[31] F. A. Cotton. Inorg. Chem. , 37,5710 (1998)

[32] R. Clérac，F. A. Cotton，L. D. Daniels et al.. Inorg. Chem. , 39,2581 (2000)

[33] F. A. Cotton，C. A. Murillo and H-C Zhou. Inorg. Chem. , 39,3261 (2000)

[34] Y. Ding，S-M Kuang，M. J. Siwajek et al.. Inorg. Chem. , 39,2676(2000)

[35] F. A. Cotton，A. Yokochi，M. J. Siwajek and R. A. Walton. Inorg. Chem. , 37,372 (1998)

[36] S-M Kuang，P. E. Fanwick and R. A. Walton. Inorg. Chem. , 39,2968 (2000)

第10章 无机固体化学

　　固体物质与气体和液体结构上有很大不同. 气体和大部分液体是由分子组成, 稀有气体由原子组成. 在气体中, 分子实际上是独立的(高压除外)微粒, 气体的性质与其组成的分子性质一致. 对于大部分的液体, 虽然它们的分子挨得很近, 但基本符合上述特性. 也有些液体中不仅存在松散的分子间相互作用, 还存在其他强作用. 例如, 熔融盐中存在静电相互作用, 水中存在强的氢键作用等. 许多固体称为分子固体, 是由有序排列的分子组成, 分子间主要存在范德华作用力. 这种分子固体由于长程有序的分子排列, 比分子液体的性质更简单.

　　本章着重讨论那些由离子和原子有序排列的固体(或称为非分子固体)及其特性. 当固体由原子或离子组成时, 原子间存在共价作用力和离子间的静电作用力, 这些作用力是作用范围很广的强相互作用, 因此可把该类无机固体作为一个整体来研究. 无机固体除了具有许多有用的机械性质和强度性质外(如水泥、碳化钨等), 更重要的是它们的功能性质. 固体无机化学领域中有很多重要的理论问题和实际应用问题, 本章重点介绍了固体的电子结构、缺陷及部分功能性质和概念, 如电、磁、光等特性. 这些性质与固体的缺陷、化学键和能带结构密切相关, 是研究无机固体的基础.

10.1 无限排列固体中的化学键

10.1.1 晶体中的分子轨道和能带

　　根据分子轨道(MO)理论对简单分子的处理, 当 2 个原子相互靠近时, 原子轨道重叠, 产生一个成键分子轨道和一个反键分子轨道; 如果是 3 个原子, 除了得到一个成键 MO、一个反键 MO 外, 还有一个非键 MO. 这两种情况都被极大地简化了, 实际晶体中原子的排列是无限的. 为简单起见, 假设上述两种情况的所有参与成键的原子都是氢原子, 每个氢原子都用 1s 轨道成键, 所有氢原子都组成直线型的链, 而且间隔相等. 因此, 如果是 4 个氢原子相连, 则形成 4 个分子轨道, H_2、H_3、H_4 组成的 MO 示于图 10.1.

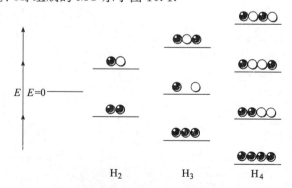

图 10.1　由线性氢原子链(H_2, H_3, H_4)形成的分子轨道
(图中的黑球和白球分别表示原子轨道的 Ψ_+ 和 Ψ_-)

一般来讲,n 个原子轨道作用,产生 n 个分子轨道,最稳定的 MO 是所有 1 s 原子轨道符号相同,它们能得到最大的正重叠;最不稳定的 MO 是原子轨道正负交错的分子轨道,因为它产生最大的能量负重叠.当链增长时,要考虑第二、第三等等近邻原子的贡献,最大正值和最大负值增加的程度减慢.因为长链范围的相互作用较弱,而且随原子间距离增加衰减很快,最高能量和最低能量接近一渐近的极限.即随 n 的增加,能级的贡献逐渐增加.当 n 很大时,在较低和较高能级间的轨道能量越来越接近,当达到 $n \to \infty$ 的极限时,则可把很多的能级看成一个**能带**(energy band)(图 10.2).

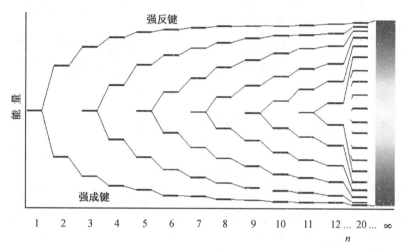

图 10.2 当 $n \to \infty$ 时的线性氢原子链 H_n 的能级分布图

长链 H_n 是形成能带最简单的例子,因为它是一维的,而且 H 只有一种类型的原子轨道,因此形成的能带也只有一种类型.对于实际固体,情况则复杂得多.这一简单的模型必须按两种方式引申:

(i) 原子通常有一种以上的价轨道,因此能带的类型必然多于一种,每种能带都有自己的宽度和能量.

(ii) 一维的图像必须扩展为三维.

从第一点出发,以碱金属为例,它们的能带不只一种,因为其价层包括 ns、np 两种轨道,两者的能量不同.如果 s 和 p 之间的能隙足够大,这两个能带就会分离;否则,两个能带则可能重叠.图 10.3 给出了两种可能性的示意图.事实上,金属钠的这两个能带是重叠的.基本思路就是把一维能带结构推广到三维.对于一般的应用,一维能带结构的模型已经足够了.

当电子填充单个原子的分离轨道时,按照能量顺序从低到高占据能带.如果固体处于热力学温度零度,当所有电子都填入后,将有一明显的分界.因为每个原子只有一个电子,因此 N 个原子的能带只有一半,即 $N/2$ 个能级被充满. $T = 0$ 时,最高被占轨道的能级称为**费米能级**(Fermi Level),它接近能带的中心,如图 10.4 所示.

当温度高于热力学温度零度时,电子能量的贡献将发生位移,容易分布连费米能级以上.如果能带没有完全充满,接近费米能级的电子容易跃迁到附近的空能级,因此可以比较自由地在固体中运动,形成导体.

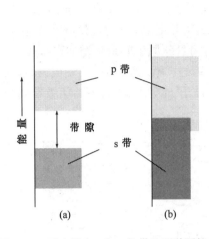
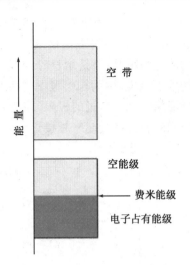

图 10.3　碱金属中 s 和 p 能带的两种可能性

(a)相互分离的窄带　(b)相互重叠的宽带

图 10.4　半充满能带的费米能级

10.1.2　实际能带:态密度和带隙

以上给出的能带图像都是非常简化的模型.对于实际能带,容纳电子的能级数不是从上到下均匀分布,即能态的密度是不均匀的.因此在实际能带图中,用横坐标作为能态密度(density of states,DOS)的量度.能态密度或简称**态密度**是每个能量单位中的能级数.碱金属或假想金属氢的态密度图示于图 10.5.从该图可知,每个金属原子均由同一类型的原子轨道形成三维能带,则在能带中心态密度最大,而在边缘态密度最小.

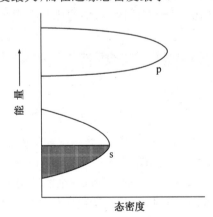

图 10.5　碱金属或假想金属氢的态密度图

一个能带的最高能量和上面一个能带的最低能量之差称为**带隙**(band gap).在带隙的态密度为零,因为其中不存在能级.大部分实际化合物中,由许多不同类型的轨道重叠形成能带,态密度图中有许多峰和谷,一个典型的例子是 MoS_2 的态密度(图 10.6),从图中看出它的能隙很小,电子容易由价带跃迁到导带,使 MoS_2 成为本征半导体.

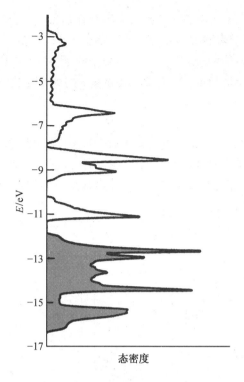

图 10.6　实际化合物(MoS_2)的态密度图

10.1.3　金属、非金属和半导体

1. 金属导体

金属能带的特点和假想的金属氢的能带类型:最高占据的能带没有完全充满,因此当有一定的电势差时,电子可以自由流动.众所周知,金属的电导随温度的升高而降低,这一特点是确定是否为金属的主要实验判据.通常认为,温度升高,电子的热运动增加,必然引起电导增大.事实则与此相反,原因是电子在未完全充满的能带中运动的能力,与固体结构的均匀性关系很大.在热力学温度零度和在完全有序的结构中,原子似乎不会在平均位置附近振动.因此导电性应该达到最大值.但实际上,即使在热力学温度零度,原子也会在它们的平均位置附近振动.随着温度的升高,这种振动越来越剧烈,能带结构会被热运动破坏,其结果是随温度升高,电子的运动反而困难,因此电阻加大.

2. 非金属:绝缘体和半导体

任何一种物质,如果它们的最高充满能带和最低未充满能带间有一个宽大的带隙,则不能导电,这样的物质称为绝缘体.在通常温度下,加大电势差或用热激发都不能使其产生净电子流动.例如离子固体 NaCl,定域的共价固体金刚石、硅及 B_2O_3 等,通常不用能带理论讨论.以 NaCl 为例,Na^+ 和 Cl^- 的外层电子都是闭壳层结构,两者价轨道的能量相差很大,作为离子彼此分开,形成能带的可能性很小.可以设想,完全充满的氯的能带很低,而钠的最低空能带的能量比氯的满带高得多.在共价固体硅(金刚石结构)中,充满的成键轨道对应于满带,Si—Si 间的反键轨道对应于最低的空带,两者间的带隙很大,热激发很难产生电子流动.

半导体的导电与金属相比小得多,但随温度升高而增加,和金属有相反的温度依赖关系.半导体分为两种:**本征半导体**和**掺杂半导体**.本征半导体是纯物质,与绝缘体相似,不同的是带隙小,在通常温度下,热激发能使一定数量的电子由满带到空带,如图 10.7 (a)所示.导电的能力取决于有多少电子能获得能量而穿过带隙,电导率 σ 的大小与化学反应速率类似,服从指数定律:

$$\sigma = Ce^{-E/kT} \tag{10.1}$$

这里的 C 是材料特性的常数,k 为波尔兹曼常数,E 约等于带隙的一半.

掺杂半导体比本征半导体重要得多.纯物质很少有合适的带隙,但若在纯物质中掺入极少量适当的杂质,则使其半导体的性能提高很多.被掺杂的半导体称为掺杂半导体,典型的掺杂半导体是在硅或锗中掺入镓或砷.

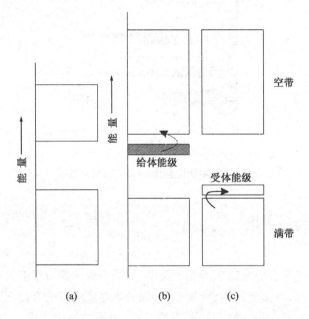

图 10.7　半导体的能带结构示意图
(a)本征半导体　(b) n-型半导体　(c) p-型半导体

当极少量的 As(大约占 $1/10^8$ 的 Si)掺入到纯硅中时,在 Si 的结构中一个 As 原子代替一个 Si 原子,但 As 和它的近邻的 Si 形成 4 个共价键时,As 原子还有一个电子占据比 Si—As 键能量更高的轨道,这种作用的能带结构示于图 10.7 (b).由此新引入的充满电子的杂质能带在能量上接近上面的空能带,因此电子很容易热激发从新的杂质能带到空带上,在电势差的作用下可导电.由于过量负电荷的移动,使基本上不导电的纯硅变成了半导体.该类型的半导体称为 n-型半导体.

同样,当极少量的 Ga 掺入纯 Si 中时,而 Ga 只有 3 个价电子,它们的价层轨道的能量比 Si 的略高,其能带如图 10.7 (c) 所示.电子很容易热激发从满带到新的窄空带,在满带中留下正空隙.这种情况的导电是由于正空隙在未完全充满的能带中迁移引起,因此,该类型的半导体称为 p-型半导体.

10.2　固体中的缺陷

所有固态物质,即使是非常纯,在其结构中也存在**缺陷**(defect),即相对于理想晶体的缺位、过量、偏移等.这些缺陷对物质的性质影响很大.某些缺陷的存在和热力学因素有关.缺陷的存在增加了物质的无序度,这意味着熵增加.任何体系最稳定的状态都是自由焓 G 最小,G 和焓 H、熵 S 的关系可用 Gibbs 方程表示为:

$$G = H - TS \tag{10.2}$$

完美晶体中引入缺陷要消耗能量,使 H 增加,TS 也随缺陷数量的增加而增加,在某一温度下的缺陷浓度变化的热力学关系示于图 10.8. 很明显,存在一个热力学稳定的缺陷浓度的平衡点. 温度对缺陷浓度也有影响,温度越高,则缺陷浓度越大.

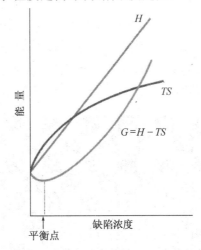

图 10.8　固体中 H, TS, G 与缺陷浓度的关系

10.2.1　缺陷的分类

缺陷的主要类型有两种:**点缺陷**(point defect)和**扩展缺陷**(extended defects). 点缺陷分为空位(vacancy)和间隙(interstitial). 空位通常称为 **Shottky 缺陷**,这是很常见的一种缺陷. 如果是离子固体,一般存在等量的阳离子和阴离子空位,以保持其电中性,如图 10.9(a)所示. 有些物质的空位数很少,不能被检测出来;有些空位浓度大的,可以检测出来. 例如 TiO_2 在室温下有相当数量的空位,测出的密度比按照岩盐结构的完美晶体计算值低 10% 以上,这代表了空位的百分比.

间隙缺陷也称做 **Frenkel 缺陷**,如图 10.9(b)所示,它是原子或离子从它们的正常位置移动到离子的间隙中间,这种缺陷很可能出现在相对开放的结构中,而且金属离子对八面体和四面体的配位环境没有明显的择优取向. 因此,即使存在八面体空位,金属离子也可能存在于接近四面体的配位环境中. 这种缺陷不改变固体的组成和密度,无法用密度的改变检测出间隙缺陷的存在,但可用其他方法检测出来,如用谱学和电学性质的测试,以及非常灵敏的 X 射线衍射方法. 六方晶系的纤锌矿 ZuS 就有形成 Frenkel 缺陷的倾向.

还有一类点缺陷称为**色心**(color center),它们很容易用实验方法检测和表征. 例如,把碱

265

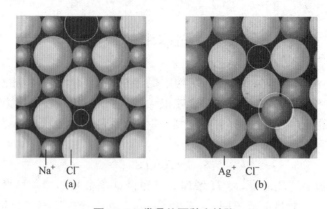

图 10.9 常见的两种点缺陷

(a) Shottky 缺陷   (b) Frenkel 缺陷

金属卤化物在碱金属蒸气中加热,引入了额外的金属离子到晶体中,而卤素离子数量不变,因此产生了卤离子空位.为了维持电中性,就有电子被卤离子空位俘获.电子在这一陷阱中能够吸收可见光,从低能态跃迁到较高的能态,使得碱金属盐出现颜色,这类缺陷因此得名"色心".例如,硫化镉加强热很容易失去硫而产生色心.NaCl 晶体在 Na 蒸气中加热产生 F 色心(即俘

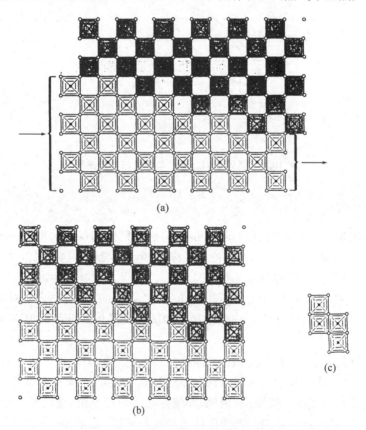

图 10.10 WO₃ 的晶体结构和面缺陷

(a)完美的 WO₃ 结构   (b)形成氧原子缺少的剪刀面   (c)剪刀面的共边连接单元

获电子的阴离子空位)而呈现紫色.

当大量的点缺陷结合在一起或形成缺陷簇时,则成为扩展缺陷,即在晶体中形成一维的线缺陷和二维的面缺陷. 当结构中的一部分与相邻部分发生位移时,形成的剪刀面(shear planes)缺陷,其缺陷结构可用高分辨电镜鉴别出来. 剪刀面缺陷在钛、钒、钼和钨的高价氧化物中普遍存在. 例如,WO_3 实际组成是从理想的 WO_3 到 $WO_{2.9}$,整个化合物保持电中性,因为其中小部分 W 原子的氧化态是 V,而不是 VI. 在 WO_{3-x} 中,显然存在着氧空位,但氧空位并非随机分布使晶体的结构保持不变,而是通过结构的紧缩来减少氧空位,如图 10.10 所示. 在完美的 WO_3 结构中,WO_6 八面体共顶相连[图 10.10(a)],但出现剪刀面时,有些八面体出现了共边连接[图 10.10(b)],即在该图 (a) 中的浅色部分和深色部分发生了相对运动,形成了共边的连接单元[图 10.10(c)]. 每形成一个这样的单元,就减少一个氧原子. 如果生成的共边单元随机分布,则整个结构几乎保持不变,但晶体的组成将是 WO_{3-x}. 如上所述,剪刀面可用电镜观察到,图 10.11 即为 WO_{3-x} 的高分辨电镜图[1].

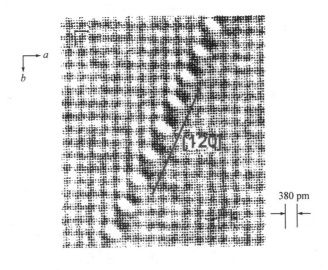

图 10.11　WO_{3-x} 剪刀面的高分辨电镜图

10.2.2　固体中的扩散

固体中原子或离子的扩散与缺陷的扩散密切相关. 尽管有例外,但在大部分情况下,因为缺陷的存在,虽然扩散进行得比较缓慢,但都会发生. 如果存在空位,则相邻原子或离子会滑入其中,产生新的空位,间隙原子也能运动到另一个间隙位. 上述由缺陷控制的扩散与温度的关系很大,这是因为:(i)温度越高,缺陷浓度越大;(ii)缺陷的每一步运动都要克服一个能垒,缺陷移动的速率符合 Arrhennius 关系:

$$D = D_0 e^{-E/RT} \tag{10.3}$$

从式中可看出,扩散速率 D 是温度的函数,E 为缺陷跳动过程中每摩尔的平均能垒,D_0 正比于缺陷的数目.$\lg D$ 和 $1/T$ 呈线性关系,即温度越高,缺陷的扩散速率越大. 固体电解质的导电性质与缺陷的运动有关,缺陷的移动速率越大,电导越大.

10.2.3 非化学整比性

非化学整比性(nostoichiometry)又称为非化学计量. 在通常遇到的分子化合物中,其组成是精确和不变的. 例如水分子,不论是液体、固态或者气态,不论用多精密的分析方法,得到水的组成都是 H_2O. 因为在每个分子中,一个原子的价态必须严格地与其他原子的价态相互匹配,分子中的原子不能有任何遗漏. 而在非分子固态中,它们的化学组成有可能符合化学计量,但大部分情况则有所偏离,即化合物的组成偏离化学式显示出的计量关系,具有非化学整比性. 对于大部分非化学整比的物质而言,当组成在一个较小的范围内变动时,晶格的基本结构保持不变.

非化学整比性与缺陷密切相关. 我们熟知的"FeO"就是一个非化学整比的化合物,很难能找到一种完全符合 Fe:O 为 1:1 的样品. 通常的 Fe 原子比 O 原子略少,典型的组成范围从 $Fe_{0.90}O$ 到 $Fe_{0.96}O$,X 射线衍射图表明它们都是岩盐结构,只是略有不同. 这种变化是因为结构中存在阳离子空位的点缺陷,使 Fe 原子的数量少于 O 原子的数量. 为了平衡氧的电荷,部分铁原子由 Fe(II)变为 Fe(III). 前述的非整比化合物 WO_n(2.9<n< 3)则与 FeO 不同,O 原子的数量少于化学式 WO_3 的计量数,但其中并非由 O 的空位使其结构完全保持不变,而是形成剪刀面或堆垛缺陷来适应氧原子的不足.

另一类非常容易形成非化学整比的是过渡金属的氢化物. 在这些化合物中,金属原子保持和金属单质中同样的空间排列,其间隙被氢原子占据. 组成为 $NbH_{0.7}$、$ZrH_{1.6}$ 和 $LuH_{2.2}$ 的氢化物已经获得,而整比的 MH_1、MH_2、MH_3 过渡金属氢化物则几乎从未合成出来.

10.3   一些重要的固体结构

10.3.1   三维结构的固体

三维结构有离子型和非离子型之分,重要二元离子型(或部分离子型)的三维结构化合物有熟知的氯化钠、硫化锌(立方和六方)、氟化钙、金红石等. 所谓三维结构,意味着结构不存在按层状或者链状排列的部分. 另外,三元化合物中最重要的结构是复合氧化物(complex oxide),如尖晶石($MgAl_2O_4$)、钛铁矿($FeTiO_3$)和钙钛矿($CaTiO_3$)等,它们都是重要功能材料的基质. 其晶体结构可看结构化学方面的书籍,在此不赘述.

非离子型三维结构的物质中最重要的是金刚石,其结构可看成是立方硫化锌中的 S 原子和 Zn 原子的位置全部被 C 原子取代. 这两种结构的主要特点是每个原子都处于周围原子组成的四面体空隙中,四面体共顶相连,形成具有立方对称性的三维网络结构. 类似的硅和锗也是金刚石结构. 很多非离子型的二元化合物如 GaAs 和 CdS 等都是立方硫化锌结构,它们均为重要的固态电子材料.

10.3.2   层状结构和嵌入反应

层状结构是在整个层内的两维结构由共价键连接,而垂直于层的第三维间只存在范德华作用力. 最有意义的层状结构物质是石墨. 此外,还有很多化合物具有层状结构,例如硅酸盐矿中的云母.

另一类典型的层状化合物是辉钼矿 MoS_2,它是由二维的 S-Mo 层组成,每一层是无限的夹心结构,是由 S 原子组成六方密置层,Mo 原子在由 S 原子组成的三棱柱中心(非八面体空隙),如图 10.12 所示.其他二硫族化合物,如 WS_2、$MoSe_2$ 也为层状结构.TiS_2 和 ZrS_2 等也有近似的结构,不同的是金属原子在 S 原子组成的八面体空隙中.

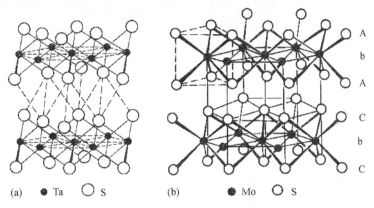

图 10.12 TaS_2 和 MoS_2 的层状结构

(a) Ta 位于 S 原子层中的八面体空穴中 (b) Mo 位于 S 原子层中的三棱柱格位

层状化合物最重要的性质是可进行插入反应,其他物种,如原子、离子和分子等能插入到层间,形成嵌入化合物.这一反应过程称为**插入反应**(insertion reaction)或**嵌入反应**(intercalation reaction),得到的最终产物通常是非化学整比的嵌入化合物.

最早发现的嵌入反应是碱金属嵌入到石墨层间.当碱金属原子嵌入到石墨层间时,它们把电子转移到石墨层内,成为阳离子.在进行嵌入反应时,必然发生电子的转移.近来,用 MoX_2 层状化合物对该类嵌入反应开展了广泛的研究.例如,碱金属能通过热化学过程引入到层间,也能用卤素使层间的碱金属形成卤化物而从层间转移出来:

$$MS_2 + x\,Na \xrightarrow{\approx 800\,℃} Na_xMS_2 \quad (x = 0.4 \sim 0.7) \tag{10.4}$$

$$LiVS_2 + \frac{1}{2}I_2 \longrightarrow VS_2 + LiI \tag{10.5}$$

插入和反插入经常由电化学过程控制.插入反应能否进行或进行的程度由测量反应的电流和电压监控.例如,某些金属茂$(C_5H_5)_2M(M = Co$ 或 $Cr)$也能插入到层状化合物中,转移一个电子,而氧化电位高的$(C_5H_5)_2Fe$ 则不能发生插入反应.

嵌入化合物一直是令人感兴趣的课题,因为它们有可能用在电池上.事实上,现在已经研制出此类电池,其中 Li 作阳极,MS_2 作阴极,非质子极性溶剂作电解质,能产生超过 2 V 的电压.

10.3.3 $[M_6X_8]$原子簇和 Chevrel 相

固体硫属化物能形成金属原子簇,在金属原子之间含有 M—M 键,其中最重要的是八面体原子簇.一种特殊的三元硫钼原子簇 $M_xMo_6X_8$ 称为 **Chevrel 相**,是 Roger Chevrel 在 1971 年首次报道的[2,3].式中的 M 可以是空隙、稀土元素、主族金属或过渡金属,例如,La、Pb、Sn、Cu、Co、Fe 等,X 可为 S、Se 或 Tc.Chevrel 相的基本结构单元$[Mo_6S_8]$和一个理想的 $PbMo_6S_8$ 结构由图 10.13 示出.二元 Mo_6S_8 的 Chevrel 相包合 6 个 Mo 组成的八面体,在

[M_6S_8]单元中,由 M 组成的八面体每个面上有面桥基 μ_3—S,8 个 S 组成一个立方体[图 10.13(a)].图 10.13(b)为 $PbMo_6S_8$ 的结构,以[Mo_6S_8]为一个整体,Pb 作为插入离子占据其中的阳离子格位,使 $Pb[Mo_6S_8]$ 具有 CsCl 的结构形式.

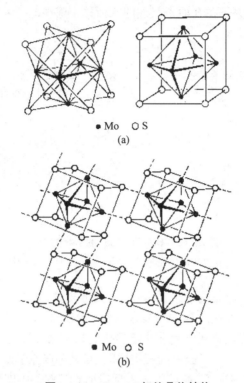

● Mo　○ S

(a)

● Mo　○ S

(b)

图 10.13　Chevrel 相的晶体结构

(a) [Chevrel 相 Mo_6S_8]的基本单元　(b) $Pb[Mo_6S_8]$ 的结构

近年来,Chevrel 相以特殊的高温超导性和电学性质引起人们的兴趣.Chevrel 相不仅显示很高的临界磁场,而且磁有序特性和超导性质在同一温度区共存.例如,$PbMo_6S_8$ 的超导温度达 14 K,并能在高磁场中保持,这一特性很有意义,因为很多超导体的应用涉及高磁场.

MMo_6X_8 组成和堆垛形式也被不断被改变和修饰,以期获得新的功能性质.例如,在 KMo_3S_3 和 KFe_3Te_3 中,M_6 八面体共面可连接成一维的 Chevrel 相[4].与[M_6X_8]类似的还有[M_6X_{12}]原子簇等.

10.3.4　一维固体

一维固体(one-dimensional solid)可看成是金属原子在一维方向上形成的原子簇合物,它们大多由 Pt 或 Ir 的平面配合物堆垛而成无限的一维晶体.图 10.14 给出[$Pt(CN)_4$]^n 离子的一维晶体结构,金属原子之间由化学键直接连成链状结构,图中各[$Pt(CN)_4$]的平面之间交错 45°.如果金属原子足够接近,即可形成一维固体.

一维固体中研究得比较充分的是 $K_2Pt(CN)_4 \cdot 3H_2O$,及其部分氧化的衍生物.其中一部分列于表 10.1 中.$K_2Pt(CN)_4 \cdot 3H_2O$ 本身并无特殊意义的化学性质,它是白色固体,无导电性,Pt 的价态为 2.0,Pt—Pt 间的距离很长,没有明显的金属—金属键.但在卤素存在的氧化

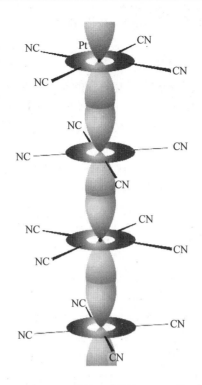

图 10.14 由金属的 d_{z^2} 轨道重叠而成的 $[Pt(CN)_4]^{n-}$ 离子的堆垛结构

气氛下,$K_2Pt(CN)_4 \cdot 3H_2O$ 转变为青铜色的导电体.在该青铜色的导电物质中,$1 \, mol \, Pt$ 含有 $0.3 \, mol$ 的 Cl^- 或 Br^-,因此 Pt 的氧化数升高为 2.3.从表中可看出,部分氧化导致堆垛距离锐减,Pt—Pt 间距比较接近金属中的 Pt 原子间距.详细计算可得到一维固体的能带结构,并由此得出导电性质和其他的金属性质.它们的导带是由 Pt 的 $5d_{z^2}$ 轨道的重叠形成的,化合物中少量的氧化剂(如溴)从电子充满的 d 轨道中移出电子,使满带变为部分充满的导带,其导电性概源于此.在室温时,掺杂 $[Pt(CN)_4]^{n-}$ 化合物是青铜色导体;当温度降低到 $150 \, K$ 以下时,导电性锐减,这与通常的三维半导体类似.

表 10.1 具有阴离子堆垛结构的四氰基铂酸盐

配 合 物	Pt 的价态	Pt-Pt 间距/pm	颜 色	电导率/(S·cm^{-1})
金属 Pt	0	277.5	金属	$\approx 9.4 \times 10^4$
$K_2Pt(CN)_4 \cdot 3H_2O$	+2.0	348	白色	5×10^{-7}
$K_2Pt(CN)_4Br_{0.3} \cdot 3H_2O$	+2.3	288	青铜色	$4 \sim 830$
$K_2Pt(CN)_4Cl_{0.3} \cdot 3H_2O$	+2.3	287	青铜色	≈ 200
$K_{1.75}Pt(CN)_4 \cdot 1.5H_2O$	+2.25	296	青铜色	$\approx 70 \sim 100$
$Cs_2Pt(CN)_4(FHF)_{0.39}$	+2.39	283	金色	未知

晶体中含有 $\approx 0.3Cl$ 或 $0.3Br$ 的四氰基铂酸盐又称为 Krogmann 盐.由 $[Pt(CN)_4]^{2-}$ 的部分氧化生成缺阳离子产物来实现电导的增加,如表中的 $K_{1.75}Pt(CN)_4 \cdot 1.5H_2O$.

除了 $[Pt(CN)_4]^{n-}(n<2)$ 外,类似化合物还有 $[Pt(ox)_2]^{2-}$,当被硝酸、氯气或过氧化氢等部分氧化后,得到纯铜色的针状晶体,其中含有为 $[Pt(ox)_2]^{\approx1.64-}$ 阴离子.有些缺阳离子盐,

271

例如 $Mg_{0.82}[Pt(ox)_2] \cdot xH_2O$ 已经分离出来,在该化合物中 Pt—Pt 距离为 $280\sim285\,pm$,其性质与四氰基配合物类似.

卤羰基的铱化合物含有部分氧化的 Ir^{I},也能形成一维导体.Ir^{I} 和 Pt^{II} 是等电子体,但 Ir^{I} 的 d 轨道较弥散,可以想象 Ir 原子之间有更强的相互作用,形成有利于导电的能带和核间距,"$Ir(CO)_3X$" 被证明是非整比化合物,Ir 的氧化态大于 1. $M_x^{I}Ir(CO)_2Cl_2(0.5<x<1.0)$ 已被证明具有堆垛结构,对这些化合物的性质和结构还有待深入研究.

总之,由平面配合物堆垛成一维金属链的情况,在 d^8 电子组态的过渡金属中并非罕见. 有些在光学性质上表现出完全的各向异性,沿金属链有很强的光吸收;有些具有一维导电性. 这类化合物由于其特殊的光学和电学性质,可作为功能材料,因此引起广泛关注,这类材料可称为分子基材料(molecular-based materials),与通常非分子固体的结构和性质差别较大.

10.3.5 无定形固体:陶瓷和玻璃

陶瓷是无机非分子固体,以无定形或者非晶态形式存在.通常要在 $1000\sim2000\,℃$ 的高温下焙烧才能得到最终产物.大部分陶瓷由硅酸盐制成,有些特殊的陶瓷如铁氧体(ferrite),含有 Fe_3O_4 和其他金属氧化物,如 MgO 和 ZnO 等,因具有铁磁性而得到广泛应用.陶瓷的另一个特殊用途是作磨料,如氧化铝、碳化硅和碳化硼都是常用的高硬度磨料.

瓷器也是一种最常用的重要陶瓷,是由高岭土和磨细的长石混合焙烧而成.它主要用做日用瓷器、餐具和铁器的涂层.当加热至 $1450\,℃$ 时,长石变为玻璃态,把其他化合物粘结在一起.

陶瓷的应用价值在于它们的耐热、耐腐蚀和耐磨性,缺点是脆性,这限制了它们的使用范围.近年来研究的高温结构陶瓷及多相复合陶瓷,以陶瓷为基础,引入第二项材料,如碳化硅、氮化硅和氧化铝作补强剂,克服了一般陶瓷的脆性,增加了韧性和强度,可用于制造导弹的端头、火箭喷射管及各种燃机的耐热部件,显示出巨大的应用潜力.

玻璃也可看成是一类特殊的陶瓷,或者硬化的液体.玻璃态物质是在液体快速冷却,来不及结晶而形成的,因此液体分子的无序状态得以保存下来,形成**长程无序**的结构[图 10.15]. 最容易生成玻璃态的物质,是包含一维或二维的寡聚或高聚结构的物质,它们在液态时随机分

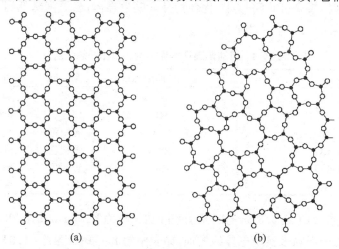

图 10.15 硅酸盐的晶体和玻璃体结构

(a)有序的硅酸盐晶体 (b)长程无序的玻璃体

布.若要生成有规的晶体的结构,需要长时间缓慢冷却,才能使它们的寡聚或高聚结构按照长程有序的方式排列.氧化硅和硅酸盐常有聚集结构,因此容易形成玻璃,不容易形成结晶形式,它们是最重要的玻璃制造原料.

图 10.16 给出了玻璃生成过程的示意图.当液体冷却时,体积逐渐减小,到达凝固点 T_f 或者晶体物质的熔点时,结晶固体生成,体积骤减,以后冷却过程中体积缓慢减小.但如果液体冷却的速度足够快,体积将继续收缩,没有晶体生成,形成**过冷液体**(supercooled liquid).当达到某一个温度时,过冷液体硬化,这一温度称为玻璃化温度 T_g,从 T_f 到 T_g 在冷却曲线上通常只是一小段.

熔融石英(SiO_2)有很高的 T_g,因此制备石英玻璃比较困难,需要很高的熔融温度.石英玻璃的热膨胀系数小、硬度高,是实验室常用的高温反应器皿.普通玻璃常被称为软玻璃,含有 Na_2O 和 CaO,使 T_g 降低,容易加工成玻璃板和器皿.B_2O_3

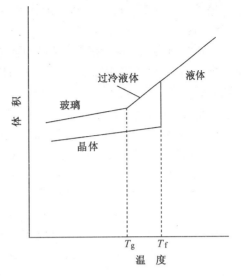

图 10.16 液体、结晶固体和玻璃态的相图
(T_f 和 T_g 分别是结晶物质的熔点和玻璃化温度)

加入到石英中,得到的玻璃称为硬质玻璃(又称 pyrex 玻璃),T_g 介于石英玻璃和软玻璃之间,其热膨胀系数很小,适于做实验室器皿和厨房炊具.

10.4 无机固体的功能性质

无机固体由于结构和缺陷的特点,具有很多重要的功能性质,例如电学、磁学和光学性质.无机固体在现代高科技领域中起重要作用,高温超导、亚铁磁性材料和机械性质好的陶瓷材料都是无机固体化学研究的热点.还有一个重要的研究前沿领域是复合材料(composite material)或称为杂化材料,即把不同类型的物质在微观的尺度上交联,得到宏观性质上具有各组分优点的材料.例如把高分子材料和无机材料交联,生成的杂化材料具有高聚物和无机陶瓷的优点,得到高分子功能材料和高强度的生物陶瓷等.

无机材料的电学和磁学性质一直在高科技领域得到广泛的应用,传统的金属导电体,铁、Fe_3O_4 和各种合金的磁体至今仍继续使用.近年来,具有明显的电学和磁学性质的新型材料已经开辟了一个新的研究领域,并得到或即将得到广泛的应用.

10.4.1 无机固体的导电性和超离子导体

我们通常认为离子导电性只存在于溶液或熔融盐中,实际上,有些固体可允许离子(主要是阳离子)在固体中扩散而导电,这种能导电的固体称为**固体电解质**.具有应用价值的固体电解质需符合下列要求:

(i) 存在大量可移动的离子.

(ii) 存大量空位,使移动离子能够进入.

(iii) 离子进入前的空位和离子进入后的位置能量相近,它们之间的能垒很小.

(iv) 必须有合适的阴离子骨架,其中有开放的通道,或者骨架柔软,易被极化而变形.

离子电导与温度的关系和缺陷移动与温度的关系类似,也符合 Arrhennius 关系,温度越高,电导越大.

下面给出两例具有"硬"骨架的离子导体(硬酸和硬碱),它们的晶体结构中存在通道,使阳离子较易通过,因而产生离子电导.一个典型的例子是所谓的 β-氧化铝,它实际上含有非化学整比的钠离子,化学式为 $Na_{1+x}Al_{11}O_{17+x/2}$,其中易流动的 Na^+ 能导电.β-氧化铝的结构示于图 10.17,它含有刚性的 $\gamma\text{-}Al_2O_3$ 层,还有氧化铝层间的 Na^+ 和 O^{2-} 组成的薄层,薄层内的 Na^+ 较易流动.类似具有 K^+ 或其他流动阳离子的物质也已获得.β-氧化铝可能作为固体电解质用于 Na/S 电池,这是目前固体电解质的一个研究课题.

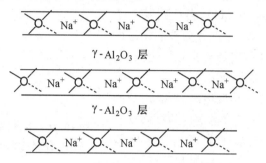

图 10.17　β-氧化铝结构示意图
($\gamma\text{-}Al_2O_3$ 层在氧原子四面体和流动 Na^+ 组成的薄层之间)

另一种优良的固体电解质称为 NASICON,即钠超离子导体(sodium superionic conductor),化学式为 $Na_3Zr_2PSi_2O_{12}$,由 ZrO_6 八面体和 PO_4/SiO_4 四面体共顶组成框架,其中包含供 Na^+ 移动的通道网络,但 Na^+ 只占据可利用的一部分位置,当中存大量空位,因此,在电场作用下,Na^+ 可从一个位置跳到另一个位置,与它们在 β-氧化铝结构中的导电行为相似.

还有一类具有应用前景的"软"固体电解质(软酸和软碱)是 AgI,以及以 AgI 为基础的三元化合物 $HgAg_2I_4$ 和 $RbAg_4I_5$.在这三种化合物中,虽然没有很大的离子通道,但 Ag^+ 比较容易流动,因为它们的晶格能小.

10.4.2　超导性

超导体有两个特殊的性质:(i)在临界温度 T_c 以下,其电阻为零,当温度高于 T_c 时,大部分超导体表现出普通金属的导电性;(ii)处于超导态时,在磁场中排斥磁力线,即完全抗磁性,这一性质称为 Meissner 效应.

超导现象是 1911 年在单质汞中发现的,汞的 T_c 为 4.2 K.多年来,所研究的超导材料主要是金属或合金,T_c 值大多很低,直到 1986 年,在 Nb_3Ge 合金中测定的最高的 T_c 只有 23 K.

通常超导性质被磁场限制.在有些超导材料中,材料性质所决定的临界磁场 H_c 影响了超导体的应用.另外,导电性在临界磁场以上逐渐减弱,而超导体的一个重要应用是输运产生高磁场所需要的电流,因此超导性和磁场的矛盾是一个突出问题.因此,对超导体的要求是同时提高 T_c 和 H_c.在提高 T_c 的问题上已经不断取得进步,所发现的第一个非金属的超导体是 Chevrel 物相,它具有高 H_c 值,而 T_c 值大约只有 15 K.Chevrel 物相具有 Mo_6S_8 单元和其他金属离子堆积的结构,Chevrel 相中,Li,Mn 或 Cd 可代替 Pb 的位置,Se 或 Te 代替 S 的位置. 与金属超导体比较,Chevrel 相脆性大,难以进行机械加工,制成导线等有用的形状. 另外,要使超导体保持超导状态,容器必须置于液氦或液氢中,这是非常昂贵的. 多年来,人们都渴望能获得 T_c 高于液氮沸点(77 K)的超导材料. 1987 年,Bednorz 和 Muller 发现了完全不同于金属或合金的氧化物超导体 $BaLa_xCu_yO_z$,其中铜的平均氧化态在 +2 和 +3 之间,T_c 高达 35 K,这是超导研究工作一个巨大的突破. 该项工作引起了世界广泛的兴趣,从此开始了氧化物超导的研究热. 其中 $Ba_{0.8}Y_{1.2}CuO_x$ 的 $T_c \geqslant 90$ K,确认有较高 T_c 的超导材料是 $TlBa_2Ca_2Cu_3O_{10}$,T_c 为 122 K. 近年来掺 Hg 的氧化物超导体的温度又有所提高.

高温超导的研究工作后来主要集中在 Y—Ba—Cu—O 体系上,特别是所谓的 1-2-3 相 $YBa_2Cu_3O_{7-x}(x \sim 0.2)$,$T_c = 95$ K. 1-2-3 化合物是高 T_c 超导材料的典型代表,具有类钙钛矿的层状结构(图 10.18),与钙钛矿不同的是,Cu 原子不是处于氧原子的八面体格位中. 从图中可看出,Cu 原子有两种不同的配位环境:一种是五配位,由 CuO_5 四方锥单元形成四边形共顶无限层;另一种 Cu 原子是四配位,共用部分 O 原子形成无限链. 从 $YBa_2Cu_3O_{7-x}$ 化学式可以看出,Y 和 Ba 分别是 +3 和 +2 价,Cu 的价态在 +2 和 +3 之间,这意味着存在 Cu^{2+} 和 Cu^{3+} 离子,Cu 具有混合价态. 目前尚不能鉴别出不同价态铜离子各自的位置,但 Cu 离子的可变氧化态可能是超导性质的关键.

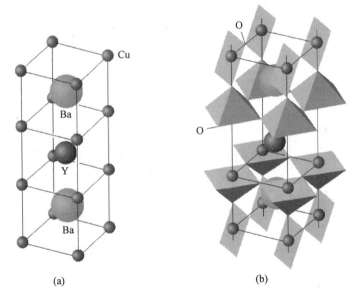

图 10.18　$YBa_2Cu_3O_7$ 类型超导化合物的层状结构

(a) 金属原子的位置　(b) 以 Cu 原子为中心的氧多面体(四方锥和平面四方)的结构

对超导现象的理论解释是一个重要课题. 著名的 BCS 理论(Bardeen,Cooper 和 Schriefer,获 1972 年诺贝尔物理学奖)对低温超导给出了令人满意的解释. 这一理论的要点是在超导体中存在 Cooper 电子对. Cooper 电子对中的电子存在相互作用,当一个电子存在于晶体中某一位置时,将使相邻的环境发生形变,从而吸引第二个电子进入同一区域,产生出 Cooper 电子对. 由于电子对间"相互吸引"产生的形变和原子的热振动相抵触,因此 Cooper 电子对只能在低温下存在. Cooper 电子对穿过固体比单个电子容易,因为它和原子发生碰撞时不像单电子那样容易被散射. 这意味着当大量的 Cooper 电子对存在时, 导电性增加极大, 材料变为超导体. BCS 理论对合金类超导体的超导性质作了令人满意的解释, 但是否适用于氧化物类的高温超导体还有待研究, 可能会有一种新的理论适用于该类超导体. 由于高温超导理论的不确定性, 还不能排除更高 T_c 的存在, 超导研究的最终目标是实现冰水温度甚至室温的超导.

10.4.3　协同磁性质

在原子结构和配合物部分已经讨论过单个金属离子的磁性质, 例如顺磁性 (paramagnetism) 和抗磁性 (diamagnetism). 实际化合物中还存在更复杂的磁性质, 比如铁磁性和反铁磁性. 这些复杂的磁性质只在固体中存在, 因为在无限的离子固体结构中, 邻近金属离子的磁矩间存在着相互作用, 特别是反铁磁相互作用. 因此固体宏观的磁性质是离子间相互作用的综合效用, 这种磁性质称为**协同磁性质** (cooperative magnetic property). 固体中协同磁相互作用的结果产生铁磁性 (ferromagnetism)、反铁磁性 (antiferromagnetism) 和亚铁磁性 (ferrimagnetism).

当不同金属原子的自旋通过耦合相互传递时, 有利于它们在某一个方向上平行排列, 这样的协同作用可以维持在一个很大的磁畴 (domain) 内, 其中含有几千个相邻的、磁矩方向相同的金属离子, 因此, 它们的磁化率将比通常的顺磁物质大得多, 这样的磁性质称为铁磁性. 而在普通的顺磁物质中, 每一个金属离子的磁矩与磁场的作用是相互独立的. 对于铁磁性物质, 当温度高于某一特定值时, 热作用使自旋的随机分布的倾向性增大, 失去了不同金属离子间的协同相互作用, 这一临界温度称为 Curie 温度 (T_C). 高于 Curie 温度, 铁磁性转变为的顺磁性, 与普通的顺磁物质磁性相同. 图 10.19 给出了不同磁性物质与温度的关系.

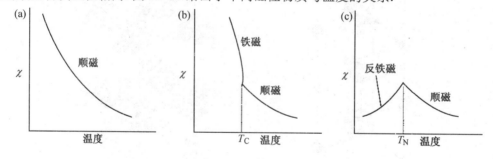

图 10.19　不同磁性物质磁化率 χ 与温度的关系

当低于 Curie 温度时, 铁磁性物质在外磁场中不仅可以产生很大的磁化强度, 而且外磁场撤消后, 还能保留固有的磁化强度. 铁磁性物质保留其磁化强度的程度决定了它们的应用范围. 所有的铁磁性物质对磁场的响应是非线性的, 可给出图 10.20 的磁滞回线 (hysteresis loop). 当回线较宽时 [图 10.20(a)], 外磁场减小到零时, 要在相反方向上加上很高的磁场才能去磁, 这样的材料称为硬铁磁体, 可用于制永磁体. 而当磁滞回线较窄时 [图 10.20(b)], 磁场振荡很快, 这类材料称作软铁磁体, 用于制变压器磁心.

反铁磁性物质的行为与铁磁性相反. 当低于临界温度 T_N 时 (这一温度称为 Neel 温度), 相邻金属离子之间的自旋有协同相互作用, 形成交错 (即反平行) 的排列方式. 按照这种方式, 在 T_N 以下磁化强度非常低, 当温度接近 0 K 时, 磁化强度则接近 0.

当两类磁性离子同时存在时, 能显示出亚铁磁性. 当一类离子沿磁场某一方向排列时, 另

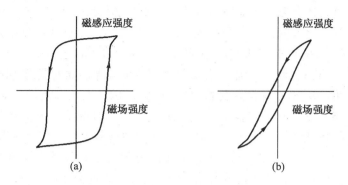

图 10.20 铁磁性物质的磁滞回线

(a) 硬铁磁体的强磁滞作用 (b) 软铁磁体的弱磁滞作用

一类离子则以相反方向排列,而两类离子有不同的固有磁矩,两者之间的磁性不能完全抵消,因此即使温度很低,接近 0 K 时,还有净的磁化强度存在.

从协同磁性质的观点看,特别重要的一类物质是铁氧体(ferrite),它们是包含铁离子的尖晶石类型的结构 MFe_2O_4(严格说是反尖晶石,因为 Fe^{3+} 处于 O 原子的四面体格位上).铁氧体可能是铁磁性或反铁磁性,这取决于它们的组成和结构.

10.4.4 无机固体发光性质

发光(luminescence)是由不同类型的能量激发而产生的.例如,光致发光由电磁辐射(主要是紫外光)激发,阴极射线发光由电子束激发,X 射线发光由 X 射线激发,电致发光由电压激发,等等.在无机发光材料[5,6]的基质(host)中掺入少量可作为发光中心的杂质做激活剂(activator),可诱导其他能量转化为可见光.图 10.21 给出了发光机理的示意图.发光中心 A 在基质晶格中被激发(EX)而发射光能(EM),部分能量以非辐射(NR)或热的形式释放出[图 10.21(a)].能量转换过程是电子从基态 G 吸收能量被激发到激发态 E_2,从 E_2 弛豫到其他的激发态能级如 E_1.当电子从激发态 E_1 跃迁回到基态时,发射出可见光,部分电子直接由激发态弛豫到基态,能量以非辐射跃迁的形式给出[图 10.19(b)].

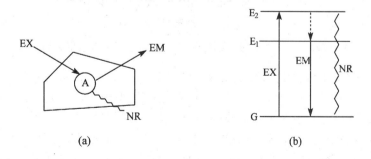

图 10.21 发光机理示意图

(a)为发光中心离子 A 在基质晶格中被激发(EX)而发光(EM) (b)为发光过程的能级图

无机发光材料普遍应用已经有几十年,例如,以 ZnS 为基质的发光材料已经发现了一个半世纪,但改进其发光效率、颜色和化学稳定性的工作至今仍在进行,Ag^+ 激活的硫化锌(通常表示为 ZnS：Ag$^+$)是具有高发光效率的蓝色发射阴极射线荧光粉,用于显示器荧光屏.如果用 CdS 部分取代 ZnS,可改变 ZnS 基质的能带结构,按照 Cd/Zn 的不同比率,可以得红色发射和绿色发射的荧光粉.另外,Sb^{3+}和 Mn^{2+}共同激活的碱土金属卤磷酸盐 M$_5$(PO$_4$)$_3$X(M＝Ca,Sr,Ba;X＝F,Cl,Br),在紫外光辐照下,Sb^{3+}能吸收紫外光而发射蓝光,Mn^{2+}虽不能被紫外光直接激发,但却可以从 Sb^{3+}获得激发能,发射出黄光.因此在该荧光材料中,Mn^{2+}吸收的能量来自于 Sb^{3+},即 Sb^{3+}对 Mn^{2+}有能量传递作用.该荧光粉具有很高的发光效率,可作为照明用的荧光灯粉.近年来,用稀土离子做激活剂的无机固体材料也得到广泛应用.由稀土离子激活的三基色荧光粉制成的节能灯,已占有很大的市场份额,逐渐代替了普通荧光灯.三基色节能灯不仅有高效的光输出,而且光色柔和,使用寿命长.三基色荧光粉是由发射红光、蓝光和绿光的三种无机荧光材料按照一定的比率组成,蓝粉通常是 Eu^{2+}掺杂的碱土金属铝酸盐或者卤磷酸盐,Eu^{2+}作为发光中心,其电子在 5d—4f 能级间跃迁,能量较高,且受晶体场影响较大,发射蓝色宽带谱;红粉是 Eu^{3+}激活的 Y$_2$O$_3$,Eu^{3+}在 4f—4f 能级间的跃迁,发射红色的线状谱.绿粉是 Ce^{3+}和 Tb^{3+}共激活的铝酸盐、硼酸盐和卤磷酸盐等.图 10.22 是 Eu^{3+}激活钇铝石榴石红粉的激发光谱(ex)和发射光谱(em)的谱图.该荧光粉可与 GaN 发光二极管(LED)匹配,接受 LED 的发出的紫光(波长约 390～400 nm),发射出 589 nm 和 613 nm 波长的红光,作为新型节能光源的荧光材料.

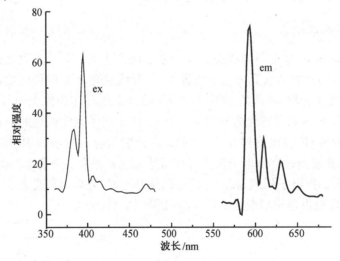

图 10.22　Eu^{3+}激活的钇铝石榴石的激发光谱(ex)和发射光谱(em)

另一类重要的发光材料用于 X 射线成像的光激励存储(photostimulable storage)发光材料,它们的光存储功能是由于在晶体中存在电子陷阱(阴离子空位),或者空穴陷阱(阳离子空位)形成的局域能级.电子在 X 射线辐照下由价带跃迁到导带产生空穴和电子,暂时贮存于陷阱中,当受到光或热激励时,陷阱中的电子(或空穴)可以释放出来,与发光中心复合而产生荧光[7].例如,迄今性能最好的光激励发光材料 BaBrF：Eu^{2+}已经用于医疗诊断的 X 射线数字成像系统,病灶在 X 射线辐照下产生的潜像存储于 BaBrF：Eu^{2+}荧光屏中,在适当波长的激光扫描下,存储的潜像转换为数字信号,计算机处理后得到清晰的图像.这样的诊断方法比传统的胶片方法使用的 X 射线剂量低,图像清晰,可通过网络实现远距离诊断.图 10.23 是医用 X 射线数字成像系统示意图.

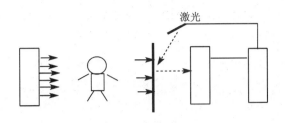

X 光源　　病人　潜像存储屏　光学系统　计算机读取系统

图 10·23　医用 X 射线数字成像系统示意图

无机固体化合物除了上述的电、磁、光功能材料外,还有用于传感器的光敏、气敏和热敏材料,用于自动控制的巨磁阻材料等,均是材料科学的重要研究领域.

10.5　无机固体的制备

固体无机化合物的合成方法取决于以什么作为反应物,以及生成物的用途和特点等.例如,产物是粉末、薄膜、单晶、多晶还是玻璃,其合成方法各不相同.大概可以分为固相之间的反应,液相(融体、溶液和悬浮液)间的反应,以及气相间的反应.制备分子固体的反应一般是在溶液中进行,通过蒸发溶剂或冷却,使固态产物从中沉淀出来.这种方法的反应条件温和,但受溶剂沸点的影响使应用受到限制.有些非分子型固体,例如过渡金属氧化物和硫化物,也能从溶剂中,特别是在水溶液中沉淀而制备出来.但是,大部分无机固体化合物,特别是结晶的固体,都是用高温固相反应制备.目前制备无机固体常用的方法有高温固相反应法、助熔剂法、水热法和化学气相迁移法.

10.5.1　高温固相反应法

高温固相反应是最常用、最简单的固相合成方法.通常是把起始物均匀混合,研细并压紧,再放入惰性容器中,置于高温炉中加热.例如,合成尖晶石结构的 $CoFe_2O_4$ 陶瓷材料可用化学计量 CoO 和 Fe_2O_3 粉末混合均匀,在 1200 ℃ 时直接焙烧,通过固相扩散,得到所需物相:

$$CoO + Fe_2O_3 \xrightarrow{1200℃} CoFe_2O_4 \tag{10.6}$$

通常一次反应不可能很完全,第一次焙烧后的反应混合物必须充分研磨,压紧,再次焙烧,经过多次反复焙烧,才可以得到最终的 $CoFe_2O_4$ 纯物相.因此这种方法的缺点是较难获得高度均匀的产物.只有经过多次重复研磨和焙烧的步骤,才能提高样品的均匀性.但如果选择适当的反应前驱物(precursor),使参加反应的原子间移动的距离减少,固相扩散容易进行,才可使反应温度降低、反应时间缩短.例如,如果把铁盐和钴盐在水溶液中用草酸铵沉淀,得到原子尺度分散的混合草酸铁钴前驱物,焙烧的反应温度可由 1200℃ 降低到 700℃,反应时间只需3h,反应式为:

$$2FeSO_4(aq) + CoSO_4(aq) +3(NH_4)_2C_2O_4(aq) \longrightarrow CoC_2O_4(s) +2FeC_2O_4(s)+3(NH_4)_2SO_4(aq) \tag{10.7}$$

$$CoC_2O_4(s) +2FeC_2O_4(s) \xrightarrow{700℃} CoFe_2O_4+4CO(g) +2CO_2(g) \tag{10.8}$$

钇钡铜氧高温超导材料也可用类似的高温固相反应制备.先用共沉淀方法,从含有三种阳

离子 Y^{3+}、Ba^{2+} 和 Cu^{2+} 的水溶液中沉淀出均匀的碳酸盐混合物,再高温焙烧,在加热反应过程中控制氧气的分压,可以得到具有氧缺陷的超导体:

$$Y_2(CO_3)_3 + BaCO_3 + CuCO_3 + O_2 \xrightarrow{\text{高温}} YBa_2Cu_3O_{7-x} + CO_2 \qquad (10.9)$$

10.5.2　助熔剂法

助熔剂(flux)是反应过程中不发生净化学变化的添加剂,与润滑剂类似,可增加反应物的流动性,使反应能在更短的时间、更低的温度下进行,并能得到均匀性更好的产物.有时痕量水也能起助熔剂作用.但大多数情况下助熔剂的使用量较大,在一定程度上相当于一个固体溶剂.例如,制备复合氧化物 $LiFe_5O_8$ 通常要求研磨和焙烧多次,但若加入 Li_2SO_4/Na_2SO_4 做助熔剂,形成低共熔混合物,则反应可以在 800 ℃ 一步完成,加入的助熔剂可以加水浸泡除去.

$$Li_2CO_3(s) + 5\,Fe_2O_3(s) \xrightarrow{\text{高温}} 2\,LiFe_5O_8(s) + CO_2 \qquad (10.10)$$

有的助熔剂可形成低共熔点的熔体,使困难的反应在熔融状态进行.例如制备氮化硼(BN)是在 $NaOH/NaNH_2$ 混合的低共熔点的熔体中进行:

$$B_2O_3 + 3\,NaNH_2 \xrightarrow{\text{高温}} 2\,BN + NH_3 + 3\,NaOH \qquad (10.11)$$

TiC 是一种非常坚硬和惰性的陶瓷材料,它可在碱金属卤化物助熔剂中反应得到:

$$CaC_2 + TiO_2 \xrightarrow{\text{高温}} TiC + CaO + CO \qquad (10.12)$$

钇铝石榴石(YAG)是重要的激光材料和荧光材料的基质,在高温固相反应时,加入少量 BaF_2 做助熔剂,此处的助熔剂并未使反应混合物形成熔体,仅仅是使固相反应容易进行,易得到纯物相.反应完成后,少量 BaF_2 对产物的功能性质没有影响,不必除去.

$$5\,Al_2O_3 + 3\,Y_2O_3 \xrightarrow{\text{高温}} 2\,Y_3Al_5O_{12} \qquad (10.13)$$

10.5.3　水热法

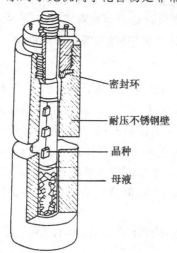

图 10.24　水热合成的反应釜

水对于无机离子化合物是非常好的溶剂,在高于水的沸点的温度和压力下,水的溶解范围加大,可以溶解在通常条件下不溶解的共价化合物和某些氧化物,因此能在较低的温度下反应生成目标化合物,这样的合成方法称为**水热法**(hydrothermal synthesis).例如,很多天然氧化物宝石就是在自然的水热条件下缓慢长成的晶体.水热法通常用水做溶剂,把水和反应混合物放入密封的反应釜内,同时加入某些碱或者酸做助溶剂,以增加反应物的溶解度,加热温度应高于三相点.反应釜是厚壁的不锈钢容器,它能在温度升高时承受较高的压力.图 10.24 为水热合成的反应釜.

水热法的反应温度通常在 400 ℃ 以下,比高温固相反应和助熔剂法都低得多.有些晶体只能用水热法生长,例如要用熔融的方法生长立方 ZnS 晶体,在 1080 ℃ 高温时,ZnS 熔融,冷却时发生相转变,最终得到六方的 ZnS 晶体,而非所需的立方物相.而如果用水热法合成,水热

图中标注:密封环、耐压不锈钢壁、晶种、母液

温度控制在 300～500 ℃ 可得到立方的 ZnS 晶体. 在 300 ℃ 和 7×10^6 Pa(70 bar)的压力下,在 NaOH 和 Na_2CO_3 的水溶液中,可以生长出大尺寸的石英单晶.

水热法也能合成很多重要铝硅酸盐粉末,例如硅藻土分子筛、磷灰石、莫来石;陶瓷材料 Al_2TiO_5、ZrO_2;以及磁粉 γ-Fe_2O_3、CrO_2 等. 其中的丝光沸石(mordenite)分子筛是由铝酸钠、碳酸钠和硅酸混合,使铝硅比为 1:5,当沉淀为凝胶后,把凝胶和水置于高压釜中加热到 300 ℃,再冷却结晶,得到水合分子筛 $Na_2O \cdot Al_2O_3 \cdot 10SiO_2 \cdot 6H_2O$. 溶剂水蒸发除去,制得工业上应用的无水物. 水热合成的另一个重要例子是合成低密度的气凝胶(aerogel),方法是把胶体溶液置于反应釜中,用超临界的方法除去溶剂,得到孔隙度高(>95%)的固体,胶体中的溶剂被空气置换,而胶体颗粒的三维网络结构得以保持,因此使得到的气凝胶具有高孔隙分布和低密度的特点.

近来,"水热法"的溶剂范围已经扩大了,可以用非水溶剂作反应介质,因此,这种方法严格称为"溶剂热法".

10.5.4　化学气相沉积法

化学气相沉积法(chemical vapor deposition,CVD),用于制备金属薄膜、半导体器件、陶瓷材料的涂层等. 这一方法的关键是找到合适的分子型前驱物. 挥发性的前驱物受热发生反应,冷却后沉积在衬底上,形成所需固体化合物薄膜或器件. 常用的 MOCVD(金属有机化学气相沉积法,metal-organic chemical vapor deposition)是以挥发性强的金属有机化合物作为前驱物制备薄膜的方法. 表 10.2 给出了若干种用 CVD 方法制备的无机薄膜材料及其应用.

表 10.2　若干用 CVD 方法制备的无机薄膜材料及其应用.

薄膜	应用	薄膜	应用
Al_2O_3	抗氧化	Si	半导体器件;电光器件,包括太阳能电池
AlN	高能集成电路;声学器件	Si_3N_4	扩散阻隔膜;半导体器件的惰性涂层
CdTe	太阳能电池	SiO_2	光导材料
CeO_2	光学涂层;绝缘膜	SnO_2	还原性气体(如 H_2,CO,CH_4,NO_x 等)传感器
GaAs	半导体器件;电光器件,包括太阳能电池	TiC	耐磨层
GaN	发光二极管(light emitting diodes,LED)	TiN	润滑材料
$GaAs_{1-x}P_x$	发光二极管(LED)	W	半导体器件的金属涂层
$LiNbO_3$	电色器件	WO_3	电色窗口
NiO	电光陶瓷	ZnS	红外窗口

用 CVD 方法制备固体材料的重要实例如下:

1. 高纯半导体硅

高纯半导体硅均用 CVD 方法制备. 首先加热,用 C 还原 SiO_2 为粗 Si(10.14);粗 Si 和 HCl 反应,转化为挥发性的 $SiHCl_3$(10.15);后者加热到 1400 K 时,和氢气反应,再转变为高纯硅(10.16).

$$SiO_2 + 2C \xrightarrow{\text{高温}} Si + 2CO \tag{10.14}$$

$$3HCl + Si \underset{1400\,K}{\overset{620\,K}{\rightleftharpoons}} SiHCl_3 + H_2 \tag{10.15}$$

$$4SiHCl_3 + 2H_2 \xrightarrow{\text{高温}} 8HCl + 3Si + SiCl_4 \tag{10.16}$$

用 CVD 方法制备的高纯硅可有效地除去 B、P 等杂质. 虽然制造 p-型或 n-型半导体要有控制地额外加入 B、Al、P、As 等杂质,但高纯硅则是半导体器件的基础,在高纯硅中人为加入微量的某种杂质,才能获得预期的半导体特性.

2. Ⅲ-Ⅴ族半导体

Ⅲ-Ⅴ族半导体的合成:Ⅲ-Ⅴ族半导体是由ⅢA 族的 Al、Ga、In 和 VA 族的 N、P、As 等组成的半导体,如 AlAs、GaAs、AlSb、GaP、GaN、InP、GaSb 和 GaN,以及三元化合物 $GaAs_{1-x}P_x$ 等等,它们均为重要的半导体. Ⅲ-Ⅴ族半导体和 Si 有相近的能隙,但电子具有更高的迁移率,因此可制备高速电子计算机的集成电路. GaN 和 $GaAs_{1-x}P_x$ 薄膜是用于各种显示器的发光二极管(LED)芯片的材料,它们发光的颜色取决于带隙的大小,而带隙的大小又与掺杂的种类和浓度以及薄膜的制备工艺有关.

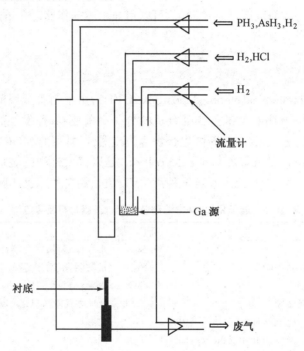

图 10.25　CVD 法外延制备 $GaAs_{1-x}P_x$ 的装置示意图

$GaAs_{1-x}P_x$ 是在衬底外延生长出的多晶薄膜材料. 图 10.25 示出了用 CVD 技术制备 $GaAs_{1-x}P_x$ 的装置示意图. 反应温度为 1050 K,H_2 作为载气. 金属镓置于反应器中,与进入的干燥 HCl 反应生成 GaCl,GaCl 发生歧化反应在衬底生成单质镓和三氯化镓. Ⅴ族的氢化物 PH_3 和 AsH_3 热分解为单质 P 或 As,在衬底上与镓反应最终得到 $GaAs_{1-x}P_x$ 薄膜层.

$$2\,Ga + 2\,HCl \longrightarrow 2\,GaCl + H_2 \tag{10.17}$$

$$3\,GaCl \longrightarrow 2\,Ga + GaCl_3 \tag{10.18}$$

$$2\,EH_3 \xrightarrow{900\,K} 2\,E + 3\,H_2 \quad (E=P,\ As) \tag{10.19}$$

在 HCl 气氛中制备 GaAs 的总反应为:

$$EH_3(E=P,\ As) + Ga + HCl \xrightarrow{高温} GaAs_{1-x}P_x + \frac{3}{2}\,H_2 + HCl \tag{10.20}$$

10.5.5　溶胶-凝胶法

溶胶-凝胶(sol-gel)**法**是合成不同形貌和颗粒大小的氧化物的一种常用方法.与传统的高温固相反应相比,溶胶-凝胶法是温和的"软化学"合成法.该类反应通常在室温附近和常压下进行,用水或者乙醇做溶剂,微小的固体溶胶颗粒在溶液中沉淀出来,凝聚为水凝胶或醇凝胶,凝胶经干燥成为干凝胶(xerogel).或者用超临界方法排除溶剂,得到气凝胶(aerogel).溶胶颗粒的大小和凝聚常由溶液的 pH 调控.溶胶-凝胶法得到的粉末是制备玻璃、陶瓷等固体材料的前驱物.

制备溶胶有两种方法:(i) 把悬浮在溶剂中的固体小颗粒制成胶体溶液,使胶体颗粒带有表面电荷,防止小颗粒凝聚,成为稳定的溶胶悬浮液;(ii) 从分子溶液入手,使其长大成胶体小颗粒,例如,水解卤化物成为氢氧化物溶胶,或者从单体聚合为多聚体.

溶胶-凝胶法中常用的是醇盐(alkoxide)法,让醇盐(例如正硅酸乙酯)部分或者全部水解,水解得到的单体聚合形成胶体,然后再聚集成凝胶.水解和聚集过程通常在酸催化或碱催化作用下进行,图 10.26 是在不同条件下溶胶形成和凝聚的示意图,起始溶液中的高浓度醇盐有利于胶体颗粒的交联,降低干燥过程中的收缩,形成更多孔隙的凝胶.

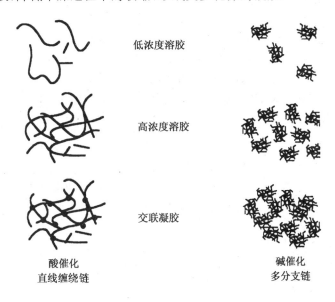

低浓度溶胶

高浓度溶胶

交联凝胶

酸催化
直线缠绕链

碱催化
多分支链

图 10.26　溶胶形成和凝聚

溶胶-凝胶法可制备热力学上不稳定的多元氧化物.例如,800 ℃ 下烧结干凝胶可制备出 $CaO \cdot 4SiO_2$ 和 $CaO \cdot 8SiO_2$ 等不同组成的化合物,而该类化合物用熔融的方法不能得到.溶胶-凝胶法还可以制备氧化物的超细球形粉末、氧化物薄膜,包括防护膜、光学膜、铁电膜以及导电涂层.

制备无机固体化合物的方法很多,除了上述常用的制备方法外,还有制备薄膜的气相外延法,生长单晶的化学气相迁移法,以及在极端条件下(超高温、超高压等)合成法,可生成在一般条件下不能得到的特殊物相.随着多种无机固体材料的开发和无机固体化学的进步和发展,各种新的合成方法也不断涌现.

习　题

10.1 预测下列反应的可能产物(不必配平)

　　(1) $x\,LiI + V_2O_5 \xrightarrow{\triangle}$

　　(2) $x\,CaO + WO_3 \xrightarrow{\triangle}$

　　(3) $x\,SrO + Fe_2O_3 \xrightarrow{\triangle}$　　(O_2 存在时)

10.2 Fe(Ⅱ)氧化物减少 Fe 和 U(Ⅳ)氧化物增加阴离子 O,分别使各化合物的组成和结构发生什么变化?

10.3 解释固体的能带形成. 什么是 Fermi 能级? 什么是固体中的能隙?

10.4 为何 d 区金属氧化物比非 d 区的金属氧化物容易形成非整比化合物?

10.5 解释:本征半导体,掺杂半导体,n-型半导体,p-型半导体. 它们之间的区别何在?

10.6 NiO 中加入 Li_2O 在空气中焙烧可增加其导电性,为什么?

10.7 解释:

　　(1) Schottky 缺陷在 $CaCl_2$ 中;

　　(2) Frenkel 缺陷在 AgBr 中;

　　(3) AgCl 中用 $CdCl_2$ 掺杂,引起 AgCl 晶体结构发生什么变化?

10.8 什么是固体电解质? 以 NASICON 为例,说明固体电解质的功能.

10.9 什么是非化学剂量固体? 给出非化学剂量氢化物的组成

10.10 什么是嵌入反应? 碱金属如何嵌入石墨?

10.11 评述并比较下列制备无机固体化合物的方法:

　　(1) 溶胶-凝聚法

　　(2) CVD 法

　　(3) Flux 法

　　(4) 水热法

参 考 文 献

[1] S. Iijima. J. Solid State Chem. , 14, 52 (1975)

[2] T. Hughbanks and R. Hoffman. J. Am. Chem. Soc. , 105, 1150(1983)

[3] R. Schöllhorm. Angew. Chem. Int. Ed. Eng. , 19,983 (1980)

[4] A. Simon, Angew. Chem. Int. Ed. Eng. , 20,1 (1981)

[5] G. Blasse, B. C. Grabmaier. Luminescent Materials(pp. 1~3, 108~126, 162),Springer, 1994

[6] B. M. J. Smets. Mat. Chem. Phys. , 16, 283 (1987)

[7] K Takahashi et al.. J. Luminescence ,132,1492 (1985); Y. Iwabuchi et al.. Jap. Appl. Phys. , 33,178(1994)

参 考 书 目

[1] Paul J. van der Put. The Inorganic Chemistry of Materials, Plenum Press, New York (1998)

[2] F. A. Cotton, G. Wilkinson and P. L. Gaus. Basic Inorganic Chemistry, 3rd ed. , John Wiley & Sons, Inc. , New York (2001)

[3] F. A. Cotton, G. Wilkinson C. A. Murillo and M. Bocchmann. Advanced Inorganic Chemistry, 6th ed.. John Wiley & Sons, Inc., New York (1999)

[4] C. N. R. Rao and J. Gopalakrishnan. New Directions in Solid State Chemistry, 2nd ed.. University Press, Cambridge (1997)

[5] D. F. Shriver, P. W. Atkins. Inorganic Chemistry, 3rd ed.. Oxford University Press, Oxford (1999)

[6] Catherine E. Housecroft and Alan G. Sharpe. Inorganic Chemistry. Prentice Hall, London (2001)

[7] G. Blasse, B. C. Grabmaier. Luminescent Materials. Springer, Berlin(1994)

第11章 生物无机化学

11.1 概 述

生命现象及生物化学和有机化学有着密切的关系,早已为人们所熟知.然而,由于长期以来,把化学划分成"有机"和"无机"的传统,以及受科学水平的制约,人们仅注意到氧、碳、氢、氮等少数几种元素在生物体内的大量存在,且形成一系列复杂的有机物,如碳水化合物、脂肪和蛋白质等.而无机元素的存在及其重要的生理功能,却往往被忽视.当然,例外是有的.譬如,一个多世纪以前就已经知道血液中含铁,盐(NaCl)的生理功能也早被注意到了.但是,认识到许多无机元素,特别是微量或痕量元素,同样是有机体不可缺的必需元素,只不过经历了 30～40 年的光景.

随着微量元素分析技术的不断提高,在自然界存在的 90 多种元素中,在人体内就发现了 60 多种,其中包括许多金属元素.而且,生物化学家在深入研究酶——天然催化剂的时候,发现在已知的众多酶中,大约有 1/3 涉及到各种金属元素,它们或是酶的活性中心,或是酶活性的激活剂.随后,无机化学家也发现许多生物体内的金属元素,特别是那些微量和痕量的过渡金属元素,大都和生物大分子结合在一起,以配合物的形式存在,同属配位化学的范畴.于是,这两股研究潮流汇集起来,从 20 世纪 60 年代后期开始,逐渐形成了一个全新的生物化学和无机化学的交叉前沿学科——**生物无机化学**(Bioinorganic Chemistry),大大缩短了经典无机化学和生物化学间的距离.

现在了解,人体中所含的元素中,至少有 29 种是维持生命必不可少的元素,通常称之为"必需元素".这 29 种必需元素,若按其含量的多少来划分,则有 11 种为宏量元素,包括 7 种非金属和 4 种金属元素.它们约占人体总质量的 99.95%.其余 18 种,则为微量或痕量元素,包括 12 种金属和 6 种非金属元素(表 11.1)[1].它们总共才占人体总质量的 0.05% 左右,但却起着重要的生理功能,不可忽视.

表 11.1 人体必需元素按含量的分类

宏量元素 (11 种)	非金属元素(7 种)	H,C,N,O,P,S,Cl
	金属元素(4 种)	Na,K,Mg,Ca
微量和痕量元素 (18 种)	非金属元素(6 种)	F,I,Se,Si,As,B
	金属元素(12 种)	Fe,Zn,Cu,Mn,Mo,Co,Cr,V,Ni,Cd,Sn,Pb

无机元素在生物体中的生理功能是多种多样的,但归纳起来有以下 4 个主要的方面.

1. 调控作用

碱金属和碱土金属离子,特别是 K^+、Na^+ 和 Ca^{2+} 离子,能在生物体内起调控作用.这些离子流可通过细胞膜或各种界面传递信息,其中 Na^+ 离子流便参与了神经信息的传递过程.举一简单的例子,一旦手指触摸到植物的刺,便能瞬间做出反应,立即缩回.这是由于快速跨膜的 Na^+ 离子流,迅速改变神经细胞内外电荷符号所造成的神经脉冲,触发神经细胞高速传递的结果.此外,Ca^{2+} 离子流对神经支配肌肉的伸缩起调控作用,而肌肉的伸缩对呼吸、消化、运动,乃至语言表达等生命现象都至关重要.最近还发现调节基因表达的一些蛋白质中含有 Zn^{2+} 离子,它们不但起着稳定结构的作用,被称为"锌指",还可起调节转录的作用.

2. 结构作用

结构性物质,如骨骼、牙齿和贝壳中的主要阳离子是钙(Ⅱ),因为钙的碳酸盐和磷酸盐均难溶.钙在结构促进作用中所扮演的角色是多样的,从搭桥连接细胞壁里的各种有机组分,直到形成整个骨架.但其中的钙并不是一成不变的,它们不断地被沉积和重新吸收,成为钙离子和磷酸根的缓冲地带,这些过程均由体内的荷尔蒙控制.骨骼和牙齿中的钙,以羟磷灰石的形式存在,与自然界中的磷灰石组成相同.

此外,许多金属离子还起稳定生物大分子结构的作用.例如,Na^+ 和 Mg^{2+} 离子通过静电作用来稳定核酸的结构.K^+ 离子可稳定端粒的结构.端粒是指染色体末端,中断 DNA 的单元.许多与蛋白质连接在一起的金属离子,如 Fe、Zn、Cu 等,更是维持蛋白质特定构象必不可少的,否则蛋白质大分子只能松散地聚集在一起.

3. 输运作用

某些含金属元素的生物大分子是电子或双氧的载体.这些分子中均含相应的存储部位,起输运电子或氧气的作用.典型的氧载体有:脊椎动物中含铁的血红蛋白和肌红蛋白;海洋无脊椎动物中的蚯蚓血红蛋白(一种非血红素的铁蛋白);以及存在于节足动物,如螃蟹、虾、蜘蛛、蜈蚣等,和软体动物,如蜗牛、乌贼等血液中的血蓝蛋白[一种含铜蛋白,氧合前无色,氧合后则转变为蓝色,表明已由 Cu(Ⅰ)转变为 Cu(Ⅱ)].其他,还有低等动物中存在的血钒蛋白等,血钒蛋白中含 V(Ⅲ).

生物体内存在一系列复杂的电子转移反应.在有些情况下,蛋白质发生氧化还原转型,但并未催化底物分子发生化学变化,仅发生可变价态的金属离子将电子传递给其他生物大分子或从那里得到电子,成为电子载体.常见的电子载体有含铁的细胞色素和铁氧还蛋白,以及一系列含铜的蓝色蛋白,如天青蛋白、质体蓝素和星蓝蛋白等.

4. 催化作用

酶是生物体中存在的天然催化剂.现已知众多的酶中含金属离子,它们或与蛋白质牢固地结合在一起,形成金属酶;或与蛋白质松散地结合,成为酶的活性部位或酶活性的激活剂.由于生物体内的化学变化复杂多变,因而酶催化的反应也是各式各样的.例如,许多水解酶的活性部位含锌离子,如碳酸酐酶和羧肽酶等;也有的含其他金属离子,如锰、镍、钙或镁等离子.氧化还原酶中,如含铁的细胞色素 P-450 催化烃氧化到醇的反应;含钼的硝酸盐还原酶,催化 NO_3^- 还原为 NO_2^- 的反应;含钼、铁和原子簇的固氮酶,催化由 N_2 转变为 NH_3 的反应等.此外,还有各种裂解酶、聚合酶、歧化酶、脱氢酶、异构酶、转移酶和合成酶等,不胜枚举.

现已确认,生物体内存在着许多必需的无机元素,它们起着重要的生理功能.然而,时至今日,人们对其中的有些无机元素,特别是痕量元素的生理功能,甚至在体内的存在形式都知之甚少.此外,对某些无机元素是否必须尚无定论.因此,当前生物无机化学的研究对象,主要是生物体内存在的各种无机元素,特别是微量和痕量的金属元素,它们在体内的存在形式,以及结构、性质和生物活性之间的关系.为了便于研究,常用人工模拟的方法,合成具有一定生物功能的金属配合物.另一重要的研究领域是把金属元素人为地引入生物体内,作为探针或药物.

鉴于生物无机化学涉及的元素和研究范围极其广泛,本章仅对研究得较多或较为成熟的某些方面,作一简要的阐述.

11.2　载氧金属蛋白

载氧金属蛋白中,以**血红蛋白**(Hemoglobin,Hb)和**肌红蛋白**(Myoglobin,Mb)最为重要,它们普遍存在于脊椎动物的血液和肌肉中.血红蛋白是血液中红细胞的主要成分,它的生理功能是从肺部摄取大气中的氧气,然后,随血流运送到全身,以满足各有机组织所需的氧.肌红蛋白则能贮存和提供肌肉活动所需要的氧.在氧分压低的情况下,肌红蛋白与氧气的亲和力比血红蛋白的强,因此,能将氧存储起来;一旦肌肉收缩急需氧,便将氧气释放出来以供需要.在人的心肌、鸟的飞翔肌肉里,肌红蛋白的含量甚高.海豚、海豹等动物,为保证在潜水时有足够的氧供给肌肉,肌红蛋白的含量也很高.

所谓蛋白质,是指由以下通式所表示的各种 α-氨基酸间脱去一分子水,通过肽键连接成的

$$R\!-\!\overset{\overset{\displaystyle NH_2}{|}}{\underset{\underset{\displaystyle H}{|}}{C}}\!\overset{\alpha}{}\!-\!COOH$$

长链分子,即肽链.此过程可表示为:

$$H_2N\!-\!\overset{\overset{H}{|}}{\underset{\underset{R_1}{|}}{C}}\!-\!\overset{\overset{O}{\|}}{C}\!\xrightarrow{\text{肽键}}\!N\!-\!\overset{\overset{H}{|}}{\underset{\underset{R_2}{|}}{C}}\!-\!\overset{\overset{O}{\|}}{C}\!\xrightarrow{\text{肽键}}\!N\!-\!\overset{\overset{H}{|}}{\underset{\underset{R_3}{|}}{C}}\!-\!\overset{\overset{O}{\|}}{C}\cdots\!N\!-\!\overset{\overset{H}{|}}{\underset{\underset{R_4}{|}}{C}}\!-\!COOH$$

式中"R_n"为母体氨基酸残基.

氨基酸(amino acid)含氨基和羧基.作为蛋白质组分的 α-氨基酸种类并不多,总共只有 20 多种(表 11.2).

表 11.2　蛋白质中的氨基酸

分　类	中文名称	英文名称	缩　写	R
疏水残基 脂肪族残基	甘氨酸	glycine	Gly	—H
	丙氨酸	alanine	Ala	—CH_3
	缬氨酸	valine	Val	—CH(CH_3)_2
	亮(白)氨酸	leucine	Leu	—CH_2—CH(CH_3)_2
	异亮氨酸	isoleucine	Ile	—CH(CH_3)CH_2CH_3
芳香环残基	苯丙氨酸	phenylalanine	Phe	—CH_2—C_6H_5
	酪氨酸	tyrosine	Tyr	—CH_2—C_6H_4—OH

288

分　类	中文名称	英文名称	缩　写	R
亲水残基	色氨酸	tryptophan	Trp	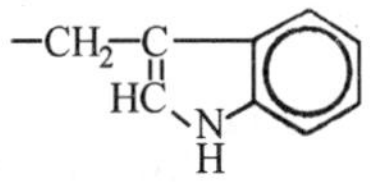 $-CH_2-C$ 结构（吲哚环）
羟基残基	丝氨酸	serine	Ser	$-CH_2OH$
	苏氨酸	threonine	Thr	$-CH-OH$，CH_3
羧基残基	天冬氨酸	aspartic acid	Asp	$-CH_2COOH$
	谷氨酸	glutamic acid	Glu	$-CH_2CH_2COOH$
酰胺残基	天冬酰胺	asparagine	Asn	$-CH_2-\overset{O}{\overset{\|}{C}}-NH_2$
	谷氨酰胺	glutamine	Gln	$-CH_2-CH_2-\overset{O}{\overset{\|}{C}}-NH_2$
	天冬氨酸或酰胺未定		Asx	
	谷氨酸或酰胺未定		Glx	
含硫残基	半胱氨酸	cysteine	Cys	$-CH_2-SH$
	甲硫氨酸	methionine	Met	$-CH_2-CH_2-S-CH_3$
碱性残基	组氨酸	histidine	His	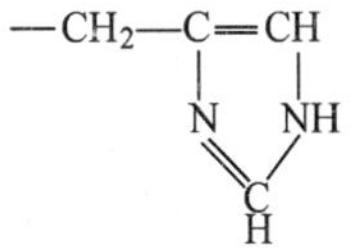 $-CH_2-C=CH$ （咪唑环）
	赖氨酸	lysine	Lys	$-(CH_2)_4NH_2$
	精氨酸	arginine	Arg	$-(CH_2)_3-NH-\overset{NH}{\overset{\|}{C}}-NH_2$
	脯氨酸	proline	Pro	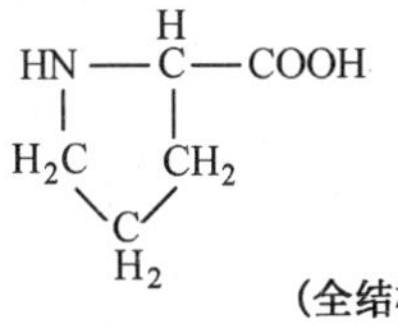 （全结构）

当蛋白质和各种不同的金属原子结合在一起,便形成各种**金属蛋白**(metalloprotein).不同的金属蛋白有不同的生理功能.

11.2.1　血红蛋白和肌红蛋白的组成和结构

血红蛋白和肌红蛋白的组分中均含**血红素**(heme).它是由铁(Ⅱ)和原卟啉形成的金属卟啉配合物.

卟啉(porphyrin)是一类大环化合物,它的基本骨架是环状的卟吩(porphine),如图11.1(a)所示.卟吩大环周围的氢原子,若被其他的基团取代,便形成各种不同的卟啉.卟啉环系是一高度共轭和稳定的体系,基本上保持平面构型.卟啉能得到 2 个氢离子,形成＋2 价阳离子;也能给出 2 个质子,形成－2 价阴离子.后者能和金属离子螯合,形成各种**金属卟啉配合**

289

物(metalloporphyrin complex),其中 4 个氮原子和金属离子配位,如图11.1(b)所示.卟啉类配合物都具有芳香性和很深的颜色.

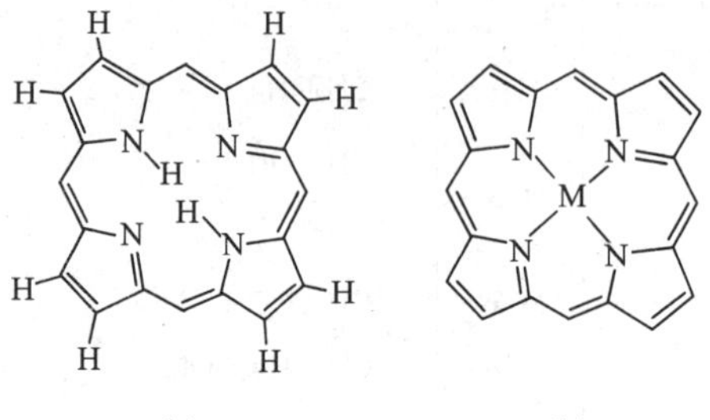

图 11.1　卟吩(a)和金属卟啉骨架(b)的结构
(M＝Mg,Fe,Cu,Co,Zn 等约 60 种元素)

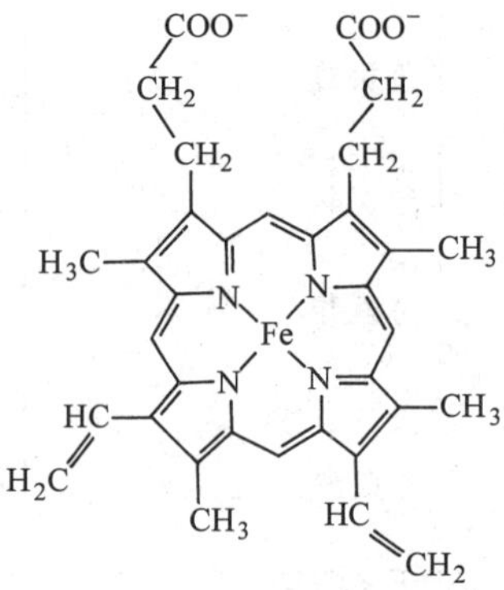

图 11.2　血红素的结构

生物体中最重要的两类金属卟啉配合物是铁卟啉和镁卟啉.血液中深红色的血红素即为铁(Ⅱ)和原卟啉形成的配合物,图 11.2 表示了它的结构.绿色植物中的叶绿素(chlorophyll),则为镁(Ⅱ)的卟啉配合物(图11.3),它是光合作用所必需的.光合作用是连续的复杂过程,植物吸收太阳能后,通过一系列氧化还原反应,最终将水和二氧化碳转化为葡萄糖,并释放出氧气:

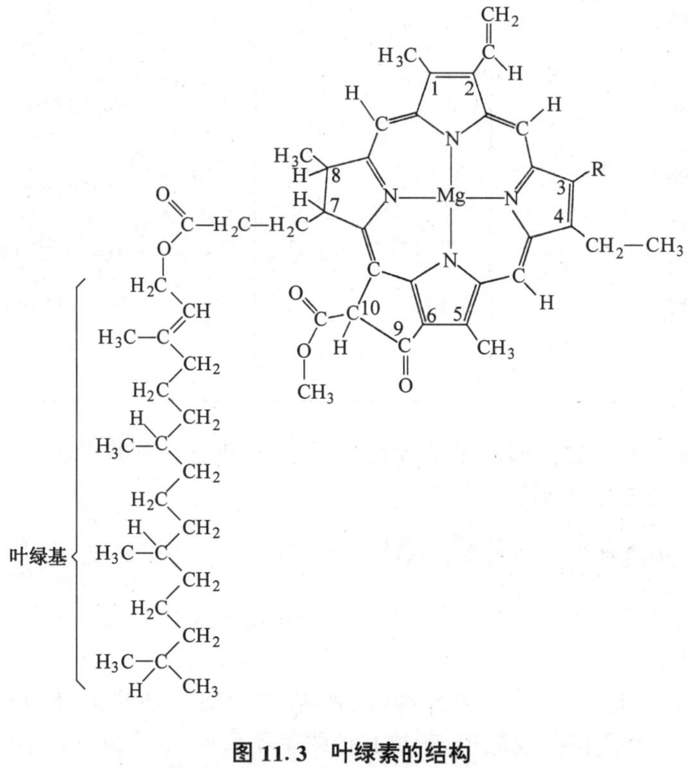

图 11.3　叶绿素的结构
(叶绿素 a:R＝CH₃,叶绿素 b:R＝CHO)

$$6\,CO_2 + 6\,H_2O \longrightarrow C_6H_{12}O_6 + 6\,O_2 \tag{11.1}$$

血红素和各种不同的蛋白质结合,便形成了血红蛋白、肌红蛋白、细胞色素、过氧化氢酶和过氧化物酶等多种重要的生物大分子.其中血红蛋白和肌红蛋白便含有血红素和珠蛋白结合的组分.

20 世纪 50 年代末期,首先对马的血红蛋白和抹香鲸的肌红蛋白的分子结构进行了测定.测定结果表明,它们的结构非常类似[2,3].图 11.4 表示了肌红蛋白的分子构象.

肌红蛋白的相对分子质量约为 17 000.它含一条由 153 个氨基酸组成的多肽链,即珠蛋白和一个血红素分子.肽链上组氨酸残基的咪唑侧链和血红素基团中的铁(Ⅱ)配位,使两者连接在一起.从化学的角度来看,肌红蛋白是一种以铁(Ⅱ)为中心离子的蛋白质配合物,其中铁是活性中心也是配位中心,卟啉环和蛋白质是配体.由图 11.4 可以清楚地看到,每个肌红蛋白分子仅含一个血红素基团.

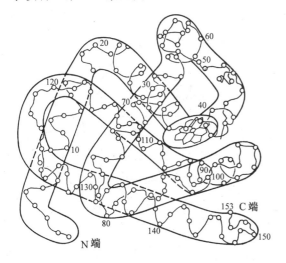

图 11.4 鲸的肌红蛋白的分子构象

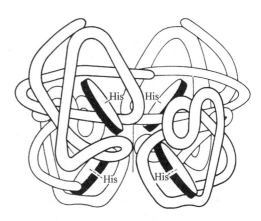

图 11.5 血红蛋白的分子构象
(血红素基团用圆盘表示)

血红蛋白可以看成是 4 个肌红蛋白的集合体(图 11.5).它的相对分子质量约为 64 500,大约是肌红蛋白的 4 倍.

血红蛋白中有两种亚单元(subunits),即 α 和 β,因此,血红蛋白可用 $\alpha_2\beta_2$ 表示.血红蛋白的每一亚单元和肌红蛋白类似,即含一条多肽链和一个血红素基团,只不过血红蛋白的多肽链稍短,α 链含 141 个氨基酸,而 β 链含 146 个.在这些亚单元之间并不存在任何共价键,因此,在稀溶液中一部分解离成二聚体或非聚体.和肌红蛋白类似,在血红蛋白的亚单元中,铁(Ⅱ)是中心离子,它的 6 个配位位置中的 4 个为卟啉环的氮原子所占据,第五个配位位置为组氨酸(His)残基咪唑侧链的氮原子所占据.若从多肽链的氨基末端数起,α 链相当于第 87 位氨基酸,而 β 链相当于第 92 位.几乎所有的血红蛋白都以这种方式结合,而且它是蛋白质和血红素间惟一的共价键.

在同一种脊椎动物中,常常存在一种以上的血红蛋白.例如,在成年人中大约有 97% 为 $\alpha_2\beta_2 \equiv HbA_1$ 型的血红蛋白,此外,还有两种其他的血红蛋白,即 HbF 和 HbA_2. HbF 存在于胎儿的体内,在出生 6 个月以后就基本消失.因此,在成年人中 HbF 的含量极低,还不到 1%. HbA_1 的 α 链也存在于胎儿的血红蛋白中,而 β 链却被另一种亚单元 γ 代替,所以 $HbF \equiv \alpha_2\gamma_2$.

γ 链和 β 链等长,但其残基却有 39 处不同. HbA$_2$ 在人的血液中所占的比重很小. 它和 HbA$_1$ 类似,α 链仍保留着,然而,β 链却被另一种亚单元 δ 所代替,即 HbA$_2$≡α$_2$δ$_2$. δ 链和 β 链极其相似,在 146 个氨基酸中仅有 10 处残基不同.

氨基酸的顺序很重要. 倘若血红蛋白多肽链中有个别氨基酸的组成或顺序发生了变化,就会引起血红蛋白异常的病症. 现已查明的这类病症达 200 种之多. 例如,先天性镰刀形红细胞贫血症,就是因为血红蛋白 β 链中第六位的谷氨酸残基被缬氨酸残基所代替造成的.

11.2.2　血红蛋白和肌红蛋白的输氧和贮氧功能

血红蛋白和肌红蛋白中的铁(Ⅱ)离子,在未和氧分子结合时,即脱氧形是五配位的,这时的铁(Ⅱ)具有高自旋的电子构型. 由于高自旋的铁(Ⅱ)离子半径较大(92 pm),不可能嵌入卟啉环的 4 个氮原子间,因而铁(Ⅱ)高出血红素的平面约 60 pm[图 11.6(a)]. 当第六个配位位置结合了氧分子以后,便转变为氧合形,这时的铁(Ⅱ)也相应地转化为低自旋的电子构型,同时离子半径缩小了 17 pm,为 75 pm,便自动移至卟啉环的平面内[图 11.6(b)].

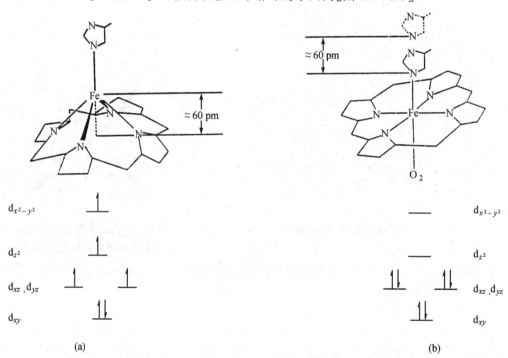

图 11.6　脱氧形和氧合形 Hb 和 Mb 中铁(Ⅱ)的配位和电子结构
(a) 脱氧形的高自旋铁(Ⅱ)　(b) 氧合形的低自旋铁(Ⅱ)

血红蛋白和肌红蛋白虽然都能和氧分子结合,但它们的生理功能却不相同. 血红蛋白从肺部摄取氧,然后通过血液循环系统将氧输送到各组织中去. 和肌红蛋白结合的氧却被储存起来,一旦为新陈代谢所需,就立即被释放出来,满足这种需要. 血红蛋白还有另一种功能,即将二氧化碳带回到肺部呼出. 此过程由某些氨基酸残基完成,血红素并未直接参与.

血红蛋白之所以能摄取和输送氧气,是因为它能和氧分子迅速地结合与解离. 这种结合与解离取决于氧气的分压. 血红蛋白和氧合血红蛋白之间的平衡可用式 11.2 表示:

$$Hb + O_2 \rightleftharpoons HbO_2 \tag{11.2}$$

$$K = \frac{[HbO_2]}{[Hb] \cdot p(O_2)}$$

肺泡中氧气的分压约为 100 mmHg[①],高于肺静脉血的氧气分压,因此,血红蛋白可从肺泡摄取氧,形成氧合血红蛋白.细胞组织中氧的分压约为 40 mmHg,又低于动脉血氧的分压,因此,血液循环所带来的氧可以释放到组织中去,起到了输送氧气的作用.

图 11.7 表示了人体血红蛋白(Hb)和肌红蛋白(Mb)的氧合曲线[4].图中横坐标表示氧气的分压 $p(O_2)$,纵坐标表示氧的饱和度 $\overline{Y}$. $\overline{Y}$ 定义为:

$$\overline{Y} = \frac{\text{实际结合的氧气的物质的量}}{\text{可结合的氧气的最高物质的量}}$$

倘若每分子含一个血红素基团,如肌红蛋白或非聚合的血红蛋白亚单元,则

$$Mb + O_2 \rightleftharpoons MbO_2 \tag{11.3}$$

$$K = \frac{[MbO_2]}{[Mb] \cdot p(O_2)}$$

按照 $\overline{Y}$ 的定义,这时氧的饱和度系指氧合肌红蛋白(MbO_2)和肌红蛋白总量(包括已结合氧的 MbO_2 和未结合氧的 Mb)的比值,即

$$\overline{Y} = \frac{[MbO_2]}{[MbO_2] + [Mb]} \tag{11.4}$$

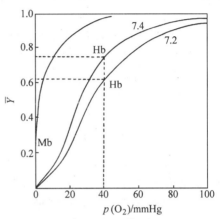

图 11.7　人体肌红蛋白和血红蛋白的氧合曲线

Mb:40 ℃,pH=7.45

Hb:37 ℃,pH=7.2 或 7.4

将 11.3 式的质量作用定律表达式重新整理以后,便可找出肌红蛋白氧的饱和度和氧气分压之间的双曲线函数关系式(式 11.5).

$$\overline{Y} = \frac{Kp(O_2)}{1 + Kp(O_2)} \tag{11.5}$$

由图 11.7 可见,当同时含若干亚单元,如血红蛋白的情况,则氧合曲线的形状发生了变化,呈"S"形.在氧气分压很低时,氧的饱和度改变缓慢.当氧气的分压逐渐增加,氧的饱和度急剧上升.目前认为,造成这种情况的原因是当血红蛋白分子中的一个血红素和氧分子结合后,就会引起亚单元构象微妙的变化,有利于其他三个血红素基团与氧分子结合.

血红蛋白 S 形曲线中部的坡度很陡,例如当 pH 为 7.4 时,氧气分压由 40 mmHg 下降到 20 mmHg,氧的饱和度则由 0.75 下降到 0.3 左右.这样,即使在氧分压变化不大的情况下,也能保证血液流经氧气分压较低的组织时,释放出足够的氧气以供需要.

S 形曲线的上部较平坦.例如,氧气分压由 100 mmHg 下降到 80 mmHg,氧的饱和度仅降低 0.02 左右.因此,当人从平原进入高山地区时,肺部的氧气分压可能有相当大的改变,但肺部血液中氧的饱和度却变化甚微,仍能保证人体组织中氧的供应.

血液中的氢离子浓度对血红蛋白的氧合能力有显著的影响.从图 11.7 可以看到,在氧气分压为 40 mmHg 时,当 pH 由 7.2 增加到 7.4,氧的饱和度则由 0.62 上升到 0.75.换句话说,氧的饱和度随 pH 的升高而增加,这种现象称 Bohr **效应**.

---

① 1 mmHg=133.322 Pa.

Bohr 效应有重要的生理意义,因为细胞的 pH 略低于血液的 pH,故当血液流经组织时,除氧分压的降低以外,pH 的降低也有利于氧合血红蛋白释放出更多的氧气,以满足细胞的需要.同时,Bohr 效应还有利于二氧化碳的运送.

总的来讲,血红蛋白担负着极其重要的输氧功能,它从肺部吸收氧气,然后将它释放给其他组织,即把氧气输送到人体的各部分.

不幸的是,血红蛋白和一氧化碳分子形成的配合物比氧合血红蛋白稳定得多.下列平衡在体温 37 ℃时的平衡常数约为 200:

$$HbO_2 + CO \rightleftharpoons Hb \cdot CO + O_2 \tag{11.6}$$

因此,在肺部,即使一氧化碳的浓度低到 1/1000,血红蛋白仍优先和一氧化碳分子形成配合物.一旦发生这种情况,通往组织去的氧气流便中断.结果,造成肌肉麻痹,严重的甚至死亡,这就是煤气(含一氧化碳)中毒的原因所在.

血红蛋白和肌红蛋白之所以能起输氧和贮氧的作用,其中的珠蛋白也功不可没.由图 11.4 和 11.5 可见,肌红蛋白和血红蛋白的分子排列紧密,肽链折叠成球型,而血红素基团被包在蛋白质链中.蛋白质链的一个重要功能就是保护血红素中的铁(Ⅱ),使它不被氧化到铁(Ⅲ).

图 11.8 表示了血红素基团所处的环境.由图可见,蛋白质链上很多氨基酸的疏水性 R 基团位于链的内侧,而血红素基团刚好处于它们形成的疏水性"口袋"中,惟有卟啉环的一侧露在口袋外面.亲脂的氧分子能自由地进入口袋,和铁(Ⅱ)结合形成氧合肌红蛋白(MbO_2)或氧合血红蛋白(HbO_2).亲水性或极性的水分子或氧化剂则不易进入口袋,从而保护了亚铁血红素不被氧化成高铁血红素.相反,不受保护的亚铁血红素若和氧分子接触,则会失去一个电子,不可逆地被氧化到没有载氧能力的高铁血红素.

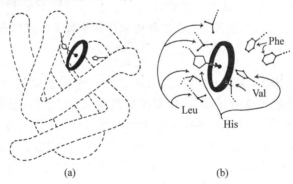

(a)　　　　　　　　　(b)

图 11.8　血红素基团的环境

(a) 概貌　(b) 局部环境

蛋白质链的另一功能是保证肌红蛋白和血红蛋白的可溶性.一方面,氨基酸的疏水性基团位于链的内侧,给血红素造成一种"油状"的环境;另一方面,亲水性的基团指向外侧,使得肌红蛋白和血红蛋白成为水溶性物质.

多肽链的第三个功能是降低血红素对一氧化碳的亲和力.不和蛋白质相连的血红素和一氧化碳的结合常数约比血红蛋白的大 100 倍.

11.2.3　氧合血红蛋白和氧合肌红蛋白中 FeO_2 部分的结构

众所周知,自由氧分子 O_2 是顺磁性物质,含 2 个未成对电子.按照分子轨道理论,氧分子

的基态电子结构为:

$$KK(\sigma 2s)^2(\sigma^* 2s)^2(\sigma 2p_x)^2(\pi 2p_y)^2(\pi 2p_z)^2(\pi^* 2p_y)^1(\pi^* 2p_z)^1$$

然而,早在 1936 年,Pauling 等就测定出氧合血红蛋白是反磁性物质.红外光谱的实验结果也表明,当氧分子和金属离子形成 M—O_2 配合物以后,确实有一部分电荷密度从金属离子转移到配位的氧分子上.这可用伸缩振动的波数数据加以说明.在自由氧分子中,O—O 键的伸缩振动波数为 1554.7 cm^{-1};而在 M—O_2 中,O—O 键伸缩振动波数的数值却低得多(见下表).

M—O_2 配合物	O—O 键伸缩振动波数/cm^{-1}
$Cr(O_2)(py)(TPP)$	1142
$Ir(O_2)(Cl)(CO)(PPh_3)_2$	875
$Ti(O_2)(TPP)$	895

表中的数值或者和典型的超氧化物 KO_2 的 1145 cm^{-1},或者和典型的过氧化物 Na_2O_2 的 842 cm^{-1} 接近.因此,根据 IR,结合其他的实验结果,提出氧合血红蛋白和氧合肌红蛋白中 FeO_2 部分可能具有类超氧化物型[图 11.9(a)]或类过氧化物型的结构[图 11.9(b)].

关于 FeO_2 部分的结构,在相当长的一段时间里,一直存在着争议,但倾向于类超氧化物型.尤其到 1973~1974 年间有人用 IR 测定了氧合血红蛋白和氧合肌红蛋白的 O—O 键伸缩振动波数分别为 1107 和 1103 cm^{-1},即和超氧化钾的数值接近;与此同时,又成功地用 X 射线测定了铁的人工模拟载氧化

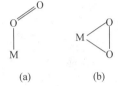

图 11.9
(a) 类超氧化物型的结构
(b) 类过氧化物型的结构

合物——"尖桩-篱笆"卟啉-双氧配合物的结构(图 11.10)以后,氧合血红蛋白和氧合肌红蛋白中 FeO_2 部分的类超氧化物型端梢式的结构似乎已经无疑问了.

此后,又进一步在较低的温度下,测定了氧合肌红蛋白和氧合血红蛋白中 FeO_2 部分的结构参数.测定的结果表明,在氧合肌红蛋白中,Fe—O—O 键角为 115°,Fe—O 键长 183 pm[5];在氧合血红蛋白中,Fe—O—O 键角为 156°,Fe—O 键长在 α 亚单元中为 167 pm,在 β 亚单元中则为 183 pm[6].至此,FeO_2 部分的类超氧化物型结构已经证实无疑了.

上述测定结果还表明,在氧合肌红蛋白和氧合血红蛋白中,Fe—O 键长接近,而 Fe—O—O 键角却有较大的差别.这种差别的起因尚未弄清.根据理论计算,当 Fe—O—O 键角在 110°~160° 的范围内变化,相应键能的数值改变很少,超出这个范围,键能则急剧升高.可见,其他的因素,如空间效应或与相邻基团间氢键的影响等可能是重要的.

11.2.4 人工合成载氧体

人工合成载氧模拟化合物的目的,一方面在于搞清氧合血红蛋白和氧合肌红蛋白的结构和性能;另一方面,由于血红蛋白是血液的重要组分,因此,研制人造血的关键在于能否合成出类似于血红蛋白的人工载氧体(synthetic oxygen carrier).此外,人工合成载氧体还可满足某些特殊的需要,如医疗、潜水或有毒作业等的供氧.

作为载氧体的先决条件是必须能可逆地结合氧,即满足式 11.7 所表示的平衡:

$$M(L)+O_2 \rightleftharpoons M(L)(O_2) \tag{11.7}$$

人工合成载氧体的研究,早在 20 世纪 30 年代就已开始.最初合成的是钴的体系,此外,还

有铱、钌和镍等的体系.但由于天然的载氧体含铁,继而又转向研究铁的体系.然而,多年来人们企图合成类似于血红素的铁(Ⅱ)-卟啉配合物都遭到了失败.究其原因,主要是其中的铁(Ⅱ)遇氧便不可逆地通过氧桥形成稳定的二聚体,从而失去了可逆结合氧的能力:

$$Fe(Ⅱ)+O_2 \longrightarrow FeO_2 \xrightarrow{Fe(Ⅱ)} Fe(Ⅲ)—O—Fe(Ⅲ)$$

为克服上述障碍,科学家们付出了很大的努力.归纳起来,主要从以下三方面入手解决:(ⅰ) 利用空间位阻,防止二聚体的形成;(ⅱ) 利用低温,减缓二聚体形成的速率;(ⅲ) 利用刚性支撑,即:使铁的配合物贴近表面,以便在某种程度上阻止二聚体的形成.

在众多的人工合成铁载氧体中,较为典型的有"尖桩-篱笆型"和"帽型"的铁(Ⅱ)-卟啉配合物.它们都是企图利用空间位阻来阻止二聚体的形成.图 11.10(a)和(b)分别示出了它们的结构.其中"尖桩-篱笆型"铁(Ⅱ)-卟啉配合物(picket-fence porphyrin)是在大环化合物的外围,有 4 个苯基,犹同竖起了 4 根尖桩;在尖桩间,即在苯环的邻位上,又有特异戊酰胺基,犹如筑起了一道篱笆.小分子,如氧分子,仍可进入和铁(Ⅱ)配位.铁(Ⅱ)的另一侧连接的是甲基咪唑基.

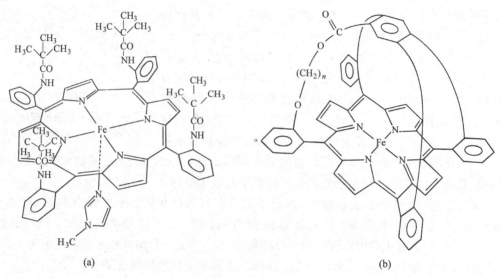

图 11.10　"尖桩-篱笆型"(a)和"帽型"(b)铁(Ⅱ)-卟啉配合物的结构

实验表明,"尖桩-篱笆型"配合物在溶液中能可逆地结合氧. 25 ℃时,氧合配合物可在吡啶溶液中存在约 20 h;—20 ℃时,能稳定存在数日.

目前,人工合成的载氧体不下百余种,但离实用还有相当大的差距.

11.3　金属酶和金属辅酶

在已知的众多酶(enzyme)中,约有 1/3 涉及到各种金属元素,常见的有:铁、铜、锌、钼、锰和镍等,尤以铁、铜和锌更为常见.**金属酶**(metalloenzyme)中均含蛋白质链,通常其中的金属离子既是配位中心又是活性中心.金属酶不仅催化效率高,可使反应加速 10^6 倍或更高;而且专一性强,往往一种酶仅能催化一种生化反应,因此,酶的种类繁多.本节仅介绍几种具有代表性的、重要的酶.

11.3.1 碳酸酐酶和羧肽酶 A

碳酸酐酶(carbonic anhydrase)和羧肽酶 A(carboxypeptidase A,简称 CPA)是两种锌酶.锌在人体中的含量为 2~3 g,在微量元素中仅次于铁,比铜的含量约高 6 倍.然而,锌的生物化学却起步较晚,原因是它既无颜色又无磁性,不像铁和铜那样容易引起注意.直到 1940 年才首次从哺乳动物的红细胞里分离出了碳酸酐酶,并揭示出该蛋白质中含 0.33% 的锌.1955 年又认识了另一种锌酶——羧肽酶.从此一发不可收,陆续报道了近百种含锌酶[7].

人体中的锌,大约有 1/3~1/4 储存在皮肤和骨骼里.血液中的锌,有 75%~80% 在红细胞里,主要结合在碳酸酐酶里.其余的锌,分布在胰脏和眼睛等处.锌的生理功能大都与酶紧密相关.

1. 碳酸酐酶

在红细胞里,除血红蛋白外,**碳酸酐酶**是主要的蛋白质成分.它含一条卷曲的蛋白质链和一个锌(Ⅱ)离子,相对分子质量约为 30 000.

人体中含两种结构类似的碳酸酐酶,分别用 HCAB(human carbonic anhydrase B)和 HCAC(human carbonic anhydrase C)表示.前者含 260 个氨基酸残基,后者含 259 个氨基酸残基.HCAC 的活性和热稳定性均较 HCAB 的高,但在红细胞中的含量却较低.

HCAB 和 HCAC 的结构测定表明,它们的结构类似,且均折叠成椭圆形的球,锌(Ⅱ)离子位于蛋白质底部一圆锥形空腔的中心部位.该空腔有一敞开的口,且可分为疏水和亲水的区域.空腔内的活性位置及其周围复杂的氢键体系示于图 11.11 中.

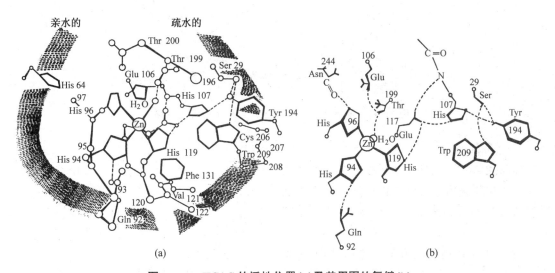

图 11.11 HCAC 的活性位置(a)及其周围的氢键(b)

由图 11.11 可见,锌(Ⅱ)离子处于畸变四面体的配位环境中.其中 3 个配位位置分别和 3 个组氨酸(His 94,96 及 119)咪唑基团上的氮原子结合,第四个配位位置为水分子或羟基所占据.

碳酸酐酶催化的最重要的反应是:

$$CO_2(aq) + H_2O \rightleftharpoons H_2CO_3 \tag{11.8}$$

在没有催化剂存在的情况下,水合速率极慢.原因是水合过程中关键的一步,即由 CO_2 转变为 HCO_3^- 必须在碱性条件下(pH≥10),才能迅速地进行;而在生理 pH 条件下(pH≈7),水合作用很慢.然而,在中性 pH 条件下,碳酸酐酶加速 CO_2 水合的因子在 10^9 左右,故能使 CO_2 在毛细血管循环中迅速传递.

通过一系列波谱及同位素标记实验,包括对各种模拟体系的研究,目前认为,HCAB 和 HCAC 的催化活性部位是 $Zn(II)—OH_2$,而不是和组氨酸残基相结合的其他配位位置.同时,活性部位附近存在着质子传递基团.设想酶催化的 CO_2 可逆水合历程如图 11.12 所示.

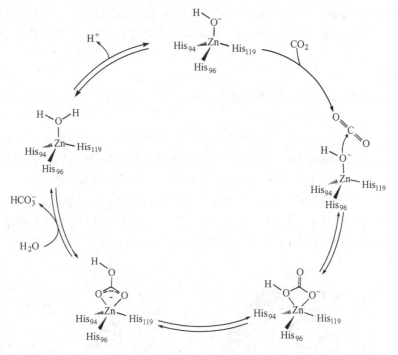

图 11.12　酶催化的 CO_2 可逆水合作用的可能历程

2. 羧肽酶 A

羧肽酶 A(CPA)能催化蛋白质羧端肽键的水解,如图 11.13 所示.它含一条 307 个氨基酸残基的蛋白质链和一个锌(II)离子,相对分子质量依赖于不同的来源,由 30 000～35 000 不等.

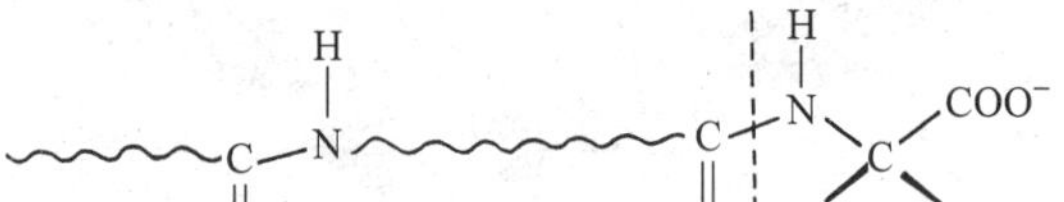

羧肽酶 A 在动物及人体内均已发现,但对牛身上的 CPA 研究得较多.用 X 射线研究牛

图 11.13　蛋白质羧端肽键水解的示意图

CPA 的结果表明,它是一个椭球分子,形如鸡蛋,大小约为 5000 pm×4200 pm×3800 pm.在晶体中约含 45%的水,而 CPA 的活性正和水有关.

在 CPA 中,锌(II)离子通过组氨酸 69、196 残基的咪唑侧链以及谷氨酸 72 的羧基和蛋白质配位,剩下的一个配位位置为水分子所占据.锌(II)离子的畸变四面体配位环境表示在图 11.14 中.

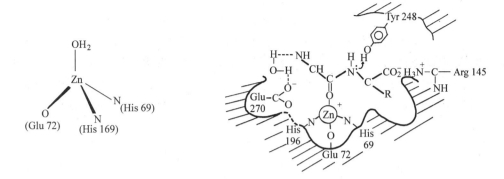

图 11.14　CPA 中锌(Ⅱ)离子的配位环境　图 11.15　CPA 的活性位置及侧链和底物的相互作用

　　CPA 中的锌(Ⅱ)离子处在接近酶表面的沟槽里,在它的附近有一空腔,好似一个口袋.多肽链羧基末端残基正好伸入空腔,如图 11.15 粗线所示,加上精氨酸(Arg)145 和自由羧基间的相互作用,恰好将末端残基定位在活性中心的位置上,并通过—CONH 基团中羰基氧原子的进攻,取代了 Zn(Ⅱ)—OH₂ 中的水分子,有利于肽键的水解. 由图 11.15 可见,CPA 中的锌(Ⅱ)离子、谷氨酸(Glu)270 以及酪氨酸(Tyr)248 都和底物很接近,因而认为它们均直接参与辅助了催化作用.

　　CPA 催化肽键水解的机理是一个复杂的问题,目前一般倾向于酸碱催化机理.简单地讲,锌(Ⅱ)离子的作用犹如 Lewis 酸,它可极化肽键的羰基,使碳原子显正电性,因而对亲核进攻更富有敏感性.另一方面,受谷氨酸 270 激活的水分子释放出 OH⁻,后者进攻肽键的羰基碳原子.与此同时,酪氨酸 248 的 OH 基提供一质子给肽键的氮原子,完成肽键的水解.上述历程示意于图11.16中.

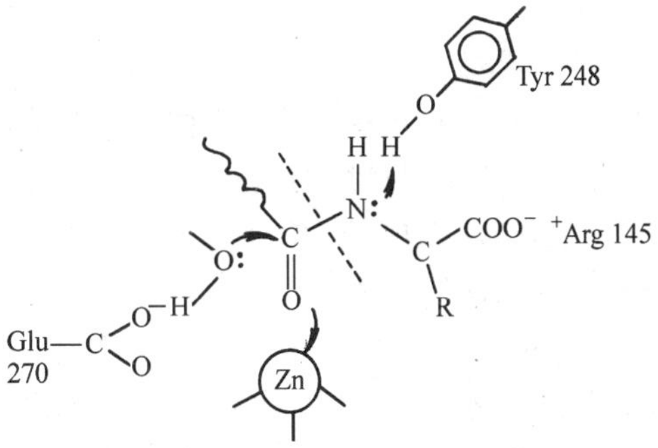

图 11.16　对肽键的一般碱催化进攻

　　CPA 不仅是肽酶,还是一种酯酶.比较由 CPA 催化水解一系列酯和肽的速率,表明 CPA 对酯的动力学反应性能约比对肽的大 5×10^3 倍.

　　碳酸酐酶和羧肽酶 A 是两种含锌的水解酶.除此,还有许多种重要的锌酶.例如,含锌的醇脱氢酶,是一种氧化还原酶,催化由醇转变为醛的反应.在核酸的代谢过程中,需要多种锌酶参与催化,特别是磷酸二酯酶和核酸酶,而 DNA、RNA 聚合酶和逆转录酶则催化由单核苷三酸根组装单元形成聚合物.因此,锌酶的催化化学是分子生物学重要的基础,它们的详细机理还有待于建立.

11.3.2　血浆铜蓝蛋白和酪氨酸酶

1. 血浆铜蓝蛋白

　　铜在人体内的含量虽低,成年人仅含 $100 \sim 150 \, mg$ 左右,但却是一种重要的微量金属元素.已经发现,含铜的酶和蛋白质有 30 多种.它们在各种氧化还原的生理过程中,起着独特的作用.**血浆铜蓝蛋白**(ceruloplasmin)就是一种重要的氧化还原酶.血液中的铜,约有 90%~

95%结合在血浆铜蓝蛋白中,主要存在于血清中.

前已述及,红细胞中的血红蛋白起着重要的输氧功能.然而,红细胞的平均寿命仅为(126±7)天,而血红蛋白的水平又需基本保持恒定,因此,每天约需 25~30 mg 的铁用于合成新的血红蛋白.血红蛋白的合成在骨髓中进行,需由运铁蛋白将铁运送到骨髓,然后才能进行血红蛋白的合成.然而,运铁蛋白中的铁是以 Fe(Ⅲ)的形式和蛋白质结合在一起的,因此,在铁的生理代谢过程中,需将 Fe(Ⅱ)氧化到 Fe(Ⅲ).这个催化氧化的任务是由血浆铜蓝蛋白来完成的.

血浆铜蓝蛋白不仅能将 Fe(Ⅱ)催化氧化成 Fe(Ⅲ),以便 Fe(Ⅲ)和蛋白质结合,形成运铁蛋白;还能在肝脏将 Fe(Ⅲ)还原成 Fe(Ⅱ),以便最终合成血红蛋白.可见,没有铜,铁就不能传递,不能结合在血红素里,红细胞也就不能成熟.因此,缺铜也能引起贫血.

血浆铜蓝蛋白是一种蓝色蛋白质,从人体血清中分离出来的血浆铜蓝蛋白,由两个相同的亚单元组成,相对分子质量约为 151 000.每一分子含 8 个铜离子,其中 4 个为 Cu(Ⅰ),4 个为 Cu(Ⅱ),蓝色即源自 Cu(Ⅱ).

血浆铜蓝蛋白在肝细胞中合成.它的合成受体内的基因控制,一旦出现基因缺陷或调节失常,便能导致合成障碍.于是,血浆中的铜离子便盲目地运往各处,并不断地在肝、肾或脑组织中沉积,引起 Wilson 氏疾病.

2. 酪氨酸酶

酪氨酸酶(tyrosinase)也是一种重要的铜酶.我们的头发是黑色的,皮肤是肉色的,都是由一种叫黑色素的染料造成的.在黑色素形成的过程中,需要酪氨酸酶催化氧化酪氨酸成多巴,再进一步催化氧化成多巴醌.遗传性的白化症正是由于先天性缺乏酪氨酸酶或黑色素细胞所致.白癜风也和缺铜有关.

酪氨酸酶的分布很广,它不仅存在于人体中,也存在于其他的高等动物以及多种植物和水果中,如蘑菇、马铃薯和香蕉、苹果等,其中以蘑菇的含量最为丰富.从蘑菇中提取的酪氨酸酶,可能由 4 个等同的亚单元组成,每个亚单元含 1 个铜离子,亚单元的相对分子质量约为 30 000.

其他的铜酶还有许多,如超氧化物歧化酶、细胞色素 C 氧化酶和抗坏血酸氧化酶等.它们的相对分子质量一般都很大,其中所含的铜离子数,少则 1 个,多则 8 个,且大都属于氧化还原酶.铜酶的结构和功能尚不十分清楚.

11.3.3　维生素 B_{12}

维生素 B_{12} 及其衍生物是人体中重要的钴的化合物.它的含量很低,成年人约含 2~5 mg,属于痕量金属元素,主要集中在肝脏.

钴对动物的生理功能,最初是从研究澳大利亚某些地区羊群所患的海岸病中觉察到的.当时发现,海岸病的主要症状是贫血,而医治海岸病的有效成分竟是铁制剂中的杂质——钴.原来,海岸病的起因是羊群吃了缺钴的草.后来从数以吨计的肝脏里,分离出了这种抗贫血因子.它是一种暗红色的结晶,呈反磁性,是 Co(Ⅲ)的配合物,取名**维生素 B_{12}**.此后,对它进行了较为详细的研究.1957 年 Dorothy C. Hodgkin 及其合作者们通过 X 射线衍射,结合化学方法确定了维生素 B_{12} 的晶体结构(图 11.17).Hodgkin 本人也为此荣获了 1964 年的 Nobel 化学奖.1976 年又实现了维生素 B_{12} 的人工合成.

维生素 B_{12} 是 Co(Ⅲ)的六配位化合物,其中 4 个配位位置上是咕啉环(corrin ring)的氮原

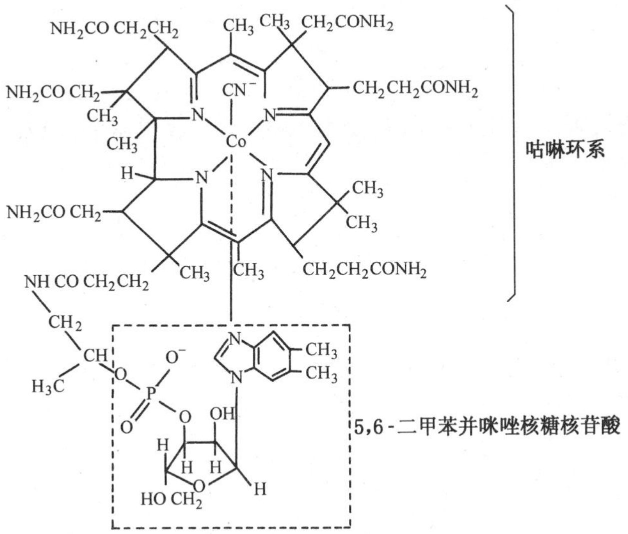

图 11.17　维生素 B₁₂ 的结构

子.咕啉虽和卟啉有某些类似之处,但它的不饱和程度低,并非大共轭体系,因而往往不具备平面构型,且构象常因环上取代基的不同而异.第五个配位位置上是一种核糖核苷酸的氮原子.第六个配位位置上则为氰根.其中的 CN^- 基团可被 OH^-、CH_3^- 或 5′-脱氧腺苷基取代,后者才是维生素 B₁₂ 在体内的主要存在形式.

　凡与 Co(Ⅲ) 配位的第五个配体为 α-5,6-二甲基苯并咪唑核苷酸的统称为**钴胺素** (cobalamin).当第六个配体为 CN^- 时,称氰钴胺素(cyanocobal-amin),即通常所谓的钴胺素.值得注意的是,氰钴胺素实际上为分离过程中的产物,生物体内并不存在 CN^-.第六个配体为甲基、水或 5′-脱氧腺苷时,分别称为甲基钴胺素、水合钴胺素或 5′-脱氧腺苷钴胺素.后者的结构已测定,其中 Co—C 距离 205 pm,Co—C—C 键角接近 130°(图 11.18).5′-脱氧腺苷钴胺素以辅酶的形式参与多种重要的代谢作用,故又称**维生素 B₁₂ 辅酶**,简称 B₁₂ 辅酶.

　维生素 B₁₂ 有它独特之处:它是惟一的天然有机金属化合物,其中含 Co—C 键;又是已知惟一含金属的维生素,其他维生素大都为小分子.

　维生素 B₁₂ 具有多种生理功能,例如,参与蛋白质的合成、叶酸的贮存及硫醇酶的活化等.此外,还有一个重要的生理功能是促进红细胞的成熟.没有它,血液中就会出现一种没有细胞核的巨红细胞,引起恶性贫血.

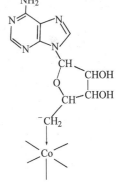

图 11.18　维生素 B₁₂ 辅酶中的 5′-脱氧腺苷基配体

　维生素 B₁₂ 及其衍生物能起辅酶的作用.所谓辅酶(coenzyme),是指它辅助某种酶发挥作用,成为酶的辅助因子.换句话说,只有当酶与维生素 B₁₂ 结合,形成酶-辅酶复合物才具有活性.依靠维生素 B₁₂ 激活的酶,可分为依靠 B₁₂ 辅酶,即 5′-脱氧腺苷钴胺素为辅助因子和依靠甲基钴胺素为辅助因子两大类.B₁₂ 辅酶催化氢原子在两个相邻碳原子上的转移,它的一般形式可表示为:

$$\begin{array}{c} X\ \ H \\ | \ \ \ | \\ -C_a-C_b- \\ | \ \ \ | \end{array} \xrightarrow[\text{B}_{12}\text{辅酶}]{\text{酶}} \begin{array}{c} H\ \ X \\ | \ \ \ | \\ -C_a-C_b- \\ | \ \ \ | \end{array} \tag{11.9}$$

具体的实例如乙醇胺氨解酶催化乙醇胺转变为乙醛,并释放出氨的反应. 该反应除需 B_{12} 辅酶外,还需钾离子. 反应式:

$$\begin{array}{c} H_2N\ \ \ OH \\ | \ \ \ \ \ | \\ H-C\cdots\cdots C-H \\ | \ \ \ \ \ | \\ H\ \ \ \ \ H \end{array} \longrightarrow \left[\begin{array}{c} OH \\ | \\ H_3C-C-H \\ | \\ NH_2 \end{array} \right] \longrightarrow \begin{array}{c} O \\ \| \\ H_3C-CH \end{array} + NH_3 \tag{11.10}$$

甲基钴胺素辅助催化甲基转移的反应. 在水溶液中,它甚至可使甲基阴离子 CH_3^- 转移到汞、锡或铅离子上,也许这正是导致上述金属中毒的原因所在.

酶-辅酶的催化机理相当复杂,可能和 Co(Ⅲ) 被还原成 Co(Ⅱ) 或 Co(Ⅰ) 有关. 在通常的化学反应中,Co(Ⅲ) 不可能被还原到 Co(Ⅰ). 但在中性或碱性溶液里,维生素 B_{12} 中的 Co(Ⅲ) 确实能被还原为 Co(Ⅱ),甚至 Co(Ⅰ). 此外,在催化历程中还包括 Co—C 键的断裂与形成.

11.3.4　固氮酶

随着农业的发展,对氮肥的需求量越来越大. 可惜大气中丰富的氮气不能直接被植物吸收,必须首先转化成氨或铵盐. 长期以来,人类一直沿用 Haber 法来合成氨,即在高温、高压的苛刻条件下,用铁作催化剂,将氢、氮气转化为氨. 然而,固氮微生物却能在常温常压下,将空气中的氮转化为氨,通常称之为"**生物固氮**"("biological nitrogen fixation"). 为了开展化学模拟生物固氮,闯出一条在常温常压的温和条件下合成氨的新路,必须首先揭开生物固氮的奥秘.

现在了解,各种固氮微生物之所以具有奇特的固氮本领,最根本的原因在于它们都含有一种天然催化剂——**固氮酶**(nitrogenase),催化固氮反应. 在适宜的条件下,总的固氮反应可表示为:

$$N_2 + 8H^+ + 8e^- + 16MgATP \longrightarrow 2NH_3 + H_2 + 16MgADP + 16Pi \tag{11.11}$$

式 11.11 中的 ATP 和 ADP 如下所示,$S_2O_4^{2-}$ 为电子给体.

$$ATP \xrightarrow[S_2O_4^{2-}]{\text{固氮酶}} ADP + Pi \tag{11.12}$$

由式 11.11 可见,固氮过程极其复杂,它除了将 N_2 还原为 NH_3 并释放出 H_2 以外,还需要有还原剂提供电子,有 ATP 的水解,以及有质子、电子和能量的传递等.

生物固氮的核心是固氮酶. 要弄清生物固氮的机理,必须首先弄清固氮酶的成分和结构. 科学家们早在一百多年前就开始了对生物固氮的研究. 虽从 20 多种微生物中分离得到了固氮酶,了解到它含两种对氧敏感的金属蛋白成分,即钼铁蛋白和铁蛋白. 但直到 1993 年才由

Rees 等用分辨率为 220 pm 的三维 X 射线分析,测定了从微生物 Azotobacter vinelandii(Av) 中分离出来的钼铁蛋白的结构[8],从而使生物固氮的研究又向前迈进了一大步.

1. 钼铁蛋白的结构和功能

钼铁蛋白含 α 和 β 两种亚单元,是对称的 $\alpha_2\beta_2$ 四聚体,其相对分子质量约为 230 000. 和蛋白质联系在一起的,有两种形式的氧(化)还(原)中心,它们都以金属为中心,即 FeMo 辅因子 (FeMo cofactor)和 P 原子簇(P cluster). 前者之所以称为"辅因子",是因为它可完整无缺地从蛋白质中分离提取出来,并可用以使无辅因子的蛋白恢复酶活性. FeMo 辅因子为顺磁性, 而 P 原子簇则为反磁性.

Av 中的 FeMo 辅因子的中心,含[4Fe—3S]和[1Mo—3Fe—3S]不完整的类立方烷原子 簇,它们分别通过 3 个 S 原子桥联. 桥联的 Fe—Fe 平均距离为 250 pm,表明其中有某种 Fe—Fe 化学键的作用,提供给 6 个 Fe 原子第四个配位作用,否则 Fe—S—Fe 桥键中的 Fe 仅 为三配位. Mo 原子和高柠檬酸酯中的羟基和羧基中的 O 原子配位. FeMo 辅因子则通过和 Fe 原子相连的半胱氨酸残基 Cys α-275,以及和 Mo 原子相连的组氨酸残基 His α-442 与蛋白质 结合(图 11.19)[9,10].

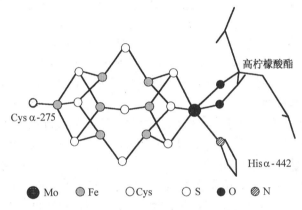

图 11.19　Av 中的 FeMo 辅因子中心

FeMo 辅因子很重要,目前,一般倾向于它是双氮结合和还原的中心. 设想的模型如图 11.20所示,图中标出了双氮可能的结合部位.

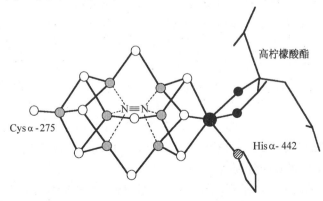

图 11.20　FeMo 辅因子中双氮可能结合的部位

Av 中的 P 原子簇含 2 个[4Fe—4S]类立方烷原子簇,其中的 2 个角由 S—S 键相连,另外还有 2 个半胱氨酸残基 Cys β-95 和 Cys α-88 中的硫醇基分别连接一对 Fe 原子.有一个 Fe 原子为五配位,它和丝氨酸残基 Ser β-188 及 Cys β-153 残基配位.P 原子簇也通过氨基酸残基和钼铁蛋白相连(图 11.21).

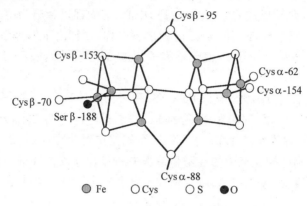

图 11.21　Av 中的 P 原子簇

对 P 原子簇的功能仍了解甚少,但它可能参与了铁蛋白和钼铁蛋白间的电子转移.

值得注意的是,迄今为止,尚未用化学的方法合成出 FeMo 辅因子和 P 原子簇,也未得到足够纯的晶体直接测定它们的结构.有关的结构信息仅为钼铁蛋白总体结构的一部分.

2. 铁蛋白的结构和功能

铁蛋白含两条等同的亚单元,以 α_2 表示,其相对分子质量约为 60 000.铁蛋白分子中含单个的[4Fe—4S]原子簇,其中的 Fe 原子通过两条亚单元上各自的半胱氨酸残基 Cys 97 及 Cys 132 和蛋白质结合.从另一个角度,也可认为两条亚单元通过[4Fe—4S]原子簇桥联.

固氮酶中的铁蛋白具有氧化还原活性,通常认为它参与了 $[4Fe—4S]^{1+/2+}$ 的单电子氧化还原循环,并且是惟一能按某种方式将电子传递给钼铁蛋白,然后再进行底物还原的蛋白质.除此,铁蛋白至少还有几种其他的功能:为生物合成 FeMo 辅因子所必需;为 FeMo 辅因子嵌入钼铁蛋白所必需;以及连接 MgATP 和 MgADP 等.

3. 铁蛋白-钼铁蛋白复合物的功能

在固氮循环中,铁蛋白-钼铁蛋白复合物起关键作用.图 11.22 示出了铁蛋白和钼铁蛋白的概貌图[11].由图 11.22(a)可见,铁蛋白中的[4Fe—4S]原子簇,位于两条亚单元的界面处,并和 MgATP 结合在一起.由图 11.22(b)可见,钼铁蛋白可看做由两个等同的两半部分组成,它们互不相通.每一半部分含一条 α 和一条 β 亚单元;一个 FeMo 辅因子和一对 P 原子簇对.P 原子簇位于 α、β 亚单元的界面.FeMo 辅因子和 P 原子簇埋藏在距蛋白质表面约 1 nm 深处,而 FeMo 辅因子和最近的 P 原子簇间边对边的距离约为 1.4 nm.

钼铁蛋白除含 FeMo 辅因子和 P 原子簇外,每一半还含一铁蛋白的结合部位,可以通过铁蛋白上的谷氨酸残基 Glu 112 和钼铁蛋白 β 亚单元上的赖氨酸残基 Lys 399 交联,形成 1∶1 或 2∶1 的铁蛋白-钼铁蛋白复合物.

在固氮循环中,上述复合物的形成速率很快,且可逆,而复合物的形成又至关重要.因为如若 MgATP 单独和铁蛋白结合在一起,并不发生水解;一旦铁蛋白和钼铁蛋白形成复合物,MgATP 的水解便立即启动,并伴随着电子转移到钼铁蛋白上.MgATP 的水解犹如电子转移

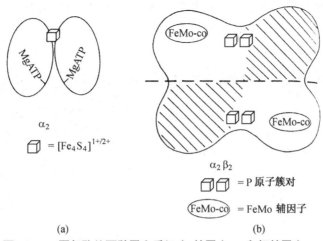

图 11.22 固氮酶的两种蛋白质组分：铁蛋白(a)和钼铁蛋白(b)

的调控闸门，但详细的过程仍悬而未决.

至于固氮机理，这是一个十分复杂的问题.科学家们经过长期艰苦的努力，虽取得不少可喜的进展，但仍有一系列重要的问题有待回答.例如，固氮酶究竟是如何工作的？包括 ATP 的水解，能量、电子和质子究竟是如何转移到底物的还原位置上的？以及双氮结合和还原的确切位置等等.文献[11]对近期固氮机理的研究作了详细的综述，并提出了几种可能的机理，不一一述及.

除本节述及的锌酶、铜酶、钼-铁酶和钴的辅酶外，其他的微量或痕量金属也能形成许多金属酶，起着不可替代的生理功能.例如，细胞色素 P-450、过氧化氢酶和过氧化物酶就是几种重要的铁酶，前者催化有机底物的氧化，后两者与过氧化氢和过氧化物的代谢有关，是保护性金属酶.锰存在于某些重要的酶中，如超氧化物歧化酶、丙酮酸羧化酶和糖基转移酶等.丙酮酸羧化酶含 Mn(Ⅱ)和 Mg(Ⅱ)离子，它参与 C—C 键的合成；糖基转移酶则是一种合成糖链的酶.镍酶则有脲酶和某些氢化酶等.酶的种类繁多，不胜枚举.

11.4 医药中的无机元素

前已述及，人体中存在着许多必需的无机元素，其中不乏微量或痕量元素.值得注意的是，当它们的含量在一定范围内，是有益的而且是必需的，但若缺乏或超过了某一限度，则会导致相关的疾病，严重的甚至会导致死亡.可见，某种元素究竟是有益还是有害，不是绝对的.图 11.23 表明必需元素的浓度达到一定程度就会出现中毒症状，低于一定浓度就表现出缺乏症状，介于此两者之间，则为适宜浓度.所有的必需元素均有类似的曲线，只不过适宜的浓度范围不同，浓度范围的宽窄也有很大的差别.

不仅如此，由于环境污染和机体自身代谢失

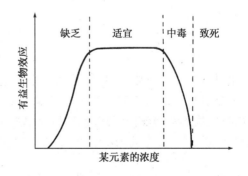

图 11.23 体内元素浓度-生物效应关系图

调所造成的各种疾病更是不计其数. 可见,生物无机化学和医学有着密切的关系. 生物无机化学在医学上的应用,至少包括以下三个方面:(i) 补充缺乏的无机元素;(ii) 排除金属中毒;(iii) 无机元素作为探针或药物.

11.4.1　补充缺乏元素

Fe、Zn 和 Cu 是人体中重要的三种微量过渡金属元素. 缺锌会延缓正常的生长,损害骨骼的发育,削弱蛋白质和糖类的代谢,以及引起其他的不良影响. 侏儒症就是先天性缺锌造成的. 儿童缺锌可补充葡萄糖酸锌合剂等. 人们早已注意到缺铁会引起贫血,实际上,缺铜或缺钴同样会引起贫血. 因为在合成血红蛋白的过程中,Fe(II)和 Fe(III)之间的转换,离不开血浆铜蓝蛋白的催化. 由缺铁引起的贫血,通常补充 $FeSO_4$ 或 Fe(II)与抗坏血酸形成的配合物,因为只有 Fe(II)才能被人体吸收.

在补充缺乏元素方面,对硒的生物无机化学研究成果,可以说是一个范例[12]. 长期以来,人们仅注意到硒的毒性,忽略了它的重要性. 然而,从 20 世纪 50 年代末以来,逐步认识到硒是人体不可缺少的痕量营养元素. 缺硒就可能引起肝坏死、心肌损伤和关节炎等严重疾病. 此处以我国对克山病的防治为例.

克山病是我国的一种地方性疾病,它的流传已有百余年的历史. 由于这种病发病快,死亡率高,又不知病因,无法防治,因为最初是在黑龙江省的克山县发现的,便称之为"克山病". 后来又在许多地方发现了这种疾病,病区主要分布在从东北到西南一条狭长的丘陵地带.

从 20 世纪 60 年代中期以来,西安医学院和中国医学科学院等单位,深入病区,大力开展了防治克山病的研究. 发现克山病原来是一种地方性的心肌病. 病区的自然环境及人体内均缺硒,缺硒与克山病的关系极为密切. 自此,开始用口服含低剂量亚硒酸钠的维生素 C 片进行防治. 取得初步效果后,又进一步推广,从而使我国的克山病基本上得到控制. 这是一个了不起的成就,为此,国际生物无机化学学会将 1984 年度的"Schwarz 奖"授予中国医学科学院防治克山病科研组和西安医学院克山病研究室,以表彰他们的成就. 此奖是以首次揭开硒生理功能的科学家 Schwarz 的姓氏命名的.

研究认为,硒之所以能防治克山病,是因为它是谷胱甘肽过氧化物酶(Glutathione Peroxidase,简称 GSH-Px)的组分. 该含硒酶能催化分解体内有害的过氧化氢及类脂过氧化物,使之转变为相应的氧化物,从而保护细胞免受过氧化物所造成的损伤. 过程中,谷胱甘肽为辅助因子,它是由谷氨酸、半胱氨酸和甘氨酸组成的三肽,其中硒处于硒代半胱氨酸(Se-Cys)巯基的位置上:

$$\begin{array}{c} NH_2 \\ | \\ HSe\!-\!CH_2\!-\!CH\!-\!COOH \end{array}$$

而活性部位恰在硒原子附近. 谷胱甘肽有还原型(GSH)和氧化型(GSSG)之分. 氧化型为两分子的谷胱甘肽以二硫键相连的二聚体. 所起的作用是把 GSH-Px 的氧化产物转变到原来的型式,以完成 GSH-Px 的循环. 反应可简单地表示为:

$$2\,GSH + H_2O_2 \xrightarrow{\text{GSH-Px}} GSSG + 2\,H_2O \tag{11.13}$$

$$2\,GSH + ROOH \xrightarrow{\text{GSH-Px}} GSSG + ROH + H_2O \tag{11.14}$$

据研究,亚硒酸钠可与半胱氨酸作用,至于口服亚硒酸钠究竟如何转化为 GSH-Px 尚待进一步研究.由于谷胱甘肽过氧化物酶的抗氧化作用,有关的研究受到了重视,并正在积极地开展着.现已了解,GSH-Px 酶含 198 个氨基酸残基,为四聚体,相对分子质量约为 21 900.可能的催化机理也已建立.核心是酶催化的过程中,活性部位的硒处于不同的氧化状态.硒酶除谷胱甘肽过氧化物酶以外,还有碘甲腺原氨酸脱碘酶和硫氧还蛋白还原酶两类.

硒虽有重要的生理功能,但人体对它的需要量极低,适宜范围约在 $50\sim200\,\mu g/d$.因而它的毒性仍不容忽视,且中毒剂量极低.动物试验表明,Na_2SeO_3 对大鼠的最低致死量仅为 $3.25\sim3.5\,mg/kg$ 体重.

11.4.2 排除金属中毒

必需元素若在体内过量积累也能导致疾病.例如,适量的铁虽有极其重要的生理功能,但若过量就可能致癌.人体内大部分铜和血浆铜蓝蛋白或其他的蛋白质结合在一起,发挥正常的生理功能.但若合成血浆铜蓝蛋白的机能失调,铜便盲目地运往各处,逐渐在肝、肾和脑部积存,造成肝、肾坏死或神经疾病,这就是早已知道的 Wilson 氏病症.维生素 B_{12}虽有重要的功能,但无机钴盐却有毒性,它能引起甲状腺肿大或心力衰竭.有些宏量元素,如钾,若在细胞外的浓度超过正常量的两倍,则会导致心脏紊乱,甚至死亡;而同量的钾,若在细胞内就不会引起任何明显的病变.血钙浓度过高,则能形成有机成分的沉淀,附着在血管壁上,或在肾脏和膀胱里沉积出磷酸钙,形成结石.

有些在人体内并不存在的元素,典型的如汞,由于水源或大气的污染,对人类的健康危害极大.水俣病就是一种甲基汞中毒引起的中枢神经疾病.因首先在日本水俣湾附近的渔村发现而得名.镉的生理功能目前尚不清楚,然而,镉中毒造成的骨痛病却早已为人们所熟知.骨痛病即骨中的钙质遭到破坏,引起骨变形.

由此可见,排除金属中毒[13]、防治有关的职业病也是医学上的一个研究课题.目前,**螯合疗法**(chelation therapy)是排除金属中毒的一种重要手段.

重金属离子的毒性,大都来自它们和具有生理功能的基团之间的强配合性.如镉和汞的毒性即因为它们容易与巯基(—SH)结合的缘故.在人体内,只有经过一系列复杂的生化反应才能把食物中的糖、蛋白质和脂肪转化成维持生命所必需的物质和能量.其中有一组重要的反应称三羧循环,三羧循环需要辅酶 A 的帮助.辅酶 A 是一种含有巯基的化合物,镉和汞可以通过配位原子硫和辅酶 A 结合在一起,使它失效.结果影响了三羧循环,最终妨碍人体的新陈代谢,出现镉或汞的中毒症状.

鉴于上述原因,要排除金属中毒,必须加入一种更强有力的螯合剂,使它能在竞争中取胜,跟有毒的金属离子结合,形成更加稳定的配合物,然后排出体外.

用做排除金属中毒的螯合剂,必须满足一系列的要求.诸如它们必须是水溶性的,而且在生理的 pH 条件下,仍有足够的螯合能力.同时,螯合剂分子的大小和结构必须适合于钻入金属离子结合或储存的地方,且能和欲被排除的金属离子专一地、迅速地结合.此外,试剂和它们的金属螯合物必须很容易从肾脏排泄出去,而且在治疗的浓度下不应有明显的毒性,最好在口服的情况下就能奏效.除了上述种种因素以外,还要考虑所用的螯合剂和生物体内其他的或必需的金属离子间的相互作用.由此可见,螯合剂的选择并非易事.

在螯合疗法中,为人们熟知的螯合剂是乙二胺四乙酸(EDTA).EDTA 是一种很强的螯合剂,它甚至可与钙、镁等离子形成螯合物.但重金属离子对 EDTA 的亲和性要比钙离子强得多,因而它们可与 EDTA 优先形成螯合物,然后排出体外.可用 EDTA 排除的金属离子包括铅、铜、锰、铀和钇等多种.

EDTA 的螯合性虽强,但它的选择性甚差.在用它排除有害金属离子的同时,也会损失掉一些有益的金属离子.譬如用它作螯合剂,会把体内必要的锌储备也排泄掉,因此,需要补充锌.

其他,如医学上比较早就采用 D-青霉胺(β,β-二甲基半胱氨酸)来排铜,以治疗或控制 Wilson 氏病症.D-青霉胺的结构式为:

$$\underset{(CH_3)_2-\underset{\ }{\overset{HS}{C}}-\underset{\ }{\overset{NH_2}{CH}}-COOH}{}$$

它能和铜离子螯合,形成相对分子质量约为 2600 的深紫色配合物.青霉胺对排汞和铅也是一种有效的螯合剂.

传统的排铁螯合剂是去铁草胺 B:

$$NH_2-(CH_2)_5-\underset{\overset{|}{O}}{\overset{OH}{N}}-\overset{|}{\underset{\overset{\|}{O}}{C}}-(CH_2)_5-CONH-\left[(CH_2)_5-\underset{\overset{|}{O}}{\overset{OH}{N}}-\overset{|}{\underset{\overset{\|}{O}}{C}}-CH_3\right]_2$$

去铁草胺 B 易溶于水.它对铁(Ⅲ)离子有很强的亲和性,而对大多数其他阳离子的亲和性则较弱.在生理条件下,去铁草胺 B 能和自由的铁(Ⅲ)离子结合,也能通过竞争从铁蛋白或含铁血黄素中夺取离子,但它不能和血红素或运铁蛋白中的铁结合.去铁草胺 B 的这些性质,使它适合于治疗急性铁中毒.

利用螯合剂来排除金属中毒已取得不少进展,但远远不能满足医学上的需要.无论从螯合剂的品种、排除金属中毒的效率,还是消除副作用等方面均有待于大力开发和探索.这些也是生物无机化学义不容辞的任务之一.

11.4.3　药物或探针

1. 用做药物

癌症对人类的生命威胁极大.征服癌症的研究正从各方面积极地进行,其中也包括化学疗法.在化学疗法中,顺铂是最早发现,也是目前临床使用最广泛的一种金属配合物治癌药物.

20 世纪 60 年代中期,Rosenberg 及其合作者们偶然发现顺-二氯二氨合铂(Ⅱ),cis-$[Pt(NH_3)_2Cl_2]$[cis-diamminedichloroplatinum(Ⅱ),简称 cis-DDP,又称顺铂(cisplatin)]能抑制细菌细胞的分裂,而相应的反式配合物则不能.推测 cis-DDP 也能抑制癌细胞的分裂,于是进一步试验了对动物的抗癌活性.在得到肯定的结果后,又经过多年的临床试验和论证,终于在 20 世纪 80 年代中期,首先在美国作为抗癌药物正式投入临床使用[14].顺铂最成功的是用于治疗睾丸癌,此外,对治疗卵巢、膀胱、头和颈部癌也很有益.

研究表明,cis-DDP 从静脉注射进入病体后,它的关键靶分子是细胞内的脱氧核糖核酸(Deoxyribonucleic Acid,简称 DNA)分子.但它的活性并非出自 cis-DDP 的原型,而是它的水解产物[14,15].cis-DDP 的 4 个配体中,有 2 个活性的 Cl^- 离子和 2 个相对惰性的 NH_3 分子处于顺式的位置上.由于血浆内的 Cl^- 离子浓度(103 mmol·dm^{-3})高,因此,中性的 cis-DDP 占优势;当 cis-DDP 穿越细胞膜进入细胞后,由于胞浆内的 Cl^- 离子浓度(4 mmol·dm^{-3})陡降,便

发生水解,产生多种水解物种,但仍保持顺式构型:

$$[Pt(NH_3)_2Cl_2] \underset{+Cl^-}{\overset{-Cl^-}{\rightleftharpoons}} [Pt(NH_3)_2Cl(H_2O)]^+ \underset{+Cl^-}{\overset{-Cl^-}{\rightleftharpoons}} [Pt(NH_3)_2(H_2O)_2]^{2+}$$

$$+H^+ \big\| -H^+ \qquad\qquad\qquad +H^+ \big\| -H^+ \qquad\qquad (11.15)$$

$$[Pt(NH_3)_2Cl(OH)] \qquad\qquad [Pt(NH_3)_2(H_2O)(OH)]^+$$

正是上述水解产物,再进一步结合到 DNA 分子上去.

顺铂究竟是如何与 DNA 上的碱基结合的呢?由于 DNA 具有双螺旋的结构,因此,可能的结合方式多种多样. 例如,Pt(Ⅱ)可与 DNA 上的一个含氮碱基结合,也可与两个含氮碱基相结合;碱基可在两条不同的螺旋链上,也可在同一条螺旋链上等等. 图 11.24 表示了其中几种可能的结合方式.

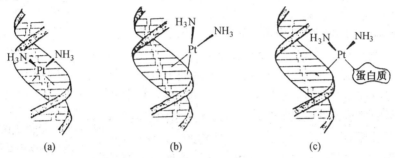

图 11.24　顺铂和 DNA 几种可能的结合方式
(a) 链间交联　(b) 链内交联　(c) DNA-蛋白质交联

运用多种实验方法,包括 NMR、XRD、Raman 光谱和色谱分析等,对模型化合物,主要是顺铂与寡聚核苷酸(单股短核苷酸链)作用的研究结果表明:在生理 pH 条件下,主要的结合方式为链内交联[图 11.24(b)],主要的结合部位为同一股螺旋链上相邻的两个鸟嘌呤(G)上的 N_7 原子,其上有一对孤对电子(图 11.25). 估计这种结合方式约占 Pt-DNA 配合物总量的 65%;其次是顺铂与两个相邻的鸟嘌呤及腺嘌呤(A)的链内交联,约占 25%;而链间交联[图 11.24(a)]的产物,仅占 1%以下;和 DNA 与蛋白质交联[图 11.24(c)]的产物则更低,还不足 0.2%.

进一步用凝胶电泳法研究顺铂与 DNA 结合后,对 DNA 双螺旋结构的影响表明:cis-GG 和 cis-AG 配合物的形成,使 DNA 螺旋链弯曲了约 32~34°[16]. 正是这种构型的变化,抑制了 DNA 的复制,从而阻碍了细胞的分裂,包括癌细胞.

顺铂有抗癌的疗效,而反铂则无. 现在认为,其中的一个原因是反铂(Ⅱ)的水解速率比相应的顺铂快 5~10 倍,因而在输运过程中,很容易和体内其他的亲核基团作用,以致无法抵达发生抗癌作用的部位. 另一个原因是 DNA 链上许多相邻的碱基间,两个氮原子相距 340 pm,而顺铂中两个氯原子间的距离为 330 pm,两者恰好匹配;而反铂中的两个氯原子间的距离,则与之不相匹配. 这种立体构型上的差异,决定了反铂很难与 DNA 链上的碱基结合. 即使结合了,所形成的产物也能赋予双螺旋链某种弹性,而不可能像顺铂-DNA 配合物那样,造成固定方向的弯曲.

顺铂虽对某些癌症具有一定的疗效,但它的水溶性差,限制了它的应用剂量,且副作用大,能引起肾中毒和呕吐等. 因此,有关铂的其他抗癌药物仍在不断地研制和筛选,且大都仍为中性、顺式构型的配合物. 碳铂(carboplatin)就是其中一例,它的毒性较顺铂的小.

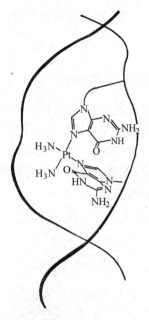

碳　铂

除铂以外,对其他的过渡金属,如钌和铑等的抗癌药物也都在探索之中.

其他的金属元素,如金,作为治疗药物已有几个世纪的历史. 如今拥有几种注射用的金(Ⅰ)硫醇盐和一种口服的金(Ⅰ)膦化物,用于治疗风湿性关节炎[17,18]. 根据 X 射线吸收和散射光谱对金(Ⅰ)硫醇盐的研究,表明该药物为一聚合物,其中金(Ⅰ)由硫醇基中的硫桥联. 关节炎是一种极其复杂的疾病,而金(Ⅰ)的作用机理尚不清楚,仅知金(Ⅰ)是和蛋白质结合,并可抑制某些酶,如胶原酶(collagenace)的作用,后者会损伤关节组织.

图 11.25　顺铂与 DNA 相邻的两个鸟嘌呤链内交联示意图

运用 $Al(OH)_3$ 作为解酸剂来治疗胃疾也已有相当长的历史. 此外,Bi(Ⅲ)盐易水解,并形成以氧原子或羟基桥联的聚合物,如:

$$Bi(OH_2)^{3+} \longrightarrow Bi(OH)^{2+} \longrightarrow Bi(O)^+ \longrightarrow [Bi_6O_4(OH)_4]^{6+}$$

目前,已有多种 Bi(Ⅲ)的聚合物用做皮肤外用软膏或抗菌剂,以杀死引起溃疡的细菌.

胰岛素是治疗糖尿病的有效药物. 在动物的胰脏里,有一由专管分泌的细胞组成的"胰岛",胰岛素即为胰岛里的一种 β 细胞分泌出来的激素. 它是一种蛋白质. 人们发现,要得到胰岛素的结晶,必须往溶液里加入锌盐. 制药厂生产的胰岛素正是含锌胰岛素,锌似乎起稳定胰岛素分子结构的作用.

2. 用做探针

无机元素不仅为医学提供了某些特殊的治疗药物,也成功地用做**探针药物**(diagnostic medicine).

例如,某些放射性或稳定同位素即为探针药物. 其中锝的同位素^{99m}Tc,具有适宜的 γ 射线能量和半衰期(6 h). 其配合物 Tc(Ⅴ)HMPAO 已成功地用于脑血流造影,$[Tc(Ⅰ)(CNR)_6]^+$ (R＝—CH_2CMe_2—OMe)则用于心脏造影[17]. 在放射疗法中,^{186}Re 用于延缓骨癌,^{90}Y 或 ^{203}Pb 则用做癌症治疗的标记抗体. 其他,如难溶的钡盐,$BaSO_4$,经口服用做 X 射线胃肠造影剂,业已成为常规的检查手段.

11.5　生命现象中的超分子化学

生物体中的各种生命现象,如 DNA 的碱基配对、蛋白质链的折叠结构、金属蛋白及金属酶的形成、天然酶的催化作用、能量及电子的输运等,无不跟分子内或分子间的相互识别和自组装有关,而这种识别和组装的基础又与各种非共价键力的相互作用,包括氢键、疏水效应、配位键和静电作用等密切相关.可见,生命现象中蕴藏了丰富的超分子化学内涵.本节将以若干典型的实例,简要阐明生命现象中的超分子化学,以及超分子化学在人工模拟生物体系中的运用.

11.5.1 DNA 的双螺旋结构

生物体的两个显著特征是自我复制和代谢,而设计复制和代谢的是细胞核中的基因物质 DNA. 1953 年 Watson 和 Crick 首次提出了 DNA 的双螺旋结构.

DNA 由核苷酸组成.骨架为磷酸二酯键连接的脱氧核糖(图 11.26),并在整个的分子中按同样的方式重复,保持不变;可变部分为碱基顺序.碱基顺序无任何限制,而正是碱基的精确序列携带了遗传信息,且各种不同类型的 DNA,碱基的序列都是独一无二的. DNA 是真正的大分子,相对分子质量高达 10^9,然而,它所含的碱基却只有四种:包括两种嘌呤碱,即鸟嘌呤 (guanine,G)和腺嘌呤(adenine,A)以及两种嘧啶碱,即胞嘧啶(cytosine,C)和胸腺嘧啶 (thymine,T)(图11.27).

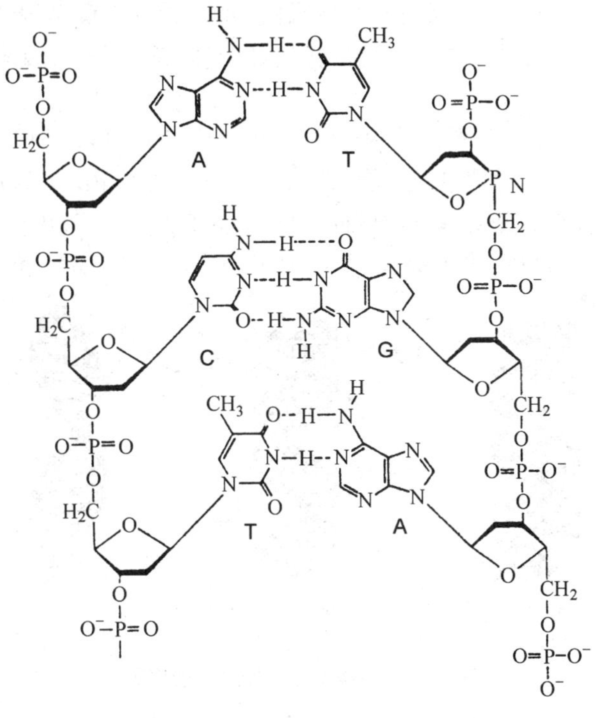

图 11.26 核苷酸结构中氢键使碱基配对
(A=腺嘌呤,C=胞嘧啶,G=鸟嘌呤,T=胸腺嘧啶)

在 DNA 的结构中,嘌呤碱和嘧啶碱相互识别,相互配对形成碱基对,而且鸟嘌呤总是和胞嘧啶配对,形成 G—C 碱基对;腺嘌呤总是和胸腺嘧啶配对,形成 A—T 碱基对.这种碱基配对方式既满足碱基间氢键相互作用的匹配,又满足相互结合的碱基间的空间要求 (图11.26)[19]

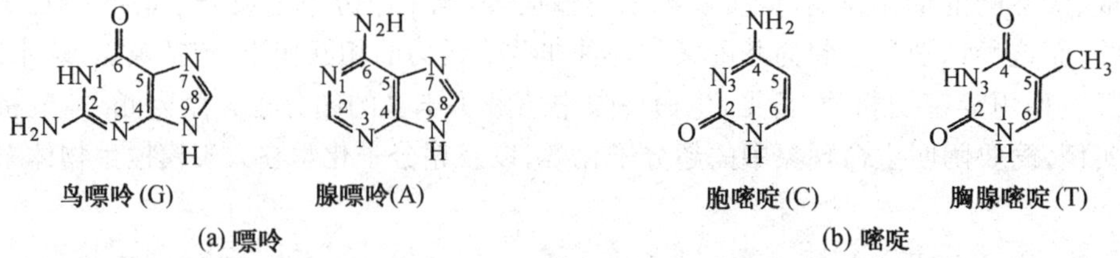

鸟嘌呤 (G)　　腺嘌呤(A)　　　　　　胞嘧啶 (C)　　胸腺嘧啶 (T)

(a) 嘌呤　　　　　　　　　　　(b) 嘧啶

图 11.27　DNA 中核苷酸碱基的结构

由图 11.26 可见,上述配对方式使 A—T 碱基对间形成两组氢键,即 N—H…O 和 N—H…N;G—C 碱基对间形成三组氢键,即两组 N—H…O 和一组 N—H…N.这些氢键的取向和距离能使碱基间相互匹配,产生最强的相互作用,使之具有几何上的固定能力.DNA 中的这种氢键又称 Watson-Crick 型氢键.除氢键的作用外,胸腺嘧啶上的甲基通过范德华力的作用使 A—T 碱基对趋向稳定.糖—磷酸酯多聚体骨架还和 Na^+、K^+、Mg^{2+} 等金属阳离子间存在静电相互作用,以平衡磷酸基的负电荷,从而稳定 DNA 的结构.

由此可见,正是由于嘌呤碱和嘧啶碱之间的相互识别、相互配对,自发地按一定方式组装成超分子结构,才使两条核苷酸长链自组装成天然 DNA 的双螺旋结构.可以认为,DNA 的双螺旋结构是分子识别在生物体系中最精髓的实例之一,而在 DNA 的自组装过程中,氢键在碱基的识别中起关键作用.

DNA 有三种不同类型的双螺旋结构(图 11.28),其中 A-DNA 和 B-DNA 是两种右手双螺旋构象,Z-DNA 是一种左手双螺旋构象,最常见的是 B 型结构. 在 B-DNA 中,碱基对的间距约为 340 pm,每隔 10 个碱基对有一次转向,直径约为 2200 pm. 在 B-DNA 的双螺旋结构中,含 2 个沟槽,包括一个较大的主槽(major groove)和一个较小的次槽(minor groove).

次槽　　　　主槽

A-DNA　　　　B-DNA　　　　Z-DNA

图 11.28　DNA 的三种双螺旋构象

本章 11.4.3 节曾述及:治癌药物顺铂在人体中的关键靶分子是 DNA,结合方式则以链内交联为主,主要的识别位点为同一股螺旋链上相邻两鸟嘌呤(G)上的 N_7 原子.推测这种识别的选择也与氢键的形成有关,因为在此情况下,Pt(Ⅱ)的氨配体能和其中一个鸟嘌呤上的 O_6 形成氢键,如右图所示,从而使螯合物趋于稳定.

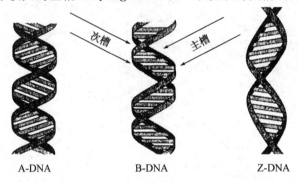

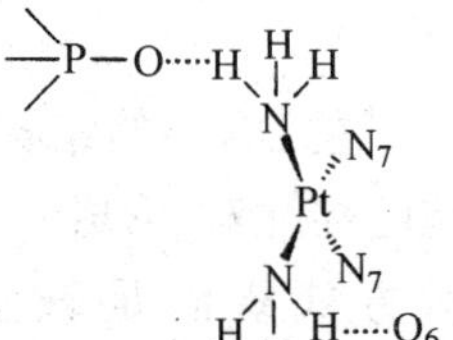

11.5.2 酶—底物的相互识别

任何酶促反应都必须首先形成酶—底物配合物,而酶—底物的专一性识别就属于超分子化学的范畴,其中主体大分子酶和反应物客体由识别到结合形成超分子[20].

1. 酶的结构

前已述及,各种不同的金属酶中均含蛋白质链,它们按各自独特的模式折叠成球状或椭球状的三维结构,如碳酸酐酶和羧肽酶那样(11.3 节).这种三维结构为蛋白质的**三级结构**.蛋白质的**一级结构**指多肽链中确切的氨基酸序列,这种序列由遗传基因决定.**二级结构**指邻近氨基酸基团的局部构象,最常见的是 α-螺旋(α-helix)和 β-折片(β-sheet),还有各种形式的扭转(turn)(图 11.29).

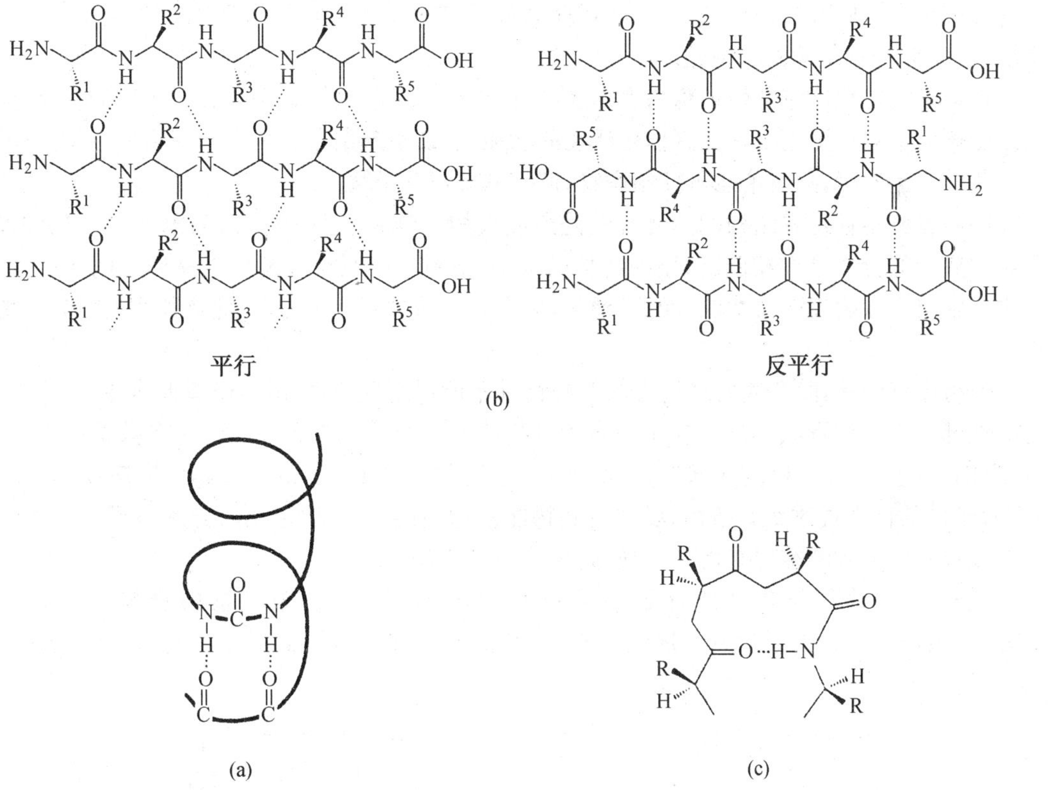

平行　　　　　　　　　　　　反平行

(b)

(a)　　　　　　　　　　　　(c)

图 11.29　蛋白质的二级结构

(a) α-螺旋　(b) β-折片　(c) β-扭转

由图 11.29 可见,蛋白质的二级结构由肽链中氨基酸的氢键识别自组装而成.其中 α-螺旋为主链内 NH 和 CO 基之间形成的链内氢键所稳定,结果多肽链紧密卷曲,构成一棒状物[图 11.29(a)];β-折片则为多肽链间 NH 和 CO 基形成的链间氢键所稳定,β-折片按走向相同或相反分为平行和反平行两种,它们均为片状物,多肽链几乎完全伸展[图 11.29(b)].多肽链可按不同的方式急剧地扭转走向,这种转向对多肽链的折叠起重要的作用.图 11.29(c)示出了其中的一种.

三级结构描述二级结构的多肽链进一步相互作用,折叠成酶的三维球形结构.只有在精确折叠的三级结构中,酶的活性部位才被组装形成,才具有催化活性的功能.在多肽链的折叠过程中,氢键无疑起着重要的作用,但仅用氢键似乎还不足以完全解释酶折叠的专一性,何况溶剂变性作用(solvent denaturation)的研究表明,氢键在多肽链的折叠中并非决定性的力.酶分子内的疏水作用以及紧密结构的空间制约可能比氢键更为重要.此外,在酶的内部存在大量的水分子,它们或埋藏在蛋白质的深处,或位于接近酶表面的沟槽里.它们是蛋白质组成的一部分,且为稳定三维折叠结构所必需.

总之,确切的酶折叠的作用力及历程尚未完全弄清,且富有争议,为生命科学和超分子化学留有很大的空间来探讨和解决.

2. 酶—底物的相互识别

生物体系的许多反应都需要酶的催化,而酶催化最突出的两个特征是高效率和专一性.酶加速反应至少 100 万倍,而酶的专一选择性则包括:(i) 对底物的选择性;(ii) 对化学反应的选择性;(iii) 对局域空间的选择性.

任何酶的催化反应都始于酶和底物的结合,而酶和底物的结合则受分子识别的控制.酶和其他受体分子的区别在于它含有催化活性的功能团,能引起结合在酶上的底物分子发生变化.一旦化学变化发生,酶便不能再控制底物,产物立即离开了酶.

底物和酶活性位置结构间的互补性是造成底物结合专一性的基础.若酶活性部位凹槽的形状和底物的分子结构相匹配,则底物便能成功地镶嵌在凹槽中.X 射线晶体学的研究,证实底物通常结合在酶表面活性位置的凹槽里,而在形成的瞬间配合物中,底物和酶有多处接触位点.

值得注意的是,酶和底物结构上的互补性并不能用刚性的锁-钥匙模型来描述.现已证实,酶活性部位的三维形状实际上并不完全和底物的分子结构相吻合,因此,在多数情况下,底物并不能以完美的形式和活性部位匹配.然而,应变效应(strain effect)认为,当底物和酶结合时,酶能按某种方式改变其结构,以便使底物能舒适地结合到活性部位.这种在酶—底物配合物形成过程中导致的结构变化,同样使底物分子发生畸变.

现时,酶—底物结构上的互补性通常用 Menger 提出的**"位点劈裂模型"**("split site model")来描述[21].在该模型中,底物劈裂为两部分,一部分为结合部(B),另一部分为反应部(R)(图 11.30).

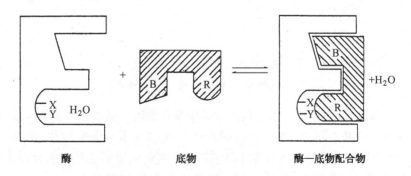

图 11.30　酶—底物结构互补性的位点劈裂模型

这两部分均结合在酶活性部位的凹槽中,形成酶—底物配合物.在该配合物中,底物和酶的结

合相当于上述两个结合位点作用力的总和,可用下式表示:

$$ES = ES_B + ES_R \tag{11.16}$$

在催化反应中,结合部在底物由基态到过渡态的转化中保持不变,而反应部却发生了变化.与此同时,ES_B的相互作用是稳定的,而ES_R却变得不稳定.此外,在反应部,酶的催化基团(X 和 Y)必须排除掉凹槽里的水分子,以便使底物的功能团能达到和酶活性部位结合的距离.

决定酶—底物结合的作用力是多种不同性质的非共价键力,包括氢键、疏水效应和静电作用等.尽管上述作用力较弱,但当底物和酶结合时,有多处接触位点,因而这种相互作用力的叠加仍相当可观.

(1) 氢键

在酶—底物的识别和结合中,**氢键**起着重要的作用.例如,羧肽酶 A 和底物多肽链羧基末端结合时,周围就有许多氢键(图 11.15),使底物恰好定位在酶的活性部位.不仅如此,在酶活性位置周围本身就有很复杂的氢键体系,如图 11.11 所示的碳酸酐酶,从而使邻近的基团辅助参与了催化作用.

生物体系中存在多种不同类型的氢键,表 11.3 列出了某些常见的.在蛋白质中,最常见的是酰胺基—酰胺基($-CONH_2$)之间的氢键.

表 11.3　生物体系中常见的氢键

$\overset{+}{N}-H\cdots{}^{-}O=C$	氨基酸两性离子,蛋白质
$O-H\cdots{}^{-}O=C$	羧酸,酸性水合物
$O-H\cdots O=C$	核苷酸,核酸
$N-H\cdots O=C$	肽链,蛋白质,核苷
$O-H\cdots O-H$	水合物
$O-H\cdots O\overset{\displaystyle H}{\underset{\displaystyle C}{\big|}}$ ⎫ $O-H\cdots O\overset{\displaystyle C}{\underset{\displaystyle C}{\big|}}$ ⎭	碳水化合物(糖类)
$O-H\cdots N$ ⎫ $N-H\cdots N$ ⎪ $O-H\cdots {}^{-}O=P$ ⎪ $N-H\cdots O=P$ ⎭	蛋白质,核苷,核苷酸,核酸

生物体系中氢键的距离在 $130 \sim 300\,\text{pm}$ 的范围内,它的长度和角度依赖于分子所处的环境.和共价键不同,氢键是较"软"的键,它易受分子间的相互作用而变形.氢键的结合能约为 $8 \sim 12\,\text{kJ} \cdot \text{mol}^{-1}$,因而它们能在生理温度下热振动的能量范围内形成或断裂.

(2) 疏水效应

在水溶液中,非极性分子倾向于聚集在一起,这种现象称**疏水效应**(hydrophobic effect).

疏水效应是由于水分子强烈地倾向于形成氢键网络所致.当非极性溶质接近到一定程度,它们之间便产生相互作用.这种现象不能完全用范德华力来解释.实验表明,疏水作用的距离和范德华力的相似,但强度却要大得多,在 10 nm 的距离范围内,强度比范德华力大 10～100 倍.若为很大的平面型疏水界面,相互作用甚至可涵盖到 25 nm,这种长程分子间作用力的起因尚不清楚.因此,疏水效应很难像氢键那样在分子水平上加以阐明,迄今虽已提出多种理论和模型,但无一满意,争议犹存.

由于疏水效应,当多肽链折叠时,水溶液中酶的非极性氨基酸残基倾向于从水的环境中移到相对非极性的蛋白质内部,而亲水性的氨基酸残基则留在球形蛋白质的表面,以便和水接触.这种情况类似于图 11.8 所示的血红素周围的多肽链.

疏水作用可分为两种情况,即成群的和成对的.前者包括一大簇非极性基团,可在蛋白质分子内部找到;后者发生在少数非极性基团间,可在蛋白质分子表面找到.在酶—底物相互识别和结合中,重要的是成对的疏水作用,尤其是几个非极性基团处在较短的范德华距离上的接触.在这种情况下,酶活性位置凹槽中的水分子被排挤出去,增加了无序自由活动的水分子,熵增大.熵的增大对形成酶—底物瞬间配合物是一种重要的驱动力.因此,由于疏水效应的结果,酶受体活性位置的非极性凹槽能在水溶液中对底物有很高的亲和性.这种天然生物受体的特征,人工受体是很难做到的.

（3）静电作用

在酶—底物的识别和结合中,静电作用不如疏水效应和氢键那么重要,因为在水溶液中,静电作用远低于酶、底物和周围水分子间的作用力.因此,本节不拟对静电作用多加讨论.当然,在酶催化的过程中,带电荷的过渡态被静电作用稳定时,仍具有相当的重要性.

11.5.3　生物模拟体系的组装

人工合成生物模拟体系的目的,一方面是为了弄清天然生物大分子的生理功能,另一方面也是为了把某些活的生物体中的化学反应扩展到创造新的化学反应和新的物质.生物模拟体系涉及的面很广,覆盖了各种酶、蛋白质、载体和核酸等,因而也是一个极其活跃的研究领域.在生物模拟体系的设计和合成中,涉及到超分子化学的诸多方面,如各种非共价键结合的作用力及分子组装等.本节仅举出个别实例加以简要的阐述.

1. 电子转移的氢键模型

20 世纪 80 年代末发现由 Zn—卟啉配合物通过 Wastson-Crick 型氢键组装而成的模拟体系能传递能量或电子.1993 年 Sessler 等报告合成了一个新的、刚性的第二代电子转移体系,即由氢键组装形成的 Zn 卟啉—醌衍生物体系(图 11.31)[22].

时间分辨荧光(time-resolved fluorescence)测定的结果表明,在图 11.31 所示的刚性体系中,电子转移相当的快且有效.例如,由 Zn—卟啉到醌的光致电子转移速率 $\approx 8 \times 10^8 \, s^{-1}$,量子效率为 61%.实验还证实:在电子给体-受体间氢键的相互作用,不仅将给体-受体连接在一起形成光活性的聚集体,而且在电子转移过程中起媒介作用.因为刚性的给体-受体间的远距离(边对边 ≈ 1.4 nm),排除了给体和受体在空间相互作用的可能性,因此,最可能的电子转移途径是通过相连的氢键.

类似的电子或能量转移的氢键模型还有许多,此外,还有静电作用、范德华力作用的能量、电子转移模型.

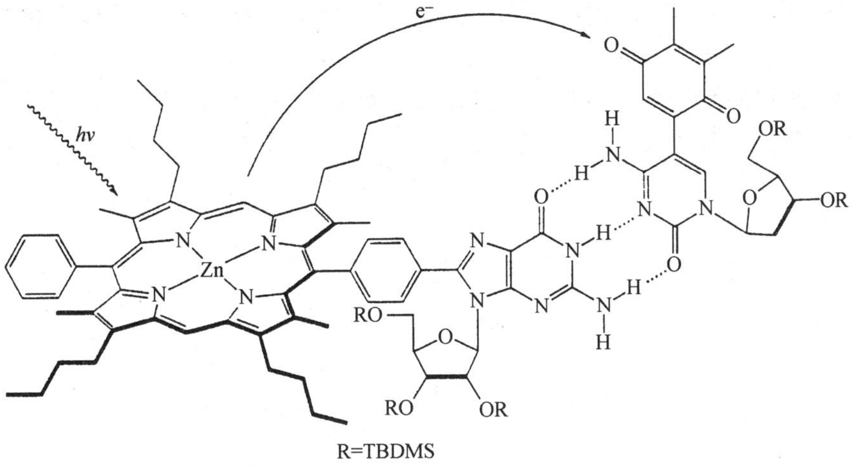

图 11.31 电子转移的氢键模型
图中 TBDMS 为叔-丁基二甲基甲硅烷基(*t*-butyldimethylsilyl)

氢键不仅用于生物模拟体系的组装中,还运用到人工合成新化合物的设计中.例如,图 11.32 所示的超分子液晶高聚物的自组装,就是运用 DNA 碱基配对的分子识别原理,将碱基对和纯的酒石酸对映体相连创造出新物质的一个实例[23].

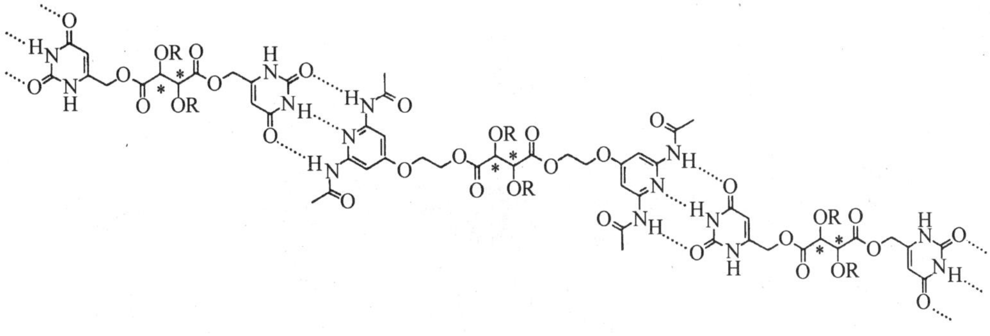

图 11.32 超分子液晶高聚物的自组装

2. 维生素 B₁₂ 的模拟体系

在维生素 B₁₂ 的家族中,5′-脱氧腺苷钴胺素和甲基钴胺素常以辅酶的形式参与多种反应的催化(11.3.3 节).由于天然维生素 B₁₂ 的基本骨架是 Co(Ⅲ)-咕啉配合物,因此,在模拟体系中,Co(Ⅲ)与各种不同的咕啉衍生物形成的配合物便成为首选.其中日本的 Murakami 等合成的 Co(Ⅲ)-咕啉衍生物模拟全酶颇具代表性[24].

Murakami 等合成了一系列疏水性的维生素 B₁₂ 模拟衍生物,其中天然维生素 B₁₂ 咕啉环周边的 7 个酰胺基团(见图 11.17)被酯所取代(图 11.33).由于维生素 B₁₂ 衍生物本身的疏水性,在水溶液中的溶解度极小,约在 10^{-4} mol·dm^{-3} 的范围内,因此,Murakami 等将着眼点放在模拟全酶在疏水性微环境下的催化活性及 Co—C 键的反应性上.为了营造疏水性的微环境,他们采取了两条途径:(i)用链状肽脂形成**双层隔膜**(bilayer membranes),并将模拟维生素

B_{12}组装在双层隔膜间的疏水性囊中(图 11.33);(ii) 将模拟维生素 B_{12}客体组装在大环主体，如**章鱼状大环化合物**(octopus cyclophane)形成的疏水性空腔内(图 11.34). 实验表明，Co(Ⅲ)—咕啉衍生物能按 1∶1 物质的量比结合到疏水性大环的空腔中，结合到双层隔膜的囊中，也使溶解度大增.

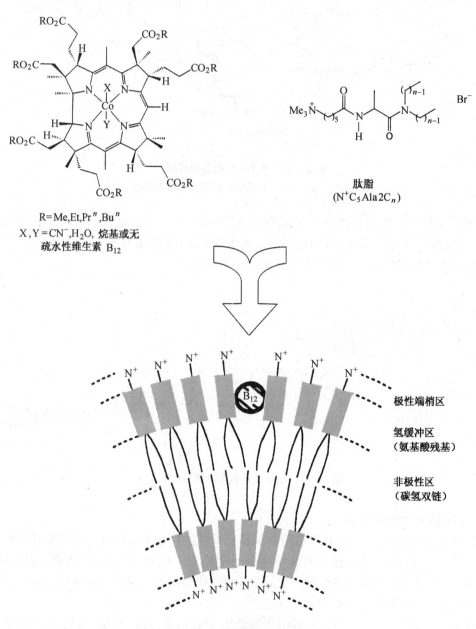

R=Me,Et,Pr^n,Bu^n
X,Y =CN$^-$,H_2O, 烷基或无
疏水性维生素 B_{12}

肽脂
(N$^+$C$_5$Ala2C$_n$)

极性端梢区

氢缓冲区
(氨基酸残基)

非极性区
(碳氢双链)

图 11.33 双层隔膜囊型模拟维生素 B_{12}酶

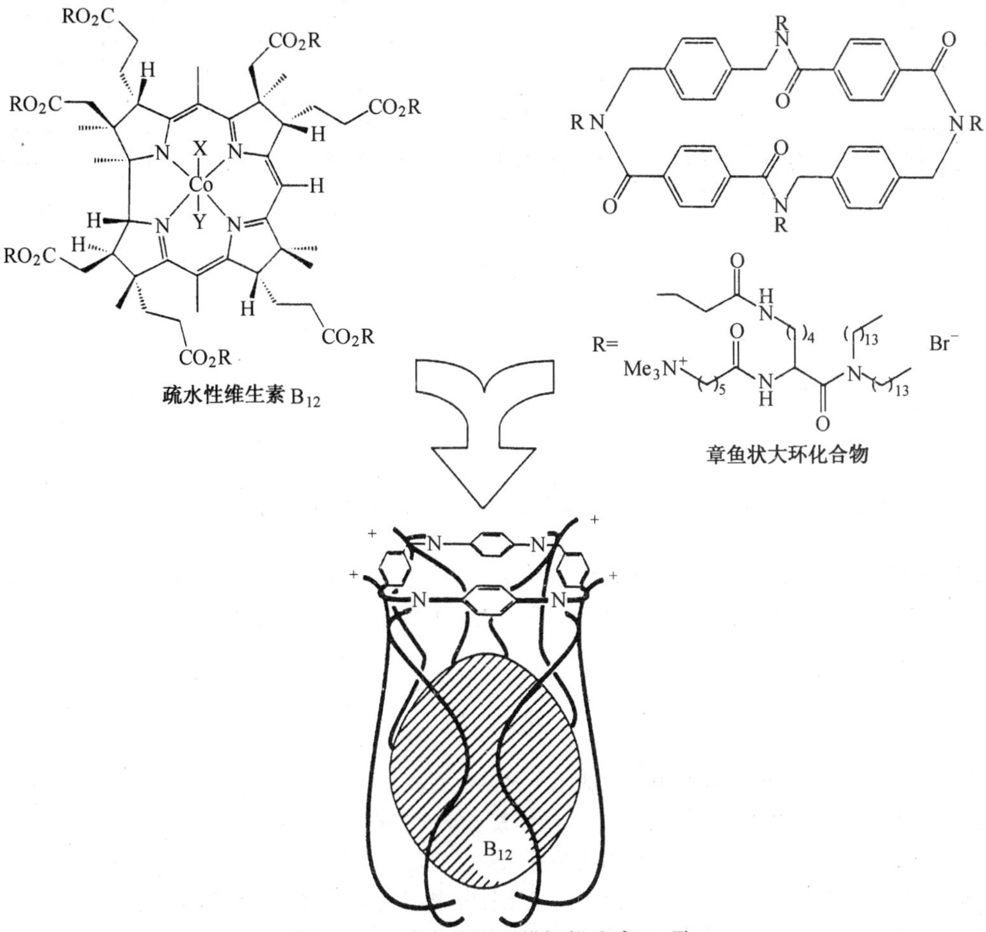

图 11.34 章鱼状环型模拟维生素 B_{12} 酶

上述两种在疏水性微环境下的维生素 B_{12} 模拟衍生物能作为类变位酶催化一系列分子内的重排反应,效果优于在甲醇或苯溶液中. 式 11.17 所示的囊型模拟维生素 B_{12} 催化由天冬氨酸酯到谷氨酸酯衍生物的同分异构化反应即为一例.

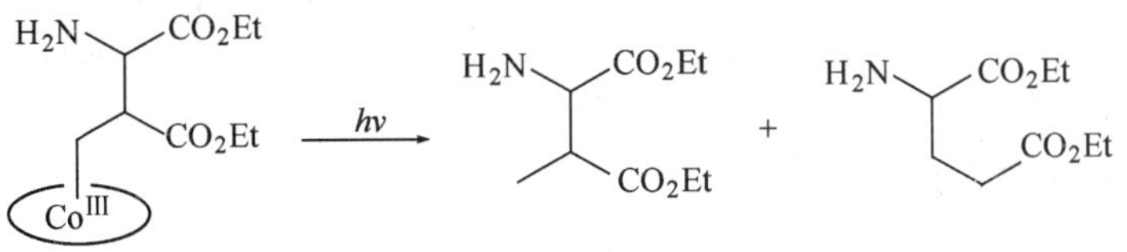

$$(11.17)$$

反应中,在可见光的辐射下发生 Co—C 键的均裂及 Co 价态的变化,同时底物的自由基转变为产物的自由基. 产物的自由基再从邻近的区域捕获一氢原子,形成最终的产物(图11.35).

在囊型模拟酶中,双层隔膜造成的疏水微环境起两个作用:(ⅰ)使模拟维生素 B_{12} 和底物产生去溶剂化作用,致使两者活化;(ⅱ)底物的自由移动避免了中间产物,即自由基物种有过长的寿命,从而加速了重排反应.

除钴—咕啉配合物外,维生素 B_{12} 的模拟体系还有许多其他的类型,如钴和卟啉、环糊精或二肟形成的配合物等.

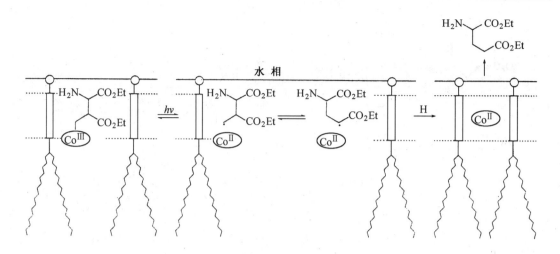

图 11.35　囊型类变位酶催化的同分异构化反应图示

本节虽仅涉及到极少数生命现象中的超分子化学实例,但从这些侧面可清晰地看到生命科学和超分子化学密切相关,超分子化学新兴领域的崛起必将激励和推动生命科学的进一步发展.

习　题

11.1　列出在生命过程中起重要作用的 4 个过渡金属和 4 个非过渡金属的名称.

11.2　绘出卟啉环的结构.说明血红素和叶绿素与卟啉环的结构关系,以及它们的功能.

11.3　血红蛋白和肌红蛋白的生理功能是什么? 它们在结构上有何异同?

11.4　从脱氧血红蛋白到氧合血红蛋白的变化过程中,血红蛋白中的血红素基团发生了什么变化?

11.5　锌离子在羧肽酶中起什么作用?

11.6　描述钴胺素的主要组成部分.

11.7　固氮酶的主要功能是什么? 它含哪两种主要的金属蛋白成分? 简要描述 Av 钼铁蛋白的结构特征.

11.8　指出下列各生物配合物中的金属离子及其价态、生物配体的类别及主要的生理功能:
（1）碳酸酐酶　（2）血浆铜蓝蛋白　（3）顺铂与靶分子结合后　（4）胰岛素

11.9　指出下列生物分子或生理功能中的一种非共价键作用力,并予以简要的说明.
（1）血红素
（2）血红蛋白—蛋白质的四级结构
（3）肌红蛋白中珠蛋白对 Fe(II)的保护作用
（4）用 EDTA 排除体内有害的重金属离子

参 考 文 献

必需元素与载氧金属蛋白

[1]　E. Frieden. J. Chem. Edu., 62(11), 917(1985)

[2]　M. F. Perutz, M. G. Rossmann, A. F. Cullis et al.. Nature, 185, 416(1960)

[3]　J. C. Kendrew, R. E. Dickerson, B. E. Strandberg et al.. Nature, 185, 422(1960)

[4]　N. M. Senozan and R. L. Hunt. J. Chem. Edu., 59 (3), 173(1982)

[5] S. E. V. Phillips. Nature，273，247(1978)；J. Mol. Biol.，142，531(1980)

[6] B. Shaanan. Nature，296，683(1982)

金属酶

[7] R. H. Prince. Adv. Inorg. Chem. Radiochem.，22，349(1979)

[8] M. K. Chan, J. Kim and D. C. Rees. Science，260，792(1993)

[9] J. B. Howard and D. C. Rees. Chem. Rev.，96，2965(1996)

[10] R. R. Eady. Chem. Rev.，96，3013(1996)

[11] B. K. Burgess and D. J. Lowe. Chem. Rev.，96，2983(1996)

医药中的无机元素

[12] 徐辉碧．"生物微量元素——硒"，武汉：华中工学院出版社，1984；"硒的化学、生物化学及其在生命科学中的应用"，武汉：华中理工大学出版社，1994

[13] D. D. Perrin. Topics in Current Chemistry，64，181(1976)

[14] A. L. Pinto and S. J. Lippard. Biochimica et Biophysica Acta，780，167(1985)

[15] S. E. Sherman and S. J. Lippard. Chem. Rev.，87，1153(1987)

[16] S. F. Bellon and S. J. Lippard. Biophysical Chemistry，35，179(1990)

[17] P. J. Sadler. Edu. in Chem.，80，May(1992)

[18] C. F. Shaw Ⅲ. Chem. Rev.，99，2589(1999)

生命现象中的超分子化学

[19] ［美］G. C. Pimentel, J. A. Coonrod 著；华彤文等译．"化学中的机会——今天和明天"，p.136，北京大学出版社，1990

[20] D. H. Kim. Comprehensive Supramolecular Chemistry，Vol. 4，503～526，Pergamon，Oxford，1996

[21] F. M. Menger. Biochemistry，31，5368(1992)

[22] J. L. Sessler, B. Wang and A. Harriman. J. Am. Chem. Soc.，115，10418(1993)

[23] C. Fouguey, J.-M. Lehn and A.-M. Levelut. Adv. Mater.，2，254(1990)

[24] Y. Murakami, J.-I. Kikuchi, Y. Hisaeda and T. Ohno. Comprehensive Supramolecular Chemistry，Vol. 4，415～472，Pergamon，Oxford，1996

参 考 书 目

[1] ［美］S. J. Lippard, J. M. Berg 著；席振峰，姚光庆，项斯芬，任宏伟译．"生物无机化学原理"，北京大学出版社，2000

[2] 王夔．"生物无机化学"，北京：清华大学出版社，1988

[3] 郭德威．"生物无机化学概要"，天津科学技术出版社，1990

附录 I　略语表

I.1　化合物和基团

A	adenine	腺嘌呤
acac	acetylacetonato	乙酰丙酮基
ADP	adenosine diphosphate	二磷酸腺苷
Arg	arginine	精氨酸
ATP	adenosine triphosphate	三磷酸腺苷
Av	Azotobacter vinelandi	（微生物名）
BH	barbital acid	巴比妥酸
bipy	2,2-bipyridine	联吡啶
Bu	butyl	丁基
bupy	butypyridine	丁基吡啶
C	cytosine	胞嘧啶
18-c-6	1,4,7,10,13,16-hexaoxacyclooctadecane，18-冠-6　$C_{12}O_6H_{24}$　六氧杂环十八烷	
CD	cyclodextrin	环糊精
cis-		顺式-
Cp	cyclopentadienyl	环戊二烯基
Cp*	pentamethylcyclopentadienyl 五甲基环戊二烯基	
CPA	carboxypeptidase A	羧肽酶 A
cpy	cyanopyridine	氰基吡啶
crypt	cryptand	穴状配体
Cys	cysteine	半胱氨酸
dbm	dibenzoylmethane	二苯甲酰甲烷
dcpm	(dicyclohexylphosphine)methane，$Cy_2PCH_2PCy_2$　（二环己基膦）甲烷	
DDP	diamminedichloroplatinum	二氯二氨合铂（II）
dien	diethylenetriamine，$H_2N(CH_2)_2NH(CH_2)_2NH_2$　二乙三胺	
diglyme	diethyleneglycoldimethylether，$CH_3O(CH_2CH_2O)_2CH_3$　二甘醇二甲基醚	
DMF	dimethylformamide	二甲基甲酰胺
DMP	2,6-dimethoxyphenyl	2,6-二甲氧基苯基
DMSO	dimethylsulfoxide	二甲基亚砜
DNA	deoxyribonucleic acid	脱氧核糖核酸
dppe	(diphenylphosphino)ethene，$Ph_2PC(=CH_2)PPh_2$　（二苯基膦）乙烯	

dppm	(diphenylphosphine)methane，$Ph_2PCH_2PPh_2$，	（二苯基膦）甲烷
EDTA	ethylenediamine tetraacetic acid	乙二胺四乙酸
en	ethylenediamine，$NH_2CH_2CH_2NH_2$	乙二胺
Et	ethyl	乙基
fac-	facial	面式-
G	guanine	鸟嘌呤
Glu	glutamic acid	谷氨酸
gly	glycinato	甘氨酸基
GSH-Px	glutathione peroxidase	谷胱甘肽过氧化物酶
Hb	hemoglobin	血红蛋白
HCAB	human carbonic anhydrase B	人体碳酸酐酶 B
HCAC	human carbonic anhydrase C	人体碳酸酐酶 C
His	histidine	组氨酸
hpp	1,3,4,6,7,8 -hexahydro-2H-pyrimido[1,2-α]pyrimidine 1,3,4,6,7,8 -六氢-2H-嘧啶并[1,2-α]嘧啶	
i-	iso-	异-
L	ligand	配位体
Leu	leucine	亮氨酸
M	metal atom(s)	金属原子
map	6-methyl-2-aminopyridine	6-甲基-2-氨基吡啶
Mb	myoglobin	肌红蛋白
Me	methyl	甲基
mer-	meridional	经式-
MMP	5-methyl-2-methoxyphenyl	5-甲基-2-甲氧基苯基
mpy	methylpyridine	甲基吡啶
n-	normal	正-
ox	oxalato	草酸基
p-		对-
Ph	phenyl	苯基
Phe	phenylalanine	苯丙氨酸
Phen	1,10-phenanthroline	1,10-菲咯啉
Phen*	1,10-phenanthroline derivative	1,10-菲咯啉衍生物
Pr	propyl	丙基
py	pyridine	吡啶
pz	pyrazine	吡嗪
R	alkyl or aryl group	烷基或芳基
SB	Schiff base，	Schiff 碱
t-	tertiary-	叔-
T	thymine	胸腺嘧啶

TAP	2,4,6-triaminopyrimidine	2,4,6-三氨基嘧啶
TBDMS	t-butyldimethylsilyl	叔-丁基二甲基甲硅烷基
THF	tetrahydrofuran	四氢呋喃
tmeda	tetramethylethylenediamine	四甲基亚乙基二胺
trans-		反式-
tren	tris(2-aminoethyl)amine	三(2-氨基乙基)胺
tu	thiourea, NH_2CSNH_2	硫脲
Tyr	tyrosine	酪氨酸
Val	valine	缬氨酸
X	halogen	卤素

I.2　实验技术和理论

A	associative mechanism	缔合机理
AO	atomic orbital	原子轨道
aq	aquated	水化
bp	boiling point	沸点
CB	conjugate base	共轭碱
CFAE	crystal field activative energy	晶体场活化能
CFSE	crystal field stabilization energy	晶体场稳定化能
CFT	crystal field theory	晶体场理论
CTC	charge-transfer complexe	电荷转移配合物
CVD	chemical vapor deposition	化学气相沉积
d	decompose	分解
D	dissociative mechanism	解离机理
DOS	density of state	态密度
e^-	electron(s)	电子
E_B	binding energy	结合能
EHMO	extended Hückel molecular orbital method	推广的 Hückel 分子轨道法
EM(em)	emission	发射
ESCA	electron spectroscopy for chemical analysis	化学分析用电子能谱
EX(ex)	excitation	激发
(g)	gaseous state	气态
H_c	critical magnetic-field intensity	临界磁场强度
HOMO	highest occupied molecular orbital	最高充填轨道
HS	high-spin	高自旋
I	interchange mechanism	交替机理
Ia	associative interchange mechanism	缔合交替机理
Id	dissociative interchange mechanism	解离交替机理

IR	infrared spectroscopy	红外光谱
(l)	liquid state	液态
LED	light-emitting diode	发光二极管
LFT	ligand field theory	配位场理论
LS	low-spin	低自旋
LUMO	lowest unoccupied molecular orbital	最低空轨道
MAS-NMR	magic angle spinning-nuclear magnetic resonance	魔角旋转核磁共振
MO	molecular orbital	分子轨道
MOCVD	metal-organic chemical vapor deposition	金属有机气相沉积
mp	melting point	熔点
MWNT	multiwalled carbon nanotube	多层碳纳米管
n^0	nucleophilic reactivity constant	亲核反应活性常数
NASICON	sodium superionic conductor	钠超离子导体
NMR	nuclear magnetic resonance	核磁共振
NR	non-radiation	非辐射
PSEPT	polyhedral skeletal electron pair theory	多面体骨架电子对理论
S	nucleophilic discrimination factor	亲核区别因子
(s)	solid state	固态
S_N1	unimolecular nucleophilic substitution	单分子亲核取代
S_N2	bimolecular nucleophilic substitution	双分子亲核取代
SEM	scanning electron microscopy	扫描电子显微镜
STM	scanning tunneling microscopy	扫描隧道显微镜
SWNT	singlewalled carbon nanotube	单层碳纳米管
T_c	critical temperature	临界温度
TEM	transmission electron microscopy	透射电子显微镜
T_N	Neel temperature	尼尔温度
XPS	X-ray photoelectron spectroscopy	X射线光电子能谱
XRD	X-ray diffraction	X射线衍射

附录 Ⅱ 化学中若干重要点群的特征标表

Ⅱ.1 C_s 点群

C_s	E	σ_h		
A'	1	1	x, y, R_z	x^2, y^2, z^2, xy
A''	1	-1	z, R_x, R_y	yz, xz

Ⅱ.2 C_n 点群

C_2	E	C_2		
A	1	1	z, R_z	x^2, y^2, z^2, xy
B	1	-1	x, y, R_x, R_y	yz, xz

Ⅱ.3 C_{nv} 点群

C_{2v}	E	C_2	$\sigma_v(xz)$	$\sigma_v'(yz)$		
A_1	1	1	1	1	z	x^2, y^2, z^2
A_2	1	1	-1	-1	R_z	xy
B_1	1	-1	1	-1	x, R_y	xz
B_2	1	-1	-1	1	y, R_x	yz

C_{3v}	E	$2C_3$	$3\sigma_v$		
A_1	1	1	1	z	x^2+y^2, z^2
A_2	1	1	-1	R_z	
E	2	-1	0	$(x, y)(R_x, R_y)$	$(x^2-y^2, xy)(xz, yz)$

C_{4v}	E	$2C_4$	C_2	$2\sigma_v$	$2\sigma_d$		
A_1	1	1	1	1	1	z	x^2+y^2, z^2
A_2	1	1	1	-1	-1	R_z	
B_1	1	-1	1	1	-1		x^2-y^2
B_2	1	-1	1	-1	1		xy
E	2	0	-2	0	0	$(x, y)(R_x, R_y)$	(xz, yz)

Ⅱ.4 C_{nh}点群

C_{2h}	E	C_2	i	σ_h		
A_g	1	1	1	1	R_z	$x^2,\ y^2,\ z^2,\ xy$
B_g	1	−1	1	−1	$R_x,\ R_y$	$xz,\ yz$
A_u	1	1	−1	−1	z	
B_u	1	−1	−1	1	$x,\ y$	

Ⅱ.5 D_n点群

D_3	E	$2C_3$	$3C_2$		
A_1	1	1	1		$x^2+y^2,\ z^2$
A_2	1	1	−1	$z,\ R_z$	
E	2	−1	0	$(x,\ y)(R_x,\ R_y)$	$(x^2-y^2,\ xy)(xz,\ yz)$

D_4	E	$2C_4$	$C_2(=C_4^2)$	$2C_2'$	$2C_2''$		
A_1	1	1	1	1	1		$x^2+y^2,\ z^2$
A_2	1	1	1	−1	−1	$z,\ R_z$	
B_1	1	−1	1	1	−1		x^2-y^2
B_2	1	−1	1	−1	1		xy
E	2	0	−2	0	0	$(x,y)(R_x,R_y)$	$(xz,\ yz)$

Ⅱ.6 D_{nh}点群

D_{2h}	E	$C_2(z)$	$C_2(y)$	$C_2(x)$	i	$\sigma(xy)$	$\sigma(xz)$	$\sigma(yz)$		
A_g	1	1	1	1	1	1	1	1		x^2,y^2,z^2
B_{1g}	1	1	−1	−1	1	1	−1	−1	R_z	xy
B_{2g}	1	−1	1	−1	1	−1	1	−1	R_y	xz
B_{3g}	1	−1	−1	1	1	−1	−1	1	R_x	yz
A_u	1	1	1	1	−1	−1	−1	−1		
B_{1u}	1	1	−1	−1	−1	−1	1	1	z	
B_{2u}	1	−1	1	−1	−1	1	−1	1	y	
B_{3u}	1	−1	−1	1	−1	1	1	−1	x	

D_{3h}	E	$2C_3$	$3C_2$	σ_h	$2S_3$	$3\sigma_v$		
A_1'	1	1	1	1	1	1		x^2+y^2,z^2
A_2'	1	1	−1	1	1	−1	R_z	
E'	2	−1	0	2	−1	0	(x,y)	(x^2-y^2,xy)
A_1''	1	1	1	−1	−1	−1		
A_2''	1	1	−1	−1	−1	1	z	
E''	2	−1	0	−2	1	0	(R_x,R_y)	(xz,yz)

D_{4h}	E	$2C_4$	C_2	$2C_2'$	$2C_2''$	i	$2S_4$	σ_h	$2\sigma_v$	$2\sigma_d$		
A_{1g}	1	1	1	1	1	1	1	1	1	1		x^2+y^2,z^2
A_{2g}	1	1	1	−1	−1	1	1	1	−1	−1	R_z	
B_{1g}	1	−1	1	1	−1	1	−1	1	1	−1		x^2-y^2
B_{2g}	1	−1	1	−1	1	1	−1	1	−1	1		xy
E_g	2	0	−2	0	0	2	0	−2	0	0	(R_x,R_y)	(xz,yz)
A_{1u}	1	1	1	1	1	−1	−1	−1	−1	−1		
A_{2u}	1	1	1	−1	−1	−1	−1	−1	1	1	z	
B_{1u}	1	−1	1	1	−1	−1	1	−1	−1	1		
B_{2u}	1	−1	1	−1	1	−1	1	−1	1	−1		
E_u	2	0	−2	0	0	−2	0	2	0	0	(x,y)	

Ⅱ.7　D_{nd}点群

D_{2d}	E	$2S_4$	C_2	$2C_2'$	$2\sigma_d$			
A_1	1	1	1	1	1			x^2+y^2,z^2
A_2	1	1	1	−1	−1		R_z	
B_1	1	−1	1	1	−1			x^2-y^2
B_2	1	−1	1	−1	1		z	xy
E	2	0	−2	0	0	(x,y)	(R_x,R_y)	(xz,yz)

D_{3d}	E	$2C_3$	$3C_2$	i	$2S_6$	$3\sigma_d$		
A_{1g}	1	1	1	1	1	1		x^2+y^2,z^2
A_{2g}	1	1	−1	1	1	−1	R_z	
E_g	2	−1	0	2	−1	0	(R_x,R_y)	$(x^2-y^2,xy)(xz,yz)$
A_{1u}	1	1	1	−1	−1	−1		
A_{2u}	1	1	−1	−1	−1	1	z	
E_u	2	−1	0	−2	1	0	(x,y)	

Ⅱ.8　T_d 点群

T_d	E	$8C_3$	$3C_2$	$6S_4$	$6\sigma_d$		
A_1	1	1	1	1	1		$x^2+y^2+z^2$
A_2	1	1	1	-1	-1		
E	2	-1	2	0	0		$(2z^2-x^2-y^2,x^2-y^2)$
T_1	3	0	-1	1	-1	(R_x,R_y,R_z)	
T_2	3	0	-1	-1	1	(x,y,z)	(xy,xz,yz)

Ⅱ.9　O_h 点群

O_h	E	$8C_3$	$6C_2$	$6C_4$	$3C_2(=C_4^2)$	i	$6S_4$	$8S_6$	$3\sigma_h$	$6\sigma_d$		
A_{1g}	1	1	1	1	1	1	1	1	1	1		$(x^2+y^2+z^2)$
A_{2g}	1	1	-1	-1	1	1	-1	1	1	-1		
E_g	2	-1	0	0	2	2	0	-1	2	0		$(2z^2-x^2-y^2,x^2-y^2)$
T_{1g}	3	0	-1	1	-1	3	1	0	-1	-1	(R_x,R_y,R_z)	
T_{2g}	3	0	1	-1	-1	3	-1	0	-1	1		(xy,xz,yz)
A_{1u}	1	1	1	1	1	-1	-1	-1	-1	-1		
A_{2u}	1	1	-1	-1	1	-1	1	-1	-1	1		
E_u	2	-1	0	0	2	-2	0	1	-2	0		
T_{1u}	3	0	-1	1	-1	-3	-1	0	1	1	(x,y,z)	
T_{2u}	3	0	1	-1	-1	-3	1	0	1	-1		

Ⅱ.10　I 和 I_h 点群①

I_h	E	$12C_5$	$12C_5^2$	$20C_3$	$15C_2$	i	$12S_{10}$	$12S_{10}^3$	$20S_6$	15σ		
A_g	1	1	1	1	1	1	1	1	1	1		$x^2+y^2+z^2$
T_{1g}	3	$\frac{1}{2}(1+\sqrt{5})$	$\frac{1}{2}(1-\sqrt{5})$	0	-1	3	$\frac{1}{2}(1-\sqrt{5})$	$\frac{1}{2}(1+\sqrt{5})$	0	-1	(R_x,R_y,R_z)	
T_{2g}	3	$\frac{1}{2}(1-\sqrt{5})$	$\frac{1}{2}(1+\sqrt{5})$	0	-1	3	$\frac{1}{2}(1+\sqrt{5})$	$\frac{1}{2}(1-\sqrt{5})$	0	-1		
G_g	4	-1	-1	1	0	4	-1	-1	1	0		
H_g	5	0	0	-1	1	5	0	0	-1	1		$(2z^2-x^2-y^2,$ $x^2-y^2,xy,yz,$ $zx)$
A_u	1	1	1	1	1	-1	-1	-1	-1	-1		
T_{1u}	3	$\frac{1}{2}(1+\sqrt{5})$	$\frac{1}{2}(1-\sqrt{5})$	0	-1	-3	$-\frac{1}{2}(1-\sqrt{5})$	$-\frac{1}{2}(1+\sqrt{5})$	0	1	(x,y,z)	
T_{2u}	3	$\frac{1}{2}(1-\sqrt{5})$	$\frac{1}{2}(1+\sqrt{5})$	0	-1	-3	$-\frac{1}{2}(1+\sqrt{5})$	$-\frac{1}{2}(1-\sqrt{5})$	0	1		
G_u	4	-1	-1	1	0	-4	1	1	-1	0		
H_u	5	0	0	-1	1	-5	0	0	1	-1		

① 表中左上方用实线框出的部分为 I 点群的特征标表,此时右下标"g"应删除,同时基函数(x,y,z)紧跟 T_1 表示.